CPEC

国家级实验教学示范中心联席会
计算机学科组规划教材

U0662580

数字素养与技能应用

颜丽　阳丽　主编

贺江飞　梁莉菁　副主编

清华大学出版社
北京

内 容 简 介

本书从提高学生数字素养、普及计算机新技术、强化办公技能的角度出发,全面系统地介绍了数字时代所需的各项关键技能与知识。

全书共分为3篇:第1篇(第1~3章)为数字素养通识篇,着重介绍数字意识、计算思维、数字化学习与创新、数字社会责任、计算机文化、计算机系统、信息技术基础、数字内容管理和计算机资源管理等内容;第2篇(第4、5章)为数字技术通识篇,深入讲解人工智能、云计算、大数据等技术的应用与前沿发展,数字安全与防护等内容;第3篇(第6~8章)为数字办公技能篇,聚焦WPS文字、表格和演示等办公软件的使用技巧与实际操作。每章后均附有习题或实践任务,帮助读者巩固所学知识。

本书适合作为高校非计算机专业的"计算机通识课"教材,也适合作为对数字技术和数字办公感兴趣的自学者以及广大计算机初学者的入门级参考书。

图书在版编目(CIP)数据

数字素养与技能应用/颜丽,阳丽主编. -- 北京:清华大学出版社,2025.7. --(国家级实验教学示范中心联席会计算机学科组规划教材). -- ISBN 978-7-302-69827-2

Ⅰ. TP3

中国国家版本馆 CIP 数据核字第 2025BB4854 号

责任编辑:贾 斌 薛 阳
封面设计:刘 键
责任校对:王勤勤
责任印制:刘海龙

出版发行:清华大学出版社
    网 址:https://www.tup.com.cn,https://www.wqxuetang.com
    地 址:北京清华大学学研大厦 A 座   邮 编:100084
    社 总 机:010-83470000   邮 购:010-62786544
    投稿与读者服务:010-62776969,c-service@tup.tsinghua.edu.cn
    质量反馈:010-62772015,zhiliang@tup.tsinghua.edu.cn
    课件下载:https://www.tup.com.cn,010-83470236
印 装 者:三河市东方印刷有限公司
经 销:全国新华书店
开 本:185mm×260mm   印 张:23.5   字 数:570 千字
版 次:2025 年 8 月第 1 版   印 次:2025 年 8 月第 1 次印刷
印 数:1~3500
定 价:69.80 元

产品编号:112211-01

前　言

数字技术正在迅猛发展,深刻地改变人们的工作和生活方式,成为推动社会进步的重要力量。"数字中国"战略的实施,标志着数字化发展已成为国家层面的顶层设计,旨在通过数字技术与经济、政治、文化、社会、生态文明建设的深度融合,全方位推进国家的现代化进程。在这一背景下,数字素养与技能成为现代社会人和职业人必须具备的基本素养和技能。数字素养与技能不仅关乎信息的获取与处理能力,还涉及数字交流、内容创造、安全意识以及问题解决等多方面能力。掌握这些素养和技能,能够帮助人们更好地适应数字化工作环境,提高学习、工作效率和创新能力,同时也为个人职业发展提供有力支撑。

编写本书的目的是帮助读者全面提升数字素养、掌握计算机新技术知识、强化办公技能,使他们能够更好地适应数字时代的发展需求。在内容编排上,力求全面、系统,涵盖了数字素养通识、数字技术通识以及数字办公技能三大板块,旨在为读者打造一个全方位、多层次的学习平台。

数字素养通识篇旨在为读者在数字时代筑牢基础素养。第1章"数字素养"聚焦数字意识的培养,让读者认识到信息海量且价值巨大,掌握高效筛选与处理信息的方法,并能借助数字工具解决实际问题;计算思维部分强化逻辑推理与算法设计能力,助力读者迅速应对复杂难题;数字化学习与创新板块展示了数字技术、数字内容获取以及数字化学习创新趋势,培育创新精神;数字社会责任部分强调读者在享受数字红利时应坚守信息伦理与道德规范,守护信息安全与隐私,维护网络秩序。第2章"数字化起点:计算机与信息基础"带领读者走进计算机的世界,从计算机的诞生、发展讲起,介绍计算机的分类、应用领域及发展趋势,全方位展现其重要地位;深入剖析计算机系统,涵盖硬件与软件,使读者了解计算机的运行机制;信息技术基础从二进制的"0"和"1"出发,讲解数制转换、数据表示与存储、信息编码等知识,为后续学习打下坚实基础。第3章"数字内容与资源管理"化身为"数字生活整理师",聚焦数字内容的存储、备份与格式互转,教授读者高效管理数字资料的方法;计算机资源管理涵盖文件、文件夹以及软硬件资源的有序管理,助力读者优化计算机使用效率,确保系统稳定运行。本篇内容丰富、实用性强,全方位提升读者的数字素养,为深入学习数字技术与办公技能奠定坚实根基。

  数字技术通识篇紧跟数字素养通识篇，深入剖析前沿数字技术，拓展读者技术视野。第4章"数字技术通识与应用"以 AI 大模型生成开题报告为任务，串联人工智能与机器学习基础，深入探讨数字技术在人工智能、云计算和大数据领域的基础知识及其应用实践。从人工智能的发展历程、核心技术到大模型的实际应用，再到云计算的服务类型与优势，以及大数据的基本概念和分析方法，系统构建了对数字技术通识与应用的全面认知。第5章"数字安全与防护"以网络命令排查网络连接问题为任务，深入计算机网络架构及应用，逐层剖析原理与实际应用；全方位梳理网络安全威胁，详细介绍防火墙、加密技术等防护措施；强调数据安全及个人信息防护，分享数据加密、备份与恢复技巧，以及个人信息保护方法。本篇内容前沿、案例丰富，读者将熟练掌握数字技术，提升解决实际问题能力，为未来学习与职业发展注入动力。

  数字办公技能篇聚焦实操，通过任务驱动方式，深入剖析 WPS 文字、表格、演示等常用办公软件的使用技巧。WPS 文字部分，从基本的文字输入、编辑、排版讲起，逐步深入表格制作、图文混排、长文档排版、WPS AI 排版等高级功能，让读者能够制作出专业、美观的文档。WPS 表格部分涵盖数据录入、格式设置、公式与函数应用、WPS AI 编写公式、数据管理与分析等核心技能，通过丰富的实例，让读者学会如何高效地处理和分析数据。WPS 演示部分聚焦利用 WPS AI 功能辅助演示文稿的设计与制作，从幻灯片的创建、编辑、美化，到演示文稿的输出、放映与分享，让读者能够制作出具有视觉冲击力和感染力的演示文稿，提升表达与沟通能力。

  在编写过程中，我们注重理论与实践相结合，每一章都配有相应的任务案例，针对第1~5章精心设计了习题，帮助读者巩固所学知识，检验学习效果；第6~8章配有实践任务练习，使读者能够在学习理论知识的同时，通过动手实践加深理解和掌握。

  本书适合作为高等院校非计算机专业学生的教材，也适合广大自学者阅读参考。希望通过本书的学习，读者能够全面提升自己的数字素养与技能，为未来的学习、工作和生活打下坚实的基础，在数字时代中脱颖而出，实现自己的梦想与价值。

  本书第1~3章由阳丽编写，第4章和第5章由贺江飞编写，第6章和第7章由颜丽编写，第8章由梁莉菁编写，全书由颜丽完成统稿。本书在编写过程中还得到了萍乡学院信息与计算机工程学院老师们的大力支持，在此表示衷心的感谢。

  由于编者水平有限，书中难免会存在不足和疏漏之处，敬请广大读者批评指正！

编 者

2025 年 5 月

目　录

第3篇　数字办公技能篇

第1篇

数字素养通识篇

第 1 章

数 字 素 养

在信息爆炸的时代背景下,数字素养成为衡量个人综合素质的重要标尺。它不仅是一种技能,更是一种思维方式和生活态度。数字素养的核心要素包括数字意识、计算思维、数字化学习与创新、数字社会责任等。

作为新时代的青年学子,掌握计算机基础知识、操作技能,培养良好的数字素养,不仅是学术探索的基石,更是未来职业生涯中不可或缺的能力。

知识目标:
- 了解可以从哪些方面建立数字意识。
- 了解计算、计算思维的概念及特征。
- 了解数字技术与数字化的概念。
- 掌握数字内容获取的方法。
- 了解数字化学习与创新的主要趋势。
- 了解信息伦理与道德规范的相关知识。

能力目标:
- 具备数字意识。
- 具备应用计算思维的能力。
- 具备数字化学习与创新的能力。

素质目标:
- 培养逻辑思维、批判性思维。
- 培养团队协作、终身学习的能力。
- 培养社会责任感、可持续发展意识。

任务 1　思考如何构建"校园智慧生活 APP"

任务情境

随着信息技术的快速发展,高校校园正逐步向智慧化转型。为了提升大学生的数字素养,同时解决实际问题,本任务旨在让学生团队利用所学知识,设计并开发一款能够改善校园生活体验的智慧生活 APP。该 APP 应能反映出设计者在数字意识、计算思维、数字化学习与创新,以及数字社会责任方面的综合能力。假如你是这款 APP 的设计者,请思考该任务在实现的过程中,哪些方面体现了数字素养的核心要素。

任务分析

设计团队首先需要对校园生活进行深入的调研,了解师生在校园生活中遇到的实际问题,如课程安排管理、图书资源获取、食堂排队、体育活动预约等,并收集师生对于校园智慧生活 APP 的期望与需求。设计团队可以运用问卷调查、访谈、数据分析等方法来培养数字意识,并学会从数据中洞察用户需求。

基于调研结果来设计 APP 的功能模块,同时,需要规划数据库结构、设计用户界面,并考虑如何运用算法优化 APP 的性能。设计团队应运用逻辑思维、模块设计、算法优化等方法,设计高效、易用的 APP 系统。

选择合适的编程语言和开发框架来实现 APP 的功能。在开发过程中,鼓励团队通过在线课程、开源社区、技术论坛等途径,持续学习新技术,如人工智能、大数据分析等,以提升 APP 的智能水平。

在 APP 设计与开发过程中,应充分考虑用户隐私保护、数据安全、信息伦理等问题。制定隐私政策,明确数据收集、存储、使用的目的与方式,确保 APP 符合相关法律法规要求。同时,设计功能时应体现对校园多元文化的尊重,避免偏见与歧视。

相关知识

1.1　数字意识

数字意识是数字素养的重要组成部分,是指个体内化的数字敏感性,对数字真伪和价值的认知,以及主动发现和利用真实、准确的数字的动机。它体现在能够理解和运用数字信息,识别数字的来源和准确性,以及在协同学习和工作中分享真实、科学、有效的数据,并主动维护数据的安全。在当今社会,数字意识具有重要的现实意义和深远的影响。

在数字化日益普及的今天,数字意识变得越来越重要,它不是单纯的技术技能,而是一种对现代数字环境的适应和理解能力,是一种社会和文化层面的素养,不仅关系到个人的生活质量和工作效率,也影响着社会的整体发展和进步。具备数字意识的人能够意识到数字技术在日常生活中的重要性,并且能够有效地利用这些技术来提高工作效率,丰富生活体验,进行创新思考和参与社会活动。因此,提升全民数字意识,培养数字素养,已经成为国家教育和社会发展计划的重要组成部分。

可以从以下几方面建立数字意识。

1. 培养数字敏感性

（1）在日常生活中应多关注数字信息，如价格、时间、数量等，培养对数字的敏感度。

（2）通过解决逻辑推理问题，如数字谜题、脑筋急转弯等，锻炼逻辑思维能力和对数字的敏感度。

（3）通过收集、整理和分析数据，从中提取有用的信息并做出合理的推断。这有助于培养对数字的敏感度和洞察力，特别是在处理大量数据时能够快速抓住关键信息。

2. 识别数字真伪和价值

1）核实信息来源

在获取信息时，首先要确认信息的来源是否可靠。正规媒体、官方渠道和知名网站发布的信息往往具有较高的可信度。对于来源不明的信息，应保持警惕，避免盲目传播。

2）交叉验证

对于同一事件或者数据，尽量查找多个来源进行对比和验证。如果多个来源的信息一致，那么其真实性相对较高，如果存在差异，则需要进一步核实。

3）观察细节

在鉴别数字化信息时，要注意观察细节，如图片是否模糊、文字是否有错别字、数据是否合理等，这些细节往往能暴露出信息的真伪。

4）利用技术手段

人工智能技术在数字化真伪鉴别中发挥着越来越重要的作用，可以通过自然语言处理、图像识别等技术对信息进行自动分析和鉴别。

5）验证防伪码

对于如商品、票据等，可以通过扫描防伪标签上的二维码或输入防伪码数字进行在线查询，以验证产品的真实性。

3. 主动利用数字信息

1）获取数字信息

首先要明确自己想要获取信息的类型、内容和目的，这有助于更准确地搜索和筛选信息；利用搜索引擎，如百度、谷歌、必应等，根据输入的关键词搜索相关信息，注意使用多个关键词组合，以获取更全面的信息。也可以通过访问与自己需求相关的专业网站、论坛或博客获取信息，这些网站通常会提供更深入、专业的信息与分析。

2）分析数字信息

可以通过检查信息的来源是否可靠、权威来评估信息的准确性、完整性和时效性，还可以从大量信息中提取出与自己需求相关的关键信息，以便更高效地理解和应用这些信息。分析数字信息可以借助 Excel、Python 等工具对信息进行处理和挖掘，帮助自己发现信息中的模式、趋势和异常值。

3）应用数字信息

根据分析后的信息，制定个人或组织的决策；利用信息来识别问题、分析原因并寻找解决方案，帮助我们更有效地应对挑战和困难；根据信息分析结果，优化个人或组织的工作流程,提高效率,降低成本并提升整体绩效。

4）分享数字信息

与同事、朋友或家人分享自己获取和分析的数字信息；在社交媒体、博客或专业平台上发布自己获取和分析的数字信息；在相关的论坛、社区或会议上参与讨论,分享自己的观点和见解。

4. 维护数据安全

数据安全对于个人和组织来说都至关重要,要提高自身对数据安全的重视程度。可以通过一些技术,如访问限制、数据加密、安装防火墙和安全软件、数据备份与恢复、漏洞管理等来维护数据安全。

5. 提升数字素养

积极了解数字技术的最新发展,如人工智能、大数据、云计算、物联网等。培养批判性思维,能够独立思考并评估数字信息的价值。

建立数字意识,对于人们的生活、学习、工作方面都会产生深远的影响。

（1）生活方面。

数字意识使我们能够更有效地利用互联网和移动设备等数字技术,快速获取和筛选信息,提升我们的信息获取与处理能力,提高生活质量。数字意识让我们增强网络安全意识,了解网络安全威胁和防护措施,如识别网络钓鱼、恶意软件等,可以保护我们的个人信息和财产安全。数字意识推动我们接受和使用各种数字化服务,如在线购物、远程医疗、电子支付等,使生活更加便捷和高效。数字意识的培养有助于我们更好地理解数字技术背后的原理,提升我们的数字素养,使我们能够更好地适应数字化时代。

（2）学习方面。

数字意识使我们能够利用互联网获取丰富的学习资源,如在线课程、电子书、学术数据库等,提高学习效率和质量。数字技术为自主学习提供了更多可能性,如通过在线学习平台、社交媒体等与他人交流和分享学习心得,激发学习兴趣和动力。数字意识使我们更有效地筛选和分析信息,提高解决问题的能力。数字意识的培养有助于我们拓展思维,尝试新的方法和工具,培养创新思维。

（3）工作方面。

数字意识使我们能够更好地利用先进的数字技术,提高生产力和竞争力。数字意识有助于企业或个人了解数字化转型的重要性和必要性,推动其积极拥抱数字化变革,提高业务效率和创新能力。在数字化时代,具备数字意识和技能的人才更受欢迎。通过培养数字意识,可以提高自己的职业竞争力,为未来的职业发展打下坚实的基础。

数字意识使我们能够更好地适应数字化时代的变化和挑战,提高生活质量、学习效率和工作效率。因此,我们应该积极培养数字意识,不断提升自己的数字素养和技能水平。

1.2　计算思维

计算思维这一概念由美国卡内基·梅隆大学计算机科学系主任周以真教授于 2006 年 3 月在 *Communications of the ACM* 杂志上首次提出。这一概念的提出,标志着计算思维正式成为计算机科学领域的一个重要概念,并开始受到广泛的关注和研究。下面将对计算与计算思维的相关概念和应用进行简要介绍。

1.2.1　计算与计算思维

当今社会,计算机的应用是人们必备的技能之一。人们学习计算机应用可以改变工作和生活习惯,更好地适应社会发展。在学习计算机应用之前,应该先了解计算思维,学习科学家进行问题求解的思维方式。

1. 计算的概念

计算思维中的"计算"是基于规则的、符号集的变换过程,即从一个按照规则组织的符号集合开始,再按照既定的规则一步步改变这些符号集合,最后通过有限的步骤之后得到一个确定的结果。广义的计算就是执行信息变换,即对信息进行加工和处理。

如简单计算 $12+7=19,9-3=6,5×8=40$,指"数据"在"运算符"的操作下,按"计算规则"进行的数据转换。我们通过各种运算符的计算规则及其组合应用,得到了正确的结果。计算规则可以学习和训练,若知道计算规则,但超出人的计算能力,可能无法人为完成计算时可由机器自动完成,借助机器获得计算结果,这也是计算(即机器计算)。利用机器计算,需要设计一些计算规则,让机器通过执行规则完成计算,也就是使用机器来代替人进行自动计算,如圆周率计算等。计算规则如果用人们理解的符号描述,就是解题步骤;如果用二进制指令描述,就是计算机程序。

2. 计算思维的概念

计算思维是一直存在的科学思维方式,计算机的出现和应用促进了计算思维的发展和应用。周以真教授认为:计算思维是运用计算机科学的基础概念进行问题求解、系统设计,以及人类行为理解等涵盖计算机科学之广度的一系列思维活动。她在 *Communications of the ACM* 杂志上发布的文章中指出,计算思维是所有人都应具备的如同"读、写、算"能力一样的基本思维能力,计算思维建立在计算过程的能力和限制之上,由人或机器执行。

周以真教授为了让人们更易于理解计算思维,对计算思维进一步地做出了更详细的描述:

(1) 计算思维是通过约简、嵌入、转换和仿真等方法,把一个困难问题重新阐释成一个我们知道怎样解决的问题的思维方法。

(2) 计算思维是一种递归思维,是一种并行处理,是既能把代码译成数据又能把数据译成代码的方法,也是一种多维分析推广的类型检查方法。

(3) 计算思维是一种采用抽象和分解来控制庞杂的任务或进行巨大复杂系统设计的思维方法,是基于关注分离的方法(SoC方法)。

(4) 计算思维是一种选择合适的方式去陈述一个问题,或对一个问题的相关方面建模,使其易于处理的思维方法。

(5) 计算思维是按照预防、保护原则及通过冗余、容错、纠错的方式,从最坏情况进行系统恢复的一种思维方法。

(6) 计算思维利用启发式推理寻求解答,即在不确定情况下规划、学习和调度的思维方法。

(7) 计算思维是利用海量数据来加快计算,在时间和空间之间,在处理能力和存储容量之间进行折中的思维方法。

3. 计算思维的特征

周以真教授描述了计算思维具有 5 个基本特征。

（1）计算思维是人的思维方式之一，不是计算机思维。

计算思维是人类求解问题的一种途径，而计算机是将人的计算思维呈现出来的载体。人将计算思维的思想赋予计算机之后，计算机才能高效、快速地完成计算机时代之前单纯依靠人力无法完成的问题求解和计算。

（2）计算思维是一种灵活、多变的基本技能，不是刻板、简单的机械重复。

（3）计算思维的过程是概念化，不是程序化。

计算思维不是计算机编程，要像计算机科学家那样去思维，意味着不仅需要编写计算机程序，还要能在多个抽象层次上进行思考。

（4）计算思维是思想，不是人造物。

计算思维不是将生产、生活中的软硬件等人造物呈现在人们面前，更重要的是在制造这些人造物的过程中所包含的思想和关于计算的概念。它促进了人与人之间的交流，帮助人们解决问题，管理并改善着人们的日常生活、生产方式。

（5）计算思维是数学和工程思维的互补与融合。

计算思维传承于数学算法思维，它的形式化基础建立在数学之上；计算思维又具有明显的工程技术性质，解决问题的实践方案和能与现实世界互动的数字系统都是以工程思想为基础的。

总而言之，计算思维是人的思维，是人的思想的呈现和技能的运用，与数学和工程思想相得益彰，拓展着人们认识世界的方式。

1.2.2　计算思维的应用

计算思维的应用不仅渗透到每个人的日常生活，还伴随信息技术的发展，广泛影响了其他学科领域，如计算生物学、计算物理学、计算化学、计算经济学、计算机艺术、计算数学等。计算思维领域提出的新概念、新思想拓展了人类认识自然界的方法，使得自然科学、工程技术和社会经济等领域的协同研究更逼近自然规律，其融合发展将会产生革命性的进展。

1. 计算生物学

计算机科学领域的理念和方法渗透到生物学的研究之中形成计算生物学。计算生物学是指将开发和应用数据分析及理论研究的方法、数学建模、计算机仿真技术等，用于生物学、行为学和社会群体系统研究的一门学科。例如，从各种生物的 DNA 数据中挖掘 DNA 序列自身规律和 DNA 序列进化规律，从而帮助人们从分子层面上认识生命的本质与进化规律；利用绳结来模拟蛋白质结构，用计算过程来模拟蛋白质动力学，并且运用数据挖掘与聚类分析的方法进行蛋白质结构的预测；在医学领域，机器人手术、借助于计算机的分析诊断及可视化系统在临床中已经广泛应用。

计算生物学正在改变着生物学家的思考方式。随着生物学数据量和复杂性的不断增长，只有依靠高性能、大规模的计算技术，才能从海量庞杂的数据中提取有用的数据，进而为更好地开展生物学的研究提供依据。随着科学技术的不断发展，计算机科学对生物学的贡献和影响必将是长久而深远的。

2. 计算物理学

计算思维渗透到物理学产生了计算物理学。计算物理学与理论物理学、实验物理学一起以不同的研究方式来逼近自然规律,给人们认识世界提供了全新的视角。

当今,计算物理学因为在自然科学研究中的巨大作用使得人们不再单纯地认为它仅仅是理论物理学家的一个辅助工具。复杂的自然现象无法通过纯理论完全描述,也不容易通过理论方程加以预见,而计算物理学可以将数值模拟作为探索自然规律的一个很好的工具,其理由是:一个理论是否正确,可以通过计算机模拟并与实验结果进行定量的比较加以验证;而实验中的物理过程也可以通过模拟加以理解。

3. 计算化学

计算化学是理论化学的一个分支,主要应用计算机程序和方法对特定的化学问题进行研究,即将计算机科学运用在化学研究中,同时,计算思维也渗透到化学之中。计算化学利用理论化学原理、物理模型和近似方法,通过计算机程序分析分子性质,反应行为,并模拟动态过程,用以解释化学问题。

计算化学的研究主要包括数值计算、化学模拟、模式识别、化学数据库及检索、化学专家系统 5 方面。

(1) 数值计算。用计算数学方法,对化学中的数学模型进行数值计算或方程求解,如量子化学和结构化学中的演绎计算、分析化学中的条件预测、化工过程中的各种应用计算等。

(2) 化学模拟。化学模拟主要包括:①数值模拟,如用曲线拟合法模拟实测工作曲线;②过程模拟,根据某一复杂过程的测试数据建立数学模型,预测反应效果;③实验模拟,通过数学模型研究各种参数(如反应物浓度、湿度、压力)对产量的影响,在屏幕上显示反应设备和反应现象的实体图像,或反应条件与反应结果的坐标图形。

(3) 模式识别。计算化学中最常用的方法是统计模式识别法。例如,根据二元化合物的键参数(离子半径、元素电负性、原子价径比等)对化合物进行分类,预测化合物的性质。

(4) 化学数据库及检索。例如,根据谱图数据库进行谱图检索,已成为有机分析的重要手段。

(5) 化学专家系统。主要是指在化工生产过程中,利用专家知识进行生产过程的优化与控制、故障诊断,指导生产计划与调度、化工设计等。

在化学中,计算思维已经深入其研究的各个层面,绘制化学结构及反应式,分析相应的属性数据、光谱数据等,均需要计算思维的支撑。

4. 计算经济学

计算经济学是计算思维渗透到经济学,使用计算机作为工具去研究人和社会经济行为的社会科学,是经济学的一个分支。直观地说,一切与经济研究有关的计算都属于计算经济学。计算博弈论正在改变人们的思维方式。"囚徒困境"是博弈论专家设计的典型示例,"囚徒困境"博弈模型可以用来描述企业间的价格战等诸多经济现象。

计算经济学的出现极大地影响了经济学研究工具和方法的演进,如经济系统中计算建模的应用使得经济学问题的求解变得快捷而方便,其中用到的模型主要有代理人模型、一般均衡模型、总体模型、理性预期模型、计算计量与统计模型、计算金融模型等。再如资金管理问题、资源分配问题等很多经济模型被定为动态规划问题，动态规划是求解决策过程的最优化过程，能在不确定环境的动态求解过程中达到最优化。以计算机为工具，将数值方法应用在传统经济领域中求解出之前难以解决的问题，如经济增长模型的分析、金融市场的行情预测与分析、经济优化问题的研究等都是计算思维在计算经济学中的应用和体现。

总之，计算思维正在对社会经济结构产生重大影响，因而将不可避免地改变经济学理论和方法。

5. 计算机艺术

计算机艺术是指用计算机以定性和定量的方法对艺术作品进行分析研究，以及利用计算机辅助艺术创作，是计算机科学与艺术相结合的一门新兴交叉学科，涉及绘画、音乐、舞蹈、影视、广告、书法模拟、服装设计、图案设计以及电子出版物等众多领域，均是计算思维的重要体现。

6. 计算数学

计算数学研究用计算机进行数值计算的方法。计算代数用计算机进行代数演算，计算几何学用计算机研究几何问题，这些大大扩展了数学家的计算能力。现在数学家们可利用计算机寻找传统数学难题的答案，如"四色定理"的证明、寻找最大的"梅森素数"等。

利用计算机数学软件，如 MATLAB、Mathematica、Maple 等，可以方便地进行数值计算与分析、系统建模与仿真、数字信号处理、数据可视化等。

7. 其他领域

计算思维还影响了管理学、法学、文学、体育等社会科学领域所采用的主要研究方法，改变了各学科领域探索问题的研究模式。

在信息时代，计算思维的意义和作用达到了前所未有的高度，计算思维代表着一种普适的态度和技能，并非计算机科学家的专属技能，所有人都应该积极学习并使用。

1.3 数字化学习与创新

数字化学习是信息时代背景下的新型学习方式，它强调利用数字技术、网络资源和数字平台来促进学习者的学习和发展。数字化学习与创新指的是能够解决学生学习困难的可广泛适用的措施，或者数字化课程的发展和实践，它可能以多种不同的方式呈现。

1.3.1 数字技术与数字化

1. 数字技术

数字技术，是一项与电子计算机相伴相生的科学技术，它是指借助设备将图、文、声、像等信息转换为电子计算机可识别的二进制代码（"0"和"1"），并进行运算、存储、传输和还原的技术。由于在运算、存储等环节中要借助计算机对信息进行编码、压缩、解码等，因此也称为数码技术、计算机数字技术、数字控制技术等。

1）模拟信号

模拟信号是指用连续变化的物理量所表达的信息，它会随时间变化且通常被限制在一个范围内（如−12～+12V），如图 1-1 所示。在这个连续的范围内，它会有无限多个值。模拟信号使用介质的给定属性来传递信号信息,例如,通过电线来传递电信号,用信号的不同电压、电流或频率来表达信息。模拟信号通常用于反映光线、声音、温度、湿度、位置、压力或其他物理现象的连续变化。因此,通常又将模拟信号称为连续信号。

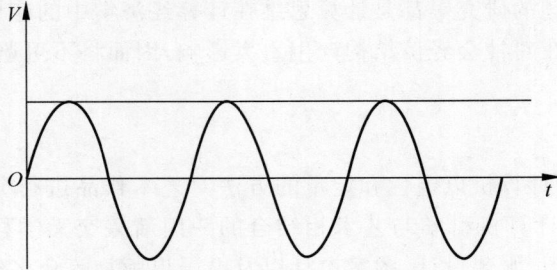

图 1-1　模拟信号

在实际生产生活中,摄像机拍下的图像,车间控制室所记录的压力、流速、转速、湿度等,都是模拟信号。模拟信号在传输过程中,先把信息信号转换成几乎"一模一样"的波动电信号(因此叫作"模拟"),再通过有线或无线的方式传输出去,电信号被接收下来后,通过接收设备还原成信息信号。

近百年来,从有线相连的电话到无线发送的广播电视,很长的时间内都是用模拟信号来传递信息的。但是,模拟信号在传输过程中要经过许多的处理和转送,这些设备难免要产生一些干扰。此外,如果是有线传输,线路附近的电气设备的电磁干扰会影响信号的质量,如果是无线传送,则空中的各种干扰不可避免。这些干扰很容易引起信号失真,也会带来一些噪声,而且,这些干扰和噪声还会随着传送距离的增加而积累起来,严重影响通信质量。

2) 数字信号

数字信号是在模拟信号的基础上经过采样、量化和编码而形成的。数字信号在取值上是离散、不连续的信号。具体来说,采样就是把输入的模拟信号按适当的时间间隔得到各个时刻的样本值,如图 1-2 所示。量化是把经采样测得的各个时刻的值用二进制码来表示。编码则是把量化生成的二进制数排列在一起形成顺序脉冲序列。因此,数字信号是将数据表示为一连串离散的值。在给定时间内,数字信号只能从有限的一组可能值中选取一个值。数字信号用于所有的数字电子设备中,包括计算设备和数据传输设备。采用数字信号,物理量表达的信息可能有如下很多种。

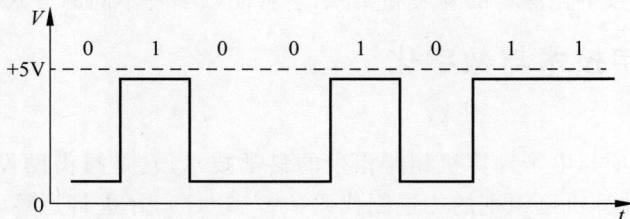

图 1-2　数字信号的电压与时间的关系图

(1) 可变电流或电压。

(2) 电磁场的相位或极化。

(3) 声压。

（4）磁存储介质的磁化。

数字通信是用数字信号作为载体来传输消息，或用数字信号对载波进行数字调制后再传输的通信方式，即利用数字技术进行信息传输与交换。数字通信可传输电报、数字数据等数字信号，也可传输经过数字化处理的声音和图像等模拟信号。数字通信具有如下优点。

（1）加强了通信的保密性。语音信号经模/数变换后，可以先进行加密处理，再进行传输，在接收端解密后再经数/模变换还原成模拟信号。

（2）提高了抗干扰能力，尤其在中继时，数字信号可以再生，因而能消除噪声的积累。

（3）传输差错可以控制，从而改善了传输质量。

（4）便于使用现代数字信号处理技术来对数字信息进行处理。

（5）支持构建综合数字通信网，实现多功能消息传递。

但是，数字通信也存在缺点，如占用频带较宽、技术要求复杂、进行模/数转换时会带来量化误差。

2. 数字化与信息化

1）数字化含义

狭义的"数字化"是指利用信息系统、各类传感器、机器视觉等信息通信技术，将物理世界中复杂多变的数据、信息、知识，转换为一系列二进制代码，引入计算机内部，形成可识别、可存储、可计算的数字、数据，再以这些数字、数据建立起相关的数据模型，进行统一处理、分析、应用，这就是数字化的基本过程。

广义的"数字化"则是通过利用大数据、云计算、区块链、人工智能、物联网等新一代信息技术，对企业、政府等各类主体的战略、架构、运营、管理、生产、营销等各个层面进行系统性的、全面的变革，强调的是利用数字技术对整个组织的重塑，数字技术能力不再是单纯地解决降本增效问题，而成为赋能模式创新和业务突破的核心力量，也就是数字化转型。

2）信息化

"信息化"通常是指采用计算机及网络技术实现条块化服务业务，如企业管理信息系统、财务系统、ERP系统等的建设与应用。数字化更多的是指企业业务模式和商业模式的系统性变革、重构，即业务模式创新。目前国家倡导的企业数字化转型即数字化的实际应用，"新基建"则是为推动企业数字化转型创造的良好外部新生态，助力、加速数字化转型的实现。

"信息化"和"数字化"是信息技术发展过程中不同阶段人们对信息技术在生产生活中应用的描述，在一定程度上体现了信息技术的发展与应用情况。

1.3.2　数字内容获取

人们获取数字内容的方式主要是通过互联网。使用互联网获取信息，但又不知道所在网址，则需要使用搜索引擎或检索工具等进行信息检索。主流搜索引擎如百度、必应（Bing）、搜狗（Sogou）、谷歌等，主流的检索工具主要是各公共图书馆管理系统、知网、百度学术等。除此之外，互联网上社交媒体中的用户生成内容也是主要的信息源之一，如微信、QQ、微博等。

常用数字内容检索工具主要包括搜索引擎、文献检索工具、视频检索系统、音频检索系统等。

1. 搜索引擎

搜索引擎作为一种网络信息检索工具,是根据一定的策略,运用特定的计算机程序从互联网上采集信息,并在对信息进行组织和处理后,为用户提供检索服务,最后将检索的相关信息展示给用户的系统。搜索引擎旨在提高人们获取信息的速度,为人们提供更好的网络使用环境。从功能和原理上,搜索引擎大致被分为全文搜索引擎、元搜索引擎、垂直搜索引擎和目录搜索引擎4大类。搜索引擎提供丰富的搜索功能,常见功能可划分如下。

(1) 对网页、音乐、图片、视频等不同类型的信息的搜索。

(2) 对新闻资讯、学术文献等不同主题信息的搜索。

(3) 地图查阅、多语种翻译、百科知识、搜索指数(趋势)等扩展服务。

生活中,常见的搜索引擎有百度、新浪、搜狐等,表1-1给出了常见搜索引擎的基本功能。

表 1-1   常见搜索引擎基本功能一览表

名　　称	常 见 功 能									
	网页	新闻	视频	音乐	图片	地图	翻译	学术	百科	指数
百度	√	√	√	√	√	√	√	√	√	√
新浪	√	√	√	√	√	√	√	—	√	—
搜狐	√	√	√	√	√	√	√	—	√	√
网易	√	√	√	√	√	—	√	—	√	√
360 搜索	√	√	√	√	√	√	√	√	√	√
必应	√	—	√	—	√	√	√	√	—	—

百度(https://baidu.com/):百度是中国最大的搜索引擎,更专注于中国市场。它还提供了其他在线服务,如贴吧、知道、百度学术等。

新浪(https://search.sina.cn/):互联网上最大的搜索引擎之一,提供网站、中文网页、英文网页、新闻、沪深行情等多种资源的查询。

搜狐(https://sohu.com/):1998年推出的中国首家大型分类查询搜索引擎,至今已成为中国最具影响力的分类搜索引擎之一。

网易(https://www.163.com/):新一代开放式目录管理系统,拥有近万名义务管理者,为广大网民提供具有上万类目,海量活跃的站点信息。

360搜索(https://www.so.com/):奇虎360推出的综合搜索。360拥有强大的用户群和流量入口资源,这对其他搜索引擎极具竞争力,该服务初期采用二级域名,整合了百度搜索、谷歌搜索内容,可实现平台间的快速切换。

必应(https://cn.bing.com/):微软开发的搜索引擎,它在搜索结果的呈现方式上与谷歌和百度有所不同。它也提供图像搜索、视频搜索、翻译等功能。

2. 文献检索工具

文献检索工具是用于存储、查找和报道档案信息的系统化文字描述工具,是目录、索引、指南等的统称。图书馆目录、期刊索引、电子计算机检索用的文献数据库等都是检索工具。检索工具具有如下特点。

(1) 详细描述文献的内容特征、外表特征。

（2）每条文献记录必须有检索标识。

（3）文献条目按一定顺序形成一个有机整体，能够提供多种检索途径。

检索工具的类型主要有以下 4 种。

（1）目录型检索工具：涵盖的范围比较广阔，可大体分为馆藏目录、联合目录、专题文献目录、出版社与书店目录等。

（2）题录型检索工具：以单篇文献为基本著录单位来描述文献外表特征（如文献题名、著者姓名、文献出处等），无内容摘要，是快速报道文献信息的一类检索工具。

（3）文摘型检索工具：用精辟的语言把某一特定学科或某一特定专业的重要文献精练成为摘要，让研究者在较短的时间内花费较少的精力就能掌握相关研究的基本内容和研究现状，如知识型文摘、报道型文摘等。

（4）索引型检索工具：即将书籍、期刊中所刊登文献的题目、作者、主题、专业术语和参考文献等文献的外部特征，根据特定的需要一一摘录，注明其所在书刊中的页码，并按照一定的顺序排列的检索工具。

下面分别介绍几种中文文献常用检索工具和英文文献常用检索工具。

1）中文文献常用检索工具

（1）中国知网。

中国知网（https://www.cnki.net/）面向海内外读者提供中国学术文献、外文文献、学位论文、报纸、会议、年鉴、工具书等各类资源的统一检索、统一导航、在线阅读和下载服务。知网是收录了我国期刊、硕博论文、工具书、会议论文、报纸年鉴、专利、标准、古籍等各类文献资料的全文数据库和二次文献数据库，以及由文献内容挖掘产生的知识元数据库，涵盖了基础科学、农业、医学、工程技术、人文、社会科学、哲学等领域。

下面就如何使用中国知网检索文献举例说明。

例 1-1　检索"人工智能"应用在图像识别领域的期刊文献。

利用知网检索文献时，可利用主题、关键词、篇名、作者等进行检索，如图 1-3 所示。图 1-4 中所示为在下拉列表框中选择"主题"。输入"人工智能"，单击"检索"按钮，检索页面如图 1-5 所示。共检索出各类文献 32 万篇，且分门别类地显示了检索的文献数量，并且在列表中依据相关度降序显示检索结果，如图 1-6 所示，也可设置其他排序依据，如发表时间等。

图 1-3　中国知网首页界面

图 1-4 "人工智能"主题检索页面

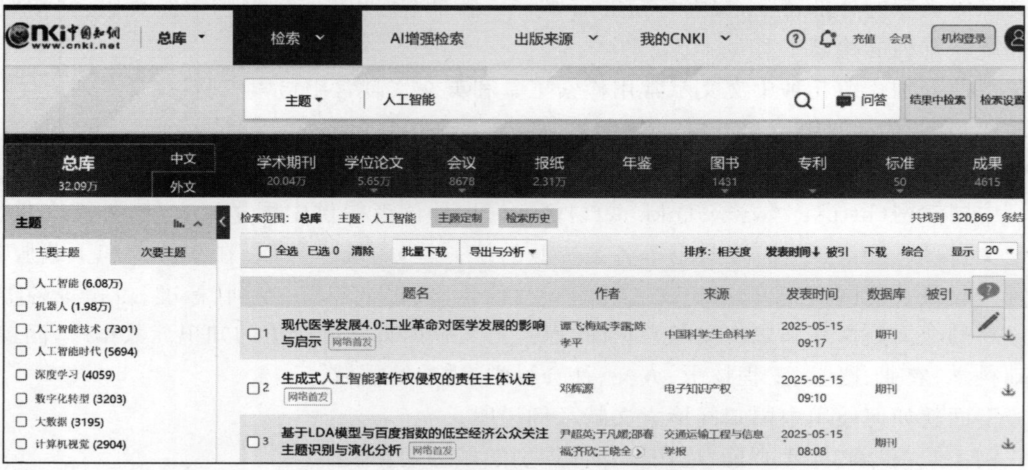

图 1-5 "人工智能"检索结果示意图

图 1-6 中显示以"图像识别"为主题检索文献时的结果,共检索出文献 2.9 万篇,同样分类统计了各类别文献的数量。

图 1-6 "图像识别"检索结果示意图

文献检索时知网提供了高级检索功能,可以采用多个关键词进行检索,图 1-7 中设置关键词为"人工智能"和"图像识别",两者之间用 AND 连接,即检索出的文献中同时包含"人工智能"和"图像识别"两个关键词。图 1-8 中显示检索出文献的数量仅有 597 篇。当我们在搜索栏里填入搜索关键词时,通常关键词越多,获得的返回结果条目越少。知网检索还可以在左侧选择"主题""学科""发表年度"等缩小检索范围,使得检索结果更为精确。其他数据库的检索方式大致相同,在此不一一列举。

图 1-7 "高级检索"页面示意图

图 1-8 "人工智能"和"图像识别"检索结果示意图

(2)维普网。

维普网(https://www.cqvip.com/)是全球著名的中文信息服务网站,是中国最大的综合文献服务网站,是我国数字图书馆建设的核心资源之一。其所依赖的"中文科技期刊数据库",是中国最大的数字期刊数据库,涵盖全学科领域,搜尽 9000 余种中文期刊,饱览 1250 余万原始文献。图 1-9 为维普网首页界面。

(3)万方数据库。

万方数据库,即万方数据知识服务平台(https://wanfangdata.com.cn),是由万方数据

图 1-9　维普网首页界面

公司开发,涵盖期刊、会议纪要、论文、学术成果、学术会议论文的大型网络数据库,是与中国知网齐名的专业学术数据库。万方学术期刊集纳了理、工、农、医、人文 5 大类 70 多个类目共 7600 种科技类期刊全文。万方会议论文的"中国学术会议文献数据库"是国内唯一的学术会议文献全文数据库,收录了 1998 年以来国家级学会、协会、研究会组织召开的全国性学术会议论文,数据范围覆盖自然科学、工程技术、农林、医学等领域。图 1-10 为万方数据库首页界面。

图 1-10　万方数据库首页界面

（4）中国科学引文数据库。

中国科学引文数据库（Chinese Science Citation Database,CSCD）（http://www.sciencechina.cn/）涵盖数学、物理、化学、天文学、生物学、农林科学、医药卫生、工程技术以及环境科学等领域出版的中英文科技核心期刊和优秀期刊。中国科学引文数据库来源期刊每两年遴选一次。每次遴选均采用定量与定性相结合的方法,定量数据来自中国科学引文数据库,定性评价则通过聘请国内专家定性评估对期刊进行评审。定量与定性综合评估结果构成了中国科学引文数据库来源期刊。2023—2024 年度,经过定量遴选、专家定性评估,中国科学引文数据库收录期刊 1341 种,其中,中国出版的英文期刊 317 种,中文期刊 1024 种。中国科学引文数据库来源期刊分为核心库和扩展库两部分,其中,核心库 996 种（备注栏中 C 为标记）,扩展库 344 种（备注栏中 E 为标记）。图 1-11 为中国科学引文数据库首页。

图 1-11　中国科学引文数据库首页

（5）中文社会科学引文索引数据库。

中文社会科学引文索引（Chinese Social Sciences Citation Index，CSSCI）（https://cssci.nju.edu.cn/）是由南京大学中国社会科学研究评价中心开发研制的数据库，用来检索中文社会科学领域的论文收录和文献被引用情况，是我国人文社会科学评价领域的标志性工程。中文社会科学引文索引是国家、教育部重点课题攻关项目，遵循文献计量学规律，采取定量与定性评价相结合的方法从全国 2700 余种中文人文社会科学学术性期刊中精选出学术性强、编辑规范的期刊作为来源期刊，收录包括法学、管理学、经济学、历史学、政治学等在内的 25 大类的 500 多种学术期刊。图 1-12 为中文社会科学引文索引数据库首页。

图 1-12　中文社会科学引文索引数据库首页

2）英文文献常用检索工具

（1）Web of science 科学引文索引。

Web of science 是全球最大规模的出版商中的英文索引和研究情报平台，由多个电子数据库构成，收录不同领域文献的专业检索工作，收录了全球 13 000 多种权威学术期刊，内容涵盖面广，包括多个引文数据库：SCI、SSCI、HCI、IC、SCIE、CPCI-S、CPCI-SSH，能够最大限度地满足英文文献检索需求。

(2) Scopus。

Scopus(http:www. scopus. com/)是世界上最大的摘要和引文数据库,涵盖了 15 000 种科学、技术及医学方面的期刊。Scopus 不仅为用户提供了其收录文章的引文信息,还直接从简单明了的界面整合了网络和专利检索,直接链接到全文、图书馆资源及其他应用程序,如参考文献管理软件,也使得 Scopus 相比其他任何文献检索工具更为方便、快捷。不仅如此,Scopus 还借助其外部的文献使用情况,如抓取、提及、社交媒体和引用等进行更为全面的社会化计量分析。

(3) DOAJ。

DOAJ(Directory of Open Access Journals)(https://www. doaj. org/)是由瑞典隆德大学创建的国际知名学术期刊数据库,是目前世界上最大的仅收录开放获取期刊的数据库。DOAJ 数据库收录内容覆盖的科研领域十分广泛,涵盖了科学、技术、医学、社会科学、艺术与人文科学等全部学科领域,并且没有语言限制,采用任何语种发表的高质量、具备同行评议的完全开放获取期刊,均可申请 DOAJ 的收录。DOAJ 数据库收录了超过 17 000 种开放获取期刊,其中超过 12 000 种期刊不收取任何文章处理费(APC),收录的文章数量超过了 750 万篇,收录文献来源于 130 个国家和地区,覆盖了 80 种不同的语言,是世界上最大的开放获取期刊数据库。

除了以上这些常用英文文献检索工具之外,还有面向特定学科领域的专门文献检索工具。

(4) DBLP。

DBLP(DataBase systems and Logic Programming)(https://www. dblp. org/)是计算机领域内对研究的成果以作者为核心的一个计算机类英文文献的集成数据库系统。它提供计算机领域科学文献的搜索服务,按年代列出了作者的科研成果,包括国际期刊和会议等公开发表的论文。DBLP 的文献更新速度很快,很好地反映了国外学术研究的前沿方向。

(5) PubMed。

PubMed(https://PubMed. ncbi. nlm. nih. gov)是一个提供生物医学方面的论文免费检索的数据库。它的数据库来源为 MEDLINE。其核心主题为医学,但也包括其他与医学相关的领域,如护理、兽医、健康保健系统及临床科学。其主要数据来源有 MEDLINE、OLDMEDLINE、Record in process、Record supplied by publisher 等。数据类型包括期刊、综述,以及与其他数据库的连接。PubMed 具有收录范围广、界面友好、文献报道速度快等优点。

(6) SciFinder。

SciFinder(https://sso. cas. org/)是美国化学学会(ACS)旗下的化学文摘服务社(Chemical Abstracts Service,CAS)所出版的 *Chemical Abstract*(《化学文摘》)的在线版数据库学术版。它是全世界最大、最全面的化学和科学信息数据库。《化学文摘》是化学和生命科学研究领域中不可或缺的参考和研究工具,也是资料量最大、最具权威的出版物。网络版《化学文摘》(*SciFinder Scholar*),更整合了 MEDLINE 医学数据库、欧洲和美国等近 50 家专利机构的全文专利资料,以及《化学文摘》1907 年至今的所有内容。它涵盖的学科包括应用化学、化学工程、普通化学、物理、生物学、生命科学、医学、聚合体学、材料学、地质学、食品科学和农学等诸多领域。SciFinder 是典型的文摘型数据库,主要提供文献的题录及摘要信息,但可以连接到全文。

3．学位论文常用检索工具

1）万方中国学位论文全文数据库（CDBB）

收录始于 1980 年，涵盖基础科学、理学、工业技术、人文科学、社会科学、医药卫生、农业科学、交通运输、航空航天和环境科学等各学科领域。

2）中国知网博硕士论文数据库

中国知网博硕士论文数据库是目前国内资源完备、质量上乘、连续动态更新的中国博硕士学位论文全文数据库。收录了从 1984 年至今的博硕士学位论文，累积博硕士学位论文全文文献 500 万篇。覆盖基础科学、工程技术、农业、医学、哲学、人文、社会科学等各个领域。积累了全国 522 家培养单位的博士学位论文和 795 家硕士培养单位的优秀硕士学位论文。

3）国家科技图书文献中心学位论文库（NSTL）

NSTL 包括中文学位论文数据库以及外文学位论文数据库，收录了 1984 年至今高等院校以及研究生院发布的硕士、博士和博士后论文，涉及自然科学各领域，兼顾人文社科。

4）CALIS 学位论文中心服务系统

CALIS 学位论文中心服务系统面向全国高校师生提供中外文学位论文检索和获取服务。内容涵盖 12 个学科类别：工学、理学、农学、医学、经济学、管理学、法学、哲学、历史学、文学、教育学、军事学。目前，博硕士学位论文数据逾 384 万条，其中，中文数据约 172 万条，外文数据约 212 万条，数据持续增长中。

5）中国台湾 Airitilibrary 学术文献数据库硕博士学位论文库

"Airitilibrary 学术文献数据库"中的学位论文库以中文为主要语言类别，目前共收录中国台湾 55 所大专院校的硕博士论文，收录学校包括台湾大学、台湾交通大学、台湾中兴大学、台北科技大学、台湾清华大学、台北大学、淡江大学、高雄医学大学、台北医学大学、中山医学大学、中国医药大学等优秀大专院校的硕博士论文。

6）ProQuest

ProQuest 公司可提供期刊、报纸、参考书、参考文献、书目、索引、地图集、绝版书籍、记录档案、博士论文和学者论文集等各种类型的信息服务，格式采用网络、光盘、微缩胶片及印刷版等。ProQuest 的内容和服务涉及艺术人文、社会科学、自然科学、科技工程，以及医学等领域。

7）NDLTD 学位论文库

NDLTD 学位论文库是由美国国家自然科学基金支持的一个网上学位论文共建共享项目，为用户提供免费的学位论文文摘，还有部分可获取的免费学位论文全文。目前全球有170 多家图书馆、7 个图书馆联盟、20 多个专业研究所加入了 NDLTD。和 ProQuest 学位论文数据库相比，NDLTD 学位论文库的主要特点就是学校共建共享、可以免费获取。另外，由于 NDLTD 的成员来自全球各地，所以覆盖的范围比较广，有德国、丹麦等欧洲国家和中国香港、中国台湾等地区的学位论文。但是由于文摘和可获取全文都比较少，可作为国外学位论文的补充资源使用。

8）PQDT 博硕论文库

ProQuest 公司是博硕士论文收藏和供应商，是美国国会图书馆指定的全美学位论文唯一官方转储和加拿大国家图书档案馆授权的全国学位论文官方出版、存储单位。PQDT 学位论文全文库覆盖了大部分北美地区高等院校以及世界其他地区数千所高等院校每年获得通过的博硕士论文。Harvard University、Massachusetts Institute of Technology、Cambridge University、Stanford University、Hong Kong University of Science and Technology 等知名院校每年都有大量论文被收录。

9）美国博士论文档案数据库

美国博士论文档案数据库 1933—1955（American Doctoral Dissertations 1933—1955）收录约有 100 000 篇 1933—1955 年的论文文献。该数据库是唯一收录 1933—1955 年被美国所承认的博士论文最完整的档案数据库。研究人员可以依照论文、篇名、作者以及学校机构等方式检索。

4. 视频检索系统

视频检索可以简单地理解为从视频中搜索有用或者需要的资料。智能视频技术实现对移动目标的实时检测、识别、分类以及多目标跟踪等功能的主要算法分为以下 5 类：目标检测、目标跟踪、目标识别、行为分析、基于内容的视频检索和数据融合等。视频检索在社会公共安全领域得到了广泛应用，成为维护社会治安，加强社会管理的一个重要组成部分。

1）百搜视频

百搜视频（原"百度视频"）是百度战略投资、全力打造的视频内容平台，依托庞大的用户覆盖和算法、人工智能、大数据等核心技术，通过百搜视频官方网站、百搜视频 APP 等产品向网民提供个性化视频内容服务。百搜视频于 2007 年发布上线，其功能包括全网视频、高清播放、极速推荐、离线观看、热榜、播放升级、好片分享等，移动端总用户量已超过 8 亿。通过与数十家视频网站、数千家 PGC 内容制作机构深度合作，已建立总量超过 10 亿条数据的媒体资源库，在视频行业中处于领先地位。

2）华为视频

华为视频基于人工智能技术，借助智慧视觉、智能运营、智慧情景，识别用户所处场景来匹配相应的内容推荐，将海量的电影、电视剧、综艺、漫画等不同品类的内容，智能化地推荐给有视听偏好的用户，并在不同场景下为用户切换不同的视频服务。华为视频服务于全球华为终端用户，用户群体庞大，覆盖手机、智慧屏、PC、平板、VR 等设备，华为视频能够为用户提供跨终端、跨系统、智能全场景无缝覆盖的视听体验，结合 AI 交互技术、情景化内容服务和先进的音视频技术，方便用户在各种应用场景下享受优质视频内容。

3）腾讯视频

腾讯视频是中国领先的在线视频媒体平台，拥有丰富的优质流行内容和专业的媒体运营能力，是聚合热播影视、综艺娱乐、体育赛事、新闻资讯等为一体的综合视频内容平台，并通过 PC 端、移动端及客厅产品等多种形态为用户提供高清流畅的视频娱乐体验，以满足用户不同的体验需求。

4）阿里云视频

依靠阿里集团积累的业界最大规模的云上视频处理集群、视频算法处理方法以及持续不断地提供丰富的算法和处理能力，阿里云视频逐步转变成依靠云和端一起配合进行视频传输处理的架构。它们提出了云处理＋端渲染技术，云上提供强大的处理能力，端上负责渲染，只需要提供很少的处理能力就能完成比较好的处理效果，使用户在不同的手机上都能得到一样的体验。其基本架构为端上只需要进行比较简单的视频采集以及视频传输，然后通过覆盖全球的 GRTN 网络到达云端，云端使用 GRTP 的云端实时处理引擎对视频进行处理,再把处理好的视频传到端上,端上只需要做简单的呈现。

5) 必应视频搜索

使用必应视频搜索 API,可以轻松地将视频搜索功能添加到服务和应用程序中。使用此 API 发送用户搜索查询时,可以获取并显示与必应视频类似的相关高质量视频。在这个视频检索系统中有实时建议词搜索、筛选和限制视频结果、缩略图裁剪和重设大小显示、获取热门视频、获取视频见解等功能。

6) 美图短视频分析与检索系统

2010 年,美图成立了核心研发部门——美图影像研究院(MT Lab),致力于计算机视觉、深度学习、计算机图形学等人工智能(AI)相关领域的研发,以核心技术创新推动公司业务发展。首先,捕获信息;其次,对信息进行编辑和处理,如剪辑、滤镜美化、背景分割等;最后,进行信息提取,包括场景检测、人物分析、行为识别、物体识别等,并在此基础上进行视频检索。

5. 音频检索系统

音频检索是通过提取音频流中的时域(频域)特征来检索包括语义信息在内的音频内容的过程。基于内容的音频检索系统突破了传统的基于文本的表达局限,直接对音频进行分析,从中抽取内容特征,并利用这些特征建立索引并进行检索,避免了将字符表示转换为音频信息的过程。这涉及多种技术,如音频数字信号处理、语音识别、信息检索、数据库系统、模式识别、数据挖掘等。

1) 听吧

听吧是百度视频与喜马拉雅 FM 战略合作的音频知识付费产品,以语音为中心进行检索,采用语音识别等技术,对电台节目、电话交谈、会议录音进行检索。听吧内置在百度视频移动端应用中,与影视剧、短视频、直播等内容并列,基于算法和用户主动订阅等功能实现音频内容的个性化推荐。

2) 网易云音乐

网易云音乐(NetEase CloudMusic)是一款由网易公司开发的音乐产品,是网易杭州研究院的成果。该平台依靠大数据处理、自然语言处理、机器学习、可视化以及云技术,依托专业音乐人、DJ、好友推荐及社交功能,在线音乐服务主打歌单、社交、大牌推荐和音乐指纹,以歌单、DJ 节目、社交、地理位置为核心要素,主打发现和分享。

3) QQ 音乐

QQ 音乐是隶属于腾讯音乐娱乐集团的音乐流媒体平台,以优质内容为核心,以大数据与互联网技术为推动力,致力于打造"智慧声态"的"立体"泛音乐生态圈,为用户提供多元化的音乐生活体验。其主要功能如下。

(1) 高品质音乐播放。

(2) 专辑图片和全屏歌词显示。

(3) 登录 QQ 同步计算机上 QQ 音乐我的收藏歌曲。

(4) 大量在线音乐资源试听和下载。

(5) 在线音乐手动搜索和每日人工推荐等。

1.3.3　数字化学习创新趋势

2020 年 2 月 8 日，多家教育组织联合发布《数字化学习创新趋势》(*Digital Learning Innovation Trends*)报告，概括和解释了当前全球数字化学习的 7 种主要趋势和 3 种次要趋势。

数字化学习创新的 7 大主要趋势如下。

(1) 自适应学习(Adaptive Learning)。

自适应学习系统能够根据学生的学习进度、能力和兴趣来定制学习内容、节奏和难度。借助大数据和人工智能技术，系统能够实时分析学生的学习数据，从而调整教学策略，为学生提供个性化的学习体验。

(2) 开放教育资源(Open Education Resources，OER)。

开放教育资源是指任何人都可以免费访问和使用的教学、学习和研究资源。这些资源包括在线课程、电子教材、视频讲座等，有助于缩小教育差距，促进全球范围内的知识共享和合作。

(3) 游戏化和基于游戏的学习(Gamification and Game-based Learning)。

游戏化学习是指将游戏元素融入学习活动、评估或课程中，以增加学习的趣味性和互动性。基于游戏的学习则是指利用游戏来促进学生学习，通常与增强认知知识的概念学习或模拟活动相关。

(4) 慕课(Massive Open Online Courses，MOOC)。

慕课是一种大型开放在线课程，通过互联网向全球学习者提供免费或低成本的高等教育资源。慕课提供了灵活的学习时间和空间，使得更多人有机会接受高质量的教育。

(5) 学习管理系统与互通性(Learning Management Systems and Interoperability)。

学习管理系统(LMS)是数字化学习中的核心工具，用于管理、跟踪和报告学生的学习进度和成绩。互通性则是指不同 LMS 之间的数据交换和集成能力，有助于实现学习资源的共享和无缝衔接。

(6) 移动性和移动设备(Mobility and Mobile Devices)。

随着移动设备的普及和无线网络的发展，移动学习已成为数字化学习的重要趋势。学生可以通过智能手机、平板电脑等移动设备随时随地访问学习资源，进行自主学习和协作学习。

(7) 设计(Design)。

设计在数字化学习中扮演着至关重要的角色，它涉及构建学习环境和互动，使学生能够方便学习。这包括课程设计和/或教学设计，涵盖学生与内容的互动、与其他学生的互动以及与老师的互动，以保证学习目标、评估和活动三者一致。

数字化学习创新的 3 个次要趋势如下。

(1) 混合学习(Blended Learning)。

混合学习是指为了满足学生跨环境学习的需求，将面对面学习和在线环境进行战略性的融合。在混合学习中，物理教室的上课时间被在线教学活动所取代或补充，有助于提供更加灵活和多样化的学习体验。

(2) 数据管理界面(Dashboards)。

数据管理界面是指向学习者提供一系列聚合数据，这些数据通常以量化和可视化相结合的方式呈现出来。通过数据管理界面,学习者可以理解和应用这些数据,以测量和改进自己的表现。同时,学生数据的分享也能够让学生自主学习和激励他们自我控制和管理他们的学术成就。

(3) 虚拟现实与人工智能(Virtual Reality and Artificial Intelligence)。

虚拟现实(VR)和人工智能(AI)在数字化学习中具有巨大的潜力。VR 可以创造沉浸式的学习环境,使学生能够以更直观和互动的方式探索复杂的概念和场景。而 AI 则可以通过分析学生的学习数据来提供个性化的学习建议和支持。

数字化学习创新趋势涵盖了多方面,这些趋势不仅改变了知识的传递方式,还重新定义了学习的本质和过程。随着技术的不断进步和应用场景的不断拓展,数字化学习将继续在塑造未来教育中发挥重要作用。

🔑 1.4　数字社会责任

数字社会责任(Digital Social Responsibility)指个体在数字化活动中所应承担的道德修养和行为规范方面的责任。它要求个体在享受数字技术带来便利的同时,也要意识并承担起保护数字环境、维护网络秩序、促进数字经济健康发展的责任。

伦理道德作为一种行为规范,是一种社会意识形态,不具有法律的强制性,它是依靠社会舆论、人们的信仰和传统习惯来调节人与人、人与自然、人与社会之间伦理关系的行为原则和规范的总称。信息法律则是为保障网络安全,维护网络空间主权和国家安全、社会公共利益,保护公民、法人和其他组织的合法权益,促进经济社会信息化健康发展而制定的法律。在信息社会,不仅需要道德观念来评价和约束人们的行为,调解人与人之间的关系,维护社会的稳定与和谐,更需要法律法规来约束人们的行为。

我们应遵守与数字化活动有关的法律法规,确保在数字空间中的行为合法合规。在网络空间中要保持诚信、尊重他人、不发布虚假信息、不侵犯他人隐私等,共同营造一个健康、和谐的网络环境。

我们要保护好自己的个人信息,如设置强密码、不轻易透露个人信息、警惕网络诈骗等,确保个人信息安全,同时也要做好数据安全,学会备份重要数据,使用安全的存储介质和方法,防止数据丢失或被盗用;提高网络安全意识,学会识别网络钓鱼、恶意软件,学会使用防火墙、杀毒软件等防护工具,做到不参与或传播网络暴力行为,如恶意评论、造谣传谣等;遵守数字版权法律法规,尊重知识产权,支持正版软件和数字内容,抵制盗版和非法下载行为。

数字社会责任对维护社会稳定、促进经济繁荣、提高个人素养起到了重要的作用。

1.4.1　信息伦理与道德规范

1. 什么是伦理

"伦理"是指在处理人类个体之间、人与社会之间的关系时应遵循的准则、方法和依据的"道理",是一种社会行为规范。"伦理"强调了人类行为的合理性,对待问题要按照规定行事,行为要举止得体、合乎规范。

伦理(ethics)一词来源于希腊文"ethos",具备风俗、习性、品性等含义。亚里士多德在《尼各马可伦理学》一书中写道:"伦理德性则是由风俗习惯熏陶出来的,因此把'习惯'

(ethos)一词的拼写方法略加改变,就形成了'伦理'这个名称。"

伦理在中国起初是分开来使用的。"伦"有类别、辈分和顺序等含义,后来引申为不同辈分之间的关系;"理"最早是指玉石上的条纹,具有条理。合起来,"伦理"说明人与人之间的关系不是杂乱无章的,而是有条有理、有原则和标准的。

伦理原指住所、栖息地和家园,一般指风俗习惯,但在后来的发展中不断延展推广,包含人的精神气质、德性、人格以及社会关系和为人之道等方面的内容。

随着社会文明的快速进步,人们彼此间的关系变得更加复杂,伦理问题层出不穷;而随着科学技术的快速发展,同样引发了大量的、未曾出现过的伦理问题,如技术伦理、科学伦理、环境伦理和信息伦理等。

2. 信息技术可能带来的道德失范

科学技术是一把"双刃剑",信息技术也不例外。信息技术与传统教育模式相结合,在推动教育改革快速发展的同时,也带来了计算机辅助剽窃、软件盗版、信息欺诈、信息垃圾等大量信息伦理与道德失范行为,进而产生不良影响。不良影响主要表现在以下几方面。

1)冲击人际交往

计算机网络技术极大地拓展了人际交往空间,但同时也使一些青年学生参加社会活动的机会大大减少。热衷虚拟交往使他们疏远了现实中的人际交往,使传统的具有可视性、亲情感的人际交往减少,久而久之,会造成人与人之间存在隔阂,从而导致人们的人际交往能力下降。

2)引发心理障碍

网上交往改变了高校学生情感沟通方式,过度地沉溺网络世界,势必导致其心理、精神、人格等方面的成长障碍,造成部分学生"网上网下"判若两人,形成多重人格,容易出现焦虑、苦闷、压抑情绪。

另外,部分学生沉湎网络游戏,欲罢不能。暴力游戏潜移默化地改变着他们的价值观,很容易令他们模糊道德认知,产生"攻击他人合理"的错误认知。长期如此,极容易产生精神麻木和道德冷漠,丧失现实感和道德判断力,出现暴力倾向,形成冷漠、无情、自私的性格。

3)导致情感创伤

青年学生处于情感发育的黄金时期,向往异性、渴望情感是正常的。但网上交往角色的虚拟性导致了年龄、学历、相貌、身份等方面与实际存在偏差或不符,甚至会出现同性之间的"性别角色恋爱",容易给青年学生造成较大的感情或心理伤害。

4)信息垃圾威胁

计算机网络在促进教育发展的同时,暴力、迷信、色情等网络信息垃圾也可能同步而至,从而可能污染校园文化环境。

5)助长"黑客"行为

部分学生认为成为黑客是一件荣耀的事情,他们想方设法追求网上的"技术权威",试图进入禁止进入的计算机系统。"黑客"行为本身可能是基于创新的动机,而一旦偏离了道德的轨道,就要受到道德舆论的谴责,甚至是法律的制裁。

6)软件盗版

互联网极大地增加了软件产品的销售,同时也为盗版软件创造了"新的机会"。某些人员在未经许可的情况下,擅自对软件进行复制、传播甚至销售。软件盗版和非法复制极大地威胁了软件产业的健康发展。

针对上述不良影响,人们有必要借助道德理性的力量,逐步建立信息技术领域的信息法律和伦理规范,依靠人类的伦理精神来规约信息技术的引进、研究和使用,使之有利于社会发展。

3. 信息伦理与职业规范

由于信息技术发展非常迅速,信息伦理与职业规范与时俱进,从计算机伦理规范、网络伦理规范到人工智能伦理规范,不断更新迭代。

1) 计算机伦理规范

计算机伦理规范是指计算机专业人士在设计、开发、生产和销售计算机及网络产品,并在为客户和雇主服务的过程中需要遵守的行为准则。

美国计算机协会(Association for Computing Machinery,ACM)在 1992 年 10 月发布了《计算机伦理与职业行为准则》。该规范是专门为 ACM 会员制定的,是计算机专业人士应该遵守的计算机职业道德规范。该准则由 4 部分 24 条规则构成。

第一部分列举了道德的基本要点,即"基本的道德规则",内容包括:为社会和人类福利事业做出贡献;避免伤害他人;做到诚实可信;坚持公正并反对歧视;尊重包括版权和专利权在内的财产权;重视对知识产权的保护;尊重他人的隐私;保守机密。

第二部分列出了对专业人士行为更加具体的要求,即"更具体的专业人士责任",内容包括:努力取得最高的质量、效益和荣誉;获得和保持专业竞争力;遵守专业工作的现有法律;接受并提供专业评价;进行风险分析;遵守合同、协议及所承担的责任;仅在授权的情况下利用计算和通信资源。

第三部分是组织领导岗位规则。

第四部分是支持和执行本准则的相关规定。

2) 网络伦理规范

一般来说,网络伦理规范主要包括以下内容:尊重他人的知识产权;不利用网络从事有损于社会和他人的活动;尊重隐私权;不利用网络攻击、伤害他人;不利用网络谋取不正当的商业利益等。

3) 人工智能伦理规范

如今,每个人都享受到人工智能技术所带来的便捷和效率。但是,人工智能技术为我们带来好处的同时,也对我们的传统伦理道德产生影响。例如,能否赋予具有较高智商的机器人人的权利(即人权伦理);一些公司为了获取更多利润,利用大数据分析结果损害老顾客的利益,从而违背了公平交易的原则(即经济伦理)。此外,无人驾驶汽车出现事故的责任归属问题、机器人导致大量人员失业问题、视频监控导致个人隐私泄露问题等,都会带来新的伦理挑战。

为此,需制定人工智能伦理规范,例如:必须有益于人们的身心健康;必须利于人类生存,促进社会和谐发展;必须保护人类隐私;必须维护人类尊严;必须尊重人的选择;应该保证社会公平等。

1.4.2　信息安全与隐私保护

信息安全是一个广泛且动态发展的概念,其内涵随时代变化而不同。即使在同一时期,由于所站的角度不同,对信息安全的理解也不尽相同。而隐私和安全存在紧密关系,但也存在一些细微差别。安全是绝对的,而隐私则是相对的。因为对某人来说是隐私的事情,对他人而言可能不是隐私。而安全问题,往往与人的喜好关系不大,每个人的安全需求基本相同。况且,信息安全对于个人隐私保护具有重大的影响,甚至决定了隐私保护的强度。

1. 什么是信息安全

信息安全是指为数据处理系统建立和采用的技术、管理上的安全保护,以保护计算机硬件、软件、数据不因偶然和恶意的原因而遭到破坏、更改和泄露。具体来说,信息安全涵盖了以下几个关键方面。

(1)硬件安全:网络硬件和存储媒体的安全,要确保这些硬件设施不受损害,能够正常工作。

(2)软件安全:计算机及其网络中的各种软件不被篡改或破坏,功能不会失效,且不被非法复制或非法操作。

(3)运行服务安全:网络中的各个信息系统能够正常运行,并能正常地通过网络交流信息。这包括对网络系统中的各种设备运行状况的监测,发现不安全因素时能及时报警并采取措施改变不安全状态,以保障网络系统正常运行。

(4)数据安全:网络中存在及流通数据的安全,要保护网络中的数据不被篡改、非法增删、复制、解密、显示、使用等。这是保障网络安全最根本的目的。

此外,信息安全还涉及为信息和信息系统提供保密性、完整性、可用性、可控性和不可否认性,以确保一个国家的社会信息化状态和信息技术体系不受外来的威胁与侵害。从更广义的角度来看,信息安全不仅关注技术层面的保护,还包括管理、法律等多个层面的综合考虑。

总的来说,信息安全是一个综合性的概念,它涵盖了从技术到管理、从硬件到软件、从数据到服务等多方面的安全保护。

2. 如何保护信息安全

保护信息安全的措施包括多方面,这些措施旨在从技术、管理和个人行为等多个层面来保障信息安全。以下是一些关键的措施。

1)技术层面的保护措施

(1)加强网络安全防护。

使用防火墙、入侵检测系统、访问控制系统等安全技术,建立可靠的网络安全防护体系。安装可信赖的安全软件,如防病毒软件和防火墙,并及时更新操作系统和应用程序的补丁。

(2)数据保护与加密。

对敏感数据进行加密处理,确保数据在传输和存储过程中的安全性。使用安全的文件传输协议和加密技术,避免数据在传输过程中被窃取或篡改。

(3)账号与密码管理。

设置复杂且独特的密码,避免使用过于简单或与个人信息相关联的密码。定期更换密码,并采用双重或多重认证方式,如手机验证码、指纹识别等,提升账户的安全性。

(4)软件与系统更新。

定期更新设备与软件,以修复已知的安全漏洞,提高系统的稳定性和安全性。避免使用过时或存在安全漏洞的软件和系统。

2）管理层面的保护措施

（1）建立信息安全管理制度。

制定和完善信息安全管理制度，明确信息安全的目标、原则和措施。建立信息安全审核机制，定期检查和评估信息安全状况。

（2）加强员工信息安全培训。

提高员工对信息安全的重视程度和认识水平。通过培训使员工了解信息安全的基本知识和操作技能。

（3）信息安全风险评估。

定期进行信息安全风险评估，识别潜在的安全威胁和漏洞。根据评估结果采取相应的安全措施来降低风险。

3）个人行为层面的保护措施

（1）提高信息安全意识。

时刻意识到个人信息的重要性，不轻易透露给陌生人。避免在社交媒体等平台上过度分享个人信息，特别是与身份识别、财务状况和居住地址等敏感信息相关的内容。

（2）谨慎处理网络活动和交易。

在网上购物时，选择可信赖的网站和支付方式，避免泄露银行卡等财务信息。不随意点击来源不明的链接或下载未知附件，以防恶意软件或病毒侵入。

（3）保护个人设备和网络环境。

设定手机和计算机的锁屏密码，并定期备份重要文件。避免将个人信息存储在公共设备或与他人共享设备上。在使用公共 Wi-Fi 时，注意保护个人信息，避免进行敏感操作，如网银交易或登录重要账号。

4）法律手段

为了有效保护网络与信息安全，打击网络与信息犯罪，我国陆续制定了相关法律法规，主要包括：1994 年发布施行、2011 年修订的《中华人民共和国计算机信息系统安全保护条例》；2000 年发布的《互联网信息服务管理办法》；2002 年施行、2013 年修订的《中华人民共和国计算机软件保护条例》；2017 年施行的《中华人民共和国网络安全法》。

3. 什么是隐私

什么是隐私？每个人都有自己的理解。狭义的隐私是指以自然人为主体的个人秘密，即凡是人们不愿意让他人知道的个人信息都可以称为隐私，如电话号码、身份证号、个人健康状况等。广义的隐私不仅包括自然人的个人秘密，还包括机构的商业秘密。隐私内容广泛，其内涵因个人、文化、民族的差异而不同。简单来说，隐私就是个人、机构或组织等实体不愿意被外部世界知晓的信息。

4. 为什么要保护隐私

隐私泄露是一个严重的社会问题，其危害深远且广泛，不仅影响个人的生活质量和安全，还可能对整个社会造成不良影响。以下是隐私泄露可能带来的具体危害。

1）对个人的直接危害

身份盗用与欺诈：当个人信息（如姓名、身份证号、银行账户信息等）被泄露后，不法分子可能会利用这些信息进行身份盗用，进而从事欺诈活动，如盗刷银行卡、申请贷款、冒充他人进行交易等。

财产损失：身份盗用和欺诈行为往往导致个人财产损失，包括直接的经济损失（如被盗刷的金额）和间接的经济损失（如因处理欺诈事件而产生的费用）。

名誉受损：隐私泄露可能导致个人名誉受损，特别是当泄露的信息涉及个人敏感信息时。例如，个人照片、视频或聊天记录被泄露，可能会引发社会舆论的负面评价。

心理伤害：隐私泄露不仅会对个人造成经济损失，还可能对其心理造成巨大伤害。个人可能会感到焦虑、恐惧、愤怒和自卑等负面情绪，甚至导致严重的心理创伤。

2）对社会的间接危害

信任危机：隐私泄露会破坏人与人之间的信任关系。当个人信息被泄露后，个人可能会对他人、组织或政府失去信任，导致社会信任体系的崩溃。

社会不稳定：隐私泄露可能引发社会不稳定因素。例如，当大量个人信息被泄露时，可能会引发公众恐慌、社会不满和抗议活动，甚至导致社会动荡。

法律与道德挑战：隐私泄露挑战了法律和道德底线。当个人隐私被侵犯时，法律应当提供有效的保护手段；同时，隐私泄露也引发了关于道德和伦理的广泛讨论。

3）对特定行业的危害

金融行业：在金融领域，隐私泄露可能导致金融诈骗、洗钱等犯罪活动的增加。这不仅会损害金融机构的声誉和利益，还会对整个金融体系的稳定性造成威胁。

医疗行业：在医疗领域，隐私泄露可能泄露患者的敏感信息，如健康状况、病史等。这不仅会侵犯患者的隐私权，还可能影响患者的医疗决策和治疗效果。

互联网与通信行业：在互联网和通信领域，隐私泄露可能导致个人信息被滥用，如垃圾邮件、骚扰电话和诈骗信息的泛滥。这不仅会干扰个人的正常生活和工作，还会降低互联网和通信行业的整体服务水平。

4）对国家安全的影响

隐私泄露还可能对国家安全造成威胁。例如，当涉及国家安全的信息（如军事机密、政治敏感信息等）被泄露时，可能会引发国际争端、军事冲突或政治危机。

隐私泄露的危害是多方面的，不仅影响个人的生活质量和安全，还可能对整个社会造成不良影响。因此，应该高度重视隐私保护问题，加强法律法规的制定和执行，提高个人信息安全意识，共同维护个人隐私和社会稳定。

任务实现

第一步：任务启动与需求调研。

先设定任务目标，明确 APP 在解决校园生活中的实际问题，设定 APP 的长远目标和短期目标。接着组建设计团队，招募具有不同专业背景的成员，包括 UI 设计师、软件工程师、数据分析师等，分配角色和责任，确保团队高效协作。

做需求调研，设计发放问卷调查，收集师生对校园智慧生活 APP 的期望和需求。对调查对象进行深度访谈，了解师生的具体需求和痛点。分析学校已有的数据资源，如课程安排、图书借阅记录等，发现潜在需求。

团队成员通过学习数据分析工具和方法，培养从数据中洞察用户需求的能力，同时也培养了数字意识。

第二步：功能设计与规划。

基于调研结果设计 APP 的核心功能模块，如课程安排管理、图书资源获取、食堂排队、体育活动预约等，设计每个模块的具体功能和操作流程。

设计数据库结构，规划数据库模型，设计数据表结构、索引和关系。

设计用户界面，设计简洁、直观、符合用户习惯的操作界面。

第三步：技术选型与开发实现。

根据功能模块的需求和团队的技术储备，选择合适的编程语言和开发框架。配置开发工具，按照功能模块进行开发，确保各模块之间的独立性和可扩展性。

鼓励团队成员通过在线课程、开源社区、技术论坛等途径学习新技术。将人工智能、大数据分析等技术应用于 APP 中，提升智能水平。

第四步：隐私保护、数据安全与信息伦理。

制定明确的隐私政策，说明数据收集、存储、使用的目的与方式，确保隐私政策符合相关法律法规要求，并获得用户同意。

采用加密技术保护用户数据安全，建立数据备份和恢复机制，防止数据丢失和损坏。

设计功能时应体现对校园多元文化的尊重，避免偏见与歧视。

第五步：用户测试与反馈迭代。

邀请师生参与用户测试，收集他们对 APP 的使用体验和反馈。根据用户反馈进行功能调整和优化。

根据用户测试和市场反馈，持续迭代开发新的功能和优化现有的功能。定期发布更新版本，提升用户体验和 APP 竞争力。

第六步：推广与运营。

制定市场推广策略，通过校园媒体、社交媒体等渠道进行宣传推广。与学校合作举办活动提高 APP 的知名度和使用率。

建立用户社区，鼓励用户分享使用心得并提出建议。定期发布更新公告和用户指南，提高用户满意度和忠诚度。

⚿ 小结

数字意识是数字素养的重要组成部分，可以从培养数字敏感性、识别数字真伪和价值、主动利用数字信息、维护数据安全、提升数字素养等方面来建立数字意识。计算思维是计算机科学领域的一个重要概念，计算思维不仅渗透到了每个人的生活中，还广泛地影响了其他学科的发展，我们在学习工作生活中要注重培养自己的计算思维。

数字化学习是信息时代背景下的新型学习方式，获取数字内容的方式主要是通过互联网，常用数字内容检索工具主要包括搜索引擎、文献检索工具、视频检索系统、音频检索系统等。数字化学习创新有 7 大主要趋势：自适应学习、开放教育资源、游戏化和基于游戏的学习、慕课、学习管理系统与互通性、移动性和移动设备、设计。此外，还有 3 个次要趋势，分别是混合学习、数据管理界面和虚拟现实与人工智能。

我们在享受数字技术带来便利的同时，也要承担起保护数字环境、维护网络秩序、促进数字经济健康发展的责任。我们应遵守与数字化活动有关的法律法规、信息伦理与道德规范,也要保护好自己的个人信息,如设置强密码、不轻易透露个人信息、警惕网络诈骗等,确保个人信息安全,同时也要做好数据安全,学会备份重要数据,使用安全的存储介质和方法,防止数据丢失或被盗用。

习题

一、单选题

1. 哪个搜索引擎主要专注于中国市场?(　　)
   A. 谷歌　　　　　　　　B. 百度　　　　　　C. 雅虎　　　　　　D. 必应
2. 以下哪个选项属于计算思维的特征?(　　)
   A. 计算思维是计算机的思维　　　　　B. 计算思维的过程是程序化
   C. 计算思维是一种灵活多变的基本技能　D. 计算思维是人造物
3. 在文献检索工具中,每条文献记录必须具备的特征是(　　)。
   A. 标注作者信息　　　　　　　　　　B. 包含详细内容摘要
   C. 必须有检索标识　　　　　　　　　D. 包含关键词索引
4. 以下哪个选项不属于信息技术的道德失范所带来的不良影响?(　　)
   A. 引发心理障碍　　　　　　　　　　B. 导致情感创伤
   C. 个人品德问题导致的社会冲突　　　　D. 信息垃圾威胁

二、多选题

1. 可以从哪些方面建立数字意识?(　　)
   A. 培养数字敏感性　　　　　　　　　B. 识别数字真伪
   C. 主动利用数字信息　　　　　　　　D. 维护数字安全
2. 数据是记录客观事物的原始事实,是描述事物可鉴别的符号。以下是数据的有(　　)。
   A. 数字　　　　　　　B. 图像　　　　　　　C. 音频
   D. 视频　　　　　　　E. 文字
3. 常用的中文学位论文检索工具有(　　)。
   A. 万方中国学位论文全文数据库　　　B. 中国知网博硕士论文数据库
   C. NDLTD学位论文库　　　　　　　　D. 美国博士论文档案数据库
4. 以下数字内容检索工具中常用于中文文献检索的有(　　)。
   A. 新浪　　　　　　　B. 中国知网　　　　　C. 万方数据库
   D. 维普期刊网　　　　E. 腾讯视频
5. 以下哪些选项是数字化学习创新的主要趋势?(　　)
   A. 自适应学习　　　　B. 开放教育资源　　　C. 混合学习
   D. 慕课　　　　　　　E. 数据管理界面

第 2 章

数字化起点：计算机与
信息基础

在 21 世纪的今天，人类社会已经全面进入数字化时代。数字化，简而言之，是指将模拟信号或信息转换成数字格式的过程，这些数字格式能够由计算机系统识别、处理、存储和传输。这一过程不仅极大地提高了信息处理的效率和准确性，还促进了全球范围内的信息共享与交流，推动了科技进步和社会发展。

知识目标：

- 了解计算机的诞生及发展过程、计算机的分类、计算机的应用领域及发展趋势。
- 了解不同计算机的类型及其应用场景。
- 了解计算机在各行各业中的广泛应用。
- 了解计算机未来的发展趋势。
- 熟悉计算机硬件系统的基本构成和软件系统的层次结构。
- 掌握常用的数制及其转换。
- 理解数据在计算机中的表示方式与存储原理。
- 了解基本的信息编码技术。

能力目标：

- 具备基本的计算机选购、维护技能。
- 理解计算机的工作原理。
- 提高数据存储和检索能力。
- 培养运用计算思维的方法解决计算机相关问题的能力。

素质目标：

- 激发创新意识，积极探索计算机领域。
- 培养社会责任感，认识信息安全的重要性。
- 树立正确的职业道德观念，遵守计算机行业的规范和标准，尊重知识产权和个人隐私。

任务 1 购置计算机

🔖 任务情境

作为新入学的大学生,你将需要一台合适的计算机来完成你的学习任务和日常需求。你可以先了解不同品牌和型号的计算机,了解 CPU、内存、外存、显卡等硬件配置,再根据自己的学习需求,确定所需的最低配置和推荐配置,接着考虑便携性、价格等因素,进行综合评估,最后制订购买计划,包括预算、购买渠道、售后服务等。

🔖 任务分析

购置计算机任务使学生理解计算机作为学习工具的重要性,并学会根据个人需求选择合适的计算机设备。学生完成该任务需要掌握计算机文化基础知识、计算机硬件系统的组成、计算机性能指标评价。该任务帮助学生提高了市场调研能力、预算管理能力以及消费决策能力。

🔖 相关知识

🔑 2.1 计算机文化

随着科技的飞速发展,计算机已深深融入人们的日常生活与工作之中,形成了一种独特的文化现象——计算机文化。从计算机的诞生及发展过程开始,探索其从简单计算工具到如今智能化时代的核心驱动力的演变,我们将了解计算机的不同分类,它们如何各司其职,服务于社会的各个角落。计算机的应用领域非常广泛,从科学研究到日常生活都离不开它,了解计算机从巨型计算机到多媒体化的发展趋势。通过本节的学习,能够更好地理解计算机在现代社会中的重要地位。

2.1.1 计算机的诞生及发展过程

计算机是电子数字计算机的简称,它是一种能够自动、高速、连续、精确地完成信息存储、数据处理、数值计算及过程控制等多功能的电子设备。计算工具的演化经历了由简单到复杂、从低级到高级的不同阶段。它们在不同历史时期发挥了各自的历史作用,同时也启发了现代电子计算机的研制思想。下面来了解计算机的诞生及发展过程。

1. 计算机的诞生

20 世纪中叶,随着第二次世界大战的推进,科学技术的发展特别是军事需求的激增,催生了计算工具的革新。传统的机械计算器和手动计算已无法满足复杂的数学计算和工程设计的需要,这促使科学家们开始探索更为高效、精确的计算方式。

1946 年 2 月,由美国宾夕法尼亚大学研制的世界上第一台通用电子计算机——电子数字积分计算机(Electronic Numerical Integrator and Computer,ENIAC)诞生了,如图 2-1 所示。

图 2-1 世界上第一台通用电子计算机 ENIAC

ENIAC 的主要元件是电子管，每秒可完成约 5000 次加法运算、300 多次乘法运算，比当时最快的计算工具快了约 300 倍。ENIAC 占地约 170m^2，重 30 余吨，使用了 18 000 多个电子管、1500 多个继电器，功率约 170kW。虽然 ENIAC 体积庞大、性能不佳，但它的出现具有划时代的意义，它开创了计算机时代的新纪元。

ENIAC 诞生后，美籍匈牙利数学家冯·诺依曼提出了新的设计思想，他提出了存储程序概念，即程序和数据都应以二进制形式存储在计算机的内存中，计算机在程序的控制下自动运行，人们把该理论称为"冯·诺依曼体系结构"，该体系结构由运算器、控制器、存储器、输入设备、输出设备 5 部分组成，冯·诺依曼也被誉为"现代电子计算机之父"。虽然目前计算机技术发展迅速，但冯·诺依曼体系结构至今仍然是计算机内在的基本工作原理。

2．计算机的发展过程

从第一台通用电子计算机 ENIAC 诞生至今，计算机技术以惊人的速度发展。计算机的发展过程实际上也是计算机不断进化与完善的历程。根据计算机所采用的电子元件，计算机的发展过程可划分为 4 个阶段，如表 2-1 所示。

表 2-1 计算机发展的 4 个阶段

阶段	划分年代	采用的电子元件	运算速度（每秒指令数）	主 要 特 点	应用领域
第一代计算机	1946—1956 年	电子管	几千条	主存储器采用磁鼓，体积庞大、耗电量大、运行速度慢、可靠性较差、内存容量小	国防及科学研究工作
第二代计算机	1957—1964 年	晶体管	几万至几十万条	主存储器采用磁芯，开始使用高级程序及操作系统，运算速度提升、体积减小	工程设计、数据处理
第三代计算机	1965—1970 年	中小规模集成电路	几十万至几百万条	主存储器采用半导体存储器，集成度高、功能增强、价格下降	广泛应用于工业控制、数据处理
第四代计算机	1971 年至今	大规模、超大规模集成电路	上千万至万亿条	计算机走向微型化，性能大幅度提升，软件越来越丰富，同时计算机走向人工智能化，并采用了多媒体技术	深入社会的各个领域

3. 我国计算机的发展过程

华罗庚教授是我国计算技术的奠基人和最主要的开拓者之一。1952 年,在他任所长的中国科学院数学研究所内建立了我国第一个电子计算机科研小组。1956 年,在筹建中国科学院计算技术研究所时,华罗庚教授担任筹备委员会主任。

虽然我国计算机的发展起步较晚,但是发展十分迅速。我国的计算机发展过程也经历了以下 4 个阶段。

1) 第一代电子管计算机(1958—1964 年)

1957 年,我国开始研制通用数字电子计算机。1958 年,我国成功研制出第一台电子计算机(103 机),该计算机可以表演短程序运行。1964 年,我国第一台自行设计的大型通用数字电子管计算机(119 机)研制成功,其平均浮点运算速度为每秒 5 万次,用于我国研制第一颗氢弹的计算任务。

2) 第二代晶体管计算机(1965—1972 年)

我国在研制第一代电子管计算机的同时,已开始研制晶体管计算机。1965 年,我国成功研制出第一台大型晶体管计算机(109 乙机)。两年后,在对 109 乙机加以改进的基础上推出 109 丙机。第一批晶体管计算机的运算速度为每秒 10 万～20 万次。

3) 第三代中小规模集成电路计算机(1973 年至 20 世纪 80 年代初)

20 世纪 70 年代初期,我国开始陆续推出大、中、小型采用集成电路的计算机。1973 年,北京大学与北京有线电厂等单位合作,成功研制出了运算速度为每秒 100 万次的大型通用计算机。

20 世纪 80 年代,我国高速计算机,特别是向量计算机有了新的发展。1983 年,我国成功研制出第一台大型向量机(757 机),运算速度达到每秒 1000 万次。同年,“银河-Ⅰ”巨型计算机研制成功,不仅填补了国内亿次巨型计算机的空白,还成功缩小了我国与国外的差距。

4) 第四代大规模、超大规模集成电路计算机(20 世纪 80 年代中期至今)

和国外一样,我国第四代计算机的研制也是从微型计算机(简称“微机”)开始的。20 世纪 80 年代初,我国不少单位也开始采用 Z80、X86 和 M6800 芯片研制微机。1983 年,我国成功研制出与 IBM 个人计算机兼容的 DJS-0520 微机。20 世纪 90 年代以来,我国微型计算机形成了大批量、高性能的生产局面,并且发展迅速。

1992 年,我国研制成功“银河-Ⅱ”巨型计算机,峰值速度达每秒 4 亿次浮点运算(相当于每秒 10 亿次基本运算操作),总体上达到 20 世纪 80 年代中后期国际先进水平。1997 年,我国成功研制出“银河-Ⅲ”百亿次巨型计算机,峰值速度每秒达 130 亿次浮点运算,总体上达到 20 世纪 90 年代中期国际先进水平。

1997—1999 年,我国先后推出具有机群结构的曙光 1000A、曙光 2000-Ⅰ、曙光 2000-Ⅱ 的巨型计算机。其中,曙光 2000-Ⅱ 巨型计算机峰值速度突破每秒 1000 亿次浮点运算。2000 年推出每秒浮点运算速度为 4032 亿次的曙光 3000 巨型计算机。2004 年上半年推出浮点运算速度每秒 10 万亿次的曙光 4000-A 巨型计算机。

2009 年,我国成功研制出“天河一号”超级计算机,其峰值速度达每秒千万亿次。“天河一号”的诞生,是我国高性能计算机发展史上新的里程碑,是我国战略高新技术和大型基础科技装备研制领域取得的又一重大创新成果,实现了我国自主研制超级计算机能力从百万亿次到千万亿次的跨越,使我国成为继美国之后世界上第二个能够研制千万亿次超级计算机系统的国家。2014 年,国际 TOP500 组织公布了全球超级计算机 500 强排行榜榜单,中国国防科学技术大学研制的"天河二号"超级计算机位居榜首。"天河二号"超级计算机如图 2-2 所示。

图 2-2　"天河二号"超级计算机

2016 年,我国自主研发的"神威·太湖之光"超级计算机问世,如图 2-3 所示。

图 2-3　"神威·太湖之光"超级计算机

"神威·太湖之光"是全球首台运行速度超过每秒 10 亿亿次的超级计算机,峰值速度达每秒 12.54 亿亿次。"神威·太湖之光"超级计算机一分钟计算能力相当于 70 亿人用计算器不间断计算 32 年,其浮点运算速度为每秒 9.3 亿亿次,其效率比"天河二号"超级计算机提高了将近三倍。

纵观我国 60 多年计算机的研制过程,从 103 机到"神威·太湖之光",走过了一段不平凡的历程。从最初的电子管计算机到现在的超大规模集成电路计算机和微机时代,我国计算机技术的发展取得了举世瞩目的成就。目前,我国在高性能计算机的研制领域仍保持较高水平。

2.1.2　计算机的分类

计算机的分类方法有很多种,如果按照计算机的综合指标(如性能、作用和价格等)进行分类,可把计算机划分为巨型计算机、大型计算机、微型计算机、服务器和嵌入式计算机等。

1. 巨型计算机

巨型计算机也称为超级计算机(或高性能计算机),采用大规模并行处理的体系结构,包含数以百计、千计、万计的处理器,具有极强的运算处理能力,运算速度达到每秒万亿次甚至每秒亿亿次以上,存储容量极大,价格高。近年来,我国超级计算机的研发取得了可喜的成绩,推出了"曙光""天河""神威"等代表国内较高水平的超级计算机,并应用于国民经济的关键领域。

2024 年 5 月的全球超级计算机 500 强排行榜中,美国的超级计算机"前沿"(Frontier)以 1.206EFLOPS(Exa Floating-Point Operations Per Second,艾克萨浮点运算/秒)的峰值性能排名第一。中国超级计算机起步虽晚,但发展迅速。在 2023 年的榜单上,中国的"神威·太湖之光"和"天河二号 A"分别排名第 11 位和第 14 位。"神威·太湖之光"自 2016 年部署以来曾连续 4 次登顶全球,"天河二号"曾连续 6 次位居全球超级计算机 500 强排行榜榜首。

超级计算机在密集计算、海量数据处理领域发挥着重要作用。超级计算机功能是否强大,已经成为衡量一个国家科技发展水平和综合国力的重要标志。基于此,越来越多的国家加入了研发超级计算机的竞争队伍。

图 2-4　金怡濂

金怡濂(如图 2-4 所示),中国工程院院士,我国高性能计算机领域著名专家,中国巨型计算机事业开拓者,"神威"超级计算机总设计师,有"中国巨型计算机之父"美誉。

金怡濂主持完成了中国多台大型、巨型计算机的研制,系统和创造性地提出了巨型计算机体系结构、设计思想和实现方案,为中国计算机事业特别是巨型计算机的跨越式发展做出了重大贡献,2003 年获国家最高科学技术奖,2012 年获中国计算机学会的"CCF 终身成就奖"。在金怡濂看来,这个"终身成就奖"只是一个阶段性的总结,内涵是"以资鼓励,继续努力"。

2．大型计算机

大型计算机是指通用性强、运算速度快、存储容量大、通信联网功能完善、可靠性高、安全性好、有丰富的系统软件和应用软件的计算机,通常有几十个甚至更多的处理器。大型计算机在信息系统中的核心作用是承担主服务器的功能,辅助数据的集中存储、管理和处理,同时为多个用户执行信息处理任务,其主要用于科学计算、银行业务、大型企业管理等领域。

3．微型计算机

微型计算机(微机)又称为个人计算机,是使用微处理器作为中央处理器(Central Processing Unit,CPU)的计算机。1971 年,Intel(英特尔)公司推出了世界上第一片 4 位微处理器芯片 Intel 4004,它的出现与发展掀起了微型计算机普及的浪潮。微型计算机体积小,价格低,使用方便,软件丰富,且性能不断提高,因此成为计算机的主流。

微型计算机分为台式计算机、笔记本电脑、平板电脑、移动设备(如智能手机)等。

4．服务器

服务器是一种在网络环境中提供服务的计算机。从广义上讲,一台个人计算机就可以作为服务器,只是它需要安装网络操作系统、网络协议和各种服务软件;从狭义上讲,服务器专指通过网络提供服务的那些高性能计算机,与个人计算机相比,其在处理能力、稳定性、安全性、可靠性、可扩展性等方面标准更高。

根据不同的计算能力，服务器可分为工作组服务器、部门级服务器和企业级服务器等。根据提供的服务，服务器可分为万维网(World Wide Web，WWW)服务器、文件传送协议(File Transfer Protocol，FTP)服务器、文件服务器、邮件服务器等。

5. 嵌入式计算机

嵌入式计算机是为特定应用量身打造的计算机，属于专用计算机。它是指作为一个信息处理部件嵌入应用系统的计算机。嵌入式计算机与通用计算机在原理方面没有太大区别，只是嵌入式计算机把系统软件和功能软件集成于计算机硬件系统中，即把软件固化在芯片上。

在各类计算机中，嵌入式计算机应用较为广泛。目前，嵌入式计算机广泛用于各种家用电器，如空调、冰箱、自动洗衣机、数字电视等。

2.1.3　计算机的应用领域

计算机已经渗透到社会的各方面，改变着人们传统的工作、学习和生活方式，推动着信息社会的发展。目前计算机主要有以下应用领域。

1. 科学计算

科学计算也称为数值计算，是计算机较早的应用领域，目前也仍然是计算机重要的应用领域之一。许多用人力难以完成的复杂计算对高速计算机来说轻而易举。例如，人造卫星轨道计算，火箭、宇宙飞船的设计都离不开计算机。科学计算的特点是计算量大，且数值变化范围广，这方面的应用要求计算机具有较强的数值型数据表示能力及很快的运算速度。

2. 数据处理

数据处理又称为事务处理或信息处理。数据处理主要是指对大量数据进行统计分析、合并、分类、比较、检索、增删等。数据处理是计算机应用较广泛的领域，办公自动化系统、银行的账户处理系统、企业的管理信息系统等都是计算机用于数据处理的例子。数据处理的特点是数据量大、输入/输出频繁、数值计算简单但强调数据管理能力。

3. 生产过程控制

生产过程控制又称为实时过程控制，是指用计算机及时采集检测数据，按最佳值迅速地对控制对象进行自动控制或自动调节。例如，钢铁厂中用计算机自动控制加料、吹氧、出钢等。在现代工业中，生产过程控制是实现生产过程自动化的基础，涉及冶金、石油、化工、纺织、机械、航天等行业。

4. 人工智能

人工智能(Artificial Intelligence，AI)是利用计算机来模拟人类的智能活动，包括模拟人脑学习、推理、问题求解等过程。其最终目标是创造具有类似人类的智能的机器。人类自然语言的理解与自动翻译、文字和图像的识别、疾病诊断、数学定理的机器证明，以及计算机下棋等都属于人工智能的研究与应用范围。1997 年 5 月 11 日，"深蓝"仅用了 1 小时就以 3∶2 的总比分战胜了当时的国际象棋世界冠军卡斯帕罗夫；2017 年 5 月，在中国乌镇围棋峰会上，AlphaGo(阿尔法围棋)与当时排名世界第一的围棋棋手柯洁对战，以 3∶0 的总比分获胜。机器学习和深度学习是人工智能的核心领域，通过海量数据训练，AI 算法能够自我优化,不断提高识别、判断和处理问题的能力。这些技术被广泛应用于图像和语音识别、自然语言处理、推荐系统等领域。

5. 计算机辅助系统

计算机辅助系统包括计算机辅助设计、计算机辅助制造、计算机辅助教育等。

计算机辅助设计(Computer Aided Design,CAD)就是用计算机帮助各类人员进行设计。由于计算机有较强的数值计算、数据处理及模拟能力,飞机设计、船舶设计、建筑设计、机械设计等都会用到 CAD 技术。CAD 技术降低了设计人员的工作量,提高了设计速度,更重要的是提高了设计质量。

计算机辅助制造(Computer Aided Manufacturing,CAM)是指用计算机进行生产设备的管理、控制和操作。例如,在产品的制造过程中,用计算机控制机器的运行、处理生产过程中所需的数据、控制和处理材料的流动和对产品进行检验等。使用 CAM 技术可以提高产品质量,降低成本,缩短生产周期,降低劳动强度。

计算机辅助教育是指计算机在教育领域的应用,包括计算机辅助教学(Computer Aided Instruction,CAI)和计算机管理教学(Computer Managed Instruction,CMI)。CAI 是指用计算机对教学的各个环节(包括讲课、自学、练习、阅卷等)进行辅助,CMI 则能帮助教师监测、评价和指导学生的学习过程。

6. 通信与网络

计算机网络是计算机技术与通信技术结合的产物。计算机联网的目的是实现数据通信和资源共享。计算机网络已成为信息社会重要的基础设施。当今,"机"和"网"已形成共存局面——"无机不在网,无网机难存"。

7. 电子商务

电子商务(Electronic Commerce,EC)是指利用计算机和网络进行的新型商务活动。它作为一种新的商务方式,将生产企业、流通企业和消费者带入了网络经济、数字化生存的新天地,人们可以不再受时间、地域的限制,以简捷的方式完成过去较为繁杂的商务活动。

电子商务根据交易双方的不同,可分为多种形式,常见的是以下三种:企业对企业(Business to Business,B2B),企业对消费者(Business to Customer,B2C)和消费者对消费者(Customer to Customer,C2C)。其中,B2B 是电子商务的常见形式,例如,阿里巴巴公司就采用了 B2B 形式。

8. 多媒体技术

多媒体技术借助计算机和高速信息网,实现全球媒体资源共享,助力咨询服务、图书、教育、通信、军事、金融、医疗等诸多行业,并潜移默化地改变着人们的生活。

2.1.4　计算机的发展趋势

计算机的发展趋势呈现出多元化和深入化的特点,主要体现在以下方面。

1. 巨型化

巨型化指计算机具有极高的运算速度、大容量的存储空间以及更加强大和完善的功能。巨型化计算机主要用于航空航天、军事、气象、人工智能、生物工程等学科领域,这些领域对计算机的性能要求极高,需要处理大量复杂的数据和进行高精度的计算。

2.微型化

微型化指计算机体积不断缩小,功能越来越强大,这是大规模及超大规模集成电路发展的必然结果。从第一块微处理器芯片问世以来,计算机芯片的集成度每18个月翻一番,而价格则减一半,这就是信息技术发展功能与价格比的摩尔定律。随着芯片集成度的不断提高,计算机微型化的进程和普及率也越来越快。微型化计算机广泛应用于各个领域,如智能家居、便携式设备、嵌入式系统等。这些设备体积小、功耗低、易于携带,为用户提供了更加便捷和高效的服务。

3.网络化

网络化指计算机技术和通信技术紧密结合,通过网络将不同地理位置上具有独立功能的不同计算机互连起来,实现资源共享、信息交换和协同工作。随着互联网技术的飞速发展,计算机网络已广泛应用于政府、学校、企业、科研、家庭等领域。越来越多的人接触并了解到计算机网络的概念,计算机网络的发展水平已成为衡量国家现代化程度的重要指标。网络化计算机的应用包括电子商务、远程教育、在线娱乐等。这些应用打破了时间和空间的限制,为用户提供了更加便捷和丰富的服务。

4.智能化

智能化指计算机能够模拟人类的智力活动,如学习、感知、理解、判断、推理等。随着人工智能技术的不断进步,计算机智能化水平越来越高。计算机开始具备理解自然语言、声音、文字和图像的能力,具有说话的能力,使人机能够用自然语言直接对话。同时,计算机还可以利用已有的和不断学习到的知识进行思维、联想、推理,并得出结论,解决复杂问题。智能化计算机的应用包括智能语音助手、智能推荐系统、自动驾驶等。这些应用通过模拟人类的智力活动,为用户提供了更加智能化和个性化的服务。

5.多媒体化

多媒体化指计算机处理的信息不仅仅是字符和数字,还包括图片、声音、视频等多种形式的媒体信息。随着多媒体技术的不断发展,计算机已经能够集图形、图像、音频、视频、文字为一体,使信息处理的对象和内容更加接近真实世界。多媒体化计算机的应用包括数字娱乐、在线教育、虚拟现实等。这些应用通过提供丰富的多媒体信息,为用户带来了更加沉浸式和互动式的体验。

🔑 2.2　计算机系统

一个完整的计算机系统由硬件系统和软件系统组成,如图2-5所示。硬件是各种物理部件的有机组合,是看得见、摸得着的实体,是计算机工作的物理基础。软件是各种程序、数据和文档的集合,用于指挥计算机系统按要求进行工作。硬件是软件工作的基础,有了软件的支持,硬件功能才能得到充分发挥。两者互相依存,硬件和软件只有结合成一个整体,才能成为一个完整的计算机系统。

计算机系统 ─┬─ 硬件系统 ─┬─ 主机 ─── 中央处理器（CPU）─┬─ 运算器
　　　　　　　　　　　　　　　　　　　　　　　　　　　　　└─ 控制器
　　　　　　　　　　　　　　　└─ 外设 ─┬─ 输入设备：键盘、鼠标、扫描仪等
　　　　　　　　　　　　　　　　　　　　├─ 输出设备：显示器、打印机等
　　　　　　　　　　　　　　　　　　　　├─ 外存：软盘、硬盘、光盘、U 盘、存储卡等
　　　　　　　　　　　　　　　　　　　　└─ 其他：网卡、声卡、显卡等
　　　　　　　　└─ 软件系统 ─┬─ 系统软件 ─┬─ 操作系统：DOS、Windows、UNIX、Linux等
　　　　　　　　　　　　　　　　　　　　　　├─ 语言处理程序：C、Python、Java等
　　　　　　　　　　　　　　　　　　　　　　├─ 服务程序：诊断程序、排错程序等
　　　　　　　　　　　　　　　　　　　　　　└─ 工具软件
　　　　　　　　　　　　　　└─ 应用软件 ─┬─ 通用应用软件：办公软件、计算机辅助设计软件等
　　　　　　　　　　　　　　　　　　　　　└─ 专用应用软件：企业专用的管理系统、专家系统等

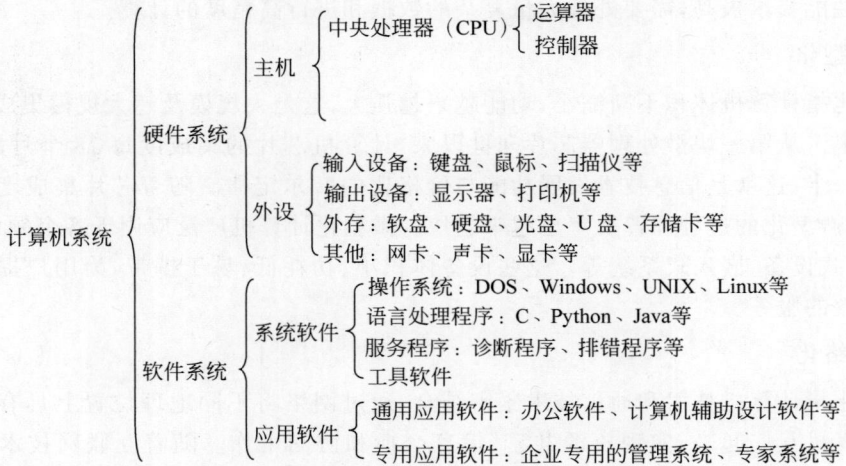

图 2-5　计算机系统组成

2.2.1　计算机硬件系统

尽管各种计算机在性能和用途等方面都有所不同,但是其基本结构都遵循冯·诺依曼体系结构。冯·诺依曼计算机主要由运算器、控制器、存储器、输入设备和输出设备 5 部分组成,这 5 部分的职能和相互关系如图 2-6 所示。虽然计算机的结构和制造技术都有很大的发展,但都基本遵循冯·诺依曼计算机的基本原理和体系结构,为了提高计算机运行速度,目前也在冯·诺依曼计算机的基本思想基础上进行变革,如流程线技术、多核处理技术、并行计算技术等。

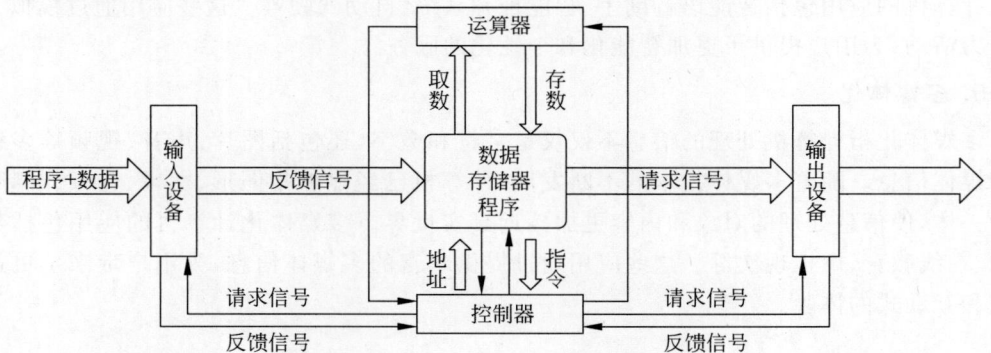

图 2-6　冯·诺依曼计算机基本结构

下面对微型计算机的主要硬件进行介绍。

1. CPU

CPU 称为中央处理器,是由一片或少数几片大规模集成电路组成的,这些电路执行控制部分和算术逻辑部分的功能。CPU(如图 2-7 所示)是任何一台计算机必不可少的核心部件,它承担了系统软件和应用软件的运行任务,负责解释并执行命令,协调系统中其他硬件共同工作。

CPU 主要包括运算器、控制器、寄存器等部件。

运算器：运算器是 CPU 中负责执行各种算术运算和逻辑运算的部件。它是 CPU 中进行数据处理的核心部分，能够接收来自控制器的指令和数据，执行相应的运算操作，并将运算结果返回给控制器或存储器。

图 2-7　CPU 实物图

控制器：控制器是 CPU 的指挥控制中心，它负责协调和管理计算机的各个部件，确保它们能够按照预定的程序正确地执行指令。

寄存器：寄存器是 CPU 内部的高速存储部件，用于暂存指令、数据和地址。它们直接集成在 CPU 内部，速度非常快，是 CPU 执行指令和处理数据时的主要工作区域。

计算机的性能在很大程度上是由 CPU 决定的。CPU 的性能主要表现为程序执行速度的快慢，而程序执行的速度与 CPU 的很多因素有关，如指令系统、字长、主频、高速缓冲存储器、CPU 内核的个数等。

（1）指令系统。指令的类型、格式、功能和数据会影响程序的执行速度。不同公司生产的 CPU 都有自己的指令系统，一般都不相同。例如，现今大部分个人计算机都使用 Intel 公司和 AMD 公司生产的微处理器作为 CPU，其指令系统复杂；而许多智能手机则使用 ARM 公司设计的微处理器，其指令系统相对简单，更有利于提高运行速度和降低功耗。

（2）字长（位数）。CPU 字长指的是 CPU 中通用寄存器/定点运算器的宽度（即二进制整数运算的位数），就是 CPU 一次能处理的二进制数据位数，是影响 CPU 性能的一个重要因素。一般地，中低端应用（如洗衣机、微波炉、数字照相机等）的嵌入式计算机大多是 8 位、16 位或 32 位 CPU；中高端应用，如现阶段的个人计算机、智能手机等使用的则是 64 位 CPU，但早期个人计算机和智能手机使用的 CPU 大多是 32 位。

（3）主频（CPU 的时钟频率）。主频指 CPU 中电子线路的工作频率，它决定着 CPU 芯片内部数据传输与操作速度的快慢。主频越高，执行一条指令需要的时间就越少，CPU 的处理速度就越快。现阶段，个人计算机和智能手机的 CPU 主频大多为 1GHz 至 5GHz。

（4）高速缓冲存储器（Cache，简称为高速缓存）。高速缓存用于减少 CPU 对主存储器的访问次数，从而提高系统的运行速度。通常，Cache 容量越大、级数越多，其效用就越显著。

（5）CPU 内核的个数。为提高 CPU 芯片的性能，现在普遍采用将 2 个、4 个甚至更多 CPU 集成在同一芯片内形成"多核"CPU 芯片，每个内核都是一个独立的 CPU，有各自的一级和二级 Cache，共享三级 Cache 和前端总线。在操作系统的支持下，多个 CPU 内核并行工作，内核越多，CPU 芯片整体性能越高。需要说明的是，由于算法和程序的原因，n 个内核的 CPU 性能绝不是单内核 CPU 的 n 倍。

2. 存储器

存储器（Memory）是具有"记忆"功能，用来存放指令和数据的部件。对存储器的要求是不仅能保存大量二进制数据，而且能快速从存储器中读出（取出）数据，或者把数据快速写入（存入）存储器。计算机存储器可分为两大类：一类为设在主机中的内存储器，也叫作主存储器，简称为内存或主存，如图 2-8 所示；另一类是属于计算机外部设备的存储器，叫作外存储器，也叫作辅助存储器，简称为外存或辅存。常见的外存储器有硬盘和可移动存储设备(如 U 盘)等,如图 2-9 和图 2-10 所示。

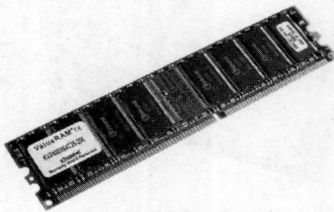

图 2-8　内存储器　　　　　　　图 2-9　硬盘　　　　　　图 2-10　U 盘

内存存取速度快,但容量较小。内存可随时写入或读出数据,但一旦断电(如关机、重启、意外断电等),内存中的数据就会消失。外存存取速度慢,但容量很大,存入的数据可一直保存,断电也不会消失,如磁带、硬盘、移动硬盘、光盘、闪存盘等。在计算机运行中,要执行的程序和数据都必须存放在内存中,CPU 只能直接与内存交换信息,而不能直接与外存交换信息。为了处理外存中的信息,必须将外存中的信息先传送到内存后才能由 CPU 进行处理。

3. 输入设备

用来向计算机输入各种原始数据和程序的设备叫作输入设备(Input Device)。输入设备把各种形式的信息,如数字、文字、图形、图像等转换为计算机能识别的二进制"编码",并把它们输入计算机存储起来。常用的输入设备有键盘、鼠标、扫描仪、触摸屏、摄像头、麦克风、数码照相机、光笔、条形码阅读机等。

4. 输出设备

从计算机输出各类数据的设备叫作输出设备(Output Device)。输出设备把计算机加工处理的二进制信息转换为用户或其他设备所需要的信息形式输出,如文字、数字、图形、图像、声音等。常用的输出设备有显示器、打印机、绘图仪、磁盘等。

2.2.2　计算机软件系统

软件是由程序、程序运行所需的数据以及开发、使用和维护这些程序所需的文档三部分组成的,软件系统是计算机系统中各种软件的总称。计算机软件按功能可分为系统软件和应用软件两大类。

1. 系统软件

系统软件是控制计算机系统并协调管理计算机软/硬件资源的程序,其主要功能包括启动计算机,存储、加载和执行程序,对文件进行排序、检索,将程序语言翻译成机器语言等。仅由硬件组成的计算机称为裸机,裸机是无法直接运行的。实际上,系统软件可以看作用户与计算机硬件之间的接口,它为应用软件和用户提供了控制、访问硬件的方便手段,使用户和应用软件不必了解具体的硬件细节就能操作计算机或开发程序。此外,语言处理程序和各种工具软件也属于系统软件,它们从另一方面辅助用户使用计算机。下面对这些软件的主要功能进行简单介绍。

(1)操作系统。操作系统(Operating System,OS)是对计算机全部软/硬件资源进行控制和管理的大型程序，是直接运行在裸机上的最基本的系统软件，其他软件必须在操作系统的支持下才能运行。它是软件系统的核心。目前 UNIX、Linux、Windows、macOS 等是计算机的常见操作系统，而 Android、iOS 是智能手机的常见操作系统。

（2）语言处理程序。编写计算机程序所用的语言称为计算机程序设计语言，它是人与计算机之间交换信息的工具。人们使用计算机时，可以通过某种计算机语言与其进行"交谈"，用计算机语言描述所要完成的工作。为了完成某项特定的任务，用计算机语言编写一组指令序列就称为程序。编写程序和执行程序是利用计算机解决问题的主要方法和手段。程序设计语言通常分为机器语言、汇编语言和高级语言三类。

机器语言（Machine Language）是计算机诞生和发展初期使用的语言。每种型号的计算机都有自己的指令系统，每条指令都对应一串二进制代码，就是机器语言。

汇编语言（Assemble Language）产生于 20 世纪 50 年代初，人们用一些比较容易识别和记忆的助记符号来代替相应的指令，这就是汇编语言，也叫作"符号语言"。

机器语言和汇编语言统称为低级语言，高级语言起始于 20 世纪 50 年代中期。这时的"高级"指的是它与人们日常熟悉的自然语言和数学语言相当接近，而且不依赖于计算机的型号，它的通用性好，编程方便，大大提高了程序的可读性、可维护性和可移植性。从 1954 年第一个高级语言（FORTRAN 语言）诞生以来，人们设计出了几百种语言，高级语言也从面向过程发展到面向对象的程序设计语言，目前向可视化、跨平台、适合网络应用开发方向发展。目前常用的高级语言有 Visual Basic、Visual C++、Delphi、Java、C、Python 等。

（3）服务程序。服务程序能够提供一些常用的服务功能，它们为用户开发程序和使用计算机提供了方便，如诊断程序、排错程序等。

2．应用软件

利用计算机的软、硬件资源为某一专门的应用目的而开发的软件称为应用软件。根据其服务对象一般可分为通用软件和专用软件两大类。

（1）通用软件。这类软件通常是为解决某一类问题而设计，而这类问题是很多用户都会遇到和希望解决的。

① 文字处理软件。用计算机撰写文章、书信、公文等并进行编辑、修改、排版、打印和保存的过程称为文字处理，相应的软件称为文字处理软件，如后续章节介绍的 WPS 文字软件。

② 电子表格。电子表格用来记录数值数据，可以方便地对其进行常规计算。像文字处理软件一样，它也有许多比传统账簿和计算工具先进的功能，如快速计算、自动统计、自动造表等，如后续章节介绍的 WPS 表格软件。

③ 图形图像处理软件。图形图像处理由于在工程设计、人们的日常生活、娱乐等方面越来越深入，图形图像处理软件在计算机中的应用中也越来越热门。如 Adobe 公司开发的图像处理软件 Photoshop，被广泛应用在美术设计、彩色印刷、排版、摄影和创建图片等方面；AutoDesk 公司开发的绘图软件 AutoCAD，常用于绘制土建图、机械图等；AutoDesk 公司开发的 3d Max 软件用于三维动画制作等。

④ 数据库系统。数据库系统是 20 世纪 60 年代产生并发展起来的。主要是解决数据处理的非数值计算问题，广泛用于档案管理、财务管理、图书资料管理、成绩管理及仓库管理等各类数据处理问题。数据库系统由数据库（存放数据）、数据库管理系统（管理数据）、数据

库应用软件(应用数据)、数据库管理员(管理数据库系统)和硬件组成。

目前常见的数据库管理系统有 Access、SQL Server、Oracle、MySQL、FoxPro、Sybase、DB2 等。利用数据库管理系统的功能,设计、开发符合自己需求的数据库应用软件,是目前计算机应用最为广泛且发展最快的领域之一。

⑤ 网络软件。20 世纪 60 年代出现的网络技术在 20 世纪 90 年代得到了飞速发展和广泛应用,人们的生活、工作、学习已离不开网络,人类社会已进入信息时代。计算机网络是将分布在不同地点的多个独立的计算机系统用通信线路连接起来,在网络通信协议和网络软件的控制下,实现互连互通、资源共享、分布式处理,提高处理计算机的可靠性及可用性。

计算机网络由网络硬件、网络软件及网络信息构成。其中的网络软件包括网络操作系统、网络协议和各种网络应用软件。

⑥ 娱乐与学习软件。除了满足工作需求外,休闲娱乐与教育学习也是计算机非常重要的应用。随着多媒体技术的发展、智能手机和平板电脑的普及,目前这两类软件也得到了迅速的发展。

(2) 专用软件。通用软件或软件包一般可以在市场上买到,但针对个别用户或特别用户的具有特殊要求的软件是无法买到的,只能组织人力进行专门的设计开发。这种具有针对性设计开发的软件只适用于专门用户,因此也称为专用软件。

2.3   信息技术基础

计算机的应用和发展使人类步入了信息社会。在信息社会中,越来越多的人从事信息技术工作,而信息处理需要信息技术的支持。信息技术主要有计算机技术、通信技术和控制技术,其中,计算机技术是信息技术的核心。

利用计算机技术可以采集、存储和处理各种用户信息,也可以将这些用户信息转换成用户可以识别的文字、声音或图像进行输出。然而,这些信息在计算机内部又是如何表示的呢?该如何对信息进行量化呢?只有学习好这方面的知识,才能更好地认识和使用计算机。

2.3.1   认识"0"和"1"

在计算机中,各种信息都是以数据的形式呈现的。计算机中的数据可分为数值数据和非数值数据(如字母、汉字和图形等)两大类,无论什么类型的数据,在计算机内部都是以二进制数的形式存储和运算的,而二进制数只有"0"和"1"两个数码。

1. 计算机内部采用二进制数的原因

计算机内部采用二进制数主要有以下 4 个原因。

(1) 容易实现。二进制数中的"0"和"1"两个数码,易于表示两种相对的物理状态。如电路的"断电"和"通电"两种状态分别用"0"和"1"表示;电压的"低"和"高"两种状态分别用"0"和"1"表示;电脉冲的"无"和"有"两种状态分别用"0"和"1"表示。一切有两种对立稳定状态的器件(即双稳态器件),均可以用二进制数"0"和"1"表示。

(2) 运算简单。二进制运算法则简单,简化了计算机运算结构的设计。

(3) 可靠性强。在计算机中实现双稳态器件的电路简单,而且两种状态的代表数码"0"和"1"在数据传输和处理中不容易出错,计算机工作的可靠性更强。

（4）逻辑性强。计算机的工作是建立在逻辑运算基础上的，逻辑代数则是逻辑运算的理论依据。而二进制中"0"和"1"两个数码可以用来代表逻辑代数中的"真（True）"与"假（False）"，或"是（Yes）"与"否（No）"，这为计算机在程序中的逻辑运算和逻辑判断提供了方便。

尽管计算机内部采用二进制数来表示各种信息，但在与外部交流时仍采用人们熟悉和便于阅读的形式，如十进制数据、文字表达和图形显示等，它们之间的转换，则由计算机系统的软硬件来完成。

2．二进制的运算

由于二进制的运算简单，所以可以方便地利用逻辑代数来分析和设计计算机的逻辑电路等。下面将对二进制的算术运算和逻辑运算进行简要介绍。

1）二进制的算术运算

二进制的算术运算也就是通常所说的四则运算，包括加、减、乘、除，其具体运算规则如下。

加法运算：加法运算按"逢二进一"法向高位进位。其运算规则为 $0+1=1$、$1+1=10$，例如，$(10011)_2+(100011)_2=(110110)_2$。

乘法运算：乘法运算与常见的十进制数运算规则类似。其运算规则为 $0\times0=0$、$1\times0=0$、$0\times1=0$、$1\times1=1$。例如，$(1110)_2\times(1101)_2=(10110110)_2$。

除法运算：除法运算也与十进制数运算规则类似。其运算规则为 $0\div1=0$、$1\div1=1$，而 $0\div0$ 和 $1\div0$ 是无意义的。例如，$(1101.1)_2\div(110)_2=(10.01)_2$。

2）二进制的逻辑运算

计算机采用的二进制数"1"和"0"可以代表逻辑运算中的"真"与"假""是"与"否""有"与"无"。二进制的逻辑运算包括"与""或""非"运算，具体介绍如下。

"与"运算："与"运算又被称为逻辑乘，通常用符号"$\times$""$\wedge$""·"来表示。其运算规则为 $0\wedge0=0$、$0\wedge1=0$、$1\wedge0=0$、$1\wedge1=1$。该运算规则表明，当两个参与运算的数中有一个数为 0 时，其逻辑结果也为 0，此时是没有意义的。只有当数中的数值都为 1，其结果才为 1，即所有的条件都符合时，逻辑结果才为肯定值。

"或"运算："或"运算又被称为逻辑加，通常用符号"$+$"或"$\vee$"来表示。其运算规则为 $0\vee0=0$、$0\vee1=1$、$1\vee0=1$、$1\vee1=1$。该运算规则表明，只要有一个数为 1，则运算结果为 1。

"非"运算："非"运算又被称为逻辑否运算，通常在逻辑变量上加上画线来表示，如变量为 A，则其非运算结果用 $\overline{A}$ 表示。其运算规则为 $\overline{1}=0$、$\overline{0}=1$。例如，假定变量 A 表示男性，$\overline{A}$ 就表示非男性，即女性。

"异或"运算："异或"运算通常用"$\oplus$"表示。其运算规则为 $0\oplus0=0$、$0\oplus1=1$、$1\oplus0=1$、$1\oplus1=0$。当逻辑运算中值不同时，结果为 1，值相同时结果为 0。

2.3.2　常用数制及其转换

按进位的原则进行记数的法则叫作进位记数制，简称为数制。在日常生活中，人们最熟悉、最常用的是十进制，也就是说，采用的是十进位记数制。但是，人们对其他数制也并不陌生，如七进制（1 星期 7 天）、二十四进制（1 昼夜 24 小时）等。计算机采用的是二进制数，但二进制数书写烦琐,不易阅读,所以为了书写和表示方便,在计算机中也经常会用到十进制数、八进制数和十六进制数。

1. 常用数制

1)十进制

十进制,就是基数为 10 的进位记数制,即"逢十进一",其数值的每一位用 0、1、2、3、4、5、6、7、8、9 共 10 个数字符号中的 1 个来表示,这些数字符号称为数码,数码处于不同的位置代表的值是不同的,即位权不同。例如,十进制数 268.5 可以写成如下表达形式:$268.5 = 2 \times 10^2 + 6 \times 10^1 + 8 \times 10^0 + 5 \times 10^{-1}$。

将十进制数 S_{10} 按位权展开的一般表达为 $S_{10} = a_n \times 10^{n-1} + a_{n-1} \times 10^{n-2} + \cdots + a_1 \times 10^0 + a_{-1} \times 10^{-1} + \cdots + a_{-m} \times 10^{-m}$。其中,$a_n$、$a_{n-1}$、$\cdots$、$a_1$、$a_{-1}$、$\cdots$、$a_{-m}$ 是各位上的数码,10^{n-1}、10^{n-2}、$\cdots$、10^0、10^{-1}、$\cdots$、10^{-m} 是对应位上的位权。在表达十进制数时,可用后缀"D"与其他数制区分,一般十进制数省略后缀。例如,十进制数 24 也可以写成 24D 或 $(24)_{10}$。

2)R(二、八、十六)进制

R 进制,就是基数为 R 的进位记数制,即"逢 R 进一",例如,二进制"逢二进一"。表 2-2 列出了计算机常用数制的表示。

表 2-2　计算机常用数制的表示

常用数制	进位原则	基数(R)	数　　码	位权(R^i)	后缀
十进制	逢十进一	10	0,1,2,3,4,5,6,7,8,9	10^i	D
二进制	逢二进一	2	0,1	2^i	B
八进制	逢八进一	8	0,1,2,3,4,5,6,7	8^i	O
十六进制	逢十六进一	16	0,1,2,3,4,5,6,7,8,9,A,B,C,D,E,F	16^i	H

一个 R 进制数 S_R 按位权展开的一般表达形式如下。

$$S_R = a_n \times R^{n-1} + a_{n-1} \times R^{n-2} + \cdots + a_1 \times R^0 + a_{-1} \times R^{-1} + \cdots + a_{-m} \times R^{-m}$$

例如,二进制 110.101 可以写成如下表达式。

$$(110.101)_2 = 1 \times 2^2 + 1 \times 2^1 + 0 \times 2^0 + 1 \times 2^{-1} + 0 \times 2^{-2} + 1 \times 2^{-3}$$

2. 进制转换

1)R 进制数转换为十进制数

R 进制数转换为十进制数比较简单,只需要将 R 进制数按位权展开成一般表达式,然后用十进制数进行计算即可。

例 2-1　将二进制数 110.101 转换成十进制数。

$(110.101)_2 = 1 \times 2^2 + 1 \times 2^1 + 0 \times 2^0 + 1 \times 2^{-1} + 0 \times 2^{-2} + 1 \times 2^{-3} = 4 + 2 + 0 + 0.5 + 0 + 0.125 = (6.625)_{10}$

例 2-2　将十六进制数 8B3 转换为十进制数。

$$(8B3)_{16} = 8 \times 16^2 + 11 \times 16^1 + 3 \times 16^0 = (2227)_{10}$$

2)十进制数转换为 R 进制数

十进制数转换为 R 进制数要复杂一些,通常需要对整数部分和纯小数部分分别进行转换,最后将转换后的两部分合并,得到转换结果。

整数部分的转换方法为"除 R 倒取余",直到商为 0;纯小数部分的转换方法为"乘 R 顺取整"，直到小数部分为 0。

例 2-3 将十进制数 19.625 转换为二进制数。

(1) 先将整数部分 19 转换为二进制数，转换方法为"除 2 倒取余"。

$$
\begin{array}{r}
2\,\underline{|\,19} \qquad \text{取余} \qquad \text{低位}\\
2\,\underline{|\,9} \quad \cdots\cdots\text{余}1\\
2\,\underline{|\,4} \quad \cdots\cdots\text{余}1\\
2\,\underline{|\,2} \quad \cdots\cdots\text{余}0\\
2\,\underline{|\,1} \quad \cdots\cdots\text{余}0\\
1 \quad \cdots\cdots\text{余}1 \qquad \text{高位}
\end{array}
$$

得到 $(19)_{10} = (10011)_2$。

(2) 再将纯小数部分 0.625 转换为二进制数，转换方法为"乘 2 顺取整"。得到 $(0.625)_{10} = (0.101)_2$。

所以 $(19.625)_{10} = (10011.101)_2$。

$$
\begin{array}{ccc}
\text{高位} & \text{取整} & 0.625\\
& & \times\ 2\\
& 1 & \boxed{1}.250\\
& & \times\ 2\\
& 0 & \boxed{0}.500\\
& & \times\ 2\\
\text{低位} & 1 & \boxed{1}.000
\end{array}
$$

通常情况下，一个十进制小数能够准确地转换成二进制小数，但并不是所有十进制小数都能准确地用有限的二进制小数等值表示，有时只能用近似值来表示，如 $(0.2)_{10} \approx (0.0011)_2$。

3) 八进制数、十六进制数与二进制数的相互转换

八进制数的基数 $8 = 2^3$，因此一位八进制数相当于三位二进制数，八进制数与二进制数的转换比较简便。将八进制数转换成二进制数时，只要把每位八进制数用等值的三位二进制数表示即可；而将二进制数转换为八进制数时，整数部分从右向左（从低位向高位）每三位一组，用等值的一位八进制数表示，小数部分从左向右（从高位向低位）每三位一组，用等值的一位八进制数表示，若不足三位，则需要在整数部分的左端（高位）补 0 为三位，在小数部分的右端（低位）补 0 为三位。

十六进制数与二进制数的转换和八进制数与二进制数的转换类似，由于十六进制数的基数 $16 = 2^4$，因此每位十六进制数可以用等值的四位二进制数表示，每四位二进制数可以用等值的一位十六进制数表示。

例 2-4 将八进制数 64.53 转换为二进制数。

每位八进制数转换为三位二进制数，转换如下。

6	4	.	5	3
110	100	.	101	011

所以$(64.53)_8=(110100.101011)_2$。

例 2-5 将二进制数 1010110001.101001011 转换为十六进制数。

每四位二进制数用等值的一位十六进制数表示,转换如下。

0010	1011	0001	.	1010	0101	1000
2	B	1	.	A	5	8

所以,$(1010110001.101001011)_2=(2B1.A58)_{16}$。

表 2-3 列出了部分十进制数、二进制数、八进制数和十六进制数的对应关系。

表 2-3   部分十进制数、二进制数、八进制数和十六进制数的对应关系表

十进制	二进制	八进制	十六进制	十进制	二进制	八进制	十六进制
0	0000	0	0	8	1000	10	8
1	0001	1	1	9	1001	11	9
2	0010	2	2	10	1010	12	A
3	0011	3	3	11	1011	13	B
4	0100	4	4	12	1100	14	C
5	0101	5	5	13	1101	15	D
6	0110	6	6	14	1110	16	E
7	0111	7	7	15	1111	17	F

2.3.3 数据的表示与存储

二进制数是计算机中数据最基本的形式,在计算机中所有的数据都是以二进制数的形式存储的。那么,这些数据在计算机中是怎样表示和存储的呢？下面进行简要说明。

1. 数据的表示

在数学中通常在一个数字的前面添加符号"＋"和"－"来表示这个数是正数还是负数。而在计算机中,无法识别符号"＋"和"－",解决办法是用数字信息化来表示数的正负,规定将数的最高位设置为符号位,用"0"代表"＋",用"1"代表"－"。在计算机内部,数字和符号都是用二进制代码表示的,两者合在一起构成计算机内部数的表示形式,称为机器数,而把原来的数称为机器数的真值(带符号位的机器数对应的真正十进制的数值)。

根据小数点位置固定与否,机器数又可以分为两种常用的数据表示格式:定点数和浮点数。如果一个数中小数点的位置是固定的,则为定点数;如果一个数中小数点的位置是浮动的,则为浮点数。

1) 定点数

通常,计算机中的定点数表示整数。定点数规定计算机中所有数据的小数点位置是固定的。通常把小数点固定在整数数值部分的最后面,小数点"."在计算机中是不表示出来的,而是事先约定在固定的位置。计算机一旦确定了小数点的位置就不再改变。

整数可以分为无符号整数和有符号整数两类。无符号整数的所有二进制位全部用来表示数值的大小;有符号整数用最高位表示数的正负号,而其他位表示数值的大小。如十进制整数－65 在计算机中可以表示为"11000001",其中首位的"1"数码表示符号"－","1000001"则表示数值"65"。

上面采用的是原码表示法,它虽然简单易懂,但由于加法运算与减法运算的规则不统一,当两个数相加时,如果符号相同,则数的绝对值相加,符号不变;如果符号相异,则必须使用两个数的绝对值相减,并且还要比较这两个数,确定哪个数的绝对值大,哪个数是被减数,并据此进一步确定结果符号。要完成这些操作,需要分别使用不同的逻辑电路,这样会增加 CPU(中央处理器)的成本和计算机的运算时间。为此,有符号数在计算机中不止采用"原码"这种表示方法,另外还有"反码"和"补码"两种表示方法。正数的原码、反码和补码相同,因此其表示方法只有一种。下面分别介绍负数的反码和补码表示。

负数的反码表示:在原码的基础上,符号位不变,即为"1"。数值部分的数码与原码中的数码相反,即"1"为"0","0"为"1"。如 $(-53)_原 = (1110101)_2$,则 $(-53)_反 = (1001010)_2$。

负数的补码表示:负数的补码就是它的反码在最低位(即末位)加"1",如 $(-53)_原 = (1110101)_2$,$(-53)_反 = (1001010)_2$,则 $(-53)_补 = (1001011)_2$。

2) 浮点数

字长一定的情况下,定点数表示的数值范围在实际问题中是不够用的,尤其是在科学计算中。特大或特小的数通常采用"浮点数"表示。浮点数是指小数点不固定的数,它包含整数部分和小数部分,如 24.67、-35.12 等都是浮点数。

计算机中的浮点数分为阶码(也称为指数)和尾数两部分。其中,阶码用二进制定点整数表示,阶码的长度决定数的范围;尾数用二进制定点小数表示,尾数的长度决定数的精度。浮点数是定点整数和定点小数的结合,可以用下面的形式表示。

$$N = M \cdot RE$$

其中,M 是尾数,E 是阶码,R 是基数(默认为 2)。

2. 数据的存储

计算机的存储空间分为内存和外存,应用程序一般在计算机的内存中运行,可对各种数据进行操作。下面对数据存储的相关知识进行简要介绍。

1) 数据单位

在计算机中存储和运算数据时,通常涉及的数据单位有以下三种。

位(bit):计算机中的数据都以二进制代码来表示,二进制代码只有"0"和"1"两个数码。在计算机中经常会采用多个数码(0 和 1 的组合)来表示一个数,其中每一个数码称为一位,位是计算机中最小的数据单位。

字节(Byte):字节是计算机中信息组织和存储的基本单位,也是计算机体系结构的基本单位。在对二进制数据进行存储时,以 8 位二进制代码为一个单元存放在一起,称为 1 字节,即 1Byte=8bit。在计算机中,通常用 B(字节)、KB(千字节)、MB(兆字节)、GB(吉字节)或 TB(太字节)为单位来表示存储器(如硬盘和 U 盘等)的存储容量或文件大小。所谓存储容量,是指存储器中能够容纳的字节数。存储单位之间的换算关系是 1B=8b,1KB=2^{10}B,1MB=2^{10}KB,1GB=2^{10}MB,1TB=2^{10}GB。

字(word):一个字通常由 1 字节或若干字节组成,是计算机进行数据处理时一次存取、加工和传送的数据长度,用来存放一条指令或一个数据。

2) 内存单元

日常的文件一般都存储在硬盘等外存中,当文件或应用程序执行时,将被加载到计算机内存中。因此,没有内存,任何应用程序和文件都不能被执行。

在计算机的内存中,每个字节类型的存储单元都具有唯一的编号,称为地址(Address),通过这个地址可对内存中的数据进行保存和读取操作。

在计算机中,内存地址主要按照字节顺序依次编码。这样便于程序寻址和数据读写。计算机的外存也是按照同样的方法来存储的。

3) 数据存储

计算机内部,位(bit)是最基本的存储单元。不同类型的数据都需要转换成二进制数后,再存放到内存中。

2.3.4　信息编码

在计算机处理的数据中,除了数值数据外,日常生活中还经常使用字符类型的数据,包括字母、数字、汉字、符号、语音和图形等。由于计算机以二进制编码的形式存储和处理数据,为了能够对字符进行识别和处理,字符同样要用二进制编码表示。

1. 西文字符编码

西文字符的编码主要采用 ASCII 编码。ASCII 即"美国信息交换标准代码"(American Standard Code for Information Interchange),是基于拉丁字母的一套编码系统。该标准被国际标准化组织(International Organization for Standardization,ISO)指定为国际标准(ISO 646 标准),是目前使用非常广泛的一种字符编码。

标准 ASCII 使用 7 位二进制编码来表示所有的大写和小写字母、数字 0～9、标点符号,以及在美式英语中使用的特殊控制字符,共有 128 个不同的编码值,可以表示 128 个不同字符的编码。在 128 个不同字符的编码中,95 个编码对应计算机键盘上的符号或其他可显示或打印的字符,另外 33 个编码被用作控制码,用于控制计算机某些外部设备的工作特性和某些计算机软件的运行情况。在这些字符中,0～9、A～Z、a～z 都是顺序排列的,方便字符编码的记忆,如数字字符"0"的编码为 0110000,对应的十进制数是 48,则字符"1"的编码值为 49;大写字母"A"的编码为 1000001,对应的十进制数是 65,则"B"字母的编码值为 66;小写字母"a"的编码为 1100001,对应的十进制数是 97,则"b"字母的编码值为 98。计算机系统中,一个字节有 8 位,要想在计算机内部用一个字节存放一个 7 位 ASCII,ASCII 中每个字符用 7 位二进制编码表示并存入一个字节的低 7 位,最高位置为"0"。

2. 汉字编码

要想在计算机中处理汉字信息,同样也要对汉字进行编码。汉字编码体系结构包括国标码、输入码、机内码和字形码等。

1) 国标码

我国于 1981 年颁布了国家汉字编码标准 GB/T 2312—1980,全称是《信息交换用汉字编码字符集 基本集》,其二进制编码称为国标码(GB 码)。国标码用两个字节代码长度的一个编码表示一个汉字字符,并且规定每个字节最高位为"0",其余 7 位用于组成各种不同的码值。

GB/T 2312—1980 汉字编码标准收入了 6763 个汉字,其字符集由三部分组成:第一部分为字母、数字和各种符号,共 682 个;第二部分为一级常用汉字,按汉语拼音排列,共 3755 个;第三部分为二级常用汉字,按偏旁部首排列,共 3008 个。GB/T 2312—1980 字符集由一个 94 行和 94 列的代码表构成,代码表的行数和列数从 0 开始编号,其中的行号称为区号,列号称为位号,区号和位号的组成为区位码。例如,"文"字的区号是 46,位号是 36,所以它的区位码是 4636,即它位于第 46 行、第 36 列。

区位码是一个 4 位十进制数,前两位是区号,后两位是位号,国标码是一个 4 位十六进制数,两者有一种简单的转换关系。其转换方法是,将汉字区位码中的十进制区号和位号分别转换成十六进制数,再分别加上 $(20)_H$,就可以得到该汉字的国际码。

2) 输入码

输入码也称为外码,是利用计算机标准键盘按键的不同排列组合来对汉字的输入进行编码,包括音码、形码、音形码、手写输入或扫描输入等方式。对于同一个汉字,输入法不同,其输入码也不同。但不管使用何种输入法,当用户向计算机输入汉字时,最终存入计算机的始终是它的输入码,与输入法无关。

3) 机内码

在计算机内部进行存储与处理所使用的代码,称为机内码。对汉字系统来说,汉字机内码规定在汉字国标码的基础上,每字节的最高位置为"1",每字节的低 7 位为汉字信息。将国标码的两字节编码分别加上 $(80)_H$,即 $(10000000)_B$,便可以得到机内码。

4) 字形码

字形码,又称为字型码、字模码,属于点阵代码的一种。为了将汉字在显示器或打印机上输出,把汉字按图形符号设计成点阵图,即可得到相应的点阵代码(字形码)。也就是用"0""1"表示汉字的字形,将汉字放入 n 行×n 列的正方形点阵内,该正方形共有 n 个小方格,每个小方格用一位二进制代码表示,凡是笔画经过的方格值为 1,未经过的方格值为 0。

显示一个汉字一般采用 16×16 点阵、24×24 点阵或 48×48 点阵。已知汉字点阵的大小,可以计算出存储一个汉字所需占用的字节空间。如用 24×24 点阵表示一个汉字,就是将每个汉字用 24 行、每行 24 个点表示,一个点需要 1 位二进制代码,24 个点需要用 24 位二进制代码(即 3 字节)表示,共 24 行,所以需要 24 行×3 字节＝72 字节,即用 24×24 点阵表示一个汉字,字形码需用 72 字节。因此,字节数＝点阵行数×(点阵列数÷8)。

为了将汉字的字形显示或打印输出,汉字信息处理系统还要配有汉字字形库,也称为字模库,简称为字库,它集中了汉字的字形信息。字库按输出方式可分为显示字库和打印字库。用于显示输出的字库称为显示字库,工作时需调入内存;用于打印输出的字库称为打印字库,工作时无须调入内存。

3. 其他编码

其他常用的编码还有 GBK、UCS、Unicode 等编码方式,下面分别进行介绍。

GBK 编码:GBK 编码(GBK 即"国标"汉语拼音的第一个字母与"扩展"中"扩"字汉语拼音的第一个字母的组合)全称为《汉字内码扩展规范》,于 1995 年制定并发布。GBK 编码是在 GB/T 2312—1980 基础上的内码扩展规范,共收录了 21 003 个汉字,完全兼容 GB/T 2312—1980 标准,支持国际标准 ISO/IEC10646-1 和国家标准 GB 13000-1 中的全部中、日、韩汉字,并包含 BIG5 编码中的所有汉字。

UCS 编码:UCS 编码是国际标准化组织为各种语言字符制定的编码标准,是所有其他字符集标准的一个超集。它保证与其他字符集是双向兼容的,包含用于表达所有已知语言的字符,即不仅包含字母文字、音节文字,还包含中文、日文和韩文等。

Unicode 编码：Unicode 编码是另一种国际标准编码，采用四字节编码，因此允许表示 65 536 个字符，能表示世界上绝大部分书写语言中可能用于计算机通信的文字和其他符号。Unicode 编码为每种语言中的每个字符设定了唯一的二进制编码，便于统一地表示世界上的主要文字，以满足跨语言、跨平台进行文本转换和处理的要求，Unicode 编码在网络、Windows 操作系统和大型软件中得到广泛应用。

4．声音和图像的数字化

除了字母、数字、文字、符号，常见的信息内容还有声音和图像等。这些信息在计算机内部同样要被转换成为用 0 和 1 表示的数字化信息，并以不同文件类型进行存储与处理，然后通过计算机输出界面向人们展示丰富多彩的声像信息。

1）声音的数字化

声音用电表示时，声音信号是在时间和幅度上都连续的模拟信号，而计算机只能存储和处理时间和幅度上都离散的数字信号。将连续的模拟信号变成离散的数字信号就是声音的数字化过程，主要包括采样、量化和编码三个环节。

采样：采样是将时间上连续的模拟信号在时间轴上离散化的过程，即以固定的时间间隔在声音波形上获取一个幅度值，将时间上连续的信号变成离散的信号。相邻两个采样点的时间间隔称为采样周期，采样周期的倒数称为采样频率。采样频率可用每秒采样次数表示，如 44.1kHz 表示将 1s 的声音用 44 100 个采样点数据表示。显然，采样频率越高，数字化音频的质量越高，声音的还原度就越高，声音就越真实，但需要的存储空间也越大。

量化：量化就是将每个采样点得到的幅度值以数字存储。幅度值量化过后的样本是用二进制数表示的，其二进制位数被称为量化位数（又称精度），它是决定数字音频质量的另一重要参数，一般为 8 位、16 位、32 位等。量化位数越大，精度越高，声音的质量就越好，需要的存储空间也就越大。

编码：声音的模拟信号经过采样、量化之后，为了方便计算机的存储和处理，还需要对它进行编码，将量化结果用二进制数的形式表示，以减少数据量。编码常用的基本技术是脉冲编码调制（Pulse Code Modulation，PCM）。音频数据量（字节数）可按如下公式计算：数据量＝采样频率（Hz）×量化位数（b）×声道数×持续时间÷8。如一张 CD 唱片上音乐的采样频率为 44.1kHz，量化精度为 16 位，双声道，计算 1 小时的数据量，根据公式可得到结果 44.1kHz×16b×2×3600s÷8＝635 040 000B≈605.6MB。

2）图像的数字化

图像是自然景物的客观反映，可使人们产生视觉感受。照片、剪贴画、书法作品、传真、卫星云图、影视画面、X 光片、脑电图、心电图等都是图像。图像一般有静止和活动两种表现形式，静止的图像称为静态图像，活动的图像称为动态图像。

静态图像的数字化：图像数字化的目的是把真实的图像转换为计算机能够接受的存储格式。图像数字化包括采集和量化两个步骤，一幅图像可以看成是由许许多多的点组成的，这些点称为像素，图像数字化就是采集组成一幅图像的点，再将采集到的点进行量化，量化指要使用多大范围的值来表示图像采样的每个点，最后编码为二进制。这个数值范围包括图像上所能使用的颜色总数。例如，以 4b 存储一个点，表示图像只能有 16 种颜色，数值范围越大，表示图像的颜色越多，其效果更加细致，同样存储空间也会越大。

动态图像的数字化：动态图像是将静态图像以每秒 n 幅的速度播放，当 $n \geq 25$ 时，显示在人眼中的就是连续的画面。动态图像可以分为视频和动画。习惯上将通过光学镜头拍摄得到的动态图像称为视频,而用计算机或绘画的方法生成的动态图像称为动画。

任务实现

第一步：明确需求。

学习需求：了解你的专业课程是否需要特定的软件(如编程、图形设计、视频编辑、数据分析等),这些软件对硬件有何要求。

日常需求：是否经常需要携带计算机外出? 是否需要玩游戏或进行视频剪辑等娱乐活动?

未来规划：考虑计算机是否能在未来几年内满足你可能的升级需求。

第二步：研究硬件配置。

CPU(处理器)：影响计算机的整体性能,Intel 的 i5/i7 或 AMD 的 Ryzen 5/7 系列通常能满足大多数学习和日常需求。

内存(RAM)：8GB 是基础,16GB 更佳,特别是如果你打算运行多任务或大型软件。

外存(存储)：256GB SSD 是最低要求,但 512GB 或 1TB SSD 能提供更充足的空间和更快的读写速度。

显卡(GPU)：如果不需要玩大型游戏或进行图形密集型工作,集成显卡足够；否则,考虑 NVIDIA 或 AMD 的独立显卡。

屏幕：至少 1080p 分辨率,IPS 面板色彩更准确,触控屏或高分辨率(如 4K)根据需求选择。

电池续航：至少 8 小时,适合长时间外出使用。

第三步：考虑便携性与设计。

重量与尺寸：如果经常携带,轻薄笔记本电脑更合适；如果主要在宿舍使用,可以考虑稍重的游戏笔记本电脑。

接口：确保有足够的 USB、HDMI、SD 读卡器等接口以满足外设连接需求。

外观：个人喜好,但也要考虑耐用性和材质。

第四步：设定预算。

根据家庭经济状况和个人喜好设定一个合理的预算范围,找到性价比高的产品。

第五步：选择品牌与型号。

研究市场上知名品牌(如 Dell、HP、Lenovo、华为等)的口碑和用户评价。查找符合你需求的型号,可以利用专业评测网站和论坛获取更多信息。

第六步：购买渠道与售后服务。

线上：京东、天猫、品牌官网等,注意查看是否有官方授权。

线下：实体店体验后再购买,注意检查机器是否全新无损坏。

售后服务：了解保修期限、维修网点分布、客服响应速度等。

第七步：制订购买计划。

确定最终选择的型号和配置。检查是否有促销活动或优惠券可用,考虑分期付款或学生优惠等优惠政策。确认购买前再次核对所有需求和配置,避免冲动消费。

🔑 小结

计算机与信息基础是数字化的起点,计算机从 1946 年诞生发展到现在,根据电子元器件可以将发展过程分为 4 个阶段,分别是电子管、晶体管、中小规模集成电路、大规模和超大规模集成电路阶段。了解计算机在科学计算、数据处理、生产过程控制、人工智能、计算机辅助系统等领域的应用,以及计算机的发展趋势。

一个完整的计算机系统由硬件系统和软件系统组成。硬件系统的基本结构都遵循冯·诺依曼体系结构,主要由运算器、控制器、存储器、输入设备和输出设备5部分组成。软件系统分为系统软件和应用软件两大类。系统软件的主要功能包括启动计算机,存储、加载和执行程序,对文件进行排序、检索,将程序语言翻译成机器语言等。应用软件是为某一专门的应用目的而开发的软件,应用软件离用户最近。

计算机内部都是以二进制数的形式存储和运算的,而二进制数只有"0"和"1"两个数码。掌握二进制数的算术运算和逻辑运算,还要掌握二进制、八进制、十进制和十六进制之间的转换规则。了解数据在计算机中的表示与存储,了解计算机中的信息编码。

习题

1. 1946 年诞生的世界上第一台电子计算机是(   )。
   A. UNIVAC-1   B. EDVAC   C. ENIAC   D. IBM
2. 计算机的发展经历了 4 个阶段,其划分的依据是(   )。
   A. 计算机系统软件   B. 计算机的主要物理元器件
   C. 计算机的处理速度   D. 计算机的应用领域
3. 办公自动化是计算机的一项应用,按计算机应用的分类,它属于(   )。
   A. 科学计算   B. 数据处理   C. 实时控制   D. 辅助设计
4. 十进制数 55 转换成二进制数为(   )。
   A. 111111   B. 110111   C. 111001   D. 111011
5. 与二进制数 101101 等值的十六进制数是(   )。
   A. 2D   B. 2C   C. 1D   D. B4
6. 1KB 的准确数值是(   )。
   A. 1000B   B. 1024B   C. 1024b   D. 1024MB
7. 计算机硬件中最核心的部件是(   )。
   A. 主存储器   B. 辅助存储器   C. I/O 设备   D. 中央处理器
8. 下列哪个选项不属于多媒体信息?(   )
   A. 动画、影像   B. 文字、图像   C. 声卡、显卡   D. 音频、视频
9. 下列设备中全部属于外部设备的一项是(   )。
   A. 打印机、移动硬盘、鼠标   B. CPU、键盘、显示器
   C. 内存储、光盘驱动器、扫描仪   D. 内存储器、U 盘、硬盘
10. 下列软件中,属于应用软件的是(   )。
    A. Windows 10   B. WPS 文字   C. UNIX   D. Linux
11. 计算机的运算速度达到万亿次/秒以上的计算机通常被称为(   )计算机。
    A. 巨型   B. 大型   C. 小型   D. 个人

第 3 章

数字内容与资源管理

数字内容管理是指运用先进的技术手段、科学理论方法,对数字内容进行存储、控制和开发利用的管理活动,其目的是提高数字内容的利用率。资源管理主要是对计算机的软硬件资源进行管理。

知识目标:
- 了解数字内容的基本概念以及在计算机系统中的存储方式。
- 掌握不同存储介质的特点。
- 认识数据备份的重要性,理解备份类型及其应用场景。
- 了解数据备份的主流技术。
- 熟悉常见的文件格式及其使用场景。
- 掌握使用工具或软件进行文件格式转换的方法。
- 掌握文件和文件夹的基本操作。
- 理解文件路径和目录结构,学会组织和管理文件和文件夹资源。
- 认识计算机系统中的主要硬件及其作用。
- 掌握常用软件的安装、配置、更新与卸载方法。

能力目标:
- 能够独立配置和使用不同的存储方案,有效管理个人数字资源。
- 熟练执行数据备份,确保数据安全。
- 灵活运用各种工具进行文件格式转换。
- 高效组织管理文件和文件夹资源,提高信息检索效率。

素质目标:
- 培养对数字内容的敏感度、提高信息筛选、评价和批判性思维能力。
- 通过有效管理个人数字内容,培养良好的时间管理和工作效率习惯。
- 鼓励在数字环境中保持自律,合理规划学习与生活。

任务 1　我是数字生活整理师

任务情境

随着信息技术的飞速发展,大一新生们在日常生活中越来越频繁地接触和使用各种数字内容,如学习资料、照片、视频、音乐、文档等。有效管理这些数字内容不仅能够提高学习效率,还能保护个人隐私和重要数据。本任务旨在通过实践操作,让学生深入理解数字内容管理的重要性,掌握数字内容存储、备份、转换以及资源管理的基本技能。

任务分析

任务内容要求如下。

- 数字内容存储:请根据自己的学习需求和生活习惯,设计一份个人数字内容存储方案。按学习资料(DPS、PDF、视频教程)、个人作品(文档、设计图、视频剪辑)、媒体内容(图片、视频、音频)等分类。
- 数字内容备份:本地备份或使用云存储备份指定文件夹内容。
- 数字内容转换:将 PDF 格式的学习资料转换为 Word 文档以便编辑,或将手机录制的视频转换为适合上传至社交媒体的尺寸大小格式。
- 文件和文件夹资源管理:整理个人计算机中的文件和文件夹,确保每个文件或文件夹都有明确的命名规则(如日期＋内容描述)和合理的层级结构。至少包括一个深度为三层的文件夹结构示例。

相关知识

🔑 3.1　数字内容管理

3.1.1　数字内容存储

1. 存储介质

存储介质是数据存储的载体,是数据存储的基础。在数字内容管理中,常见的存储介质有以下几种。

1) 硬盘

传统硬盘:具有较高的容量和相对较低的成本,适用于大多数个人和小型企业的数据存储需求。但读取和写入速度相对较慢,适合存储较为静态的数据。

固态硬盘(SSD):使用固态电子存储芯片阵列制成,具有较高的读写速度和数据安全性,但成本相对较高。SSD 常用于需要快速启动和读取数据的场景,如操作系统安装盘。

2) 光盘

CD 和 DVD:具有较小的存储容量,但相对便宜且易于携带。CD-R/DVD-R 为一次性刻录光盘,用于数据备份和分发。CD-RW/DVD-RW 为可擦写光盘,支持数据反复修改。

蓝光光盘:提供了更大的存储容量和更高的数据传输速度,适用于高清视频和大型数据集的存储。

3）闪存介质

U 盘：利用 Flash 闪存芯片制作的移动存储器，具有小巧便携、即插即用的特点。常用于数据交换和临时存储。

闪存卡：如 SD 卡、microSD 卡等，广泛用于数码相机、智能手机等设备中，用于存储照片、视频等多媒体内容。

4）云存储

将数据存储在远程服务器或数据中心中，通过互联网进行访问和管理。云存储提供了可靠、高度可扩展和灵活的存储解决方案，适用于企业和个人用户的数据备份、共享和协作。

2. 存储方式

存储方式决定了数据如何在存储介质上进行组织和访问。在数字内容管理中，常见的存储方式有以下几种。

1）本地存储

将数据直接存储在本地计算机或网络存储设备（如 NAS、SAN）上。这种方式提供了较高的数据访问速度和安全性，但受限于存储设备的物理容量和位置。

2）网络存储

利用网络协议（如 NFS、CIFS 等）将数据存储在远程服务器上，通过网络进行访问。这种方式实现了数据的共享和协作，但可能受到网络带宽和延迟的影响。

3）云存储服务

通过互联网将数据存储在云服务提供商的服务器上，如 Amazon S3、Microsoft Azure Storage 和 Google Cloud Storage 等。这种方式提供了高度可扩展性、灵活性和成本效益，但需要考虑数据的安全性、隐私保护和合规性问题。

4）分布式存储

将数据分散存储在多个物理或逻辑节点上，以提高数据的可用性和容错性。这种方式常用于大规模数据存储和处理场景，如大数据分析、云计算等。

5）对象存储

一种存储大规模非结构化数据的解决方案，将数据分割成对象并为每个对象分配唯一的标识符。这种方式适用于存储图片、视频、日志文件等各种非结构化数据，提供了高度可扩展性、可靠性和低成本的特点。

数字内容管理在存储介质和存储方式上都展现出了多样性和灵活性。在选择存储介质和存储方式时，需要根据数据的性质、规模和访问模式进行综合考虑，以寻求最佳的存储解决方案。

3.1.2　数字内容备份

1. 当前主流的备份技术

1）数据备份

数据备份即对数字内容进行的备份，直接复制需要存储的数据，或者将数据转换为镜像保存在计算机中。诸如 Ghost 等备份软件，光盘刻录和移动盘存储均属此类。其采用的模式相对容易理解，分为逐档与镜像两种。逐档是直接对文件进行复制，镜像是把文件压成镜像存放。优点是方便易用,也是广大用户最为常用的。缺点是安全性较低,容易出错,其针对数据进行备份,如果文件本身出现错误就将无法恢复,那备份的作用就无从谈起。因此,这种数据备份适用于常规数据备份或重要数据的初级备份。

2）磁轨备份（物理备份）

这种备份技术的原理是直接对磁盘的磁轨进行扫描,并记录下磁轨的变化,所以这种数据备份技术也被称为物理级的数据备份。它的优点是非常精确,因为是直接记录磁轨的变化,所以出错率几乎为 0,数据恢复也变得异常容易、可靠。这种数据技术通常应用在中高端的专业存储设备,部分中高端 NAS（网络附加存储）,如自由遁等专业存储设备就是采用此备份技术,这种数据备份技术在国外企业应用非常广泛。

2. 数据备份的主要方式

1）完全备份

完全备份,即每个档案都会被写进备份档。如果两个时间点的备份之间,数据没有任何更动,那么备份数据是一样的。存在的问题主要是备份系统不会检查自上次备份后档案有没有被更改过;它只是机械性地将每个档案读出、写入,不管档案有没有被修改过。备份全部选中的文件及文件夹,并不依赖文件的存盘属性来确定备份哪些文件。在备份过程中,任何现有的标记都被清除,每个文件都被标记为已备份,换言之,存盘属性被清除。我们不会一味采取完全备份的措施,即每个档案都会被写到备份装置上。在完全备份中,即使所有档案都没有变动,还是会占据许多存储空间。

2）增量备份

与完全备份不同,增量备份会先判断档案的最后修改时间是否晚于上次备份时间。如果不是的话,则表示自上次备份后,档案并没有被更动过,所以这次不需要备份。换言之,如果修改日期的确比上次更动的日期晚,那么档案就被更动过,需要备份。

使用增量备份最大的好处在于备份速度快。它的速度比完整备份快许多,同时由于增量备份在做备份前会自动判断备份时间点及文件是否已做更动,所以相对于完全备份,其对节省存储空间也大有益处。增量备份的不足之处在于数据还原的时间较长,效率相对较低,例如,如果要还原一个备份档案,必须把所有增量备份的磁盘都找一遍,直到找到为止,如果要复原整个档案系统,就得先复原最近一次的完整备份,然后复原一个又一个的增量备份。

3）差异备份

差异备份与增量备份一样,都只备份更动过的数据。但前者的备份是“累积”的。一个档案只要自上次完整备份后,曾被更新过,那么接下来每次做差异备份时,这个档案都会被备份。这表示差异备份中的档案,都是自上次完全备份之后,曾被改变的档案。如果要复原整个系统,那么只要先复原完全备份,再复原最后一次的差异备份即可。

增量备份是针对上一次备份后,所有发生变化的文件。差异备份介于递增备份与完全备份之间。但不管是复原一个档案或是整个系统,速度通常比完全备份、增量备份快。日常中,增量备份与差异备份技术在部分中高端的网络附加存储设备,如 IBM、HP 等品牌的部分产品的附带软件中已内置。

3.2　计算机资源管理

计算机资源管理是指对计算机系统中的硬件、软件及网络资源进行合理分配、调度和监控的过程。这包括处理器时间、内存空间、磁盘存储、输入/输出设备、网络通信等关键资源的有效管理。通过资源管理，系统能够确保各任务获得必要的资源，避免资源冲突和浪费，提高资源利用率和系统性能。常见的资源管理策略有任务调度算法、内存管理机制、虚拟存储技术、输入/输出缓冲等。高效的资源管理对于保障计算机系统的稳定运行、提升用户体验和满足业务需求至关重要。随着云计算、大数据等技术的发展，计算机资源管理正向着更加智能化、自动化的方向发展。

3.2.1　数字内容间互转

目前数字内容的转换主要在图片、音频和文本之间进行。

1. 图片转换为文本

图片转换为文本通常是将以图片形式存在的不可编辑文本转换为可编辑的文本，主要是利用光学字符识别技术（Optical Character Recognition，OCR）。OCR 技术通过电子设备（如扫描仪或数码相机）采集字符图片，检测明暗模式确定形状，最终通过字符识别方法将其转换成计算机文字。

OCR 过程主要有以下步骤。

（1）预处理：主要包括二值化、噪声去除、倾斜矫正等。

二值化：摄像头拍摄的图片，大多数是彩色图像，彩色图像所含信息量巨大，对于图片的内容，可以简单地分为前景与背景。为了让计算机更快、更好地识别文字，需要先对彩色图进行处理，使图片只有前景信息与背景信息，可以简单地定义前景信息为黑色，背景信息为白色，这就是二值化图。

噪声去除：对于不同的文档，对噪声的定义可以不同，根据噪声的特征进行去噪，就叫作噪声去除。

倾斜矫正：由于一般用户在拍照文档时都比较随意，因此拍照出来的图片不可避免地会产生倾斜，这就需要文字识别软件进行校正。

（2）字符切割。由于拍照条件的限制，经常造成字符粘连、断笔，因此极大地限制了识别系统的性能，这就需要文字识别软件有字符切割功能。

（3）字符识别。以特征提取为主。文字的位移、笔画的粗细、断笔、粘连、旋转等因素都会影响特征提取的难度。

（4）后处理、校对。根据特定的语言上下文的关系，对识别结果进行校正，就是后处理。

2. 音频转换为文本

音频转换为文本主要利用语音识别技术，也被称为自动语音识别（Automatic Speech Recognition，ASR），其目标是将人类的语音中的词汇内容转换为计算机可读的输入。语音识别的模型通常由声学模型和语言模型两部分组成，分别对应语音到音节的转换和音节到字的转换。

　　音频转文本转换器是一种转录软件,可以自动识别语音并将语音内容转录成等效的书面格式。以前,人们需要收听音频文件并将其输入为文本文件,才能将语音内容重新用于不同的媒体。当前,利用人工智能技术,计算机可以在短时间内轻松地将音频转换为文本,并使内容可用于搜索、字幕和洞察分析等不同目的。常见的音频转文本转换器有:腾讯云语音识别(网页版),可处理时长小于 5 小时的音频转文字工作;讯飞听见,可支持 MP3、WAV、PCM、M4A、AMR、AAC、MP4、3GP 等多种格式,能实现中英文录音在线转换成文字,或语音翻译成文字,它的识别准确度高,且转换速度快;微信小程序"录音转文字助手",如图 3-1 所示,可以转换 15MB 以下的录音文件,支持 MP3、M4A、WMA、AC3、OGG、WAV 等常用音频格式,还能在线实现中英互译。

主页　　　　　　　　　　中文语音识别　　　　　　　　中文翻译成英文

图 3-1　微信小程序"录音转文字助手"

3.2.2　文件和文件夹资源管理

1. 文件和文件夹的相关概念

管理文件的过程中,会涉及以下几个相关概念。

1) 硬盘分区与盘符

硬盘分区实质上是对硬盘的一种格式化,是指将硬盘划分为几个独立的区域,这样可以更加方便地存储和管理数据。盘符是 Windows 系统对磁盘存储设备的标识符,一般使用 26 个英文字符加上一个冒号":"来标识,如"本地磁盘(C:)"中"C"就是该盘的盘符。

2) 文件

文件是计算机系统中数据组织的基本单位,在计算机中,各类数据和程序都以文件的形式存储在存储器中,按一定格式建立在外存储器上的信息集合称为文件。

为了区别不同内容和不同格式的文件,每个文件都有一个文件名,系统就是根据文件名来存取文件的。文件名通常由主文件名和扩展名两部分组成,文件名和扩展名之间由一个圆点(.)分隔。主文件名是文件的名称,通常表示文件的主题或内容,文件的扩展名用来表示文件类型,通常由1~4个字母组成,有些系统软件会自动给文件加上扩展名。不同类型的文件都有与之对应的文件显示图标。文件 myfile.wps 的主文件名是 myfile,扩展名是 wps,表示它是一个 WPS 文字文档。

文件命名规则如下。

(1) Windows 允许使用长文件名,但在实际操作中为了方便使用,文件名不宜太长。

(2) 文件名可使用英文字母、数字、汉字、空格和其他字符,一般不区分大小写英文字母。

(3) 文件名或文件夹名中不能包括\、/、:、*、?、"、<、>、|这9个字符。

(4) 在一个文件夹中不能有同名(主文件名与扩展名完全相同)的文件。

文件类型:计算机中的文件可分为系统文件、通用文件和用户文件三类,前两类是在安装操作系统和软、硬件时装入磁盘的,它们的文件名和扩展名由系统自动生成,不能随便更改或删除。

用户文件是由用户建立并命名的文件,多为文本或数据文件,即可以显示或打印供用户直接阅读的文件,可分为文本文件和非文本文件两种。文本文件包括文章、表格、图形等,非文本文件有用各种程序设计语言编写的源程序文件、数据文件及用户编写的批处理文件、系统配置文件等。表 3-1 是常用的文件扩展名及文件类型。

表 3-1　常用的文件扩展名及文件类型

扩 展 名	文 件 类 型	扩 展 名	文 件 类 型
txt	文本文件/记事本文档	exe、com	可执行文件
wps	WPS 文字文件	bat	批处理文件
et、ett	WPS 表格文件	int、sys、dll	系统文件
dps、dpt、wpp	WPS 演示文件	ini	系统配置设置文件
bmp、jpg、gif	图形文件	hlp	帮助文件
wav、mid、mp3	音频文件	rar、zip	压缩文件
avi、mpg、mp4	视频文件	htm、html	超文本文件
tmp	临时文件	rtf	富文本格式文件

说明:如果在文件夹窗口中只显示文件的图标和文件名,不显示文件扩展名,可以在文件夹窗口中通过设置显示扩展名,操作步骤如下。

(1) 单击文件夹窗口的"组织"→"文件夹和搜索选项",打开"文件夹选项"对话框。

(2) 打开"文件夹选项"对话框中的"查看"选项卡,在"高级设置"区域中取消选择"隐藏已知文件类型的扩展名"复选框,单击"确定"按钮。

3) 文件夹

文件夹用于保存和管理计算机中的文件,可以放置多个文件和子文件夹。Windows 系统通过文件夹来组织管理和存放各类文件,文件夹一般由图标和名称两部分组成。文件夹的命名规则与文件相同。

Windows 对于文件和文件夹的存放采取树状结构,最高一级的文件夹如同树根,所以称为根目录,根文件夹可以包含多个子文件夹(子目录)和文件。子文件夹如同树枝,文件如同树叶,如图 3-2 所示。

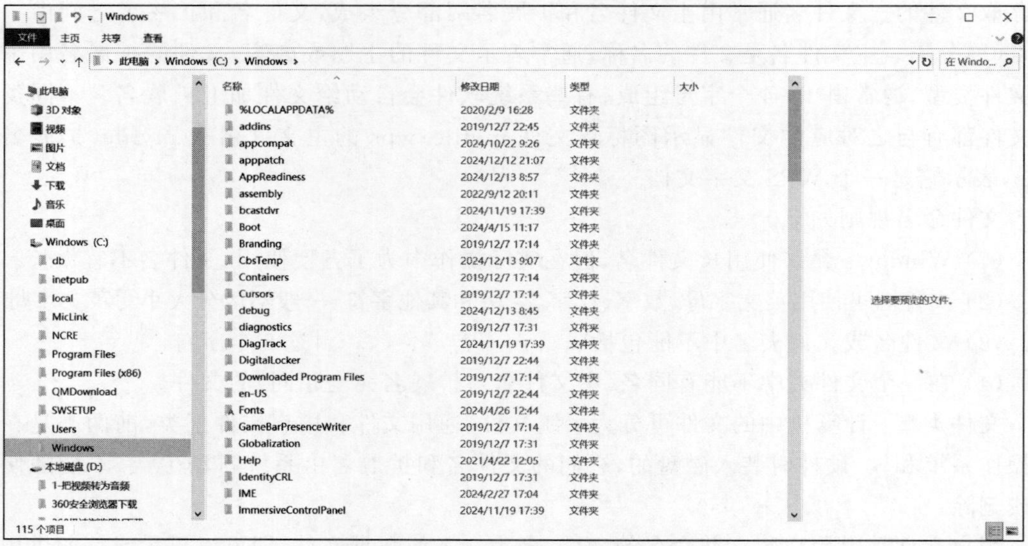

图 3-2　树状结构的文件夹

4) 文件路径

用户在对文件进行操作时,除了要知道文件名外,还需要知道文件所在的硬盘和文件夹,即文件在计算机中的位置,称为文件路径。文件路径包括相对路径和绝对路径两种。其中,相对路径以".”(表示当前文件夹)、"..”(表示上级文件夹)或文件夹名称开头;绝对路径是指文件或目录在硬盘上存放的绝对位置,如"D:\图片\标志.jpg"表示"标志.jpg"文件是在 D 盘的"图片"文件夹中。在 Windows 10 中单击地址栏的空白处,可查看已打开的文件夹的文件路径。

5) 库

"库"是一种有效的文件管理模式。库和文件夹有很多相似之处,如库可以包含各种子库和文件,但库和文件夹有本质的区别。库中并不存储文件夹或文件本身,而是存储它们的快捷方式,不管其存储位置。可以使用库组织和访问用户关心的文件或文件夹,对库中文件夹或文件的删除并不会影响原文件夹或文件。

Windows 10 中自带了视频、图片、文档和音乐 4 个库,用户可以将常用的资源添加到库中,也可以根据需要新建库。打开库的具体操作为:打开"计算机"窗口,单击"查看/导航窗格"按钮,在打开的下拉列表中选择"显示库"选项,就可以在窗口的左侧显示库文件。

2. 文件和文件夹的管理

1) 计算机

Windows 桌面的"计算机"是一个系统文件夹,可以用它来管理文件和文件夹。

打开"计算机"窗口可以通过双击桌面计算机图标■,或单击"开始"→"计算机"。在打开的"计算机"窗口中有多种查看文件或文件夹的方式,可以通过"菜单栏"中的"查看"命令选择显示查看的方式,"计算机"窗口如图 3-3 所示。

2) 资源管理器

"资源管理器"是 Windows 操作系统提供的资源管理工具,用户用它可以查看计算机中的所有资源,实现对计算机资源的管理。

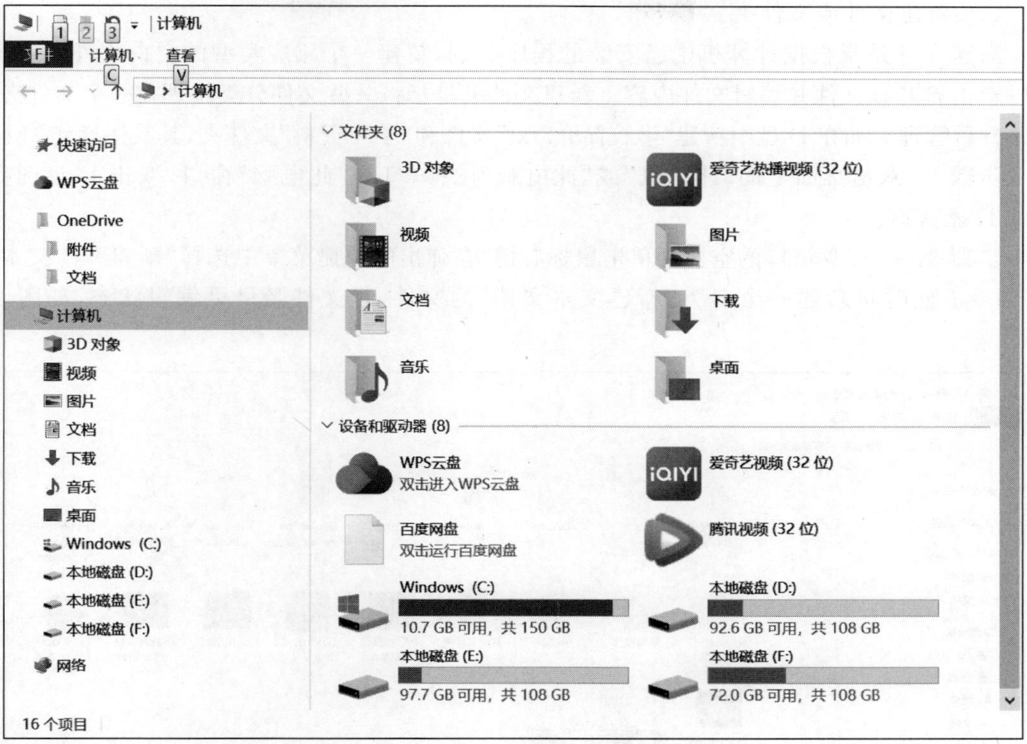

图 3-3 "计算机"窗口

打开"资源管理器"有以下几种方法。

(1) 右键单击任务栏中"开始"→单击"文件资源管理器"。

(2) 单击任务栏中"开始"按钮右侧的"Windows 系统"文件夹,在该文件夹中找到"资源管理器"图标,单击即可打开资源管理器。

(3) 使用快捷键 Win+E,只需同时按下键盘上的 Win 键和字母 E 键,即可快速打开资源管理器。

3) 文件和文件夹的管理

(1) 对象的选择。

管理文件或文件夹要先选定操作对象(文件或文件夹),然后选择操作命令,这是 Windows 中最基本的操作。对象的选择方式和方法分为以下几种。

① 选择单个文件或文件夹:单击文件或文件夹进行选择。

② 选择多个相邻的文件或文件夹:在窗口空白处按住鼠标左键,拖曳鼠标框选需要选择的多个对象。

③ 选择多个连续的文件或文件夹:用鼠标单击选择第一个对象,按住 Shift 键,再单击选择最后一个对象。

④ 选择多个不连续的文件或文件夹,按住 Ctrl 键,再依次单击所要选择的文件或文件夹。

⑤ 选择所有文件或文件夹。按住 Ctrl+A 组合键,或在"主页/选择"组中单击"全部选择"按钮,可选择当前窗口中的所有文件或文件夹。

（2）新建文件或文件夹。

新建文件是指根据计算机中已安装的程序类别，新建一个相应类型的空白文件，新建后可以双击打开该文件并编辑文件内容。新建文件夹是指将一些文件分类整理在一个文件夹中以便日后管理。如在 D 盘中新建"学校简介.txt"文件和"学习资料"文件夹，其具体操作如下。

步骤 1：双击桌面上的"计算机"或"此电脑"图标，打开"此电脑"窗口，双击 D 盘图标，打开 D 盘窗口。

步骤 2：在 D 盘窗口的空白处单击鼠标右键，在弹出的快捷菜单中选择"新建"→"文本文档"命令。此时将新建一个名为"新建文本文档"的文件，且文件名呈可编辑状态，如图 3-4 所示。

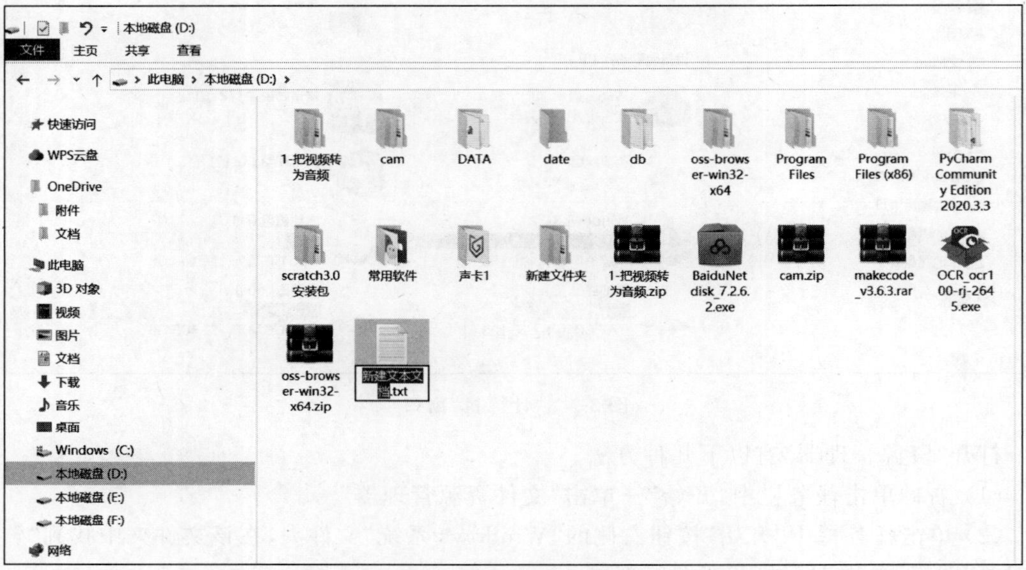

图 3-4   新建文本文档

步骤 3：切换到中文输入法输入"学校简介"文本，然后单击窗口空白处或按 Enter 键即可为该文件命名。

步骤 4：在窗口空白处单击鼠标右键，在弹出的快捷菜单中选择"新建"→"文件夹"命令，此时将新建一个空白文件夹，且文件夹名称呈可编辑状态，输入"学习资料"文本，如图 3-5 所示，然后按 Enter 键，完成文件夹的新建和命名。

（3）重命名文件或文件夹。

在文件或文件夹上单击鼠标右键，在弹出的快捷菜单中选择"重命名"命令，输入新的名称后按 Enter 键或单击窗口空白区域即可重命名文件或文件夹。需要注意的是，重命名文件时不要修改文件的扩展名，一旦修改将可能导致文件无法正常打开，若误修改，可将扩展名重新修改为正确模式便可重新打开。此外，文件名可以包含字母、数字和空格等，但不能有"?、*、/、\、<、>、:"等符号。

（4）移动与复制文件或文件夹。

移动文件是将文件移动到另一个文件夹中，复制文件相当于为文件做一个备份，即原文件夹下的文件仍然存在。移动与复制文件的操作也适用于文件夹。

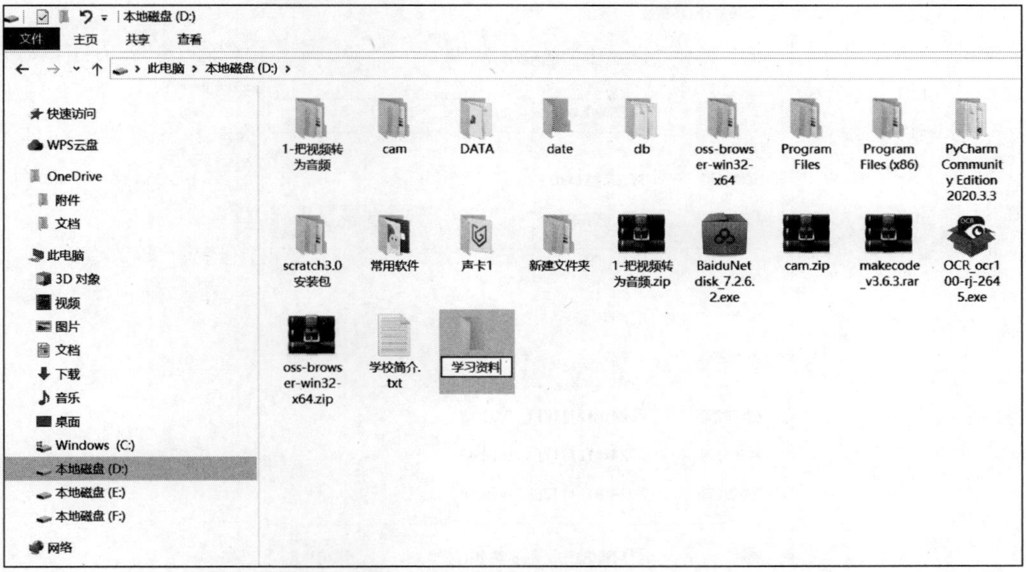

图 3-5　新建文件夹

移动文件或文件夹：选择需移动的文件或文件夹，单击鼠标右键，在弹出的快捷菜单中选择"剪切"命令，或按 Ctrl＋X 组合键；切换到目标窗口，在窗口空白处单击鼠标右键，在弹出的快捷菜单中选择"粘贴"命令，或按 Ctrl＋V 组合键即可。

复制文件或文件夹：选择需复制的文件或文件夹，单击鼠标右键，在弹出的快捷菜单中选择"复制"命令，或按 Ctrl＋C 组合键；切换到目标窗口，在窗口空白处单击鼠标右键，在弹出的快捷菜单中选择"粘贴"命令，或按 Ctrl＋V 组合键即可。

应用技巧：将选择的文件或文件夹拖动到同一硬盘分区下的其他文件夹中或拖动到左侧导航窗格中的某个文件夹选项上，也可移动文件或文件夹，在拖动过程中按住 Ctrl 键，可复制文件或文件夹。

（5）删除与还原文件或文件夹。

选择所需文件或文件夹，单击鼠标右键，在弹出的快捷菜单中选择"删除"命令，或按 Delete 键，即可删除选择的文件或文件夹。被删除的文件或文件夹实际上是移动到了"回收站"中，若误删文件或文件夹，还可以通过还原操作找回来，其方法为：双击桌面上的"回收站"图标，打开"回收站"窗口，在需要还原的文件或文件夹上单击鼠标右键，在弹出的快捷菜单中选择"还原"命令，即可将其还原到被删除前的位置。

选择文件或文件夹后，按 Shift＋Delete 组合键可直接将文件从计算机中删除，而不再移动至"回收站"中。将文件或文件夹放入回收站后，仍然会占用磁盘空间。在桌面的"回收站"图标上单击鼠标右键，在弹出的快捷菜单中选择"清空回收站"命令，则可以彻底删除回收站中的全部文件。

（6）隐藏文件或文件夹。

隐藏文件或文件夹是保护文件或文件夹的一种手段，其方法为：在需要隐藏的文件或文件夹上单击鼠标右键，在弹出的快捷菜单中选择"属性"命令，打开文件或文件夹的属性对话框，单击选中"隐藏"复选框后，再单击"确定"按钮，如图 3-6 所示。

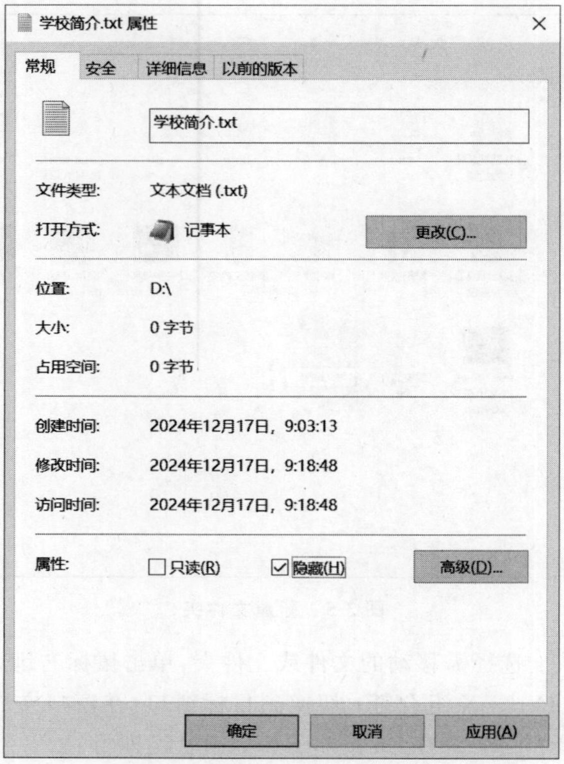

图 3-6　隐藏文件

（7）搜索文件或文件夹。

如果用户不知道文件或文件夹的保存位置，可以使用 Windows 的搜索功能进行搜索。如果在"此电脑"窗口的搜索框中搜索，其范围为搜索计算机硬盘中的所有文件或文件夹；如果在文件夹窗口的搜索框中搜索，其范围为搜索该文件夹中的文件或子文件夹。搜索时如果不记得文件或文件夹的名称，可以使用模糊搜索功能，如使用通配符"＊"来代表任意数量的任意字符，使用"？"来代表某一位置上的任意字母或数字，如"＊.mp3"表示搜索当前位置下所有类型为".mp3"格式的文件，而"pin?.mp3"则表示搜索当前位置下前三个字母为"pin"、第 4 个是任意字符的"mp3"格式的文件。如图 3-7 所示为在 F 盘中搜索所有类型为".mp3"格式的文件。

4）文件夹选项设置

通过"文件夹选项"对话框可设置在文件夹中查看或搜索文件夹的方式等。

在"此电脑"资源管理器中单击"查看"菜单，在"显示/隐藏"组中单击"选项"即可打开"文件夹选项"对话框，如图 3-8 和图 3-9 所示分别为该对话框的"常规"选项卡和"查看"选项卡的设置页面。

下面对"文件夹选项"对话框中的常用设置进行简要说明。

设置打开文件资源管理器时打开的窗口："常规"选项卡的"打开文件资源管理器时打开"下拉列表框中包括"快速访问"和"此电脑"两个选项。选择"快速访问"选项表示打开文件资源管理器时打开"快速访问"窗口，该窗口显示最近使用的文件和文件夹；选择"此电脑"选项表示打开文件资源管理器时打开"此电脑"窗口。

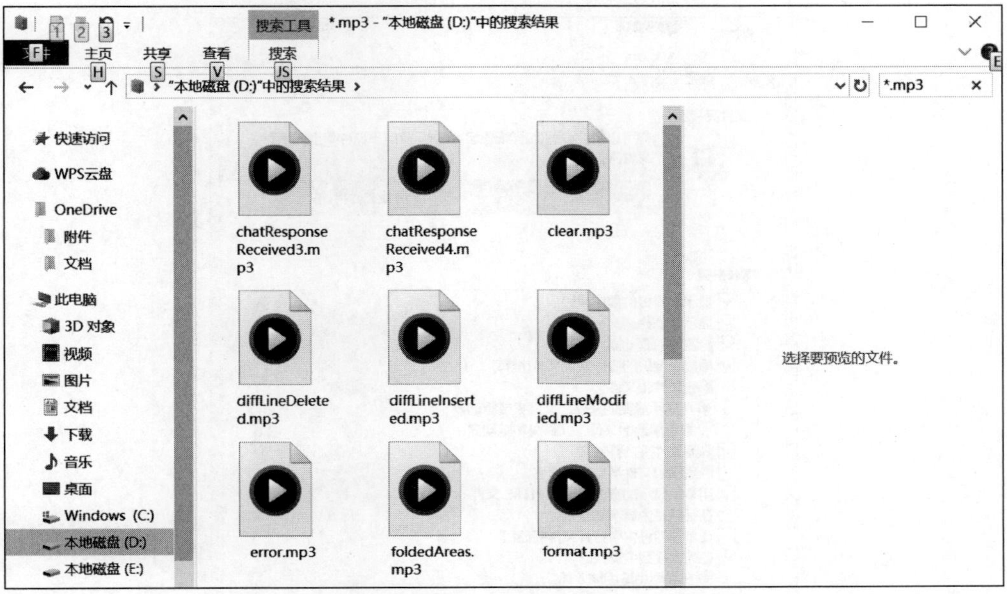

图 3-7　搜索".mp3"格式的文件

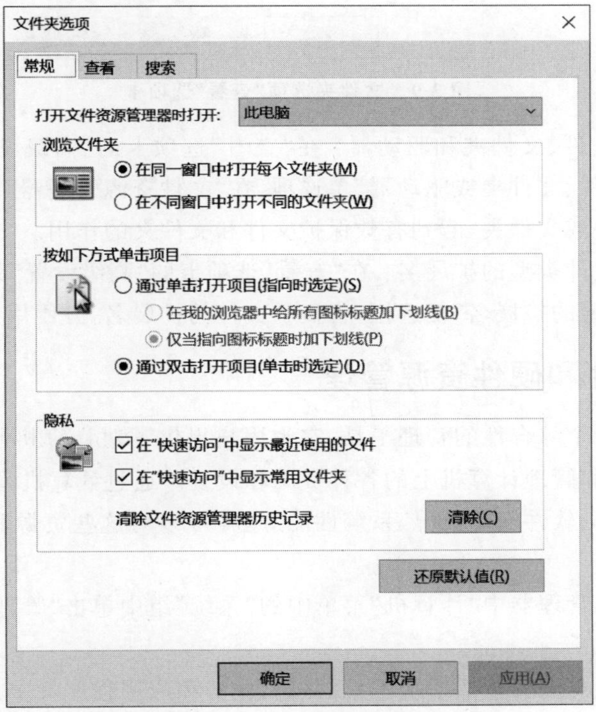

图 3-8　文件夹选项"常规"选项卡

　　设置浏览文件夹的方式："常规"选项卡的"浏览文件夹"栏中包括"在同一窗口中打开每个文件夹"和"在不同窗口中打开不同的文件夹"两个单选项。"在同一窗口中打开每个文件夹"表示打开的每个文件夹将在同一个窗口中显示;"在不同窗口中打开不同的文件夹"表示打开不同的文件夹将在不同的窗口中显示。

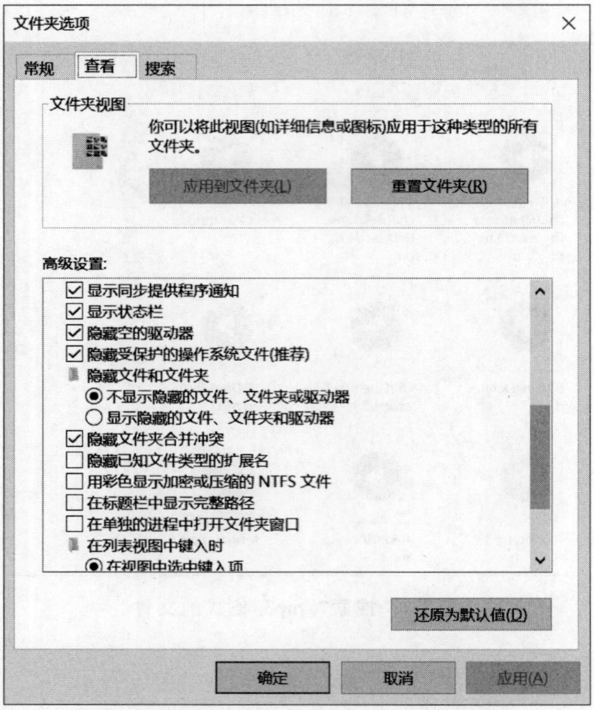

图 3-9　文件夹选项"查看"选项卡

不显示隐藏的文件、文件夹和驱动器：在"查看"选项卡的"高级设置"列表框中单击选中"不显示隐藏的文件、文件夹或驱动器"单选项，在"文件资源管理器"窗口中将不显示设置为"隐藏"属性的文件或文件夹，起到有效保护文件和文件夹的作用。

取消隐藏已知文件类型的扩展名：在"查看"选项卡的"高级设置"列表框中单击取消选中"隐藏已知文件类型的扩展名"复选框，将显示文件的扩展名，方便用户查看文件类型。

3.2.3　软件和硬件资源管理

计算机管理是一个综合性的管理工具，它为用户提供了对计算机硬件和软件的全面控制，它允许用户查看和管理计算机上的各种资源和设置。通过计算机管理，用户可以深入了解计算机的硬件配置、软件安装情况、系统性能等，并可以对这些资源和设置进行必要的调整和优化。

从"此电脑"资源管理器中"计算机"菜单中的"系统"组中单击"管理"，即可打开"计算机管理"窗口，如图 3-10 所示。

计算机管理的主要内容包括系统工具、存储、服务和应用程序等多方面。

1. 系统工具

任务计划程序：允许用户创建、编辑和管理计划任务，这些任务可以在指定的时间自动运行。

事件查看器：用于查看和记录系统事件、应用程序事件和安全事件，有助于用户及时发现并解决潜在的问题。

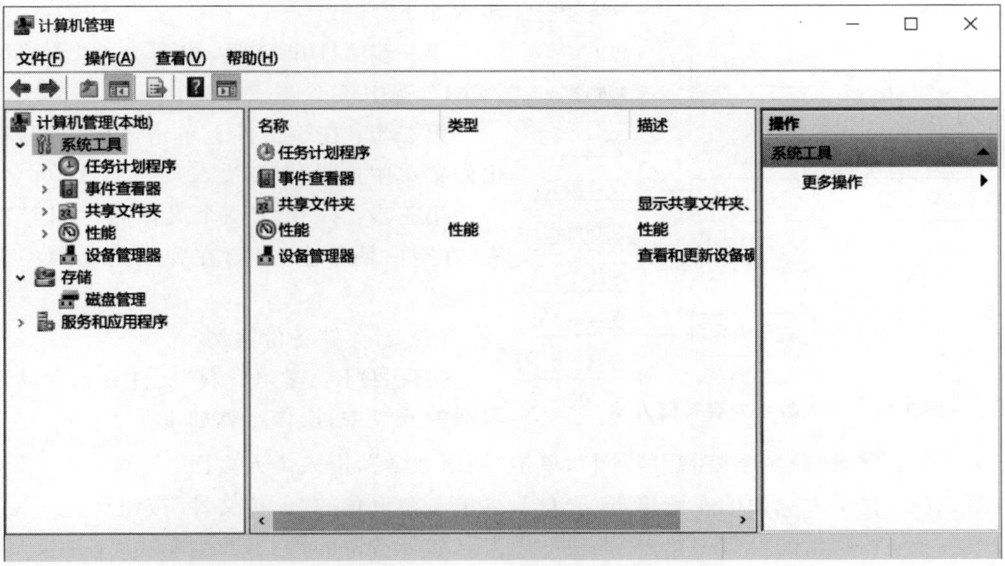

图 3-10　"计算机管理"窗口

设备管理器：显示和管理计算机上的所有硬件设备，如 USB 连接器管理器、处理器、磁盘驱动器、存储控制器、键盘、生物识别设置、鼠标等。

共享文件夹：对于需要在网络中共享文件或文件夹的用户来说是一个关键的工具。在设置共享文件夹之前，需要确保网络发现和文件夹共享功能已经启用。在设置共享文件夹时，需要设置适当的访问权限以保护数据安全，可以为不同的用户或组设置不同的权限级别（如读取、写入或完全控制）。

2．存储

磁盘管理：提供磁盘分区、格式化、扩展和压缩等功能，允许用户高效配置和管理磁盘空间。

磁盘碎片整理：优化磁盘性能，提高文件访问速度。

3．服务和应用程序

服务：显示所有系统服务的列表，包括服务的名称、描述、状态、启动类型和登录账户等信息。允许用户配置服务的启动类型（自动、手动或禁用）、恢复选项和登录账户等参数。用户可以启动、停止和重启服务，这对于解决服务故障或进行维护操作非常有用。

应用程序：显示所有已安装的应用程序列表，允许用户卸载、更改或修复应用程序。用户可以设置默认的浏览器、电子邮件客户端、媒体播放器等程序。

任务实现

1．个人数字内容存储方案

个人数字内容存储方案如图 3-11 所示。

2．实现数字内容备份

（1）本地备份案例。

实现将 D 盘中的文件"学校简介.wps"本地备份到"E:\个人作品\文档"文件夹中，操作

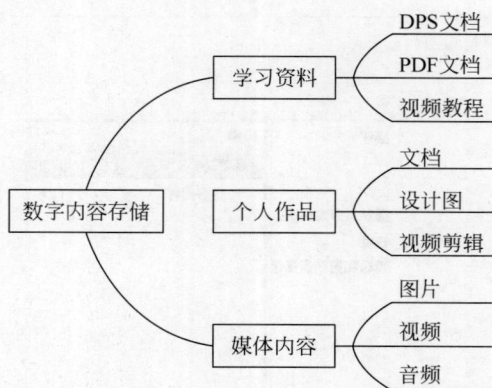

图 3-11　个人数字内容存储方案

步骤如下。

第一步：打开 D 盘，找到文件"学校简介.wps"，选中该文件。

第二步：在该文件上单击鼠标右键，在弹出的菜单中选择"复制"。

第三步：打开"E:\个人作品\文档"文件夹，在空白处单击右键，在弹出的菜单中选择"粘贴"。

（2）云存储备份案例。

实现将"E:\学习资料"文件夹云存储到学习通的云盘中，操作步骤如下。

第一步：登录"萍乡学院智慧校园"，单击"网络教学"，进入个人页面。

第二步：在个人页面的左侧单击"云盘"，再单击左上角的"上传文件"按钮。

第三步：在弹出的窗口中单击"本地文件夹"（如果备份的是文件，则单击"本地文件"按钮），在弹出的对话框中选择需要上传的文件夹"E:\学习资料"，单击"上传"按钮即可。

3. 实现数字内容转换

实现将"ASCII 表.pdf"文件转换为"ASCII 表.docx"，具体操作步骤如下。

第一步：使用 WPS 软件打开文件"ASCII 表.pdf"。

第二步：单击"开始"菜单中的"PDF 转换"，在弹出的窗口左侧单击"转为 Word"。

第三步：单击"开始转换"按钮即可。

4. 实现文件和文件夹资源管理

文件和文件夹资源管理的实现如图 3-12 所示。

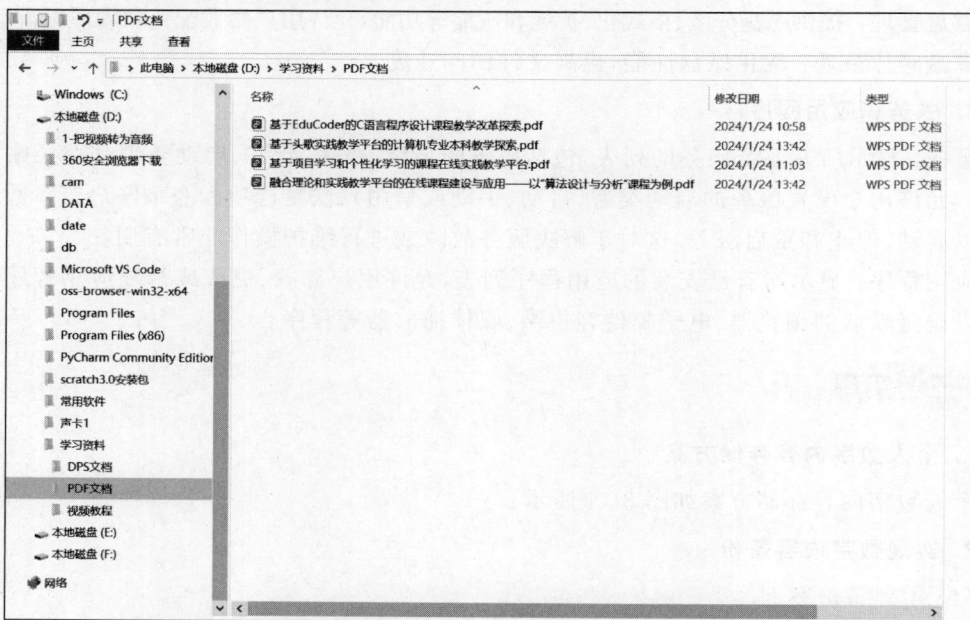

图 3-12　文件与文件夹的资源管理

🔑 小结

　　数字内容包括图像、文字、影音、VR/AR 等内容,是数字媒体技术与文化创意相结合的产物。

　　数字内容存储的介质有硬盘、光盘、闪存介质、云存储等,存储的方式常见的有本地存储、网络存储、云存储、分布式存储、对象存储等。

　　当前主流的数字内容备份技术有数据备份和磁轨备份。数据备份的主要方式有完全备份、增量备份和差异备份。数字内容间的转换主要是在图片、音频和文本之间进行转换。

　　计算机资源管理是指对计算机系统中的硬件、软件及网络资源进行合理分配、调度和监控的过程。文件和文件夹是存储和组织数据的基本单位。文件和文件夹资源管理对于确保数据的有序存储、快速访问和有效保护至关重要。软件与硬件资源管理是计算机系统高效运行的基础。通过合理管理软件和硬件资源,可以优化系统性能,提高资源利用率。

🔑 习题

一、单选题

1. 下列存储介质中,存取速度最快的是(　　　)。

　　A. 软盘　　　　　　　　　B. 硬盘　　　　　　　　C. 光盘　　　　　　D. 内存

2. 可以播放多媒体教学光盘的计算机中,必须配备的设备是(　　　)。

　　A. 软盘驱动器　　　　　　　　　　　　B. 扫描仪

　　C. 光盘驱动器　　　　　　　　　　　　D. 彩色打印机

3. 某位同学将计算机中需要备份的文件全部复制到移动硬盘中,这属于哪种备份方式?(　　　)

　　A. 完全备份　　　　　　　　　　　　　B. 增量备份

　　C. 差异备份　　　　　　　　　　　　　D. 硬盘存储

4. 在 Windows 10 中,选择多个连续的文件或文件夹,应首先选择第一个文件或文件夹,然后按住(　　　)键,再单击最后一个文件或文件夹。

　　A. Tab　　　　　　　　B. Alt　　　　　　　　C. Shift　　　　　　D. Ctrl

5. 在 Windows 10 中,被放入回收站中的文件仍然占用(　　　)。

　　A. 硬盘空间　　　　　　　　　　　　　B. 内存空间

　　C. 软件空间　　　　　　　　　　　　　D. U 盘空间

6. Windows 10 中用于设置系统和管理计算机硬件的是(　　　)。

　　A. 文件资源管理器　　　　　　　　　　B. 控制面板

　　C. "开始"菜单　　　　　　　　　　　　D. "此电脑"

二、多选题

1. 下列是图形文件扩展名的有(　　　)。

　　A. bmp　　　　　　　　B. jpg　　　　　　　　C. wav　　　　　　D. gif

2. 对文件或文件夹进行选择的操作有（　　）。

    A. 选择单个文件或文件夹   B. 选择多个连续的文件或文件夹

    C. 选择全部文件或文件夹   D. 新建文件或文件夹

3. Windows 系统的文件管理主要使用资源管理器进行文件和文件夹的（　　）基本操作。

    A. 复制   B. 浏览   C. 创建   D. 移动和删除

4. 数据备份的主要方式有（　　）。

    A. 完全备份   B. 增量备份   C. 差异备份   D. 人工备份

第2篇

数字技术通识篇

第4章

CHAPTER 4

数字技术通识与应用

在当今数字化时代,数字技术如同空气般渗透到社会的各个角落,深刻地改变着人们的生活、工作与学习方式。从智能手机的便捷应用到企业数字化转型的浪潮,从互联网金融的创新服务到智能家居的舒适体验,数字技术的影响力无处不在。本章将带领读者深入探索数字技术的通识与应用领域,剖析其核心概念、关键技术以及广泛的应用场景,旨在为读者搭建起一座全面理解数字技术的桥梁,助力读者在数字时代的浪潮中游刃有余地前行。

知识目标:

- 领会人工智能发展脉络、机器学习原理及应用。
- 熟知 AI 大模型分类、架构与功能特点。
- 把握云计算的概念、虚拟化技术、服务类型及优势。
- 理解大数据的"4V"特性、分析方法与应用挑战。

能力目标:

- 熟练使用 AI 大模型完成特定任务并分析结果。
- 熟练使用提示词技术调优。

素质目标:

- 具备数字技术发展洞察力与前瞻性思维。
- 拥有数字化协作沟通能力,可跨团队合作。
- 强化数字伦理与安全意识,合法合规应用技术。

任务 1　利用 AI 大模型生成开题报告

🏷 任务情境

在本任务中,你将利用 AI 大模型(如文心一言、豆包等)生成一篇开题报告。通过这一实践,你将掌握如何使用 AI 大模型进行学术写作,并进一步深化对本专业领域的理解。

🏷 任务分析

- 开题报告主题必须紧密围绕本专业领域。你可以自行确定研究主题,也可以咨询所选用的 AI 大模型来获取合适的主题建议。
- 开题报告结构需完整(应包含研究背景、研究意义、研究目标、研究方法、进度安排及参考文献等部分)。
- AI 生成的内容需要进一步修改和完善。你可以结合自身的研究思考,检查逻辑和数据的准确性,并对 AI 生成的文本进行必要的调整和优化。
- 在使用 AI 大模型时,保持独立思考和判断能力,避免完全依赖 AI 生成的内容。确保报告的原创性和创新性,同时遵守学术伦理。
- 至少引用三篇相关学术文献,字数不少于 3000 字。

🏷 相关知识

🔑 4.1　人工智能与机器学习

谷歌公司创始人拉里·佩奇说过:"它(人工智能)将成为终极搜索引擎,可以理解网络上的一切信息。它会准确地理解你想要什么,给你你需要的东西。"

4.1.1　人工智能基础

人工智能(Artificial Intelligence,AI)是指通过计算机技术和算法模拟和实现人类智能的能力,它可以让机器拥有认知、学习、推理、规划、感知、语言理解和创造性等人类智能的特征,使机器能够像人类一样思考、决策和执行任务。

人工智能研究如何使机器具有认识问题和解决问题的能力,如何使机器具有感知功能(如视觉、听觉、嗅觉)、思维能力(如分析、综合、计算、推理、联想、判断、规划、决策)、行为能力(如说、写、画)以及学习、记忆功能等。

人工智能从形式上分为三个阶段:规则推理智能、统计学习智能和深度学习智能。

规则推理是指基于数学、逻辑和概率等理论,通过编写规则,将问题求解拆分为一系列的"逻辑处理步骤",最终得到正确的答案。

统计学习是指通过对数据进行建模和分析,挖掘数据背后的规律和关联,实现智能推理和决策,这一阶段的典型方法就是机器学习。

深度学习是指通过构建多层神经网络,实现复杂的图像和语音识别、自然语言处理和机器翻译等任务。如表 4-1 所示是人工智能三个阶段的特点对比。

表 4-1 人工智能三个阶段的特点对比

阶段	核心技术	数据依赖性	模型类型	代表方法	适用场景	优 缺 点
规则推理智能	规则推理、专家系统	低	符号逻辑模型	专家系统、决策树	故障诊断、医学专家系统等	优点：可解释性强，逻辑清晰 缺点：规则依赖性强，难以应对不确定环境
统计学习智能	统计学习、机器学习	高	数理统计模型	逻辑回归、支持向量机（SVM）	语音识别、图像分类等	优点：依赖数据学习，模型具有泛化能力 缺点：对数据质量和数量依赖高，不具备解释性
深度学习智能	深度神经网络（DNN）	极高	多层神经网络	CNN、RNN、Transformer	计算机视觉、自然语言处理（NLP）等	优点：不需要手工特征工程，自动学习特征 缺点：算力需求高，模型不可解释性强

深度学习智能是当前人工智能的主流阶段，其核心技术是深度神经网络（DNN），它能够自动从大规模数据中提取特征，不再依赖手工设计特征。深度学习在图像识别、语音识别和自然语言处理等领域实现了突破性进展，甚至在一些任务上超越了人类的表现。其成功的背后依赖于人工智能的三大要素：大数据、高算力和高效算法。

目前，世界各国都在强调人工智能在发展中的重要性。2016 年，美国发表了《为人工智能的未来做好准备》，英国发布了《人工智能：未来决策制定的机遇和影响》；2017 年，中国出台了《新一代人工智能发展规划》。人工智能已经成为新一轮科技革命和产业变革的重要驱动力量。麦肯锡公司的数据表明，人工智能每年能创造 3.5 万亿～5.8 万亿美元的商业价值，使传统行业商业价值提升 60% 以上。

人工智能的历史可以追溯到人类早期对智能生命的思考，从古代神话中的机械仆人和自动装置，到哲学家们对心灵与机器关系的探讨，这些都是人类对智能的初步设想。到了 20 世纪中叶，人工智能领域迎来了几个重要的里程碑。艾伦·图灵（Alan Mathison Turing，见图 4-1）提出了图灵测试，试图定义机器智能的标准。图灵测试是指：让一台机器 A 与一个人 B 坐在幕后，让一个裁判 C 同时与幕后的机器和人交流，如果这个裁判无法判断交流对象是机器还是人，就说明机器 A 具有和人一样的智能。如图 4-2 所示是图灵测试示意图。

图 4-1 图灵

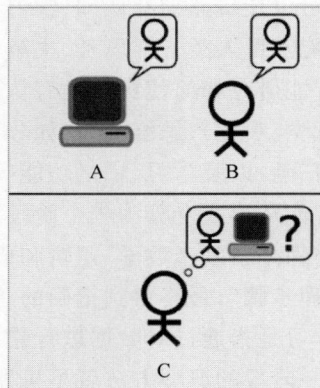

图 4-2 图灵测试示意图

而冯·诺依曼(John von Neumann)则为现代计算机的设计奠定了基础,这些奠基性的工作为早期 AI 研究铺平了道路。

1946 年的达特茅斯会议标志着 AI 作为学科的诞生,约翰·麦卡锡(John McCarthy)等科学家首次提出了"人工智能"这一术语,并重点讨论了如何用机器模拟人类智能的若干方向性问题,并取得了一致性的认识,由此开启了人工智能的第一次高潮。然而,从 20 世纪 70 年代开始,人工智能的缺陷逐渐暴露出来:第一,受制于计算机的能力不足,无法满足快速增长的计算需求;第二,视觉和自然语言中的可变性和模糊性无法解决。人工智能第一次高潮走入低谷,接下来几年被称为"人工智能冬季"。

经过近十年的寒冬,自 20 世纪 80 年代开始,随着专家系统(Expert System)和人工神经网络(Artificial Neural Network)等新技术的发展,人工智能迎来了一个新的春天,并很快形成了第二次高潮。在这一时期,知识工程成为人工智能发展的关键领域。知识工程专注于如何获取、表示和利用知识来解决实际问题。研究人员通过建立知识表示模型,将人类专家的知识以计算机能够处理的形式进行编码。演绎推理算法也取得了重要突破,基于逻辑的演绎推理使得计算机能够从已知的事实和规则出发,推导出新的结论,这种推理方式在专家系统中起到了核心作用。专家系统是人工智能第二次高潮的标志性成果。专家系统是基于知识的智能系统,它能模拟人类专家决策。例如,医疗领域的专家系统可以辅助医生进行疾病诊断,它通过对患者症状的分析,结合医学知识库中的疾病诊断规则,给出可能的疾病诊断结果和相应的治疗建议,如 1976 年由美国斯坦福大学开发的血液病诊断的专家系统(MYCIN)。另一个杰出的专家系统代表就是 20 世纪 90 年代,IBM 开发的计算机"深蓝"(Deep Blue),连续两年战胜国际象棋大师卡斯帕罗夫,从而轰动世界,如图 4-3 所示即深蓝计算机。

大家逐渐发现,人工智能对于一些中小型的专家系统的效果尚好,但对于大型的专家系统实际效果并不理想,典型表现是日本和美国政府的第 5 代计算机

图 4-3 深蓝计算机

的应用并未达到原有设计目标,最终导致失败。主要原因是没有感知智能的支撑以及推理算法的计算复杂度,到了 20 世纪 90 年代人工智能的发展又一次走入低谷。

人工智能的第三次高潮,发端于 2006 年。有"AI 教父"之称的杰弗里·辛顿(Geoffrey Hinton)等提出了深度学习的概念,主要包括深度卷积神经网络、深度信念网络和深度自动编码器。2012 年,辛顿教授与他的两位博士生参加机器视觉识别比赛(ImageNet),把深度卷积神经网络与大数据、GPU 结合起来,让机器去识别没参加训练的 10 万张测试图片,辨识结果比原来的传统计算机视觉方法准确率提高了 10.9%,这是一个显著的性能提升,一下引起了产业界的极大关注,直接推动新一轮人工智能发展的浪潮。研究进程的快速发展得益于以下三大关键因素的共同驱动:计算能力的显著提升、深度学习算法的突破性进展以及大数据技术的蓬勃发展。正是这"算力、算法和数据"三驾马车的高速协同,推动了人工智能研究的第三次高潮,特别是 AlphaGo 的问世,震惊了世界。如图 4-4 所示是 AlphaGo 与李世石对战。

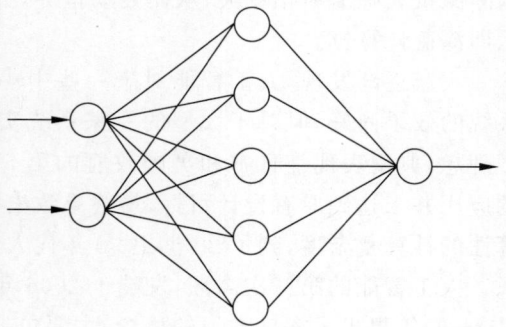

首先,算力的快速提升,为处理和分析海量数据提供了强大的硬件支持,尤其是图形处理器(GPU)和专用人工智能芯片(如 TPU)的发展,极大地缩短了模型训练和推理的时间。其次,深度学习算法的开发与优化使得人工智能能够高效地从复杂数据中挖掘规律,例如,卷积神经网络(CNN)在图像处理中的广泛应用和循环神经网络(RNN)在序列数据分析中的突破性表现。最后,大数据的丰富性和多样性为算法训练提供了充足的素材,使得 AI 模型能够在实际场景中具备更强的泛化能力和适应性。

那么,人工智能是怎么实现的呢?

从 1946 年夏季首次提出"人工智能"这一术语开始,科学家们尝试了各种方法来实现它。这些方法包括专家系统,决策树、归纳逻辑、聚类等,但这些都是假智能。直到人工神经网络技术的出现,才让机器拥有了"真智能"。

为什么说之前的方法都是假智能呢?因为人类能清清楚楚地知道它们内部的分析过程,它们只是一个大型的复杂的程序而已;而人工神经网络则不同,它的内部是一个黑盒子,就像人类的大脑一样,我们不知道它内部的分析过程,我们不知道它是如何识别出人脸的,也不知道它是如何打败围棋世界冠军的,这就是人工智能的可怕之处。

人工神经网络的灵感来源于人类大脑的结构和功能(其由数十亿个通过突触相互连接的神经元组成复杂神经网络)。人工神经网络正是模仿了这种网络结构,通过大量的节点(类似于神经元)和连接(类似于突触)来处理信息。图 4-5 是一个人工神经网络的构造图,每一个圆代表着一个神经元,它们连接起来构成了一个网络。它通过大量的节点(神经元)和连接(突触)来处理信息。在我们的大脑中,神经元通过突触相互连接,形成了一个复杂的信息处理网络。通过输入层接收数据,隐藏层处理数据,最终由输出层产生结果。每个神经元都可以接收来自前一层的信号,通过权重累加并应用激活函数后,将信号传递到下一层。通过这种方式,神经网络可以学习复杂的模式,并在各种任务中做出智能的决策。

图 4-4　AlphaGo 与李世石对战

图 4-5　人工神经网络图

如何做出一台能够思考的机器呢?那我们就必须明白什么是思考,进一步讲就是什么是智慧。智能指的是机器能够执行感知、学习、推理和决策等通常需要人类智力的任务。AI 的核心目标是使机器具备自主智能行为,在复杂环境中灵活适应。

图灵测试提出了一种功能主义观点:如果机器的行为与人类无异,则可视为具有智能。测试方式是让一名评判者通过文本交互与一个未知对话对象(人或机器)交流,若评判者无法分辨对方是否是人类,则认为该对象具备智能。

不过,图灵测试只关注外在表现,不涉及机器的内在理解或意识,因此并不直接定义智能的本质。这引出了弱人工智能(Weak AI)和强人工智能(Strong AI)的区别,详见表 4-2。

表 4-2　Weak AI 与 Strong AI 对比

分　类	定　义	特　征	应 用 示 例	发 展 现 状
弱人工智能	专门设计用于执行特定任务的 AI 系统,能够模拟和表现特定的智能行为,但不具备自我意识和理解能力	只能在特定领域表现出高水平的智能 - 依赖预设规则和算法 - 无跨领域迁移能力	语音助手(如 Siri、Alexa)图像识别系统推荐系统(如电商、视频推荐)	已广泛应用于各行各业,推动数字化转型和智能化发展
强人工智能	具备全面的智能,能够自主学习、推理、理解和决策,具有与人类相当的自我意识和理解能力	- 能够跨领域自主学习和迁移知识 - 拥有自我意识和情感理解 - 自主决策和推理能力	理论概念,尚无实际应用,通常出现在科幻电影中(如《机械公敌》中的 AI 机器人)	尚处于理论阶段,目前的 AI 技术均未达到强 AI 的水平

简而言之,弱人工智能在特定领域内表现出专家级别的能力,而强人工智能则被设想为全能的天才,能够理解和处理任何事情。因此,虽然图灵测试可以作为评估某些弱人工智能表现的大模型,但它并不足以评估强人工智能,因为后者需要更深层次的理解和意识,这超出了图灵测试所能测量的范围。

4.1.2　机器学习概述

机器学习是人工智能的核心技术之一(见图 4-6)。我们在买西瓜的时候,都知道要挑选表皮光滑、对比鲜明、瓜蒂卷曲、敲声浊响的西瓜,这是人们根据长期实践和不断总结形成的有效经验。那么经验是怎么来的呢?可以说是"学习"来的。那么计算机系统可以做这样的工作吗?这就是机器学习这门学科的任务,将已知数据(Data)作为学习素材,让计算机从数据中学习其蕴含的规律或规则,并把学到的规则应用到未来新的数据上,从而做出判断或者预测。

图 4-6　人工智能与机器学习、深度学习的关系

机器学习,即机器本身的学习,是研究如何通过计算的手段,利用经验改善系统自身的性能,其根本任务是数据的智能分析和建模,进而从数据里面挖掘出有用的价值。

机器学习方法即用计算机系统模拟人类学习的方法。因此需要讨论人类学习方法,只有了解了人类的"学习机理",才能用机器(模拟人类学习过程)。那么,人类的"学习机理"是什么?

简单来说,学习是一个过程,它是人类从外界获取知识的方法。人类的知识主要是通过学习得到的。学习分为两种,一种是间接学习,就是通过他人的传授(包括音视频等资料);另一种是直接学习,就是人类直接通过与外部世界的接触,包括观察、实践获取知识,这也是人类获取知识的主要手段。人类的学习主要是从直接知识中通过归纳、迁移、强化、联想、关

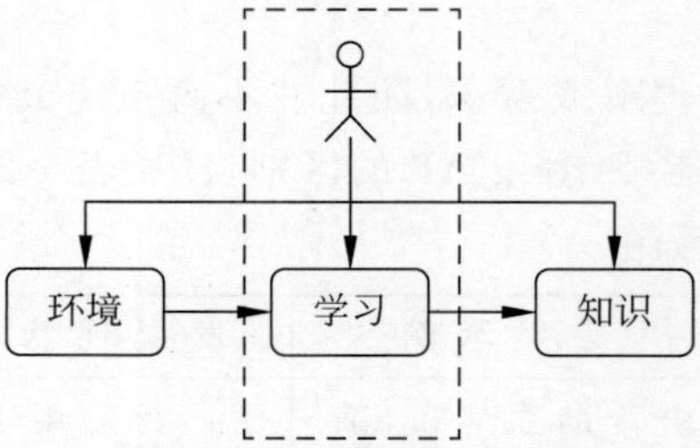

图 4-7   学习基本模型

联、类比、范例等手段来获取新知识的过程。图 4-7 给出了一个学习的简单模型。在该模型中,环境即现实世界,人类通过自身的学习能力,得到学习的结果——知识。

人类的学习过程通常包括感知、记忆、理解、推理和反馈等环节。感知是通过感官获取外部信息,记忆则将信息存储于大脑中,理解是对信息的组织和重构,推理则是基于已有知识进行推断,而反馈则能修正错误和强化学习效果。

在机器学习中,这些环节分别对应数据输入、特征提取、模型训练、预测推理和模型更新等过程。通过对人类学习机制的模拟,机器学习算法不断优化,形成了监督学习、无监督学习和强化学习等多种学习范式,使得机器具备了"类人"智能。可以用以下公式来表示机器学习结构模型。

数据＋机器学习模型＝知识

公式中的学习模型是由大量样本数据通过机器建模而获取的,样本数据和机器建模是机器学习的两大要素。

样本(Sample)数据是构成学习过程的基础,它们是现实世界中事物的数字化表示,被用来训练机器学习模型。这些数据通常以结构化的形式存在,如数据库中的记录或电子表格中的行。

属性(Attributes)是样本数据中用来描述样本特征的变量。每个属性都代表了样本的一个固有性质或特征,例如,一个人的身高和体重可以作为描述这个人的属性。

不带标号样本(Unlabeled Samples)是指那些只有输入属性而没有输出标签的样本。在这些样本中,所有属性都是用来训练模型的,但没有提供预期输出或结果。这类似于一个装有各种水果的篮子,但水果上没有贴标签,只知道它们是水果,不知道具体是什么类型的水果。

带标号样本(Labeled Samples)是指除了包含输入属性外,还包含一个或多个输出属性(标签)的样本。这些输出属性是模型训练的目标,即模型需要预测的结果。

机器建模根据样本的不同分为以下三种类型。

(1) 监督学习(Supervised Learning)。

这是一种机器学习方法,其中,模型从带标号样本数据中学习。这些数据包括输入和相应的输出标签。模型的目标是学习输入和输出之间的映射关系,以便能够预测新数据的输出。

例如,你想训练一个计算机程序来识别图片中是猫还是狗。你会给它很多标记好的图片,告诉它每张图片是猫还是狗。经过学习后,程序就能识别新的图片中是猫还是狗。

(2) 无监督学习(Unsupervised Learning)。

无监督学习涉及不带标号样本数据,模型试图在没有明确指导的情况下发现数据中的模式或结构,这种学习通常用于聚类或关联规则学习。

例如你有一个大型超市的销售数据,但并没有特定的问题要解决,只是想看看这些数据中有没有什么模式。无监督学习可以帮助你发现顾客购买行为的模式,如哪些商品经常被一起购买。

（3）强化学习（Reinforcement Learning）。

在强化学习中，一个代理（Agent）通过与环境的交互来学习。代理在执行动作时会收到反馈（奖励或惩罚），并根据这些反馈来优化其行为，以最大化累积奖励。

例如，你正在训练一个机器人玩电子游戏。机器人每做一个操作，游戏就会给它一个分数。机器人的目标是学习哪些操作能让它在游戏中得到高分。随着时间的推移，机器人会学会如何玩这个游戏以获得最多的分数。

机器学习是实现人工智能的手段之一，也是当前主流的人工智能实现方法，主要用于预测、分类和关联。机器学习通过数据就可以训练出实现一定功能的模型，称为解决不同领域的一项关键技术。以下简要介绍机器学习在人脸识别、自动驾驶、智能制造方面的作用。

1. 人脸识别

人脸识别（见图 4-8）通常也称为人像识别、面部识别，是基于人的脸部特征信息进行身份认证的一种生物识别技术，属于人工智能中的计算机视觉范畴。它通过分析和匹配人脸的几何特征，自动识别人或验证其身份。与指纹、虹膜等传统生物识别技术相比，人脸识别具有非接触性、便捷性和远距离识别的优势，广泛应用于安防监控、考勤系统、金融支付和智能设备解锁等场景。

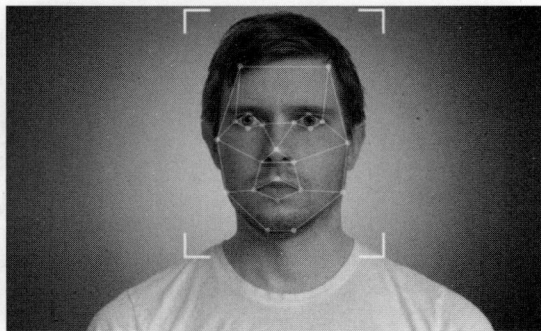

图 4-8　人脸识别

人脸识别系统的研究始于 20 世纪 60 年代，早期采用的是基于几何特征的识别方法，如眼睛间距、鼻子宽度等，算法简单，但受光照、姿态和表情的影响较大，识别效果有限。

而真正进入初级的应用阶段在 20 世纪 90 年代，该阶段主要采用统计方法，核心思想是将人脸变成一堆数字特征，然后用数学方法去比较这些特征的相似度。如果两个人脸的"特征数字"很接近，就判断是同一个人；如果差距很大，则认为是不同的人。对同一家庭的成员五官相似的情况，还引入了线性判别分析来找差异。但该方法同样对光照和面部姿态非常敏感。

从 2010 年到现在，随着算力的提升、大数据的支持和深度学习的兴起，基于卷积神经网络（CNN）的深度人脸识别算法迅速崛起。代表模型有 DeepFace（Facebook）、FaceNet（Google）、VGGFace 等。现代技术的核心是特征嵌入和度量学习，将人脸特征映射到高维特征空间，通过比较距离来判断是否为同一人。

2. 自动驾驶

自动驾驶技术是指通过传感器、计算机视觉、人工智能和控制系统，使车辆能够在无人工干预的情况下完成驾驶任务的技术。其核心目标是让汽车具备感知、决策和控制的能力，能够像人类驾驶员一样观察路况、做出反应和控制车辆。自动驾驶通常分为 6 个等级（L0～L5），如表 4-3 所示。

表 4-3 自动驾驶等级划分

等级	说　明
L0	无自动化,完全由驾驶员控制
L1	驾驶辅助系统(如自适应巡航控制)
L2	部分自动化,车辆可控制方向和加速,但驾驶员需随时接管
L3	有条件自动化,车辆在特定条件下可完全控制,但驾驶员需待命
L4	特定场景下完全自动驾驶,不需要驾驶员干预
L5	全场景完全自动驾驶

目前大部分的自动驾驶公司都采用了机器学习来实现车辆的操纵和路线规划,图 4-9 是百度的 apollo 无人驾驶小巴。2010 年,谷歌推出了无人驾驶汽车项目,并引入了卷积神经网络(CNN)和大数据,使自动驾驶的感知系统大幅提升了鲁棒性。2015 年后进入商业化探索阶段,特斯拉推出 Autopilot,实现了 L2/L3 级自动驾驶辅助系统,支持车道保持和自动变道。2020 年以来,自动驾驶进入大规模部署阶段,随着 5G 通信和 V2X(车与一切的互联)技术的发展,自动驾驶正逐步向 L4 和 L5 阶段迈进。

图 4-9 百度 apollo 无人驾驶小巴

自动驾驶面临技术、法律和伦理三大挑战。技术挑战在于如何在极端天气(如大雨、大雾、积雪)和突发场景(如行人冲出)中确保车辆安全行驶。法律挑战涉及事故责任归属,需明确车主、厂商和算法开发者的责任分工。伦理挑战则体现在乘客保护与行人安全的两难选择中,如何做出合理决策仍是业界关注的热点问题。

3. 智能制造

智能制造(Intelligent Manufacturing,IM)(见图 4-10)是基于新一代信息技术(如物联网、云计算、大数据、人工智能、边缘计算)对传统制造业的全面赋能和深度融合。这一理念将设计、生产、管理和服务等制造活动的各个环节有机连接,形成一个信息物理系统(Cyber-Physical System,CPS),在虚拟空间和物理空间之间实现高效协同与数据共享,推动生产过程的自动化、数字化和智能化。智能制造以智能工厂为载体(依托工业机器人和自动化设备),以关键制造环节智能化为核心(利用 AI 算法和数据驱动的决策系统),以端到端数据流为基础,以网络互联为支撑(通过工业互联网和 5G 技术)等特征,可以有效缩短产品研制周期(利用数字孪生技术模拟生产流产)、降低运营成本、提高生产效率等优势。

图 4-10　智能制造

其中,机器学习是智能制造的核心支撑技术之一,它使生产系统具备自学习、自适应和自优化的能力。在设备预测性维护中,机器学习通过分析设备的历史数据和实时状态,预测设备故障,减少停机时间;在产品质量检测中,基于计算机视觉和深度学习的算法可实现高精度的缺陷识别;在生产调度与优化中,机器学习通过强化学习和智能调度算法,动态优化生产排程,提升生产效率。此外,个性化定制和产线柔性化也依赖机器学习对市场需求的数据挖掘和趋势预测,从而实现大规模的个性化生产。总体而言,机器学习通过赋予智能制造系统感知、预测和决策的能力,推动了从传统自动化制造向自适应智能制造的转型,助力企业实现降本增效和柔性生产的目标。

4.1.3　人工智能应用

自提出以来,人工智能(AI)在理论研究和实际应用方面取得了诸多突破性成果,经过60多年的发展,人类正加速迈入一个由 AI 驱动的新时代。

如今,AI 技术与传统行业的深度融合,在交通、医疗、教育、商业、信息安全和工业等领域展现出广泛的应用价值。在这些领域,AI 技术不仅降低了劳动成本,还优化了产品和服务,推动了新市场的形成和就业机会的创造。这场技术革命正在重塑生产方式和人类的生活方式,为社会发展带来深远的变革和持续的创新动力。

AI 已经步入大规模实际应用阶段,并在多个领域展现出深远影响。

1. 医疗领域:人工智能赋能精准医疗

在医疗领域,人工智能的应用日益广泛,尤其在疾病诊断、个性化治疗、药物研发和健康管理等方面展现出巨大的潜力。

首先,AI 通过医学影像分析技术,利用深度学习算法对 X 光、CT、MRI 等医学图像进行自动分析和病灶检测(见图 4-11),极大地提高了癌症、肺炎等早期疾病的诊断效率和准确率。相比于传统的人工阅片,AI 系统能够在短时间内处理海量图像,避免医生的疲劳和主观判断失误。

其次,在个性化治疗中,AI 能够基于患者的基因数据、病历记录和治疗历史,量身定制个性化的治疗方案。这种精准医疗模式通过预测患者的药物反应,优化治疗路径,从而显著提高治疗效果,减少不必要的医疗费用。

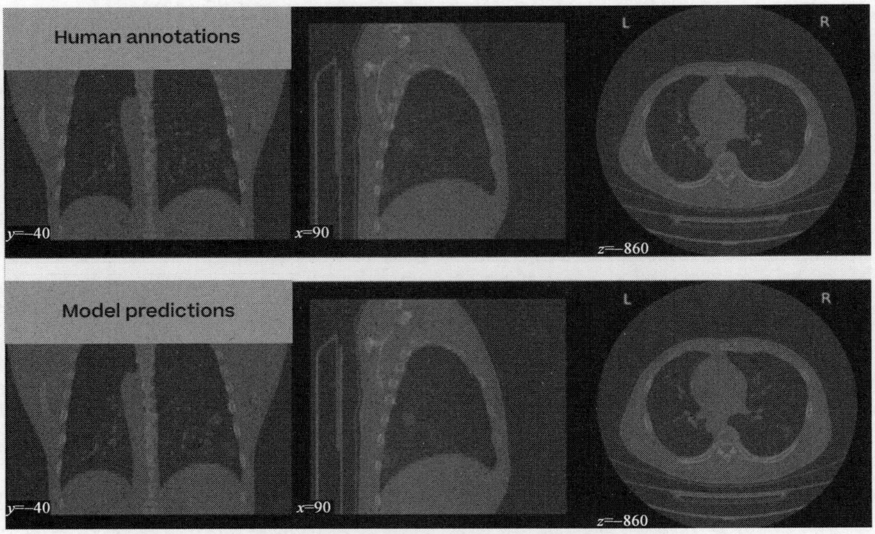

图 4-11　模型预测与人类标注对比

　　AI 在医疗领域的深度应用,助力实现从"治疗为中心"到"预防为中心"的转变,不仅提高了医疗服务的质量和可及性,也推动了智慧医疗和健康管理体系的建立,为人类的健康福祉带来了深远的积极影响。

2. 交通领域:人工智能助力智慧出行

　　在交通领域,人工智能(AI)技术的深度应用极大地提升了出行的安全性、便捷性和效率,推动了智慧交通系统和自动驾驶技术的快速发展。

　　首先,智能交通管理系统(Intelligent Transportation System,ITS)的建设依赖于 AI 的支持(见图 4-12)。通过监控摄像头、传感器和物联网设备,系统能够实时采集和分析交通数据,如车流量、车速和道路拥堵情况。基于这些数据,AI 算法对交通信号灯的配时进行动态优化,从而实现道路通行效率的最大化,减少城市的交通拥堵和碳排放。

图 4-12　智慧交通

　　其次,自动驾驶技术是 AI 在交通领域的一个重要方向。自动驾驶汽车依托计算机视觉、激光雷达和深度学习算法,实现对周围环境的实时感知和精准识别,能够做出自主的路径规划和避障决策。目前,自动驾驶技术已从实验室阶段走向 L2~L4 级别的商用测试,许多企业在无人出租车(Robotaxi)和自动驾驶货运领域展开了实践探索。

总的来说,AI 在交通领域的应用正在从静态管理向动态优化,从人类驾驶向自动驾驶转变。AI 的赋能使交通系统更加智能、高效和环保,改善了人们的出行体验,助力实现"安全、高效、绿色、便捷"的未来智慧出行目标。

3. 教育领域:AI 赋能个性化学习

在教育领域,人工智能(AI)的深入应用正在重塑教学方式、学习体验和教育管理,推动个性化学习和智慧校园的建设,从而实现更加高效、灵活和公平的教育环境。

首先,个性化学习系统(Personalized Learning System)的构建是 AI 在教育领域的核心应用之一(见图 4-13)。传统的"一刀切"教学模式难以满足学生的个性化需求,而 AI 算法则能够根据学生的学习数据、学习行为和知识掌握情况,为每个学生量身定制个性化的学习路径和教学内容。例如,在线教育平台可以通过智能推荐系统向学生推荐合适的课程资源、题目练习和学习方法,帮助学生查漏补缺,实现因材施教。

图 4-13　智慧教育

其次,AI 助力智能测评与学情分析。AI 可以基于大数据技术对学生的答题情况、错误模式和学习进展进行数据挖掘和分析,从而帮助教师掌握班级整体的学习情况,快速生成学情报告,并为教师提供精准的教学决策建议。AI 技术还能够自动批改作业和试卷,尤其是主观性强的作文和编程题,有效减少教师的工作负担,提升教学管理的效率。

4.1.4　人工智能前沿发展及伦理问题

就像人类不断进化一样,人工智能技术也经历了从计算智能、感知智能和认知智能的三个阶段(图 4-14)。计算智能指的是能存储能计算;感知智能主要是数据识别,需要完成对大规模数据的采集,以及对图像、视频、声音等类型的数据进行特征抽取,完成结构化处理;认知智能则需要在数据结构化处理的基础上,理解数据之间的关系和逻辑,并在理解的基础上进行分析和决策,即认知智能包括理解、分析、决策三个环节。

未来 AI 将在认知智能基础上向行动智能发展,核心是通过人机协同。人机协同是在复杂的环境下,以知识图谱为支撑,进行数据推理,合理调度资源,使人类智能、人工智能和组织智能有效结合,打通感知、认知和行动的智能系统。

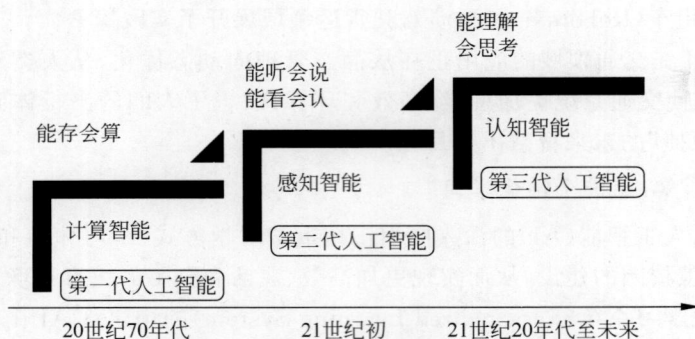

图 4-14　人工智能发展阶段

1．人工智能的前沿发展

1）大模型和生成式 AI 的兴起

近年来，基于深度学习的大模型（如 ChatGPT 和豆包）在自然语言处理（NLP）和生成式 AI 领域取得了重大突破。生成式 AI 能够创作文本、图像、音频和视频内容，极大地推动了内容生成、智能助理和虚拟世界构建等领域的发展。大模型的出现不仅加速了 AI 的多模态发展，还使得 AI 系统在多任务适应性和跨领域学习方面表现出色。未来，这些大模型将进一步优化高效训练和资源利用，降低算力需求并提升可解释性。

2）多模态学习的深度融合

传统的 AI 系统通常专注于单一数据类型（如图像、文本或音频），但多模态 AI 系统可以将来自多个数据源的信息进行综合分析和决策。这类系统在自动驾驶、智能客服、智能安防和医疗诊断等领域表现出巨大的应用潜力。例如，自动驾驶中的多传感器融合，结合了摄像头、雷达和激光雷达等多种数据源，提升了系统的感知和决策能力。

3）边缘 AI 和实时计算的发展

随着 5G 和物联网（IoT）技术的普及，AI 正逐步从"云计算"向"边缘计算"转变。边缘 AI 使得智能设备能够在本地进行数据处理，减少了网络延迟、带宽成本和数据隐私风险。这一趋势正在推动智能家居、可穿戴设备和无人机等领域的快速发展。实时计算技术也在工业控制和智能制造中扮演了重要角色，确保在动态变化的环境中做出快速决策。

4）AI 与生物智能的结合

研究人员正在模仿大脑的结构和功能来设计类脑计算系统，以克服传统 AI 的局限性。通过使用类脑神经网络和脑机接口（BCI），人类与机器的交互方式将发生巨大变化。脑机接口技术可用于恢复瘫痪患者的运动功能，并在未来可能应用于增强人类认知和记忆力的"超级人类"项目中。

5）可解释性和公平性的提升

传统的"黑箱"AI 系统使人们难以理解 AI 的决策过程，但在医疗、司法和金融等高风险领域，可解释性和透明性至关重要。前沿的 AI 模型正朝着可解释 AI（XAI）的方向发展，目标是让模型的预测依据和决策逻辑更易被人类理解。此外，公平性和无偏性的改进也在 AI 系统的训练数据和算法设计中受到重视，以减少算法歧视和偏见。

2．人工智能的伦理问题

人工智能存在诸多伦理问题，包括数据隐私与安全受威胁，算法可能产生偏见歧视，决策责任难界定,面临如自动驾驶的伦理困境,还会造成就业冲击及 AI 武器化风险等。这些问题影响着社会的公平、安全与稳定。应对之策关键在于建立健全伦理规范与法律监管体系,以此保障 AI 发展遵循公平、透明且可控的原则,使其在造福人类的同时,避免因技术失控引发的各类负面后果,促进人与技术的和谐共生。

4.2　AI 大模型及应用

AI 大模型是一种机器学习模型。它可以学习和处理更多的信息,如图像、文字、声音等,也可以通过训练完成各种复杂的任务。例如,智能语音助手和图像识别软件都会用到 AI 大模型。

随着 OpenAI 推出 ChatGPT,生成式人工智能(AIGC)和大语言模型技术在全球范围内掀起浪潮。生成式人工智能技术更被 Gartner 公司评为 2022 年十二大战略性技术趋势第一位,多个科技巨头重点布局并持续加大投入。在国内,百度的"文心一言"、阿里巴巴的"通义千问"、科大讯飞的"星火大模型"、月之暗面的"KIMI"、字节跳动的"豆包"和华为的"盘古"等大模型不断推陈出新;国际上,OpenAI 的 ChatGPT、微软的 Copilot 和谷歌的 Bard 和 Gemini 等大模型则在全球范围内广泛应用。这些大模型凭借强大的自然语言处理和多模态能力,在智能对话、内容生成、代码编写和搜索优化等场景中表现出色,推动了产业升级和技术创新的浪潮。

生成式人工智能技术是指具有文本、图片、音频、视频等内容生成能力的模型及相关技术。基于大模型高算力训练基础,生成式人工智能具备自动化内容创作、大规模数据分析等功能优势,广泛应用于对话聊天、图像生成、自然语言处理、游戏开发、金融分析等领域,但也带来一定法规风险和伦理挑战,如数据源违规收集、算法失控、内容真实性可靠性存疑、隐私保护确认、知识产权侵害以及不正当竞争等问题。

4.2.1　常见 AI 大模型

AI 大模型(Large AI Models,简称为大模型)是指具有庞大规模和高度复杂的人工智能模型,通常由深度神经网络构建,拥有数十亿到数千亿个参数。与传统的小型 AI 模型不同,AI 大模型在处理大规模数据和复杂任务方面具有显著的优势。通过在大规模数据集上进行预训练,AI 大模型可以自动学习语言、图像和其他多种数据的模式和结构,具备强大的泛化能力和多任务处理能力,能够对未见过的数据做出准确的预测。

AI 大模型主要可分为以下几种类型,每种类型在不同的应用领域中发挥着独特的作用。

(1) 自然语言处理(Natural Language Processing,NLP)大模型:这类模型专注于处理和理解自然语言(指人类在日常生活中使用的语言,如汉语、英语等),典型代表包括 GPT 系列(如 GPT-3.5、GPT-4)、文心一言、豆包等。这些模型广泛应用于机器翻译、问答系统、对话生成和文本摘要等场景,显著提升了语言生成和理解的效果。

(2) 计算机视觉(Computer Vision,CV)大模型:这类模型处理和分析图像和视频数据,常用于图像分类、目标检测、图像分割和姿态估计等任务。代表性的大模型包括 ResNet、SenseCore(商汤科技)、华为盘古 CV 等。这些模型的高效性能在自动驾驶、安防监控和医疗图像分析等领域得到了广泛应用。

（3）多模态大模型：这类模型能够同时处理文本、图像、音频和视频等多种模态数据，并在这些数据之间建立联系。多模态大模型的典型代表包括 CLIP（联合图像和文本的对比学习模型）、混元大模型（腾讯）、Sora（OpenAI）。多模态 AI 被广泛用于虚拟现实（VR）、增强现实（AR）和智能创作等场景。随着 NLP 大模型能力增强，很多 NLP 大模型也具备多模态能力。

（4）科学计算大模型：这类模型专注于在科学领域中进行建模、仿真和预测，常用于药物研发、材料发现、分子模拟和天气预报等高精度计算任务。AlphaFold 是一个典型的代表，因其在蛋白质结构预测方面的卓越表现获得了国际关注。

当前，全球范围内的科技公司和研究机构纷纷推出了具有自主产权的大模型产品，这些大模型各具特色，常见的主流 AI 大模型特点类型如图 4-15 所示。

大模型名称	所属公司/机构	类型	特点和应用场景
ChatGPT	OpenAI	NLP	高效的对话生成，支持文本生成、问答和编程协助
BERT	谷歌（Google）	NLP	强大的双向文本表示，广泛用于语义搜索和问答系统
GPT-4	OpenAI	NLP/多模态	支持文本、图像输入，提升对话生成和代码生成的能力
DALL-E	OpenAI	多模态	将文本描述转换为高质量图像，用于创意设计和视觉生成
CLIP	OpenAI	多模态	图像和文本的多模态联合建模，用于图像搜索和视觉理解
AlphaFold	DeepMind	科学计算	蛋白质结构预测的开创性成就，促进了药物研发和生命科学的研究
文心一言	百度	NLP/多模态	具备中文语义理解的对话生成能力，支持多模态内容生成
通义千问	阿里巴巴	NLP/多模态	专注于企业服务的生成式AI大模型，支持大规模企业问答
讯飞星火	科大讯飞	NLP/多模态	在教育和办公场景中，提供语言生成和多模态内容的生产能力

图 4-15　主流 AI 大模型

以下是国内典型 AI 大模型的功能特点介绍。

（1）文心一言。文心一言是一款基于自然语言处理和多模态技术的大模型，具有强大的语言理解和生成能力，支持多种任务如文本生成、问答、翻译、代码生成等。它还具备文生图和文生音频功能，适用于多模态交互场景。在知识问答和行业应用中表现良好，但总结能力和抗干扰能力稍显不足。

（2）通义千问。通义千问专注于服务企业级应用，擅长提供定制化解决方案，特别在供应链、零售和金融领域有显著优势。它支持文生图功能，但在音频和视频生成方面能力有限。语言理解和知识问答能力较强，但总结和复杂任务处理表现相对一般。

（3）豆包。豆包大模型具备强大能力，语言理解与生成表现佳，语义理解、总结提炼、知识问答等任务完成出色。多模态交互涵盖文生图、视觉理解、3D 生成及即将推出的视频生成，能力不断拓展升级。模型抗干扰能力强、分析逻辑出色，适用于教育、内容创作、客服、企业服务等诸多场景，应用价值广泛。

国际典型 AI 大模型功能特点如下。

（1）ChatGPT。ChatGPT 由 OpenAI 开发，是基于生成预训练变换器（GPT）架构的大型语言模型。它以其生成各种文本内容的能力而闻名，如代码、诗歌、剧本和电子邮件等。ChatGPT 适用于广泛的任务，包括内容创作、编程支持和教育辅导。其优势包括对任务的高适应性和强大的生成能力，同时还提供第三方插件扩展功能。不过，它的实时信息获取能力有限，通常依赖于训练数据而非实时网络数据。

(2) Bard。Bard 由 Google AI 开发,是另一种大型语言模型(LLM)。它以其访问实时网络数据的能力而著称,能够生成最新的内容和更大范围的信息。Bard 擅长提供深入的解释、改进代码以及执行实时信息查询。它支持多模态功能(如处理文本和代码)并提供免费访问。然而,其精确性和语言支持范围仍在改进中,相比 ChatGPT 略显不足。

未来,研究将重点放在模型的轻量化、跨模态优化以及可解释性和公平性提升方面,以降低资源需求、提高透明性,并确保 AI 技术在各领域的负责任应用,从而实现技术与社会效益的平衡发展。

4.2.2　AI 大模型应用

目前,大多数人在使用 AI 大模型时面临两大主要问题:一是提示词(Prompt)编写不准确,导致模型生成的回答无法令人满意;二是缺乏大模型的使用经验,对于遇到的一些常见问题不知所措。针对这些问题,如何撰写出高质量的提示词显得尤为重要。通过重新组织描述和明确指示,可以更有效地引导 AI 大模型,从而获得更加精准和满意的答案。

在解决这两个问题之前,先用文心一言大模型作为示例(见图 4-16),来了解下大模型的功能。

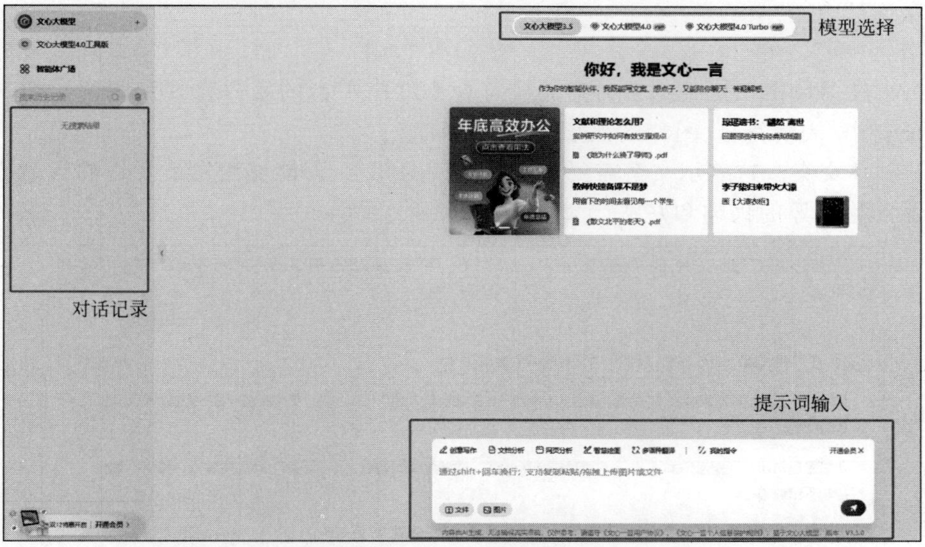

图 4-16　文心一言大模型

如何写好提示词呢?

提示工程是一门新兴学科,专注于开发和优化提示词(Prompt),以帮助用户更有效地将大语言模型(LLM)应用于各种场景和研究领域。掌握提示工程技术有助于用户更好地理解 LLM 的能力和局限性,并提升其在复杂任务中的表现,如问答和算术推理等。研究人员通过提示工程可以增强 LLM 处理复杂任务的能力,而开发人员则可以设计出与 LLM 和其他工具无缝对接的技术。此外,提示工程不仅涉及技术层面,还融合了多种技能和艺术,是连接人类与 LLM 世界的桥梁。

在大多数的场景中,Prompt 有一个万能公式,通过这个公式,可以保证 Prompt 输出效果满足底线标准。

Prompt＝角色＋任务＋要求＋细节

这个公式就是要告诉大模型：你是谁？要做什么？怎么做？

举个例子，现在你告诉大模型："你是一个资深广告行业从业者，你现在需要为推广一款口红写一篇小红书风格的种草文案，字数不少于 100 字，文案风格要生动一些。"（见图 4-17）下面来拆解这个公式，看每个元素都代表什么意思。

角色：

资深广告行业从业者。这个角色暗示了文案作者具有丰富的行业经验和专业知识，能够创作出吸引人、有影响力的广告文案。

任务：

为推广一款口红写一篇小红书风格的种草文案。任务是创作一篇文案，旨在通过小红书平台推广一款口红，并激发读者的购买欲望。

要求：

（1）文案风格要生动一些。这意味着文案需要采用富有感染力和吸引力的语言，能够引起读者的共鸣和兴趣。

（2）字数不少于 100 字。这是对文案长度的具体要求，确保文案有足够的内容来传达信息并吸引读者。

细节：

（1）小红书风格。这暗示了文案需要符合小红书平台的用户喜好和阅读习惯，可能包括使用流行语、表情符号、图片或视频等多媒体元素。

（2）种草文案。这表示文案需要具有"种草"的特点，即能够激发读者的购买欲望，让他们对产品产生浓厚的兴趣和好感。

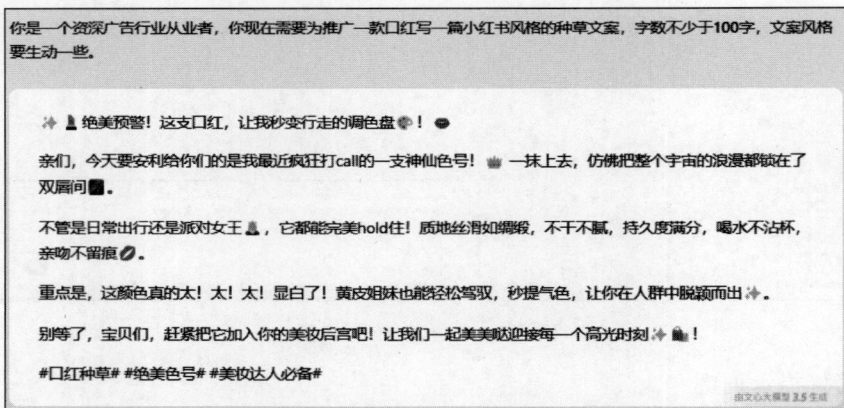

图 4-17　营销文案生成

虽然不同的应用场景下对优质的 Prompt 定义有所区别，但是依然可以找到一些共性的特点。具体来说，一条优质的 Prompt 一般具有以下特点。

1. 清晰具体原则

提示词应当明确无误地传达出你的具体需求，避免模糊不清的表述。

示例：如果你希望 AI 大模型生成一篇关于环保的演讲稿，不要只说"写一篇关于环保的演讲稿"，而是具体指出"写一篇面向中学生的、时长 5 分钟的、强调日常生活中节能减排重要性的环保演讲稿"。

2．重点突出原则

在提示词中,应着重强调你最为关心的方面或最希望模型关注的信息点。

示例:如果你正在寻找一个编程语言的教程,不要只说"找一个 Python 教程",而是明确指出"找一个适合初学者的、涵盖 Python 基础语法和常用数据结构的在线教程"。

3．充分详尽原则(上下文)

除了清晰具体和重点突出外,提示词还应尽可能详细地描述需求,包括与目标主题相关的所有关键元素。

示例:如果你想要 AI 为你设计一个旅行计划,不要只说"设计一个旅行计划",而是详细描述你的需求,如"设计一个为期一周的、从上海出发到欧洲的旅行计划,包括航班信息、酒店预订、主要景点游览顺序和当地美食推荐"。

4．避免歧义原则

在构建提示词时,应确保表述清晰,避免产生歧义或引发误解。模糊或双关的表述可能会让 AI 模型无法准确理解你的需求,从而导致输出结果不符合预期。

示例:如果你希望 AI 为你推荐一款手机,不要只说"推荐一款手机",因为这样的表述太过宽泛,无法确定你的具体需求。你应该更具体地描述你的要求,如"推荐一款适合商务人士的、屏幕尺寸在 6.5 英寸以上、电池容量大于 4500mA·h,支持 5G 网络、价格在 5000 元以内的手机"。这样的提示词明确指出了你对手机的定位、尺寸、电池续航、网络支持和价格等方面的要求,有助于 AI 模型更准确地为你推荐符合你需求的手机。图 4-18 是一些提示词示例及存在问题。

序号	示例	问题
1	帮我写一篇文章	- 文章主题是什么? - 文章风格有何要求? - 目标受众是哪些人群?
2	帮我写一段缓存程序	- 使用何种编程语言? - 是内存缓存还是分布式缓存? - 以哪个缓存框架为例?
3	我想提高我的表达能力	- 具体有什么要求? - 是希望推荐书籍还是介绍相关经验? - 是否需要举例?
4	我想去杭州玩,请给我一个攻略	- 出发地是哪里? - 游玩天数是多少? - 预算大概是多少? - 喜欢哪种类型的景点? - 偏好哪种类型的餐厅? - 喜欢哪种类型的宾馆?
5	帮我起几个有吸引力的标题	- 需要几个标题? - 标题主题是什么?

图 4-18　提示词示例及问题

想用大模型得到好答案,简单问题直接明确提问,复杂问题就得好好设计提示词,要清晰、具体、好操作,让模型明白意思给出准答案。

但大模型不是什么问题都能答好，碰到专业、复杂、要推理的问题，可能答不好。这时候可以调优，如换提示词说法、把大问题拆成小问题，或者多聊几轮给它更多信息，这样模型就能慢慢给出更好的回答。调优方法如表 4-4 所示。

表 4-4   大模型调优方法

调优方法	关键做法	适用场景	示　　例
调整提示词	明确任务和格式要求，避免歧义	需要高质量、格式化的回答	让 AI 生成新闻稿、摘要等内容
拆解子问题	将复杂问题分解为更小的子问题	多步推理、复杂的逻辑任务	问 AI 如何设计情感检测模型
多轮交互	通过多轮对话，提供更多背景	需要上下文和用户反馈的信息	需要更有针对性的回答

为了更好地掌握大模型提示词技巧和调优，下面通过实例进行具体讲解。

（1）简单问题：直接提问（或增加限定词）。

示例 1：直接提问。

初始提示词："请解释什么是人工智能。"

调优后的提示词："用简单易懂的语言解释什么是人工智能，限制在 50 字以内。"

改进后的提示词更加具体和明确，明确了回答的语言风格和字数限制，能让大模型提供更符合预期的答案。

示例 2：增加限定词，如图 4-19 所示。

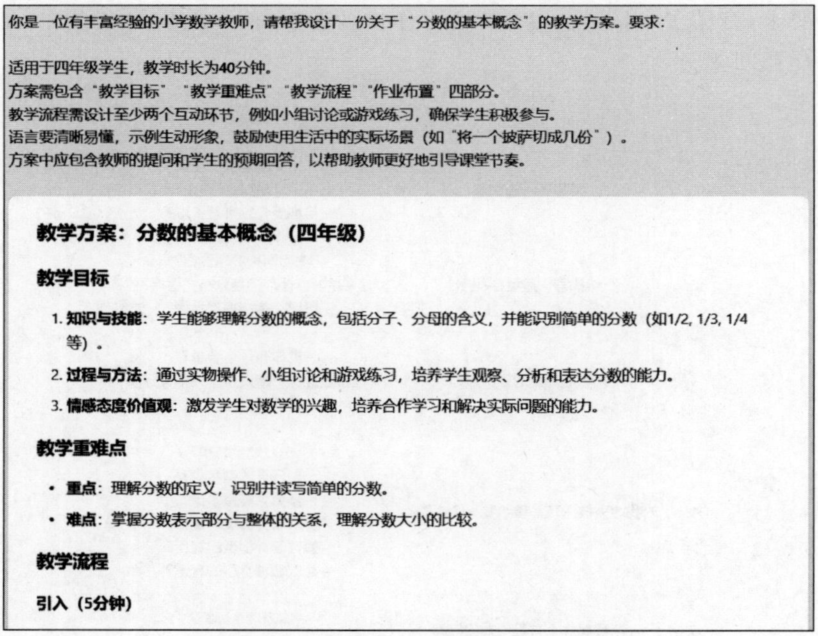

图 4-19   增加限定词示例

初始提示词："帮我设计一节小学数学课的教学方案。"

调优后的提示词："你是一位有丰富经验的小学数学教师，请帮我设计一份关于'分数的基本概念'的教学方案。要求：

适用于四年级学生,教学时长为 40 分钟。

方案需包含'教学目标''教学重难点''教学流程''作业布置'四部分。

教学流程需设计至少两个互动环节,例如小组讨论或游戏练习,确保学生积极参与。

语言要清晰易懂,示例生动形象,鼓励使用生活中的实际场景(如'将一个披萨切成几份')。

方案中应包含教师的提问和学生的预期回答,以帮助教师更好地引导课堂节奏。"

加限定词提要求可以规范 AI 大模型的输出。如果 AI 模型输出的风格不符合你的要求,可以通过设置口吻、说明面向的人群等,让大模型按照你的意图来回答问题。如果 AI 模型输出的内容存在不良内容,你可以通过强势的情态副词对结果进行干预,如"一定要""一定不要""必须""不许""应该"等。

(2)复杂问题:提供背景(或增加分隔符)。

示例 1:提供背景,如图 4-20 所示。

初始提示词:"请告诉我一些与 AI 大模型相关的研究方向。"

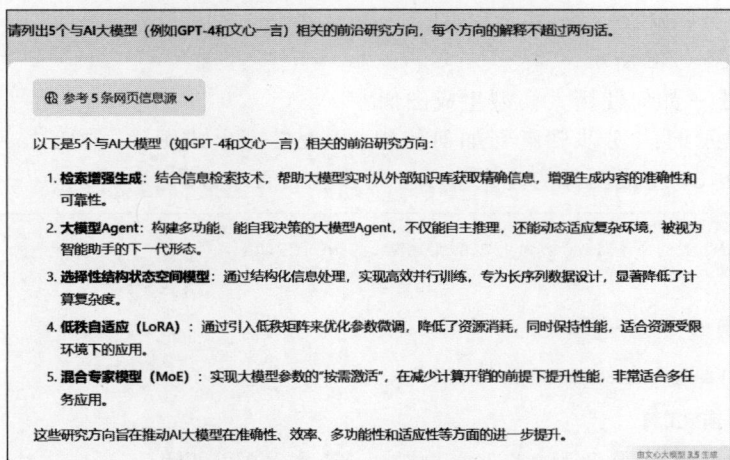

请列出5个与AI大模型(例如GPT-4和文心一言)相关的前沿研究方向,每个方向的解释不超过两句话。

⊕ 参考 5 条网页信息源 ∨

以下是5个与AI大模型(如GPT-4和文心一言)相关的前沿研究方向:

1. **检索增强生成**:结合信息检索技术,帮助大模型实时从外部知识库获取精确信息,增强生成内容的准确性和可靠性。

2. **大模型Agent**:构建多功能、能自我决策的大模型Agent,不仅能自主推理,还能动态适应复杂环境,被视为智能助手的下一代形态。

3. **选择性结构状态空间模型**:通过结构化信息处理,实现高效并行训练,专为长序列数据设计,显著降低了计算复杂度。

4. **低秩自适应(LoRA)**:通过引入低秩矩阵来优化参数微调,降低了资源消耗,同时保持性能,适合资源受限环境下的应用。

5. **混合专家模型(MoE)**:实现大模型参数的"按需激活",在减少计算开销的前提下提升性能,非常适合多任务应用。

这些研究方向旨在推动AI大模型在准确性、效率、多功能性和适应性等方面的进一步提升。

由文心大模型 3.5 生成

图 4-20 提供背景示例

调优后的提示词:"请列出 5 个与 AI 大模型(例如 GPT-4 和文心一言)相关的前沿研究方向,每个方向的解释不超过两句话。"

在改进后的提示词中,用户明确了回答的格式(5 个方向)、特定示例(GPT-4 和文心一言)和回答长度(每个方向不超过两句话),这大大提高了大模型的回答质量和可控性。

示例 2:增加分隔符(如"♯♯♯"或"———"),如图 4-21 所示。

关键词:"执行下面的步骤:

1 将下面由三个♯号分隔的文本总结为一句话。

2 将总结翻译成英文

♯♯♯2024 年 12 月 17 日,中国科研团队在量子计算领域取得了显著进展。中国科技大学潘建伟、朱晓波团队发布了我国自主研发的具有 105 个量子比特的超导量子计算机'祖冲之三号'。这款超导量子计算机在量子比特的数量和质量上有了重大改进,能够处理更复杂的量子计算任务,并在随机量子电路采样实验中展现出了远超传统超算的实力。这一成果进一步凸显了量子计算机在处理特定复杂任务时的高效性和独特优势,为推动量子计算技术的发展和应用奠定了坚实基础。＃＃＃"

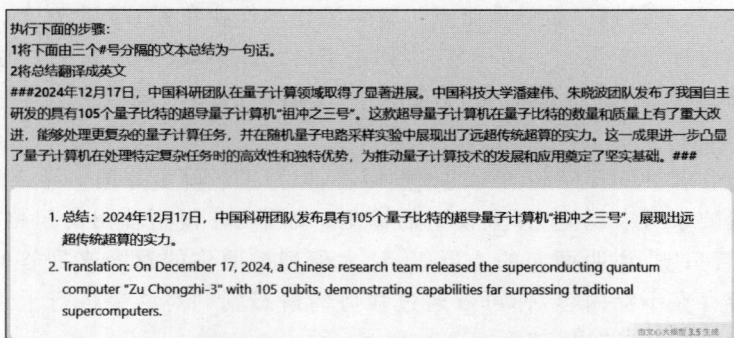

图 4-21　增加分隔符示例

加分隔符可以帮助 AI 更好地理解提示词结构,控制输出格式,并减少语义歧义。合理使用分隔符,可以显著提升 AI 生成内容的质量和一致性。

(3) 多步任务:分解任务,逐步引导。

示例 1:如图 4-22 所示。

初始提示词:"如何使用大模型生成图像?"

调优后的提示词:"分步骤解释如何使用 AI 大模型生成图像,包括 1)所需的工具,2)使用的主要命令,3) 生成图像的注意事项。每步在一百字以内。"

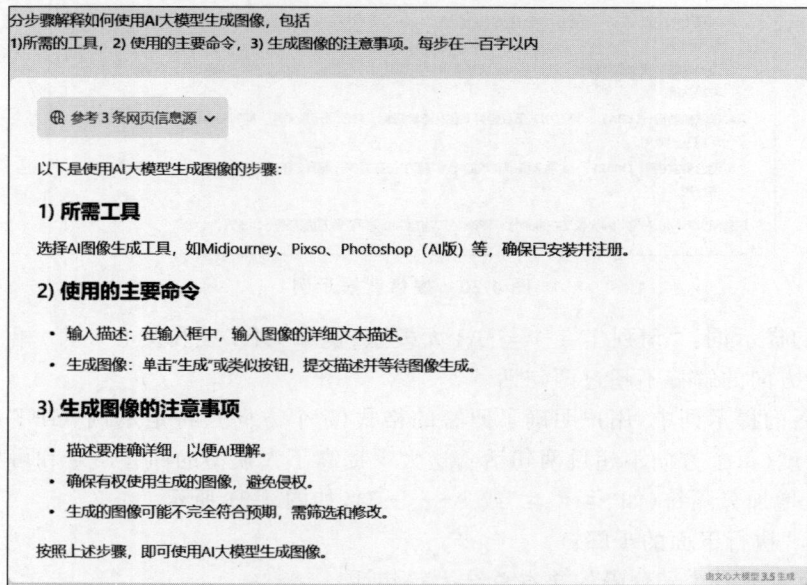

图 4-22　分解任务示例

总的来说,灵活运用提示词编写方法和善用对话调优大模型,可以大幅提升与 AI 大模型的交互效果。无论是简单的问题还是复杂的推理任务,结合这两种方法都能更高效地获得所需的答案。

在 AIGC(Artificial Intelligence Generated Content,生成式人工智能)领域,应用的广度和深度已远远超越传统的文本生成工具如文心一言。AIGC 技术的影响力已渗透到多个媒介与形式,为不同领域注入了强大的创新能力。

例如,图片类 AIGC(如 MidJourney、文心一格)能够生成高质量的图像,广泛应用于艺术创作、产品设计和广告宣传,极大地提升了创作效率和视觉效果;语音类 AIGC(如腾讯智影、喜马拉雅音频大模型)支持自然的语音合成与模仿,在语音导航、虚拟助理和影视配音等领域提供了便捷的解决方案;视频类 AIGC(如 Runway、可灵 AI、即梦 AI)则具备生成动态视频画面的能力,甚至支持文本或图片生成视频内容,为短视频创作、影视特效和广告制作等领域提供了全新的技术手段。除此之外,AIGC 还广泛应用于游戏内容生成、交互式小说创作和教育场景的知识图谱构建等方面。

同时,AIGC 与 AI 搜索技术的深度融合,正重新定义人们获取信息的方式。例如,微软的 Bing AI 和百度的文心一言智能搜索等智能搜索助手,不仅能够根据用户查询生成详细的答案,还能整合多模态信息(如文本、图片和视频),为用户提供更丰富、精准的内容。这种技术结合正在推动搜索从被动信息检索向智能辅助决策的方向演进。

此外,智能体(Agent)作为 AIGC 领域的前沿方向,展示了更加自主化的技术潜力。智能体是一种能够基于用户指令或目标,自主执行复杂任务流程的 AI 程序。这些任务可能涉及多步骤操作、实时决策以及资源协调。例如,阿里巴巴推出的通义千问智能体,可以在企业场景中充当虚拟助理,完成会议记录、邮件撰写以及工作任务分配等工作,大幅提升企业业运营效率。表 4-5 列出了 AI 大模型在各个领域的应用方向及对应 AI 大模型产品。

表 4-5　AI 大模型应用领域及方向

领　　域	应 用 方 向	实验内容示例	对应 AI 大模型产品
文本类	生成与优化	提示词设计、学术论文摘要、项目计划书撰写、E-mail 撰写	ChatGPT、百度文心一言、Claude、讯飞星火
图片类	图像生成与处理	创意图片生成、老照片修复、图片扩展与高清化、AI 绘画创作	DALL-E、Stable Diffusion、MidJourney
语音类	语音生成与编辑	文本配音、语音克隆、语音翻译、背景音乐生成	腾讯智影、喜马拉雅 AI、网易天音、DeepMusic
视频类	视频生成与编辑	文生视频、图片生成视频、文字成片、数字人播报	可灵 AI、即梦 AI、通义万相、腾讯智影
编程辅助	智能编程支持	编程学习、算法解题、游戏开发	GitHub Copilot、TabNine、CodeGeeX
多领域应用	智能辅助分析	数据分析、产品反馈关键词提取、问题拆解、一键生成二维码、复习助手	阿里云盘 AI、飞书妙记、豆包大模型
搜索实践	信息检索与整合	智能问答、文献总结、个性化推荐、多模态搜索	必应 AI 搜索、谷歌 Bard、百度文心一言搜索引擎

在大型语言模型的发展过程中,提示词可能仅仅是一种过渡性的交互策略。这一过程可类比于汽车工业的演变,从早期的手动变速箱逐步发展到今天的自动驾驶技术。未来,我们与大型语言模型的互动方式可能会更加高级,或许能够通过脑电波或思维控制等手段实现更自然的交流方式,同时融入更多多模态生成技术,开启全面智能化的新篇章。

任务实现

(1) 结合所学专业、个人兴趣以及未来职业规划,思考具有研究价值与可行性的课题方向。例如,若专业为数据科学与大数据技术,可考虑"基于社交媒体数据的情感分析研究"。

(2) 使用 AI 大模型,输入指令"请阐述[课题名称]的研究背景,从行业现状、社会需求、学术发展趋势等方面展开,引用近三年至少两篇相关权威文献"。

(3) 再次借助 AI,输入"请分析[课题名称]的研究意义,包括理论意义和实践意义,参考学术研究前沿成果进行阐述",并依据生成内容进一步细化意义阐述,突出课题的重要性。

(4) 输入指令"对于[课题名称],制定三个具体的研究目标,目标要清晰、可衡量、具有针对性,符合毕业论文要求",根据回答,结合自身思考,确定最终的研究目标。

(5) 输入指令"基于上述研究目标,详细规划[课题名称]的研究内容,将研究内容拆分为至少三个具体的子内容,确保涵盖实现研究目标所需的关键环节",对生成的研究内容进行梳理、整合,去除重复或不合理部分。

(6) 输入指令"针对[课题名称],推荐三种适合的研究方法,并详细说明每种方法如何应用于该课题,引用相关学术案例加以说明"。

(7) 输入指令"为[课题名称]制定一份详细的毕业论文研究进度表,以学期为单位,划分关键时间节点,包括资料收集、调研实施、初稿撰写、修改定稿等阶段,注明每个阶段的起止时间及预期成果"。

(8) 将前面步骤中通过 AI 辅助生成以及自己补充完善的内容,按照学校规定的开题报告格式进行整理,一般包括封面、目录、课题背景、研究目标与内容、研究方法、进度安排、参考文献等部分。

基于以上多轮 AI 对话的结果,优化得到以下范文,如图 4-23 所示。

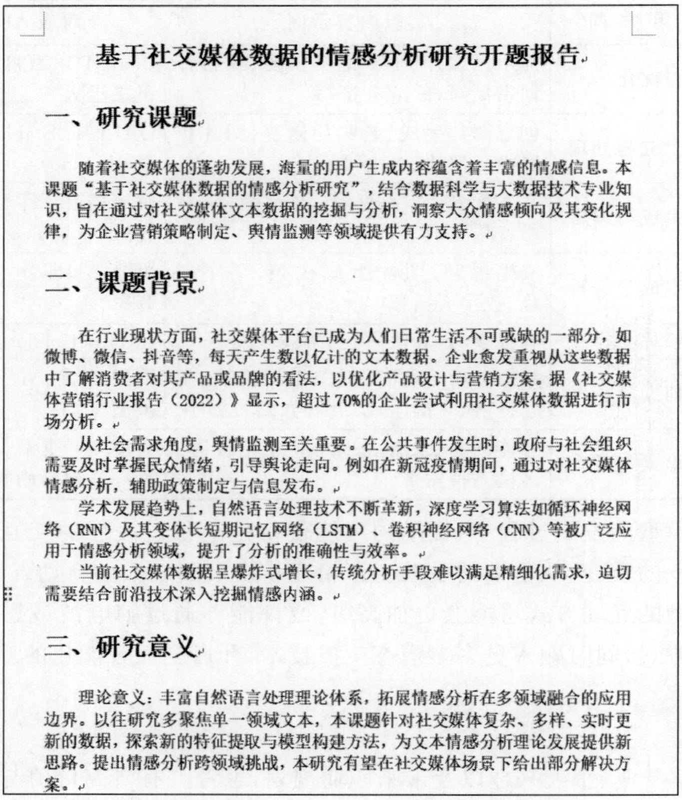

基于社交媒体数据的情感分析研究开题报告

一、研究课题

随着社交媒体的蓬勃发展,海量的用户生成内容蕴含着丰富的情感信息。本课题"基于社交媒体数据的情感分析研究",结合数据科学与大数据技术专业知识,旨在通过对社交媒体文本数据的挖掘与分析,洞察大众情感倾向及其变化规律,为企业营销策略制定、舆情监测等领域提供有力支持。

二、课题背景

在行业现状方面,社交媒体平台已成为人们日常生活不可或缺的一部分,如微博、微信、抖音等,每天产生数以亿计的文本数据。企业愈发重视从这些数据中了解消费者对其产品或品牌的看法,以优化产品设计与营销方案。据《社交媒体营销行业报告(2022)》显示,超过70%的企业尝试利用社交媒体数据进行市场分析。

从社会需求角度,舆情监测至关重要。在公共事件发生时,政府与社会组织需要及时掌握民众情绪,引导舆论走向。例如在新冠疫情期间,通过对社交媒体情感分析,辅助政策制定与信息发布。

学术发展趋势上,自然语言处理技术不断革新,深度学习算法如循环神经网络(RNN)及其变体长短期记忆网络(LSTM)、卷积神经网络(CNN)等被广泛应用于情感分析领域,提升了分析的准确性与效率。

当前社交媒体数据呈爆炸式增长,传统分析手段难以满足精细化需求,迫切需要结合前沿技术深入挖掘情感内涵。

三、研究意义

理论意义:丰富自然语言处理理论体系,拓展情感分析在多领域融合的应用边界。以往研究多聚焦单一领域文本,本课题针对社交媒体复杂、多样、实时更新的数据,探索新的特征提取与模型构建方法,为文本情感分析理论发展提供新思路。提出情感分析跨领域挑战,本研究有望在社交媒体场景下给出部分解决方案。

图 4-23   任务 1 实现部分结果图

4.3　云计算

　　想象一下,你在手机上存储了几千张照片,通过百度网盘随时随地都能访问它们;或者你正经营一家电商平台,阿里云为你的业务提供高效的支持。这些看似平常的事情,其实都离不开云计算! 云计算是一种神奇的技术,它让资源共享变得像使用自来水一样方便。通过 IaaS、PaaS 和 SaaS 三种服务类型,云计算能够满足从搭建基础设施到直接使用软件的各种需求。不仅如此,随着边缘计算、5G 和 AI 技术的加入,云计算的未来充满了无限可能,将为人们的生活和工作带来更多的便利和惊喜。

4.3.1　云计算基本概念

　　云计算(Cloud Computing),也称为网络计算,是一种基于互联网的计算方式。通过这种方式,用户可以按需使用服务商提供的共享资源,包括服务器、存储、数据库、网络和软件。云计算的出现,让计算资源的获取像用电、用水一样便捷。

　　与传统的本地服务器或个人计算机相比,云计算能够以更灵活、高效和经济的方式提供计算能力。云计算的核心特点是将计算资源虚拟化、按需分配和弹性扩展,这种模式使得用户不再需要购买昂贵的硬件设备,也不必担心存储空间不足或计算能力有限。只需连接到互联网,就可以根据需要调用资源,用多少算多少。

　　那么,什么是虚拟化?

　　虚拟化(Virtualization)是一种通过软件技术,将计算机资源(如 CPU、内存、存储、网络等)抽象化并分隔为多个虚拟计算机(通常称为虚拟机 VM)的技术。通过虚拟化,多个操作系统和应用程序可以在同一物理硬件上运行,彼此独立且互不干扰,从而提高资源利用率和灵活性,如图 4-24 所示。

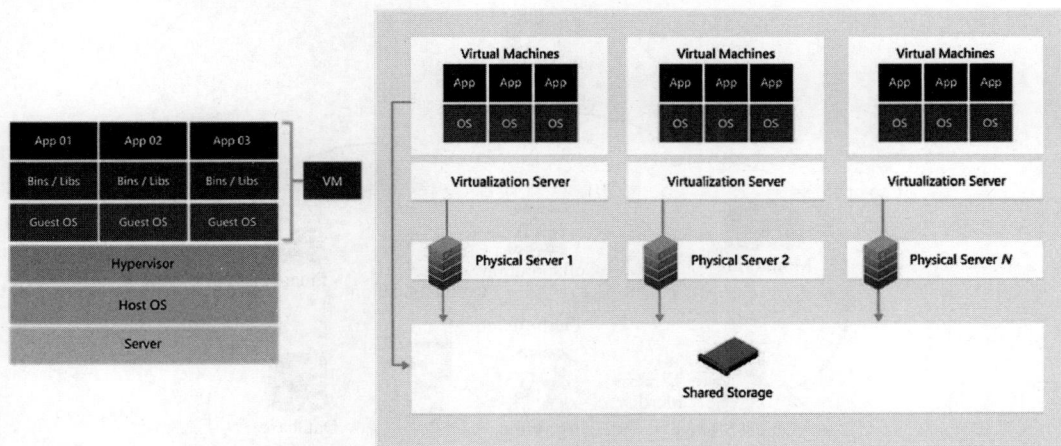

图 4-24　虚拟化技术

　　虚拟化包括以下三种主要类型。

　　(1) 硬件虚拟化:通过虚拟机管理程序(如 VMware、Hyper-V)将物理服务器分为多个虚拟服务器,支持同时运行不同操作系统。

（2）存储虚拟化：整合多个存储设备为一个逻辑存储池（如 RAID、SAN），便于统一管理和共享文件。

（3）网络虚拟化：抽象网络资源为逻辑资源（如 VLAN、SDN），实现灵活管理和子网隔离。

云计算的优势还体现在它的高效性和可靠性上。通过利用大规模的数据中心，云计算能够提供强大的计算能力和海量存储，同时通过多重备份和实时监控，确保数据的安全性和服务的稳定性。无论是个人用户还是企业用户，都能从云计算中获益，降低成本，提高效率。

云计算在多个领域展现了强大的实用性。

（1）个人生活：云存储服务（如百度网盘、iCloud、阿里云盘）让用户能将文件保存在云端，并随时随地通过不同设备访问和共享。

（2）企业办公：云端协作工具（如钉钉）提供了便捷的沟通和文件共享平台，大幅提升企业的工作效率。

（3）科研教育：超级计算平台利用云计算技术处理海量数据，帮助科研人员高效完成复杂的计算任务，降低研究成本。

4.3.2 云计算服务及应用

云计算作为现代信息技术的基石，为用户提供了灵活、高效且经济的资源使用方式。为了更好地服务于不同需求的用户，云计算的服务类型通常分为三大类：基础设施即服务（Infrastructure as a Service，IaaS）、平台即服务（Platform as a Service，PaaS）和软件即服务（Software as a Service，SaaS），如图 4-25 所示。这些服务类型覆盖了从底层硬件资源到高层软件应用的完整技术链，能够满足个人用户和企业在资源配置、应用开发和业务支持等不同层次的需求。通过按需使用和弹性扩展，云计算为用户提供了前所未有的便利性，并显著降低了 IT 系统建设和运维的复杂性。

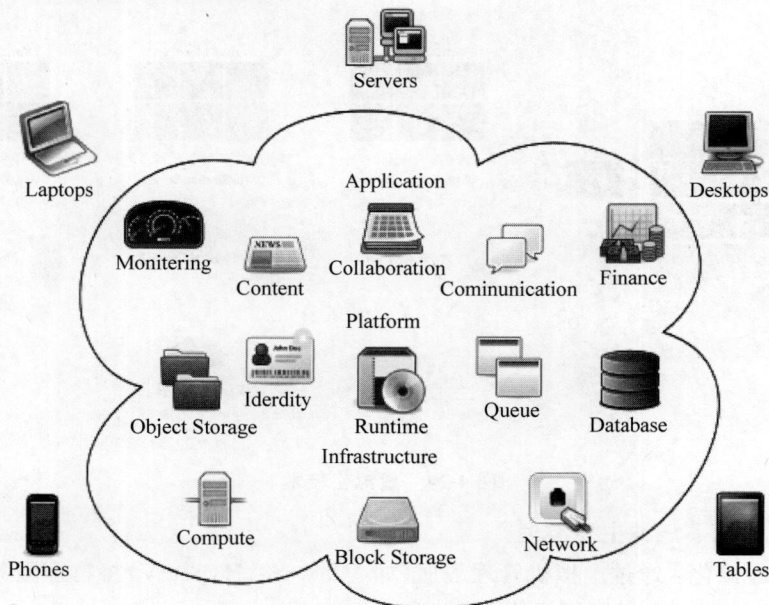

图 4-25 云计算的服务类型

1．基础设施即服务

IaaS 提供虚拟化的计算资源，如服务器、存储和网络。用户无须购买昂贵的物理设备，而是可以根据需要租用和管理这些资源，从而大幅降低基础设施的初期投资和运维成本。

示例：一家创业公司需要搭建一个在线商城，但没有足够的预算购买服务器。

解决方案：公司使用阿里云或 AWS（Amazon Web Services，亚马逊云计算服务）的 IaaS 服务，用来部署网站或运行企业应用程序，按需租用虚拟服务器和存储资源。

效果：商城可以灵活扩展服务器资源，在促销活动期间应对流量高峰，同时通过按需付费模式节约成本。

2．平台即服务

PaaS 为开发人员提供一个集成的应用开发环境，包括编程语言支持、数据库服务和工具集成。PaaS 减少了开发人员在搭建环境上的时间投入，使其能够更专注于应用的开发与创新。

示例：一家游戏开发公司需要快速开发并测试一款多人在线游戏。

解决方案：华为云的 ROMA Connect 是一个典型的 PaaS 服务，专注于帮助企业实现应用和数据的集成。通过使用这类服务，开发人员可以快速构建跨系统的业务流程，而无须编写大量的集成代码，从而大幅缩短开发周期。

效果：缩短了游戏的开发时间，避免了配置复杂的服务器环境，同时在上线后平台可自动扩展资源，应对大量玩家的访问。

3．软件即服务

SaaS 直接向用户提供软件应用，用户通过网络即可访问和使用，无须安装或维护。SaaS 服务通常按订阅收费，适用于办公协作、数据处理和客户关系管理等多种场景。

示例：一家中小型企业希望提升内部协作效率，同时减少维护办公软件的复杂性。

解决方案：钉钉是一款广泛应用的 SaaS 服务，为企业提供了包括即时通信、在线会议和任务管理在内的一站式协作平台。通过钉钉，企业能够实现跨地域、高效的团队协作，而无须购买或部署额外的硬件设备。

效果：员工能够随时随地进行沟通和协作，提高了办公效率，同时企业无须担心本地软件的更新和维护问题。

以下是三者在功能和适用场景上的对比，如表 4-6 所示。

表 4-6　云计算服务类型对比

类　别	服　务　内　容	面　向　对　象	典　型　案　例
IaaS	提供虚拟机、存储、网络资源	运维人员、系统管理员	阿里云 ECS，AWS EC2
PaaS	提供应用开发与运行环境	开发人员	华为云 ROMA Connect，Heroku
SaaS	提供现在的应用软件服务	企业用户、个人用户	钉钉，Salesforce，Zoom

通过这些案例可以看出，云计算服务已深入日常生活和商业实践。IaaS 提供灵活的计算资源，PaaS 简化开发流程，而 SaaS 则为用户带来便捷的即用即付体验，共同助力企业和个人实现数字化转型。

🔍 4.4 大数据

想象你是一家餐厅的老板,平时会记录哪些菜品最受欢迎。但如果你还收集了所有顾客的年龄、性别、就餐时间、评价,以及他们是通过哪种方式付款的,这些数据加起来就可能非常庞大——这就是大数据。

4.4.1 大数据的基本概念与特点

在日常生活中,大数据无处不在,无论是社交媒体的互动、网购时的商品推荐,还是智能手机记录的步数和健康数据,都离不开大数据的应用。以社交媒体为例,每天有数十亿条动态、图片和视频上传到网络;在电商平台上,每一笔订单都会产生交易记录、用户评价和物流数据;甚至我们佩戴的智能手表,也在实时收集步数、心率和睡眠数据。这些海量、复杂、增长迅速的数据共同构成了我们今天所说的"大数据"。

大数据的出现并非偶然,它是信息技术飞速发展和数据爆炸式增长的产物。特别是在互联网、物联网和移动设备普及的推动下,人类正以前所未有的速度创造数据。据统计,全球每天产生的数据量以数百 EB 计,显示出数据规模的指数级增长趋势。而传统的数据存储与处理方式已无法应对如此庞大的数据规模与复杂性。

根据 IDC 和华为 GIV 团队预测,全球每年新产生的数据总量随着数字化的发展快速增长,从 2020 年每年新增 44ZB 到 2025 年每年产生 175ZB($1ZB = 1024EB = 1024^2 PB = 1024^3 TB$),2030 年将达到 1003ZB,即将进入 YB($1YB = 1000ZB$)时代。全球每年新产生的数据总量预测情况,如图 4-26 所示。这一趋势充分体现了大数据技术对未来的深远影响。

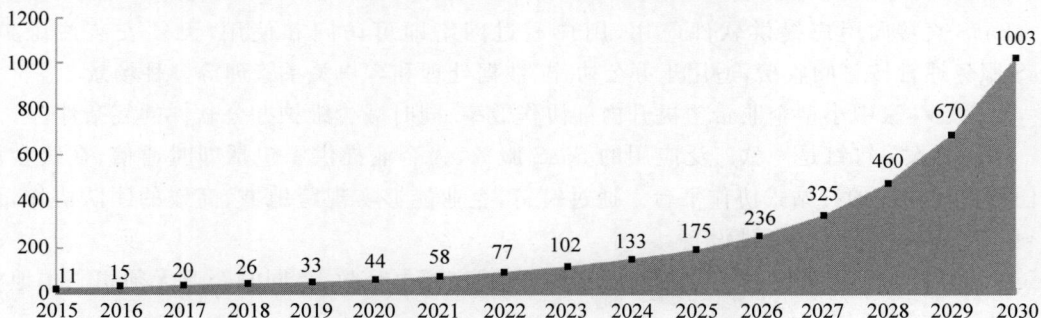

图 4-26   全球每年新产生的数据总量预测(ZB)

那么,什么是大数据?

大数据是指无法用传统技术手段在合理时间内高效处理的数据集合。它不仅是数据量的简单叠加,更强调数据的多样性和动态变化。国际数据公司(IDC)和麦肯锡等权威机构对大数据的定义主要集中在以下几个关键特点:数据规模大(Volume)、数据类型多样(Variety)、数据生成速度快(Velocity),以及数据准确性(Veracity),也称为大数据的"4V"特性。

本质上,大数据是一种资源,它蕴含巨大的潜在价值。然而,仅拥有大量数据并不能带来实际意义,必须通过专业的技术和方法对数据进行存储、管理和分析,才能将数据转化为有用的信息和知识。例如,一家电商平台每天可能会产生数亿条交易记录,这些记录本身只是"原料";但通过分析这些数据,可以得出消费者的购买偏好、不同地区的热门商品,甚至是销售预测,这些分析结果才是大数据的真正价值所在。

与传统数据相比,大数据的特点不仅体现在"多"和"快"上,更重要的是它的复杂性和潜在价值。传统数据处理系统通常针对结构化数据,如数据库表格中的数字和文本,而大数据还包括半结构化和非结构化数据,如图片、视频、音频、社交媒体评论等。面对这些复杂数据,大数据技术突破了传统技术的限制,能够处理更广泛的数据类型,并从中提取有价值的信息。

大数据技术的核心在于处理和利用超大规模的数据集,而大数据本身具有与传统数据显著不同的特性。

1. 数据量大

大数据的首要特点是数据量巨大。随着数字化设备的普及,海量数据正在从各种渠道生成,包括社交媒体、智能设备、工业传感器和电子商务平台等。相比传统的数据处理,面对如此庞大的数据量,大数据技术采用了分布式存储和计算方式,能够高效处理 PB 级甚至 ZB 级的数据。例如,全球每天产生的图片、视频和交易记录总量以数百亿 GB 计。例如,像抖音这样的视频平台每天会产生海量用户上传的视频数据,远超传统数据库的处理能力。

2. 数据处理速度快

大数据的生成、传输和处理速度极快,强调实时性和时效性。现代社会的数据流动速度加快,要求大数据系统能够快速收集、分析和响应,以便提供实时的洞察或服务。例如,电子商务平台的推荐系统在用户浏览商品时能够实时更新推荐列表。

3. 数据类型多样

大数据的来源多样、格式复杂。它不仅包括传统的结构化数据(如数据库中的表格数据),还涵盖大量非结构化和半结构化数据(如文本、图片、音频、视频、日志文件等)。这些多样化的数据类型给数据处理带来了新的挑战,但也提供了更丰富的信息来源。

例如,一家零售企业的数据可能来自销售记录(结构化数据)、社交媒体的评论(非结构化数据)、用户拍摄的照片(多媒体数据)以及实时库存监控日志(半结构化数据)。

4. 数据真实性

大数据的真实性指的是数据的准确性和可信度。大数据分析的前提是数据质量的保证,但在海量数据中可能存在噪声、冗余和误导信息。为了提高分析的可靠性,必须对数据进行清洗、校验和优化。例如,金融风险评估系统需要确保输入的大数据具有高质量,否则可能导致错误的决策或风险评估失败。

4.4.2　大数据常见分析方法及挑战

大数据分析是利用先进技术和工具,从庞大的数据集中提取有价值信息的过程。通过大数据分析,人们可以发现隐藏的模式、趋势和关系,为决策提供科学依据。以下是几种常见的大数据分析方法及其详细说明。

1. 统计分析

通过数学统计方法对数据进行定量分析,用于发现数据分布、趋势和相关性。例如,电子商务平台分析消费者购物行为,优化商品推荐。其分析过程如下。

(1) 收集平台上的购买数据,如购买商品、时间、金额、用户特征等。

(2) 使用统计方法计算不同商品的购买频率、季节性销售趋势等。

(3) 基于分析结果推荐相关商品。例如,发现年轻用户更倾向于购买时尚电子产品,平台会推送个性化推荐,提升转化率。

图 4-27 展示了一个散点图和一条拟合曲线。散点图中的每个点代表一对数据值(x,y),这些数据点分布在整个图中。曲线是对这些数据点进行拟合得到的结果,可能是通过某种回归分析方法得到的。例如,在市场调研中,x 轴可能代表不同的产品特性,y 轴代表用户对这些特性的满意度。通过散点图可以直观地看到用户对不同特性的满意度分布。

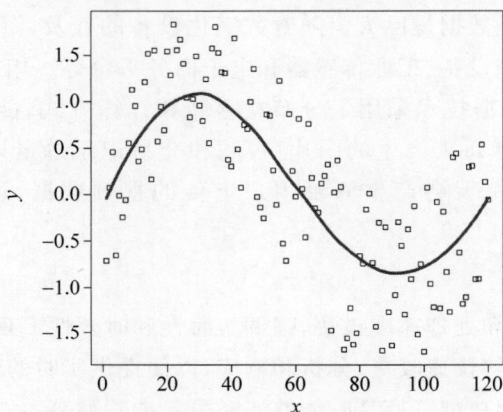

图 4-27   统计分析示例图

2. 机器学习

机器学习通过算法从数据中自动学习模式并进行预测。它适合处理海量数据并优化复杂问题的解。广泛用于分类、预测和优化。例如,使用分类算法识别垃圾邮件,其分析过程如下。

(1) 收集大量邮件数据,包括垃圾邮件和正常邮件的标注样本。

(2) 利用机器学习算法(如决策树、支持向量机)训练分类模型,学习垃圾邮件的关键词、格式等特征。

(3) 在实际应用中,当用户收到新邮件时,模型会自动对邮件进行分类并标记可能的垃圾邮件。

图 4-28 是一个基于多种机器学习算法的垃圾邮件分类器实践项目,构建了 7 种分类器,分别是 KNN(K 近邻)、Logistic(逻辑回归)、SVM(支持向量机)、NaiveBayes(朴素贝叶斯)、DecisionTree(决策树)、RandomForest(随机森林)、XGBoost,并设置了相应的参数。对每个分类器进行训练并计算准确率后绘制 ROC 曲线,其中,Logistic、NaiveBayes、RandomForest 等分类器表现较好,AUC 值较高,而 KNN 相对较低。

3. 可视化分析

可视化分析将数据以图表、地图等方式呈现,帮助用户快速理解数据,适用于数据探索

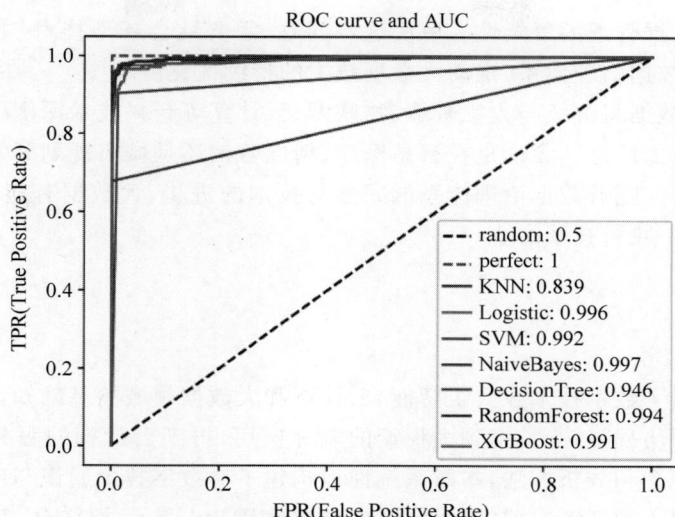

图 4-28 不同分类器的性能

和快速决策,如使用热力图显示城市交通流量分布。其分析过程如下。

(1)收集城市中各个路段的交通流量数据,例如,每小时的车流量和拥堵时长。

(2)使用可视化工具(如 Tableau 或 Power BI)生成热力图,不同颜色表示流量的高低。

(3)根据热力图结果优化交通信号灯的配时,缓解高峰期拥堵。

通过热力图,可以识别交通瓶颈和拥堵区域,从而为交通规划提供依据。例如,图 4-29 中的热力图显示了中心区域的高交通流量,表明该区域可能是主要的交通枢纽。

图 4-29 热力图示例

随着大数据技术的广泛应用,数据隐私与安全问题成为重要挑战。用户的个人信息在数据采集、传输和存储过程中容易被泄露或滥用,这对企业的声誉和用户信任造成威胁。为应对这些问题,需要通过法律法规的完善(如《个人信息保护法》)和技术手段(如数据加密和隐私计算)来保障数据安全。同时,如何在保护隐私的前提下实现数据共享与利用,也是亟待解决的难题。

此外,大数据的快速增长对数据处理技术和工具提出了更高要求。存储成本不断攀升,传统计算模式难以满足实时性和效率需求,而数据质量问题(如格式不统一、关键数据缺失)

则进一步增加了数据管理的复杂性。解决这些问题,需要结合新型技术(如分布式存储、边缘计算)和完善的数据治理体系,推动大数据技术的持续优化。

展望未来,大数据将继续与人工智能、物联网、云计算等新兴技术深度融合,推动数据驱动的智能化应用更加广泛。无论是在智慧医疗、精准营销还是城市规划等领域,大数据的潜力都将进一步释放。随着数据治理体系的完善与技术的进步,大数据有望为人类社会创造更多价值,引领下一轮科技革命。

小结

本章深入探讨了数字技术在人工智能、云计算和大数据领域的基础知识及其应用实践。从人工智能的发展历程、核心技术到大模型的实际应用,再到云计算的服务类型与优势,以及大数据的基本概念和分析方法,本章系统性地构建了对数字技术通识与应用的全面认知。通过实际案例的引入和任务实践的设计,学生能够将理论与实际相结合,掌握关键技术,理解技术背后的逻辑,培养解决实际问题的能力。同时,本章也强调了技术应用中的伦理规范与安全意识,助力学生在数字化浪潮中保持技术敏感性与社会责任感,为未来的学习和职业发展奠定坚实基础。

习题

1．文本生成

利用 AIGC 工具(如文心一言、ChatGPT),生成一篇 500 字的文章,主题为"人工智能如何改变教育方式",并要求分段清晰,包含至少三点具体的改变方式。

2．图片生成

使用 AIGC 图片工具(如文心一格、Midjourney),创建一幅以"未来智慧城市"为主题的创意插画,并描述生成提示词的思路。

3．音频合成

使用语音类 AIGC 工具(如腾讯智影),将以下文本生成成语音。

"欢迎来到我们的数字技术课程,希望通过本次学习,大家能够掌握 AI 和云计算的核心技术。"

要求语速适中,语音自然。

4．视频生成

通过 AIGC 视频工具(如即梦 AI),创建一段介绍大数据基本概念的 30 秒短视频,要求内容简洁,包含文字和背景音乐。

5．数据分析

利用 AI 大模型(如 KIMI)提炼学术论文的主要论点和关键发现,生成一份逻辑清晰、内容简明、结构合理并包含配图的 PPT 演示文稿,同时确保每页突出核心观点,文字简洁明了,符合 PPT 设计的基本原则。

第**5**章

数字安全与防护

CHAPTER **5**

在当今数字化浪潮汹涌澎湃的时代,计算机网络已然深度渗透至社会的每一寸肌理,成为人们生活、工作与学习不可或缺的关键支撑。从便捷的在线购物、高效的远程办公,到丰富的在线教育资源获取,网络在带来前所未有的便利的同时,也如同一把双刃剑,暗藏诸多风险。数据作为数字世界的核心资产,其安全与否直接关乎国家安全、经济稳定以及个人隐私的保护。据相关统计显示,仅在2016 年上半年,就有近六成中国网民遭受过病毒或木马侵袭,超三成网民遭遇账号密码被盗,网络安全形势之严峻可见一斑。在此背景下,深入探究计算机网络基础知识以及构建坚实的网络安全与数据安全防护体系,已成为当务之急,这不仅是顺应时代发展的必然要求,更是保障个人与社会在数字空间稳健前行的基石。

知识目标:
- 掌握计算机网络架构多方面知识及 URL 与搜索技巧。
- 熟悉常见网络安全威胁的类型、特点及成因。
- 掌握网络安全防护和数据安全及个人信息防护要点。

能力目标:
- 能识别不同的网络安全威胁并运用相应的防护技术和措施防护。
- 学会利用搜索引擎高效查找所需信息。
- 掌握数据加密与解密的基本流程和方法。

素质目标:
- 增强安全与风险意识,养成良好习惯。
- 提升解决问题能力,培养独立思考能力。
- 形成数字技术正确认知与运用能力。

任务 1　利用网络命令排查网络连接问题

📚 任务情境

你是一名公司的新入职员工,在公司的日常办公中,突然发现自己的计算机无法正常访问公司内部的共享文件服务器,也无法打开常用的业务网站。此时,周围同事的计算机网络均正常工作,而你的工作任务又急需从共享服务器获取资料并在网上提交业务报告。你需要利用所学的网络知识和相关网络命令,快速排查出自己计算机的网络连接故障原因,并尝试解决问题,以确保工作能够顺利进行。

📚 任务分析

- 熟练掌握常用网络命令(ping、ipconfig/ifconfig、tracert 等)的使用方法。
- 能够运用网络命令准确判断网络连接故障的位置和原因。

📚 相关知识

🔑 5.1　计算机网络架构及应用

互联网的发展正在深刻改变人们的生活方式。现在,数字化和网络化的生活已经成为日常,如用手机点外卖、看新闻,或者用计算机远程学习、工作。可以说,互联网像一座桥,把我们带到了一个更方便、更高效的时代。但它只是一种工具,关键在于怎么用它。

对想学习的人来说,互联网就像一个知识宝库,可以查资料、学技能;但对那些沉迷娱乐的人来说,它可能会变成让人浪费时间的"鸦片",如刷短视频停不下来。用互联网的风险有点像开车——虽然可能会遇到交通事故,但我们不会因为这个就放弃汽车的便利,也不会停下汽车工业的发展。

当然,互联网也有一些问题,如网络诈骗、隐私泄露,甚至一些非法行为。这些问题就像汽车事故一样,提醒我们在享受便利的同时,也要注意安全,保护自己。

5.1.1　计算机网络架构与核心原理

想象一下,你在家中用手机或计算机观看一场在线视频直播。视频内容需要从服务器传输到你的手机,这中间经历了复杂的路径——从服务器的数据存储到传输协议的选择,再到路由器(Router)的分发,最后通过 Wi-Fi 传到你的设备。这一切背后所依赖的,就是一个精心设计的网络架构。图 5-1 就是一个简单的计算机网络架构图。

网络架构是计算机网络的整体设计框架,是对网络设备、通信协议和数据传输方式的系统性安排。它决定了网络如何组织、运作以及如何为用户提供服务。随着技术的发展,网络架构已从早期的集中式模型演变为分布式、多层次甚至云计算驱动的模型。现代网络架构不仅需要满足高速、可靠的通信需求,还要支持多样化的应用场景,如物联网、大数据处理和人工智能计算等。

一个典型的网络架构通常包括以下几个层次。

应用层:为用户提供直接的服务和接口,如网页浏览和文件传输。

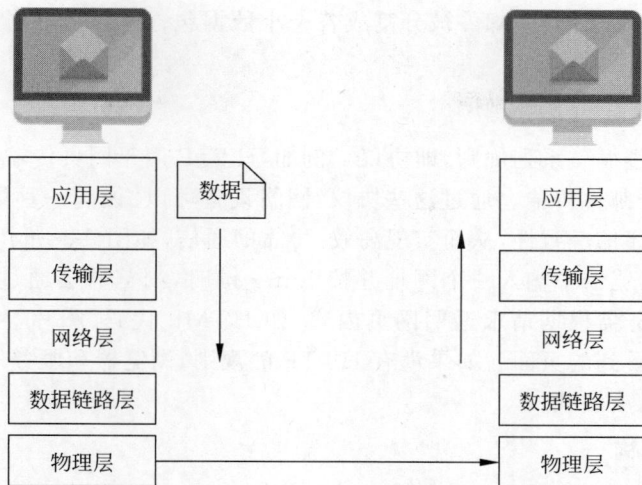

图 5-1　网络架构图

传输层：负责确保数据可靠传输，如通过 TCP 实现的可靠数据传输和通过 UDP 实现的快速传输。

网络层：负责路由选择和数据包的传输，如 IP 通过寻址将数据包从源节点传输到目标节点。

物理层：提供底层硬件支持，如光纤、电缆、交换机等设备，实际完成数据的物理传输。

网络架构通过层次化设计实现数据通信的高效与可靠。每层各司其职：应用层负责用户交互，提供服务接口；传输层确保数据完整性与顺序；网络层选择最佳传输路径；物理层通过硬件设施实现实际传输。各层之间分工协作，既明确职责，又保障了数据的顺畅传递，实现了用户与网络的无缝连接。数据在网络架构中的传输，如图 5-1 所示。

网络的核心原理在于实现设备之间的数据通信，主要包括以下几方面。

1. 分组交换

数据被分成多个小块（数据包）进行传输，每个数据包可以独立通过网络，到达目标设备后重新组装，如图 5-2 所示。这种方式提高了网络资源利用率。

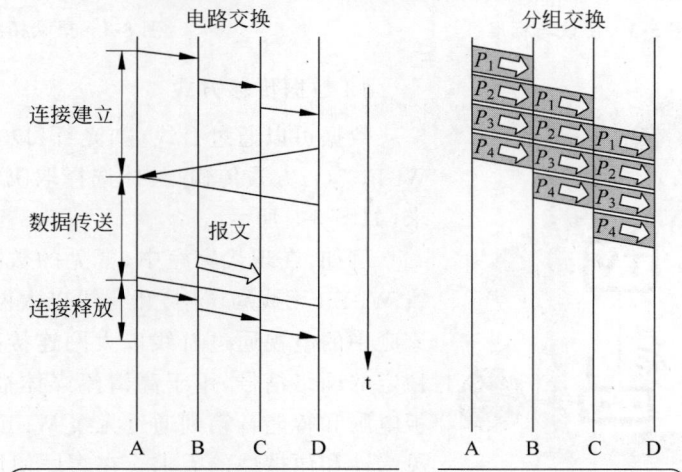

图 5-2　分组交换

例如,发送一封电子邮件,邮件被分割成若干小数据包,通过不同的路径发送到收件人服务器,再拼接成完整内容。

2．协议与标准

网络通信需要遵循一系列规则,即协议。例如,HTTP用于网页传输,FTP用于文件传输,SMTP用于电子邮件传输。通过这些协议,网络设备可以"说同一种语言",保证了不同设备和系统之间的通信一致性,从而实现高效、可靠的通信,如图 5-3 所示。

例如,当你在浏览器中输入一个网址并按 Enter 键时,浏览器会通过 HTTP 向目标服务器发送请求。服务器根据请求返回网页内容,如 HTML 代码、图片等文件,浏览器将这些内容呈现为我们看到的页面。如果没有 HTTP 的规则,浏览器和服务器之间可能无法正常交流,网页也就无法加载。

3．网络拓扑结构

网络设备连接在一起形成拓扑,包括星状、环状、网状等结构。这些拓扑结构决定了网络的性能、扩展性和故障恢复能力。

例如,在一个现代化办公室中,网络采用星状拓扑结构,如图 5-4 所示。所有的计算机、打印机和其他设备通过网线或无线方式连接到中央交换机(或路由器)。这种结构的优势在于,当某一设备出现问题时,不会影响其他设备的通信,只需检查和维护该设备即可。但如果中央交换机发生故障,整个网络将无法运行。星状拓扑的高效性和易维护性使其成为办公环境中常见的选择。

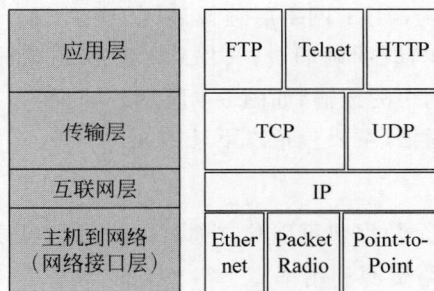

图 5-3　协议与标准

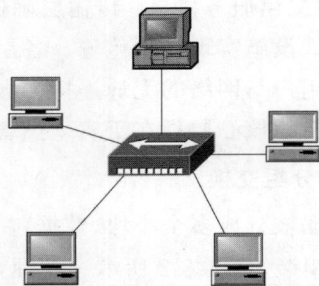

图 5-4　星状拓扑结构

图 5-5　数据传输方式

4．数据传输方式

数据可以通过有线(如光纤、以太网)或无线(如Wi-Fi、5G)方式传输,具体选择取决于应用场景的需求,如图 5-5 所示。

例如,在现代家庭中,常见的数据传输方式是无线 Wi-Fi(无线局域网)和有线以太网的结合。例如,家庭中的电视通过有线以太网连接路由器以获得更稳定的网络信号,用于高清流媒体播放。而手机、平板电脑和智能音箱则通过无线 Wi-Fi 连接网络,满足灵活性和便携性的需求。在客厅使用 5G 移动网络,则可以快速完成大文件的上传和下载。这种有线与无线结合的传输方式,能够根据设备的特性和用户需求提供最佳的网络体验。

网络架构主要分为集中式、分布式、对等式(P2P)和云计算架构,每种架构根据需求在性能、可靠性和扩展性上各有特点。集中式架构集中处理数据,适合小规模应用;分布式架构任务分散,适合大规模应用;对等式架构节点间直接共享数据,适合文件共享和区块链;云计算架构弹性强、资源利用率高,适用于动态需求场景。这些架构为多样化应用提供了灵活支持。

5.1.2　计算机网络实际应用

计算机网络是现代信息社会的核心技术之一,它将全球的计算设备连接起来,实现了信息的快速共享和高效传播。从早期的单机系统到如今的全球互联网,网络技术的发展不仅改变了人们的工作和生活方式,也推动了社会的数字化和智能化进程。本节将围绕计算机网络的基础知识展开,首先回顾网络发展的历史进程,接着探讨网络的基本构成与核心概念,如 IP 地址、域名和 URL 解析。此外,还将介绍无线网络与物联网的融合发展,并分享高效使用搜索引擎的技巧。通过本节的学习,读者将对计算机网络的基本原理和实际应用有更全面的理解。

1．计算机网络发展简史

计算机网络的发展经历了从局域连接到全球互联的漫长过程,每个阶段都代表着技术的巨大飞跃。

1) 初期:主机终端模式

20 世纪 60 年代初,计算机网络的概念首次提出,目的是通过集中式的主机终端模式,实现多台终端共享一台大型主机的资源。这一时期的网络应用主要局限在科学研究和军事领域,如美国的 ARPANET(阿帕网),这是互联网的前身,它在 1969 年实现了首次多节点连接,标志着计算机网络的诞生。

2) 中期:局域网(LAN)和分组交换技术

20 世纪 70—80 年代,网络技术的重点从集中式主机转向了局域网,支持更高效的数据通信。以太网技术和分组交换技术的出现,使得计算机可以通过一个共享的通信介质进行数据交换,极大地提升了网络性能和可靠性。这一时期,局域网在企业和高校广泛应用。

3) 全球化:互联网的兴起

20 世纪 90 年代初,万维网(World Wide Web,WWW)的诞生将计算机网络推向全球化。TCP/IP 的广泛采用成为互联网普及的关键。1991 年,Web 浏览器的发明让普通用户也能轻松访问互联网,大量网站如雨后春笋般涌现,互联网逐步渗透到商业、教育、娱乐等领域。

4) 智能化:无线网络与物联网

进入 21 世纪,随着无线通信技术的快速发展,Wi-Fi 和移动网络(如 4G、5G)的普及使得网络连接更加便捷。同时,物联网(IoT)技术将设备、传感器与互联网相连,实现了人与物、物与物之间的智能交互,推动了智能家居、智慧城市等新兴应用的发展。

通过这段发展历程可以看到,计算机网络技术从简单的资源共享工具,逐渐演变为支撑全球经济和社会运行的基础设施,其潜力和影响力在不断扩大。

2．网络构成

计算机网络的构成可以从网络边缘和网络核心两部分进行理解,它们共同构建了一个高效、可靠的数据通信系统。

1）网络边缘

网络边缘是指直接与用户交互的部分,包含终端设备和接入网络的基础设施。

终端设备(主机):终端设备是用户接入网络的入口,包括个人计算机、智能手机、汽车物联网设备等。例如,家中的智能音箱或智能门铃都属于网络边缘设备。

接入网络:接入网络连接终端设备到更大的网络,根据传输信道不同,网络接入分为有线(光纤到户、以太网、DSL)和无线(Wi-Fi、4G/5G)接入。根据场景不同,大致分为三类:住宅(家庭)接入、机构(学校、公司)接入和无线接入网(移动)接入。

2）网络核心

网络核心是整个网络的"大脑",负责高速传输和数据路由。

(1)核心路由器和交换机(如图 5-6 所示):这些设备负责在不同网络之间转发数据包,确保信息能够找到最优路径到达目标。例如,当你在家观看国外视频网站的直播时,网络核心会通过跨国的海底光缆和骨干路由器,将视频数据高效地传输到你的设备上。

图 5-6　交换机(左)和路由器(右)

路由器的主要用途是连接不同的网络,工作的依据是 IP 地址。路由器常常拥有多个 IP 地址,分别对应连接的不同网络。分布在各处的路由器协同工作,从而根据 IP 地址在网络中找到传输路径。可以说,路由器是互联网通信的基础设备,没有路由器,就无法实现网络互联。因为局域网内的信息设备没有公用 IP,不能直接用于互联网通信,这时可以借助路由器的地址转换功能实现网络通信。以下是路由器的工作过程,如图 5-7 所示。

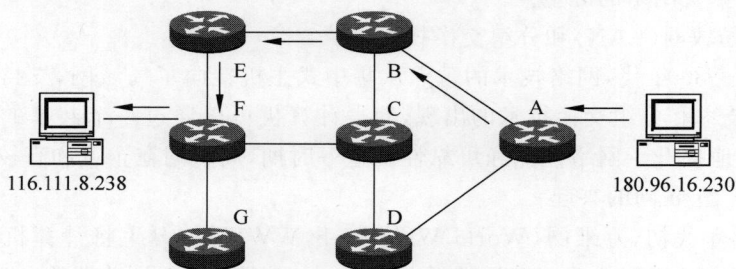

116.111.8.238　　　　　　　　　　　　180.96.16.230

图 5-7　路由器工作过程示意图

路由器大体可分为专用路由器和家用路由器两种。专用路由器主要用于国家之间、城市之间的网络互联。家用路由器通常具备拨号上网、地址转换等功能,可以看作一台具有网络连接与访问控制功能的计算机,可用于连接互联网,并实现共享上网。

动手实践:用 tracert 命令,执行 tracert www.baidu.com 命令,观察信息经过的路由器地址。

(2)数据中心和云服务器:许多网络服务依赖核心的数据中心或云服务器来提供计算和存储功能。例如,你上传到云存储的照片实际上保存在分布在全球的数据中心中。

网络边缘负责用户的直接连接和初步数据处理,而网络核心提供高速、可靠的数据传输通道,将数据从一个边缘传递到另一个边缘。例如,当你在手机上观看一段视频时:

- 手机(网络边缘)通过 Wi-Fi 接入路由器。
- 路由器通过光纤接入互联网,将请求传输到网络核心。
- 网络核心中的路由器和数据中心处理你的请求,找到目标服务器并返回视频数据。
- 数据通过网络核心传输回你的路由器,再到达你的手机,完成视频播放。

当你通过智能手机在线购物时,手机通过 Wi-Fi(网络边缘)发送请求,经过家庭路由器接入互联网,进入网络核心的骨干网。核心中的路由器将请求传输到购物网站的服务器,处理订单信息并返回页面数据,最终在你的手机上显示商品详情。这种边缘和核心的协作让复杂的互联网服务得以高效运行。网络边缘和网络核心协作,如图 5-8 所示。

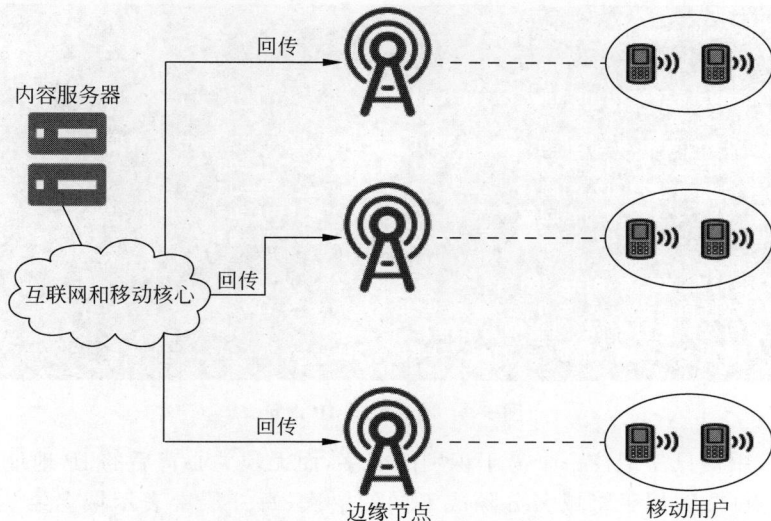

图 5-8　网络边缘和网络核心协作

3. IP 地址和域名

IP 地址是互联网上的"门牌号",用于唯一标识连接到网络的每台设备。所有的通信都需要依赖 IP 地址来找到目标设备并完成数据传输。标识主机和网络寻址是 IP 地址的两个主要功能。要查看和测试网络连接,最常用的网络命令是 ping 命令和 ipconfig(或ifconfig)。ping 命令通过发送 ICMP 回显请求数据包并等待回显应答来测试目标设备的可达性,从而判断网络是否正常工作以及与目标设备之间的连通性。在 Windows 系统中,可以使用 ipconfig 命令查看网络接口的 IP 地址、子网掩码、默认网关等信息,而在 Linux 和macOS 系统中则使用 ifconfig 命令。IP 地址由 32 位二进制数构成,通常有三种常用的表示方法:二进制记法、点分十进制记法和十六进制记法。

(1) IPv4 地址:采用 32 位二进制表示,通常分为 4 段,每段 8 位,用点分十进制表示。常见的格式为"192.168.1.1"。由于设备数量激增,IPv4 地址逐渐面临枯竭问题。

(2) IPv6 地址:采用 128 位表示,如"2001:0db8:85a3:0000:0000:8a2e:0370:7334",可以提供几乎无限的地址空间。

IP 地址还可以根据用途和结构进一步分类为 5 类:A、B、C、D、E 类。
- A 类地址用于大型网络,范围是 1.0.0.0~126.255.255.255。
- B 类地址用于中型网络,范围是 128.0.0.0~191.255.255.255。

- C 类地址用于小型网络,范围是 192.0.0.0～223.255.255.255。
- D 类地址用于多播通信,范围是 224.0.0.0～239.255.255.255。
- E 类地址保留用于将来使用,范围是 240.0.0.0～255.255.255.255。

IP 地址虽然可以标识设备,但难以被人类记住。例如,访问一个网站需要输入它的 IP 地址,这显然不够便捷。为了简化访问,出现了域名(Domain Name)系统。域名是 IP 地址的"别名"。例如,图 5-9 用 ping 命令测试网络连接,得到域名对应的 IP 地址。

域名:www.baidu.com 或 https://www.baidu.com。

对应的 IP 地址:183.2.172.42。

图 5-9　域名及其 IP 地址

通过域名,用户只需记住一个易于识别的名字,而无须关心背后的 IP 地址。

域名中的点(".")用于将域名分隔成不同的层次,每一层次表示域名结构中的一个级别,如图 5-10 所示。域名从右到左依次表示顶级域名、二级域名以及子域名。

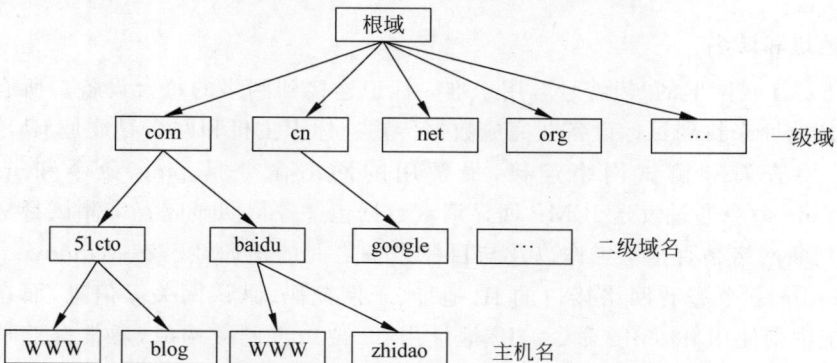

图 5-10　域名分层结构

1) 顶级域名

顶级域名(Top-Level Domain,TLD)是域名的最右部分,用于标识域名的类别或地域。

通用顶级域名(gTLD)如".com"(商业)、".org"(非营利组织)、".edu"(教育机构)。国家/地区顶级域名(ccTLD)如".cn"(中国)、".us"(美国)。

2) 二级域名

二级域名(Second-level domain,SLD)位于顶级域名左侧,通常由注册者自行定义,用于标识特定的组织或网站名称。

例如,在"example.com"中,"example"是二级域名,代表网站的主体名称。

3)子域名

二级域名左侧可以进一步扩展为子域名,用于划分更具体的服务或部门。

例如:

- "mail.google.com"中的"mail"表示谷歌的邮件服务。
- "docs.microsoft.com"中的"docs"表示微软的文档支持服务。

域名的层次结构不仅让人类更易于记忆和识别,还便于互联网服务提供商(ISP)和企业管理多样化的服务。例如:

- 教育机构可以使用"university.edu"作为二级域名,并为各学院分配子域名,如"cs.university.edu"(计算机学院)和"med.university.edu"(医学院)。
- 一家企业可以通过域名的层次结构区分国际站点,如"us.example.com"(美国站)和"cn.example.com"(中国站)。

4)域名解析的基本步骤

用户在浏览器中输入域名(如 www.example.com),浏览器首先会检查本地缓存中是否已经解析过该域名,如果缓存中有,则直接返回 IP 地址;如果缓存中没有,则会向根 DNS 服务器发送查询请求。根 DNS 服务器会返回顶级域(TLD)服务器的信息,本地 DNS 服务器接着查询顶级域服务器以获取特定二级域(SLD)的信息。最终,本地 DNS 服务器会查询权威名称服务器以获取最终目标主机的 IP 信息,并将结果返回给客户端,完成域名解析过程,详细域名解析流程,如图 5-11 所示。

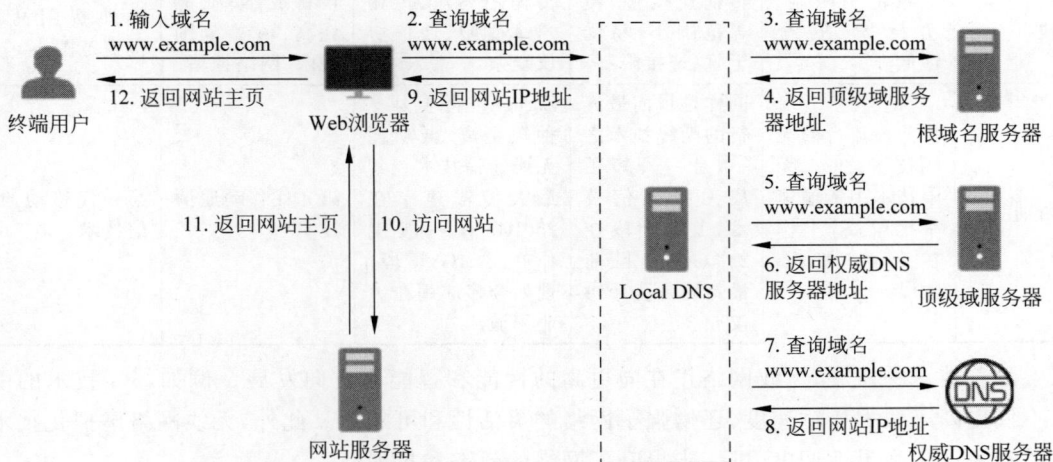

图 5-11　域名解析流程图

通过这种层次化设计,域名系统实现了高效的组织与管理,同时为互联网的规模化扩展提供了支持。

思考:一个 IP 地址可以对应多个域名吗? 一个域名可以对应多个 IP 地址吗? 提示:用 ping 和 nslookup 命令。

4. 无线网络与物联网

在有线网络中,利用双绞线等有线传输介质连接起来的计算机位置基本固定,无法满足人们在任何地点学习、办公的需求。为了解决这一问题,无线网络技术应运而生。无线网络通过无线电波、微波、红外线等无线介质进行数据传输,摆脱了线缆的束缚,使得设备可以在任何地点自由移动,极大地提高了灵活性和便捷性。无线网络的主要类型包括无线个人局域网(WPAN)、无线局域网(WLAN)、无线城域网(WMAN)和无线广域网(WWAN)。

无线通信技术包括 Wi-Fi、蓝牙和蜂窝网络(4G、5G)等技术,如表 5-1 所示。Wi-Fi 技术广泛应用于家庭和办公场所的无线局域网建设,而蓝牙则常用于短距离设备之间的数据传输,如手机与蓝牙耳机之间的连接。此外,随着移动通信技术的发展,从 4G 到 5G 乃至未来的 6G,无线网络不仅支持高速接入互联网,还实现了万物互联的愿景,例如,远程控制智能家居、车联网等应用。无线连接与有线连接相比的主要优点是便捷性、扩展性和成本低,但在速度、范围、安全性等方面存在不足。

表 5-1　无线通信技术比较

名称	Wi-Fi	蓝牙	Zigbee	4G	5G
传输速度	11～54Mbps	1Mbps	100Kbps	10Mbps	0.1～1Gbps
主要应用	无线上网、PC、PDA	通信、汽车、IT、多媒体、工业、医疗、教育等	无线传感器、医疗	通信	物联网
优点	高速、共享、兼容性好	低能耗、方便、安全性高、兼容性好	容量大、高安全性、低能耗	传输速度快、网络延迟低、网络容量大、语音质量高	实现万物互联、高速度、低延时、低能耗、安全性高
缺点	覆盖范围限制、功耗大、安全性低	传输速度慢、覆盖范围小、易受干扰、连接限制	传输距离短、传输速率受限、通信协议复杂	设备成本高、能耗高、覆盖范围受限、网络拥堵	额外费用高、覆盖范围小
区别	目前最流行的无线技术之一,无限技术中传输速率比较高,工作在 2.4G 和 5G 频段	同样是目前最流行的无线技术之一,是一种短距离无线通信技术,工作频段在 2.4GHz。目前最新的是蓝牙协议 5.3	Zigbee 实际上是一种短距离、低功耗无线通信技术。其最大传输速率在 250Kbps,一般工作在 2.4G 频段。现如今多应用在工业领域	第 4 代移动通信技术	第 5 代移动通信技术

随着技术的发展,无线网络正在向更高的性能和智能化方向发展。例如,5G 技术的引入不仅提高了数据传输速度,还增强了网络的灵活性和可靠性。此外,无线网络虚拟化技术通过资源池化和灵活调度,进一步提升了网络的效率和扩展性。

物联网(Internet of Things,IoT)是无线网络技术的重要应用场景之一,物联网的理念最早出现在 1995 年出版的《未来之路》一书中,书中提到了物物互联,但受当时技术条件的限制,并未引起重视。

物联网通过将各种传感器、设备和网络连接起来,实现了对物理世界的智能化管理和控制。无线网络为物联网提供了强大的数据传输能力,使得设备可以在没有物理连接的情况下进行通信和数据交换。例如,在智能家居系统中,无线网络可以实现对灯光、温度、安全监控等设备的远程控制和管理,从而提升生活质量和便利性。物联网的基本特征包括全面感知、可靠传递和智能处理,关键技术包括传感器技术、射频识别技术和传输技术(见图 5-12)。

从硬件设备上看,物联网主要分为三个构成要素:终端设备、网关和服务器。

(1) 终端设备是物联网系统的基础,负责收集和传输数据。这些设备可以是传感器、执行器或其他类型的电子设备,通过无线或有线方式与网关连接。

(2) 网关作为终端设备和服务器之间的桥梁,负责数据的转发和协议转换。它接收来自终端设备的数据,并将其传输到服务器。网关还可能具备一定的数据处理能力,如过滤、压缩或本地分析。

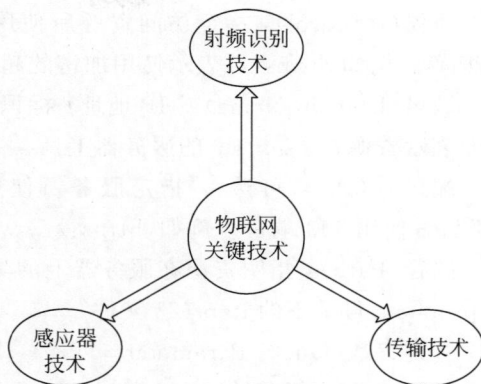

图 5-12 物联网关键技术

(3) 服务器是物联网系统的核心处理单元,负责接收、存储、分析和处理来自终端设备和网关的数据。服务器可以通过 HTTP、WebSocket、MQTT 等协议与终端设备和网关通信。

从工作逻辑上,则可以分为感知层、网络层和应用层。

(1) 感知层是物联网的最底层,负责从物理世界中采集数据。它由各种传感器、RFID标签、摄像头、GPS 等设备组成,用于识别物体并获取环境信息,如温度、湿度、位置、声音等。感知层的作用相当于人的感官系统,通过这些设备将现实世界的信息转换为数字信号,为上层的数据传输和处理提供基础。

(2) 网络层是物联网的中间层,主要负责数据的传输和处理。它包括各种通信网络(如互联网、移动网络、Wi-Fi、蓝牙等),以及网关和路由器等设备。网络层的作用类似于人的神经中枢,负责将感知层收集的数据高效、安全地传输到应用层,并进行初步的数据处理。这一层确保数据的可靠性和安全性,是物联网系统中数据传输的关键部分。

(3) 应用层是物联网的顶层,直接与用户(包括人、组织或其他系统)交互。它结合行业需求,实现物联网的智能应用,如智能家居、智能交通、远程医疗等。应用层通过云平台或本地服务器存储和分析数据,提供用户友好的界面和服务。这一层相当于人的大脑,负责决策和执行,使物联网系统能够实现智能化管理和控制。

无线网络与物联网的结合,不仅解决了传统有线网络的局限性,还为现代社会的数字化转型提供了强有力的支持。未来,随着无线通信技术的不断进步和物联网应用的深入发展,无线网络将在更多领域(智慧城市、智能交通、智能农业、医疗健康、工业 4.0 等多个领域)发挥重要作用,推动社会向更加智能、高效的方向发展。

5. URL 解析

URL(Uniform Resource Locator,统一资源定位符),简称网址,是互联网上资源的地址(Address),用于标识网络上的文件、服务或其他资源。通过 URL,用户可以访问网页、下载文件或获取其他网络服务。通俗来说,URL 就像互联网上的“地址卡”,让你准确找到所需的内容。它最初是由蒂姆·伯纳斯-李发明用来作为万维网的地址,现在它已经被万维网联盟编制为因特网标准。

一个完整的 URL 通常由以下几部分组成。

协议(Protocol)：指定访问资源所使用的通信规则。常见协议包括 HTTP、HTTPS、FTP 等。例如,https://表示使用加密的超文本传输协议访问资源。

域名(Domain Name)或 IP 地址：标识资源所在的服务器地址。例如,www.example.com 表示资源在 example 的服务器上。

端口号(Port,可选)：指定服务所使用的端口。默认情况下,HTTP 使用 80 端口,HTTPS 使用 443 端口。例如,https://www.example.com:443 明确指定 443 端口。

路径(Path)：指明资源在服务器上的具体位置。例如,/products/item123 表示资源位于 products 目录下的 item123 文件。

查询参数(Query Parameters,可选)：用于向服务器传递附加信息,通常以"?"开头,参数之间用"&"分隔。例如,?id=123&type=book 表示传递两个参数,id=123 和 type=book。

片段标识符(Fragment Identifier,可选)：以"#"开头,指定资源中的某部分内容。例如,#section2 表示跳转到资源的第二部分。

完整 URL 示例：https://www.example.com:443/products/item123?id=123&type=book#section2,含义如表 5-2 所示。

表 5-2　URL 示例

项　目	详　情	项　目	详　情
协议	https	路径	/products/item123
域名	www.example.com	查询参数	?id=123&type=book
端口号	443	片段标识符	#section2

案例分析：访问新闻网页。

URL：https://news.example.com/articles/latest?category=tech。

协议：HTTPS,保证数据传输安全。

域名：news.example.com,表明访问的是 news 子域的服务器。

路径：/articles/latest,指向最新的文章列表。

查询参数：?category=tech,表示用户请求的是技术类别的文章。

过程：用户在浏览器中输入 URL 后,浏览器向服务器发送请求。服务器根据路径和查询参数提供最新的技术类新闻文章,浏览器将内容呈现给用户。

URL 是互联网中资源定位的关键工具。通过清晰的组成结构和灵活的参数设置,URL 不仅能够快速定位资源,还能传递多样化的请求信息,从而实现丰富的网络功能。

6. 搜索引擎技巧

搜索引擎是现代信息获取的重要工具,掌握高效使用搜索引擎的技巧,不仅能够快速找到所需信息,还可以有效避免信息过载的困扰。以下是一些实用的搜索引擎技巧。

1) 使用精准关键词

输入明确具体的关键词可以缩小搜索范围,提高结果的相关性。

例如,如果需要了解"人工智能的发展",搜索"人工智能发展历程"会比直接搜索"人工智能"提供更精准的结果。

2) 使用引号锁定短语

将关键词用引号括起来,搜索引擎会返回完全匹配的结果。

例如,搜索"计算机网络基础",仅显示包含完整短语的页面,而非单独出现"计算机"或"网络基础"的内容。

3)应用逻辑运算符

通过使用 AND、OR 和 NOT 等逻辑运算符,可灵活组合关键词。

例如:

- 人工智能 AND 教育:返回同时包含"人工智能"和"教育"的结果。
- 人工智能 OR 机器学习:返回包含"人工智能"或"机器学习"的结果。
- 人工智能 NOT 游戏:排除与"游戏"相关的内容。

4)使用特定搜索命令

(1)文件类型搜索:查找特定格式的文件。

例如,"人工智能 filetype:pdf"搜索 PDF 格式的人工智能资料,如图 5-13 所示。

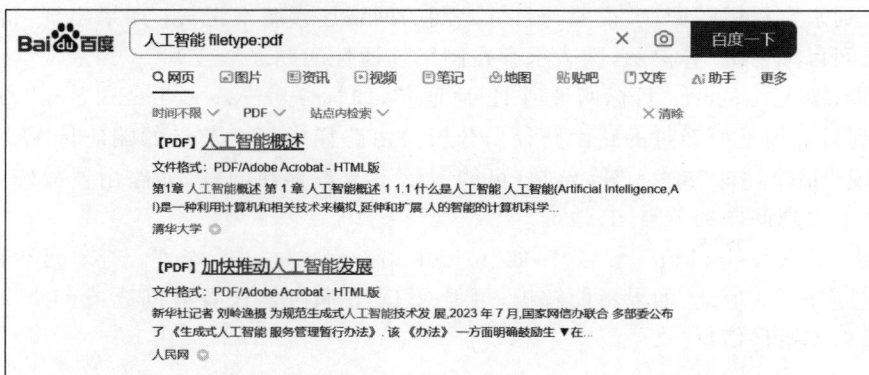

图 5-13　文件类型搜索

(2)站内搜索:限制搜索范围在某个网站内。

例如,"物联网 site:edu.cn",仅返回教育机构网站的相关内容,如图 5-14 所示。

图 5-14　限制搜索范围

（3）链接搜索：查找链接到某个网页的其他页面。

例如，"link:example.com"显示链接到 example.com 的所有页面。

5）利用高级搜索功能

大多数搜索引擎（如百度和 Bing）提供高级搜索页面，用户可以通过设置语言、地区、时间范围等选项，快速筛选信息。

任务实现

第一步，打开命令提示符（Windows）或终端（Linux、macOS）。输入"ipconfig"（Windows）或"ifconfig"（Linux、macOS）命令，查看本机网络接口的 IP 地址、子网掩码、默认网关等信息，记录下来以便后续分析。

第二步，输入"ping［目标网址或 IP 地址］"，如"ping www.baidu.com"。观察返回结果，如果收到来自目标的回应，说明与目标之间的网络连接基本正常；如果出现"请求超时"或"无法访问目标主机"等提示，则表示存在网络连通性问题。

第三步，输入"tracert［目标网址或 IP 地址］"，如"tracert www.baidu.com"，查看数据包从本机到目标地址所经过的路由路径。分析路由路径中每个节点的响应情况，如果在某个节点出现"请求超时"或"＊"等异常，可能表示该节点存在问题，如路由器故障或网络拥塞等，记录下出现问题的节点 IP 地址。

第四步，输入"nslookup［域名］"，如"nslookup www.baidu.com"。查看是否能正确解析出域名对应的 IP 地址，如果不能解析，可能是 DNS 服务器设置有问题或 DNS 服务出现故障，记录相关错误信息。

5.2 网络安全与数据安全

截至 2016 年 6 月底，中国网民数量达到 7.1 亿，半年有 59.2% 的网民遇到过病毒或木马攻击，有 30.9% 的网民账号或密码被盗过，网络安全问题仍然制约着中国网民深层次的网络应用发展。随着互联网深入应用在社会的各个领域，网络完全事件不断发生，给个人、企业甚至国家带来了严重损失。从数据泄露到网络攻击，安全威胁的多样性和复杂性正不断增加，网络安全已成为信息化时代的重大挑战。

2016 年 11 月 7 日，第十二届全国人民代表大会常务委员会第二十四次会议审议通过了《中华人民共和国网络安全法》（以下简称《网络安全法》），并决定自 2017 年 6 月 1 日起正式施行。这部法律是我国第一部全面规范网络空间安全管理的基础性法律，旨在保障网络安全，维护网络空间主权和国家安全、社会公共利益，保护公民、法人和其他组织的合法权益，促进经济社会信息化健康发展。

5.2.1 常见网络安全威胁

什么是网络安全（Cybersecurity）？

网络安全是指网络系统的硬件、软件及其系统中的数据受到保护，不因偶然或恶意的原因而遭到破坏、更改或泄露，确保系统能够连续、可靠、正常地运行，网络服务不中断。简而言之，网络安全的核心目标是保障网络信息的保密性、完整性和可用性（CIA 三要素），从而维护网络环境的安全稳定。

　　然而,随着信息技术的广泛应用和网络环境的日益复杂,网络安全面临着诸多威胁(见图 5-15)。这些威胁包括但不限于恶意软件(如病毒、勒索软件)、社会工程攻击(如钓鱼)、分布式拒绝服务(DDoS)攻击、数据泄露等。此外,网络攻击模式也在不断演变,例如,通过窃听、冒充、篡改等手段对个人隐私和商业利益造成损害。因此,为了应对这些网络安全威胁,需要采取一系列技术和管理措施,如身份验证、访问控制、数据加密、防火墙以及定期的安全培训和演练。

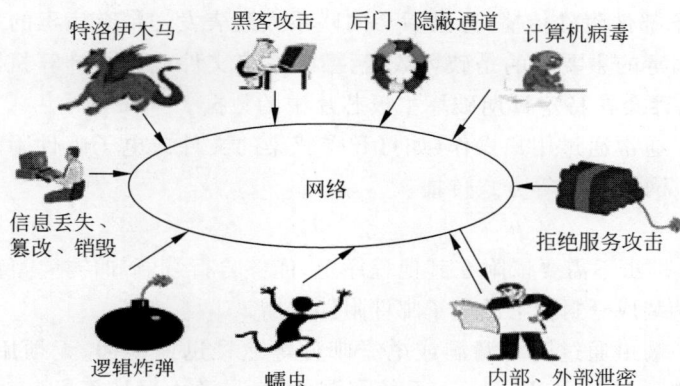

图 5-15　网络安全威胁

1. 恶意软件

　　恶意软件是一类旨在破坏计算机系统、窃取敏感数据或执行未经授权操作的软件,主要包括病毒、蠕虫、木马等。其传播方式多样,常通过邮件附件、网页下载、伪装的应用程序甚至社交媒体链接等途径进入目标系统。恶意软件不仅威胁个人用户的隐私和数据安全,还可能对企业乃至国家级系统造成严重影响。

　　卡巴斯基实验室创始人尤金·卡巴斯基在第四届乌镇世界互联网大会(2017 年 12 月)期间介绍,1997 年,卡巴斯基刚成立时一年共收集 500 个恶意软件,10 年后的 2007 年收集了 200 万个恶意软件。2017 年,卡巴斯基预计将收集到 9000 万个新的恶意软件样品。恶意软件数量增速之快,从一个侧面反映出网络安全形势日益严峻。图 5-16 是卡巴斯基官网统计的 2019—2023 年平均每天检测到的恶意文件数量。

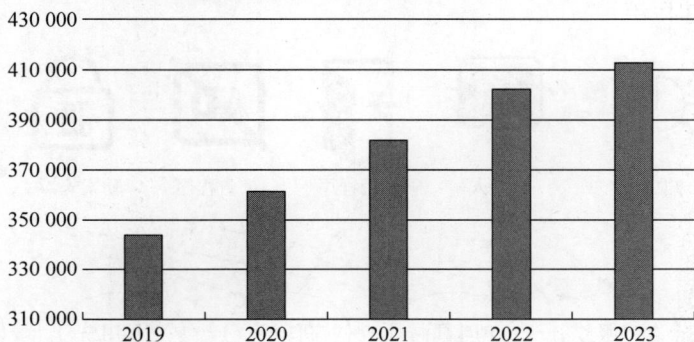

图 5-16　2019—2023 年卡巴斯基平均每天检测到的恶意文件数量

病毒、蠕虫和木马是计算机恶意软件中最具代表性的三种类型,它们各自具有独有的特征和传播方式。

1)病毒

- 依赖宿主程序:病毒需要依附在其他程序或文件上才能传播和执行。例如,CIH病毒会破坏主板芯片中的数据,并在特定日期(如4月26日)激活,导致计算机无法启动。
- 自我复制:病毒通过将自身代码注入其他文件中,感染更多文件。例如,Melissa病毒通过电子邮件附件传播,感染后会向联系人列表发送带有病毒的邮件。
- 破坏性:病毒的主要目的是破坏数据、篡改系统文件或影响计算机的正常运行。例如,CIH病毒会在特定日期破坏主板芯片中的数据。
- 传播方式:通常通过用户操作(如打开受感染的文件或电子邮件附件)传播,也可以通过U盘、网络共享等方式传播。

2)蠕虫

- 独立运行:蠕虫不需要依附在其他程序上,能够自行复制和传播。例如,ILOVEYOU蠕虫通过伪装成一封情书的电子邮件附件传播。
- 自我传播:蠕虫通过网络漏洞或电子邮件等途径迅速传播,无须用户干预。例如,Sasser蠕虫通过利用Windows系统漏洞传播,导致大量计算机自动重启。
- 资源消耗:蠕虫会占用大量网络带宽和系统资源,可能导致网络拥塞甚至崩溃。
- 传播方式:通过电子邮件附件、网络共享文件或利用系统漏洞传播。

3)木马

- 伪装成合法软件:木马通常伪装成用户需要的合法程序,如游戏、工具或软件更新。例如,Zeus木马伪装成银行登录页面窃取用户的银行凭证。
- 隐蔽性:木马在用户不知情的情况下运行,执行恶意操作。例如,Conficker木马通过伪装成系统更新工具感染计算机,并建立僵尸网络用于分布式拒绝服务攻击(DDoS)。
- 远程控制:木马可以窃取用户信息、监控用户活动或远程控制受害者的计算机。
- 传播方式:通过下载受感染的软件、单击恶意链接或打开受感染的文档传播。

图5-17展示了一张网络安全威胁分类图,其中,病毒、蠕虫和木马被分别列出,并展示了它们之间的相互作用。

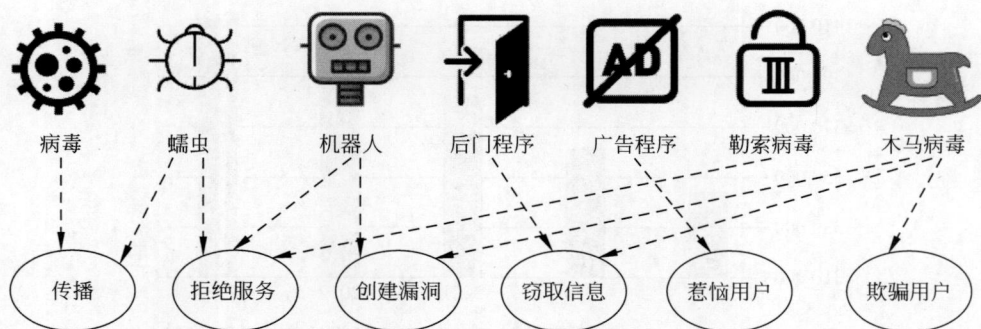

图5-17   恶意软件类型与恶意行为之间的相关性

2．网络钓鱼

网络钓鱼是一种利用社会工程学技巧，通过伪造电子邮件、网站、短信或其他通信手段诱骗用户泄露敏感信息的网络攻击方式。这种攻击通常伪装成可信的来源，如银行、政府机构或知名企业，以获取用户的个人信息，如账号密码、信用卡号等，从而导致经济损失或其他恶意后果。由于伪装手段越来越高明，网络钓鱼已成为威胁个人隐私和企业数据安全的主要方式之一。

网络钓鱼的常见形式包括以下几种。

（1）电子邮件钓鱼。

攻击者伪装成银行、社交媒体或电商平台，发送看似真实的邮件，要求用户"验证账户"或"更新密码"，如图 5-18 所示。

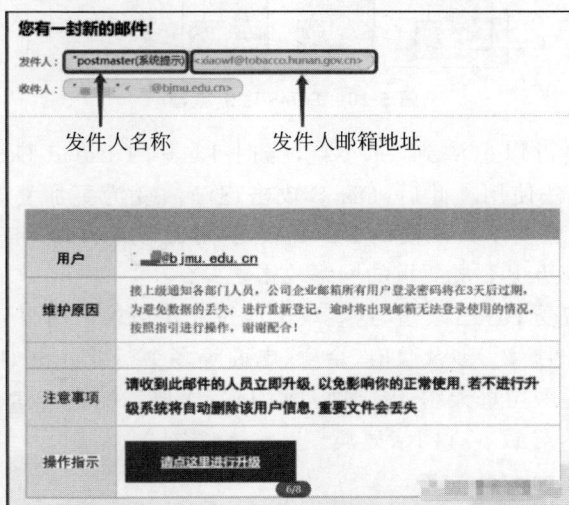

图 5-18　电子邮件钓鱼

特点：邮件内容往往带有紧迫性，如"账户即将被锁定"或"发现可疑活动"。

（2）短信钓鱼（Smishing）。

攻击者通过短信发送钓鱼链接，诱导用户点击并输入敏感信息，如图 5-19 所示。

特点：短信内容简短，通常以"包裹投递问题"或"中奖通知"等为主题。

（3）伪造网站。

创建与真实网站极为相似的假网站，诱骗用户输入登录信息或支付信息。

特点：网址可能仅与官方网站相差一个字符，如".com"变为".co"。

图 5-19　短信钓鱼

（4）社交媒体钓鱼。

攻击者利用社交媒体平台，假冒用户好友或公司客服，通过私信获取用户隐私信息。

特点：利用熟人关系或"官方身份"降低用户警惕。

3. 分布式拒绝服务(DDoS)攻击

分布式拒绝服务(DDoS)攻击是一种通过大量非法流量淹没目标网络,阻止合法用户访问的网络攻击方式,如图 5-20 所示。这种攻击利用了互联网的特性,如 TCP/IP 和 DNS,通过发送大量请求或数据包来耗尽目标的资源,使其无法正常运行。随着互联网的数字化转型和全球对互联网的依赖性增强,DDoS 攻击的规模和频率不断增加,对网络安全构成了重大威胁。

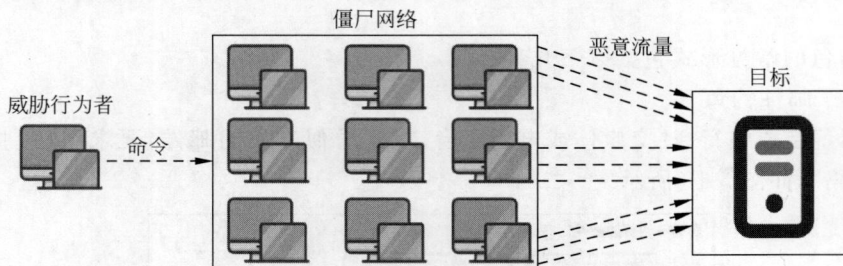

图 5-20   DDoS 攻击原理

DDoS 攻击的历史可以追溯到 1974 年,当时 13 岁的 David Dennis 成功地使 31 台 PLATO 计算机终端无法使用。此后,DDoS 攻击逐渐演变为更加复杂和大规模的攻击形式。2007 年,爱沙尼亚遭受了大规模的 DDoS 攻击,导致政府网站、银行系统和媒体服务瘫痪。这次攻击被认为是历史上最严重的网络攻击之一。

中国近年来频繁遭受 DDoS 攻击,这些攻击通过大量请求占用服务器资源,导致目标网站或服务瘫痪,影响范围广泛,涉及政府、金融、电商等多个行业。例如,2015 年国内共发生 179 298 次 DDoS 攻击,平均每天约 491 次。其中,一次典型的事件是 2009 年 5 月 19 日的"暴风影音"DDoS 攻击,导致多省网络瘫痪。

4. 数据泄露

近年来,数据泄露事件频发,且涉及领域广泛,社会及企业承受巨大经济损失。表 5-3 展示了全球部分数据泄露事件。数据泄露的原因包括黑客的恶意攻击、内部工作人员的信息贩卖、第三方外包人员的交易行为、数据共享第三方的数据泄露、开发测试人员的违规等,数据泄露途径呈现多元化。

社会及企业安全部门数据安全意识薄弱,以及传统网络安全体系老旧或安全策略的缺陷是导致数据泄露的主要原因。社会各界对数据资产安全的关注度与日俱增,减轻数据泄露为社会发展带来的影响,加强数据防护、抵御不法黑客恶意入侵成为行业发展动力。

表 5-3   全球部分数据泄露事件概要

分　　类	事件名称	事件时间	泄露人员	泄露数据规模	非法所得/元
海外地区数据泄露事件	Facebook 数据泄露事件	2018-03	共享第三方剑桥分析公司等	5000 万条	—
	美国国家安全局泄露绝密数据	2017-10	美国国家安全局内部人员	100GB 以上	—
	德勤数据泄露	2017-10	黑客,非法获取管理员账号进行犯罪	500 万条	—

续表

分　类		事 件 名 称	事 件 时 间	泄露人员	泄露数据规模	非法所得/元
中国各领域数据泄露事件	政府部门	南京公务员泄露居民信息	2018-01	内部人员,副主任科员刘某	82 万条	—
		国家宏观经济数据泄露	2010—2011	国家统计局原干部孙某等	多次泄露	—
	教育	教育考试信息泄露	2016-08	黑客入侵	—	5 万
		疾控中心信息泄露	2016-07	黑客入侵	30 个地区的 275 例	—
	医疗	上海新生儿信息外泄	2016-07	上海疾控中心原工作人员韩某等	20 万新生儿信息	—
	社保	篡改退休人员数据非法牟利	2010—2011	某市社保局退管中心蔡某等	—	280 万
		非法获得养老金	2005—2008	某区社保事业管理处副主任王某等	—	190.5 万
	其他	博士黑客贩卖公民信息	2018-04	某国有大型科技公司数据库员工	500 余万条60G 容量	—

数据泄露是指未经授权的人员或实体获取到敏感信息的情况,这可能对个人隐私、企业声誉和财务安全造成严重影响。数据泄露的主要原因如下。

(1)内部威胁:内部人员可能因故意或无意的行为导致数据泄露。例如,员工操作失误、离职人员带走核心数据、内部人员滥用权限等都是常见的内部威胁来源。

(2)外部攻击:黑客通过网络攻击手段(如钓鱼攻击、恶意软件、DDoS 攻击)窃取数据。这些攻击利用系统的脆弱性,如未修补的软件漏洞或弱密码管理。

(3)系统漏洞:软件和硬件的漏洞是数据泄露的重要原因之一。系统配置错误、API安全漏洞以及第三方服务的风险都可能导致数据泄露。

(4)人为错误:员工缺乏安全意识或操作不当也可能导致数据泄露。例如,误点击钓鱼邮件链接、使用弱密码、不遵守数据销毁的最佳实践等。

(5)物理安全问题:设备丢失或被盗(如笔记本电脑、USB 设备)也可能导致数据泄露。

5.2.2　网络安全防护措施

"网络安全的本质在对抗,对抗的本质在攻防两端的能力较量。"

5.2.1 节介绍的网络安全威胁不仅可能对个人隐私造成侵害,还可能对企业和国家的安全构成严重威胁。因此,采取有效的网络安全防护措施显得尤为重要。本节将从多个角度探讨如何应对这些主要的网络安全威胁,包括加强安全意识、完善技术防护手段、建立应急响应机制以及利用先进的技术如人工智能和大数据分析来提升整体网络安全防护能力。通过综合性的防护策略,我们能够更好地保护网络环境的安全,确保信息的完整性和系统的稳定性。

1. 增加安全防护意识

网络安全威胁的复杂性和多样性要求组织和个人提高安全意识。首先,企业应定期进行安全培训,教育员工识别和防范网络钓鱼、社会工程学攻击等常见威胁。例如,通过模拟钓鱼邮件演练,增强员工的警觉性,并强调不点击不明链接或泄露个人信息的重要性。此外,企业还应加强内部人员的管理,防止内部威胁的发生。

为了进一步提升安全意识,企业可以利用多因素认证(MFA)来增强用户登录的安全性。多因素认证通常包括"知识因素"(如密码)、"所有权因素"(如手机验证码)和"生物因素"(如指纹识别),以限制网络钓鱼尝试的范围,保护用户隐私。此外,企业还应建立强大的网络安全监控系统,通过密切监控网络流量和用户行为,识别异常活动并采取即时保护措施。

2. 完善技术防护手段

网络安全技术是指用于保护网络系统、网络设备、网络通信和网络数据安全的各种技术手段和方法。这些技术涵盖多个领域,包括加密、防火墙、入侵检测和防御、安全认证等。为了应对日益复杂的网络安全威胁,可以采取以下技术防护措施。

1) 安装防病毒和防火墙软件

在防火墙、代理服务器、SMTP服务器、网络服务器上安装病毒过滤软件,在桌面PC和移动终端上安装杀毒软件。定期检查清除病毒,定期更新病毒数据库。

防火墙(Firewall)和防病毒软件在网络安全中各有侧重。防火墙是一种用于网络安全的系统,可以是硬件、软件或两者的结合,其主要功能是控制网络之间的访问和数据传输。防火墙通常位于内部网络与外部网络(如互联网)之间,通过预设的安全策略规则来允许或拒绝网络流量,从而保护内部网络免受外部威胁;事实上,前面提到的路由器,也能起到防火墙的作用。路由器通常运行在内网和外网之间,当路由器接收到内网计算机访问某个站点的请求后,就会检查这个请求是否符合规定,如果符合,就会去相应站点取回所需信息再转发给相应的计算机。而防病毒软件则专注于检测、清除系统中的恶意软件,两者结合使用可以提供更全面的安全防护。

建议:定期更新Windows Defender(Windows系统自带的防病毒软件,如图5-21所示)防病毒库,并启用防火墙的高级保护功能。例如,设置基于主机的防火墙或基于网络的防火墙、不下载不明来源的软件等。

图 5-21 Windows 系统防火墙

iptables 是 Linux 系统中常用的防火墙工具,允许特定端口的流量配置示例如下。

```
iptables - A INPUT - p tcp -- dport 22 - j ACCEPT
iptables - A INPUT - p tcp -- dport 80 - j ACCEPT
```

上述例子允许 SSH(端口 22)和 HTTP(端口 80)的入站流量。

随着技术的发展,现代防火墙不仅限于简单的包过滤,还集成了多种高级功能,如状态检查、入侵检测、防病毒等。此外,防火墙与其他安全技术(如防病毒软件、认证系统等)的联动,可以提供更全面的安全防护。

2) 增强密码安全性

使用复杂的密码(包含大写字母、小写字母、数字和特殊字符的复杂密码),并启用双因素身份验证(2 Factor Authentication,2FA),如图 5-22 所示,甚至多因素认证(MFA)以提升账户安全性;采用密码短语,将短语转换为看似无关的字符序列,例如,将"yesterday I went to the dentist"转换为"yiwttd"。

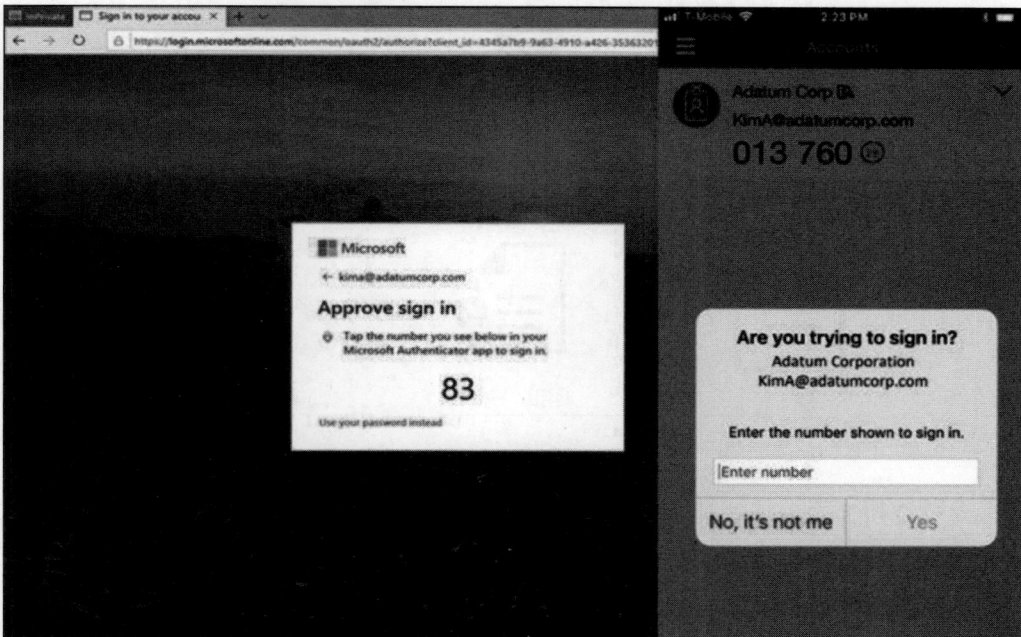

图 5-22　双因素身份验证

建议:避免在多个账户中重复使用相同密码、使用密码管理器、避免使用弱密码策略等。

3) 数据加密与备份

在网络通信过程中,信息安全确实面临各种威胁,而数据加密技术是保护信息安全的关键手段之一。信息安全常面临多种威胁,包括非法阻断、窃听、篡改和伪造等。这些威胁可能源于网络协议和通信系统的弱点,如非法阻断、窃听、伪造等(见图 5-23)。

现在使用的加密技术,主要包括对称密钥加密和非对称密钥加密两种。对称密钥加密的特点是加密和解密过程使用相同的密钥(见图 5-24)。目前常使用的对称密钥加密算法包括 DES(Data Encryption Standard,数据加密标准)、AES(Advanced Encryption Standard,高级加密

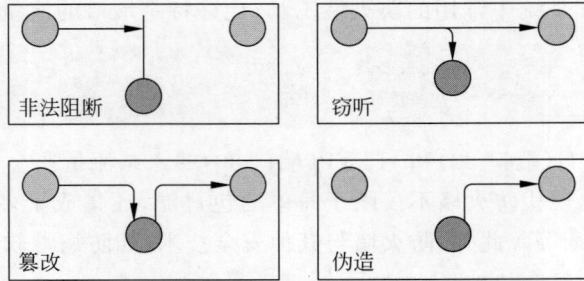

图 5-23　网络通信面临的威胁

标准)等。DES 应用在早期的电子支付系统中。例如,在银行系统中,DES 用于保护客户账户信息和交易数据的安全。AES 是目前最常用的对称加密算法之一,支持 128 位、192 位和 256 位的密钥长度,具有高效性和高安全性。AES 被广泛应用于各种领域,包括政府、金融和互联网通信。

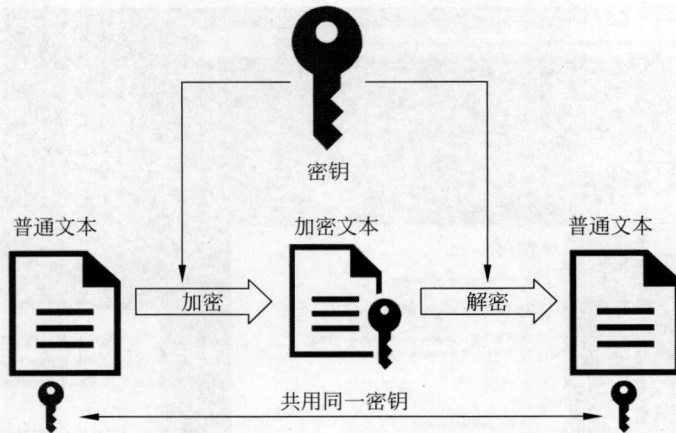

图 5-24　对称密钥

非对称密钥加密的特点是,加密和解密过程分别使用不同的密钥。在这一对密钥中,一个公开发给他人,称为公钥,用于加密;一个自己保留,称为私钥,用于解密(见图 5-25)。RSA(Rivest-Shamir-Adleman)算法是目前最常用的非对称密钥加密算法。

图 5-25　非对称密钥

默认情况下,网络以明文方式传输数据。用户输入的账号、密码等隐私信息,随时可能被人监听。现在主要有两种方法用于增强网络传输的安全性:加密技术和使用虚拟专用网络(VPN)。HTTPS 就是一种基于非对称加密的典型应用,它通过 SSL/TLS 协议为数据传输提供加密保护,确保数据在传输过程中不被窃听或篡改(见图 5-26)。

HTTP			HTTPS	
HTTP	应用层		HTTP	应用层
TCP	传输层		TLS/SSL	安全套接层
IP	网络层		TCP	传输层
网络接口	数据链路层		IP	网络层
			网络接口	数据链路层

图 5-26　HTTP 和 HTTPS 区别

虚拟专用网络(VPN)通过在用户和目标服务器之间建立一个加密隧道,使得所有通过该隧道传输的数据都被加密。这样即使数据被截获,攻击者也无法读取其内容。VPN 广泛应用于远程办公场景,确保员工在公共网络环境下访问公司内部资源时的数据安全。

VPN 的工作原理基于隧道技术和加密技术。隧道技术在公共网络上建立虚拟连接,确保数据安全传输;加密技术对数据进行加密,保障传输过程中的安全性。当用户连接到 VPN 服务器时,所有的网络流量会通过加密通道传输,防止中间人攻击、窃听等。这种加密隧道不仅保护了数据的隐私性,还能够绕过地理限制,使用户能够访问受限地区的网站(见图 5-27)。

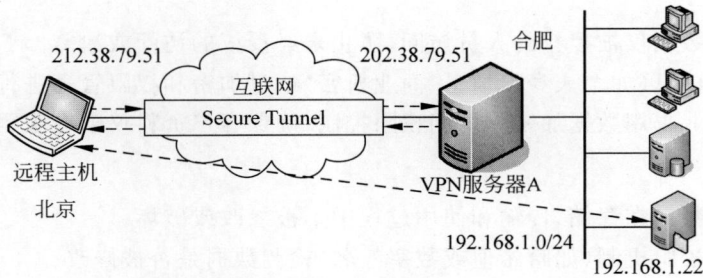

图 5-27　远程用户通过 VPN 访问企业内网

数据备份是指将计算机系统中的数据(如文件、数据库、配置信息等)复制到其他存储介质或系统中,以防止因硬件故障、软件错误、自然灾害等原因导致的数据丢失。数据备份是信息安全的重要手段,通过创建数据副本并存储在不同的物理介质或云端(阿里云、百度云等),确保数据的连续性和完整性。

数据备份是信息化时代保障数据安全、防止数据丢失的关键手段。通过选择合适的备份类型和策略,可以最大限度地降低数据丢失的风险,并确保业务的连续性和数据的安全性。无论是个人用户还是企业组织,都应充分认识到数据备份的重要性,并制定合适的备份策略来保护自己的数据资产。

数据备份可分为以下类型。

(1) 全备份(Full Backup):复制所有选定数据的完整副本。这种备份方式在灾难发生时可以迅速恢复丢失的数据,但每天进行全备份会导致大量重复数据。

(2) 增量备份(Incremental Backup):仅备份自上次任何形式的备份以来发生变化的数据。这种方式节省了存储空间并缩短了备份时间,但在灾难恢复时可能较为麻烦。

(3) 差异备份(Differential Backup):复制自上一次全备份之后发生变化的数据。这种方式结合了全备份和增量备份的优点,既节省了存储空间,又便于灾难恢复。

网络安全是一个系统性概念,涵盖了信息传输过程的安全性、计算机上信息存储的安全性以及网络节点处的安全性。随着数字化进程的加速,网络安全的重要性愈发凸显,成为保障国家安全、经济发展和个人隐私的重要支撑。

5.2.3 数据安全及个人信息防护

近年来,《网络安全法》《数据安全法》《个人信息保护法》《关键信息基础设施安全保护条例》等一系列法律法规和政策文件相继颁布实施,构建起网络安全政策法规体系的"四梁八柱"。《数据安全法》第三条给出了数据安全的定义,即通过采取必要措施,确保数据处于有效保护和合法利用的状态,以及具备保障持续安全状态的能力。

在数字化和网络化的背景下,数据已成为重要的生产要素,个人信息也成为企业和犯罪分子争相获取的资源。然而,数据泄露、非法采集和滥用问题频繁发生,对个人隐私、企业声誉和社会稳定都构成威胁。因此,数据安全及个人信息防护已成为全球性的热点话题和重点研究领域。

数据安全具有以下显著特点,这些特点决定了其在技术、管理和法律层面的综合性要求。

1. 机密性

定义:确保数据仅被授权的人员访问,防止未经授权的访问或泄露。

体现:敏感信息(如个人身份信息、商业机密)通过加密和权限管理进行保护。

案例:某企业采用数据加密和访问权限控制,确保客户资料仅限客服团队访问。

2. 完整性

定义:确保数据在存储、传输和使用过程中不被篡改或破坏。

体现:通过校验机制(如哈希值或数字签名)检测数据是否被修改。

案例:银行交易系统使用校验技术,确保转账金额在传输过程中未被更改。

3. 可用性

定义:确保授权用户在需要时可以访问和使用数据,防止因系统故障、恶意攻击或人为操作失误导致的数据不可用。

体现:通过备份、冗余系统和灾难恢复机制确保数据可用。

案例:某医院在勒索软件攻击中通过备份系统快速恢复患者医疗记录,保障了医院的正常运作。

个人信息包括基础信息(如姓名、身份证号)、联系信息(如手机号、邮箱)、财务信息(如银行卡号、交易记录)、生物特征信息(如指纹、面部特征)、健康信息(如医疗病史、体检记录)、教育和工作信息(如学历、职位)、位置与行为信息(如地理位置、浏览记录)、社交信息(如好友名单、群组信息)及敏感信息(如政治观点、宗教信仰)。这些信息一旦泄露或滥用,可能对个人权益造成严重影响,需采取有效保护措施。

从 2010 年到 2024 年,全球范围内发生了多起重大个人信息泄露事件,这些事件涉及企业、政府机构以及社交平台,泄露的信息包括用户的姓名、联系方式、财务记录、健康数据等敏感信息。例如,2013 年,雅虎遭受黑客攻击,导致 30 亿用户账户信息被泄露,包括邮箱地址、加密密码等；2022 年，上海警方数据库泄露事件则导致近 10 亿居民的个人信息数据泄露，包括姓名、地址、联系方式和身份证号码。

根据市场调研公司 Canalys 的统计，2020 年全球个人信息泄露事件的数量超过了过去 15 年的总和，成为影响个人权益、组织发展甚至国家安全的重要因素。个人信息泄露的危害是多方面的，包括但不限于隐私侵犯、财产损失、信用损害以及对个人名誉和人身安全的威胁。例如，个人信息泄露可能导致骚扰电话和垃圾信息的增加，甚至可能被不法分子利用进行冒名办理信用卡、盗取账户资金等行为。

这些事件提醒我们，加强数据保护措施至关重要。技术手段如强密码、多因素身份验证、数据加密以及政策和员工培训的结合，可以帮助最大限度地减少数据泄露的影响。同时，各国也在不断完善相关法律法规，以应对日益严峻的数据安全挑战。

在信息时代，个人成为数据保护的第一道防线，良好的安全习惯不仅能防范外部网络攻击，还能避免因疏忽引发的内部安全隐患。以下实践建议和案例展示了个人信息安全防护的关键措施。

(1) 避免在公共 Wi-Fi 上处理敏感事务。

公共 Wi-Fi 可能被攻击者设置为"钓鱼热点"或利用弱加密进行数据窃取。

风险：攻击者可拦截用户输入的敏感信息，如登录凭证、银行卡号。

建议：在公共网络环境下，避免登录银行、邮箱或其他敏感账户；如需操作，使用 VPN 加密数据传输。

(2) 定期更新密码，使用复杂组合。

简单或重复使用的密码易被暴力破解或通过数据泄露获取。

建议：使用至少 12 位包含字母（大小写）、数字和特殊符号的密码。

定期更新密码（至少每 3～6 个月更换一次），避免多平台重复使用。

使用密码管理工具（如 LastPass、1Password）生成并安全存储强密码。

(3) 启用多因素认证(MFA)。

单一密码的防护能力有限，增加额外验证层可显著提升账户安全性。

建议：启用短信验证码、动态令牌（如 Google Authenticator）或生物识别（如指纹、人脸识别）。优先保护高价值账户（如银行、邮箱、企业系统）启用 MFA。

(4) 谨慎下载应用和点击未知链接。

恶意软件常通过伪装的应用程序、邮件附件或网页链接传播，感染设备后可能窃取数据或勒索文件。

建议：仅从官方应用商店下载软件，避免通过未知来源获取安装包。对收到的陌生邮件、短信或社交消息中的链接保持警惕，仔细检查来源和地址。安装可靠的杀毒软件，定期扫描设备。

公民在享受数字技术便利的同时，不可避免地会面临一些数字危害，如信息茧房、大自然缺失症和社交虚拟化等。这些危害不仅影响个人的认知和社会关系，还可能对社会整体产生深远的影响。

信息茧房现象是数字技术带来的典型问题之一，如图 5-28 所示。信息茧房是指用户因算法推荐和个性化服务，只接触到与自己兴趣或观点一致的信息，从而形成封闭的认知圈。这种现象虽然满足了用户的个性化需求，但也导致了信息视野的狭窄、观点的固化以及独立

信息茧房概念发展

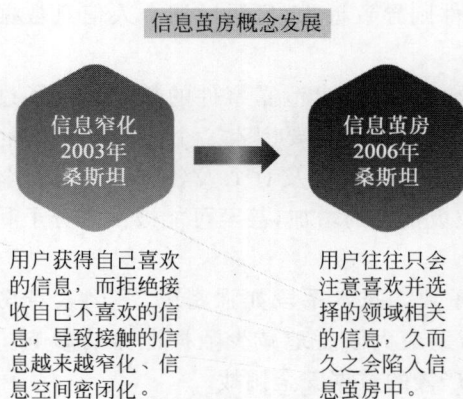

用户获得自己喜欢的信息，而拒绝接收自己不喜欢的信息，导致接触的信息越来越窄化、信息空间密闭化。

用户往往只会注意喜欢并选择的领域相关的信息，久而久之会陷入信息茧房中。

图 5-28　信息茧房概念发展

思考能力的弱化。信息茧房不仅限制了公众的知情权，还可能引发社会共识的分裂和群体极化。为了应对信息茧房，需要提升用户的媒介素养，优化算法推荐机制，并通过法律法规保障用户的信息选择权。

大自然缺失症则是指由于过度依赖数字设备和虚拟世界，人们逐渐远离自然环境，导致身心健康受损。长时间使用电子设备可能导致视力下降、颈椎病等健康问题，同时也会增加孤独感和社交障碍。青少年尤其容易受到这种影响，因为他们更倾向于在虚拟世界中寻找认同感和安全感。为了缓解大自然缺失症，建议人们合理安排时间，多参与户外活动，保持与自然的联系。

社交虚拟化是指人们越来越多地通过社交媒体进行交流，而忽视了现实生活中的人际互动。虽然社交媒体为沟通提供了便利，但也带来了社交孤立的问题。人们在网络上的互动往往缺乏真实性和深度，导致现实生活中的社交能力下降。此外，社交网络中的回音室效应使得人们更容易陷入同质化的信息圈层，进一步加剧了社会分化。

面对这些数字危害，我们需要采取多种措施来应对。首先，提升公民的数字素养和媒介素养是关键，这包括培养独立思考的能力、增强对信息多样性的认知以及合理使用数字技术。其次，政府和企业应加强监管，优化算法推荐机制，保障信息的多样性和透明度。最后，鼓励人们多参与线下活动，重视现实生活中的社交互动，以减少社交虚拟化带来的负面影响。

🔑 小结

本章围绕数字安全与防护展开，主要涵盖计算机网络基础知识和网络安全与数据安全两大部分内容。

在计算机网络架构及应用方面，首先介绍了网络架构的层次结构，包括应用层、传输层、网络层和物理层，各层分工协作实现数据通信的高效与可靠，其核心原理涉及分组交换、协议与标准、网络拓扑结构和数据传输方式等。网络架构历经集中式、分布式等多种形式的演变，以适应不同应用场景需求。接着回顾了计算机网络发展简史，从主机终端模式到局域网、互联网，再到无线网络与物联网时代，网络技术不断革新。还详细阐述了网络构成，包括网络边缘的终端设备和接入网，以及网络核心的路由器、交换机、数据中心等，它们协同工作保障网络服务运行。此外，讲解了 IP 地址和域名系统，IP 地址用于设备标识，域名方便用户记忆和访问网站，两者通过域名解析建立联系，同时介绍了无线网络与物联网的融合发展及各自特点，以及 URL 解析和搜索引擎使用技巧，帮助用户有效获取网络资源。

在网络安全与数据安全领域，鉴于网络安全面临的严峻形势，如大量网民遭受病毒、木马攻击和账号密码被盗等问题，以及相关法律法规的出台背景，着重探讨了安全防护措施。常见网络安全威胁包括恶意软件(病毒、蠕虫、木马等)、网络钓鱼、分布式拒绝服务攻击和数据泄露等,其成因复杂多样,涉及内部人员、外部黑客、系统漏洞等多方面。针对这些威胁,网络安全防护措施涵盖增强安全意识,如企业开展安全培训、采用多因素认证和监控系统;完善技术防护手段,如安装防病毒和防火墙软件、增强密码安全性、运用数据加密与备份技术等;在数据安全及个人信息防护方面,明确数据安全的机密性、完整性和可用性特点,强调个人信息保护的重要性,列举了多起重大信息泄露事件及其危害,并给出个人防护建议,如避免公共 Wi-Fi 处理敏感事务、定期更新复杂密码、启用多因素认证和谨慎下载应用与点击链接等。同时,还提及公民面临的信息茧房、大自然缺失症和社交虚拟化等数字危害及应对措施,包括提升数字和媒介素养、加强监管和增加线下活动等。

通过本章学习,读者能全面了解计算机网络基础及安全防护知识,提升在数字时代保护自身和数据安全的能力,增强对网络环境的认识和应对安全问题的意识。

习题

一、选择题

1. 计算机网络架构中,负责确保数据可靠传输的是(　　)。
    A. 应用层　　　　　B. 传输层　　　　　C. 网络层　　　　　D. 物理层
2. 以下哪种协议用于网页传输?(　　)
    A. FTP　　　　　B. SMTP　　　　　C. HTTP　　　　　D. UDP
3. IP 地址由 32 位二进制数构成,IPv4 地址通常分为几段?(　　)
    A. 2　　　　　B. 4　　　　　C. 6　　　　　D. 8
4. 下列属于无线网络类型的是(　　)。
    A. 以太网　　　　　B. 蓝牙　　　　　C. 令牌环网　　　　　D. FDDI 网
5. URL 中用于指定服务所使用端口的是(　　)。
    A. 协议　　　　　B. 域名　　　　　C. 端口号　　　　　D. 路径
6. 恶意软件中,需要依附在其他程序或文件上才能传播和执行的是(　　)。
    A. 蠕虫　　　　　B. 木马　　　　　C. 病毒　　　　　D. 逻辑炸弹
7. 网络钓鱼的常见形式不包括(　　)。
    A. 电子邮件钓鱼　　　　　　　　B. 电话钓鱼
    C. 短信钓鱼　　　　　　　　　　D. 社交媒体钓鱼
8. 分布式拒绝服务(DDoS)攻击是通过(　　)淹没目标网络。
    A. 大量合法流量　　　　　　　　B. 少量非法流量
    C. 大量非法流量　　　　　　　　D. 少量合法流量
9. 数据备份中,复制所有选定数据完整副本的是(　　)。
    A. 全备份　　　　　B. 增量备份　　　　　C. 差异备份　　　　　D. 部分备份
10. 以下哪种加密技术加密和解密过程使用相同的密钥?(　　)
    A. 对称密钥加密　　　　　　　　B. 非对称密钥加密
    C. 哈希加密　　　　　　　　　　D. 数字签名加密
11. 路由器工作的依据是(　　)。
    A. MAC 地址　　　　　B. IP 地址　　　　　C. 端口号　　　　　D. 域名

12. 物联网的感知层主要由（　　　）组成。

    A. 网关和服务器　　　　　　　　　B. 各种传感器、RFID 标签等

    C. 通信网络　　　　　　　　　　　D. 应用程序

13. 在域名系统中，顶级域名用于标识（　　　）。

    A. 具体的组织或网站名称　　　　　B. 域名的类别或地域

    C. 更具体的服务或部门　　　　　　D. 主机名

14. 以下哪种不是增强密码安全性的方法？（　　　）

    A. 使用简单的数字组合

    B. 启用双因素身份验证

    C. 使用复杂密码（包含字母、数字和特殊字符）

    D. 定期更新密码

15. 信息茧房是指用户因（　　　）只接触到与自己兴趣或观点一致的信息。

    A. 网络延迟　　　　　　　　　　　B. 算法推荐和个性化服务

    C. 网络故障　　　　　　　　　　　D. 搜索引擎错误

二、填空题

1. 计算机网络的核心原理包括分组交换、_____和网络拓扑结构等。

2. IPv6 地址采用_____位表示。

3. 无线网络的主要优点是便捷性、扩展性和_____。

4. 数据安全的三个特性是机密性、完整性和_____。

5. 网络安全防护措施中，防火墙通常位于内部网络与_____之间。

三、简答题

1. 简述计算机网络架构的层次结构及各层的主要功能。

2. 请列举常见的网络安全威胁，并说明其特点和防范措施。

3. 人工智能专题资料搜集

随着人工智能技术的快速发展，其在医疗、教育、金融等领域的应用引发了广泛关注。为深入研究人工智能的最新技术及应用，学生需要从公开资源中查找相关资料并整理出可靠的信息，为撰写学术报告打下基础。具体要求如下。

（1）使用关键词"人工智能应用 filetype：pdf"查找与人工智能相关的专业报告和学术论文，并下载两三篇 PDF 文档。

（2）输入"人工智能 AND 医疗 site：edu.cn"，重点搜索教育机构发布的高质量研究成果，筛选其中一篇详细阅读并提炼要点。

（3）使用高级搜索功能，将时间范围设置为"过去 5 年"，找到人工智能技术的最新动态和前沿应用案例。

（4）对搜索结果中的图片进行逆向搜索，验证图片来源的真实性，并确保引用时注明出处。

第3篇

数字办公技能篇

第**6**章

数字文本设计

CHAPTER **6**

WPS 是由金山办公软件股份有限公司自主研发的一款办公软件套装，旨在为使用者提供更好的办公和学习体验。WPS 的三大组件 WPS 文字、WPS 表格、WPS 演示，分别用于制作各类文档、表格和演示文稿。

WPS 文字是 WPS 的核心组件之一，其提供的功能可以让用户轻松地进行文字编辑和排版，例如，创建和编辑文档、格式化和排版、图片和图表编辑、自动化工具、样式、自动编号和多级列表功能等。本章主要介绍 WPS 365 文字组件的基本知识及操作方法。

知识目标：

- 了解文字组件的窗口组成和视图。
- 熟练掌握使用文字组件编辑和排版文本。
- 熟练掌握使用文字组件制作表格和数据处理。
- 熟练掌握使用文字组件排版图片、文本框、艺术字、形状。
- 熟练掌握使用文字组件布局页面。
- 掌握使用文字组件排版长文档。
- 掌握使用文字组件打印文档。

能力目标：

- 提升文字处理的准确性和效率。
- 提升对文本内容的理解和编辑能力。
- 提升文档的排版设计能力。
- 提高解决实际问题的能力。

素质目标：

- 注重理论与实践的结合，培养学生的动手能力和实践能力。
- 引导学生树立正确的审美观念，培养对美的认知。
- 引导学生自觉践行社会主义核心价值观，培养学生良好的服务意识。

任务 1　输入和编辑学习计划

任务情境

为了让大一新生更好地规划大学 4 年的学习生活,辅导员要求大家制定一份关于大学 4 年的学习计划。本次任务旨在通过编写学习计划,帮助学生明确学习目标、规划学习路径、提高学习效率,同时提升 WPS 文字处理能力。

任务分析

作为软件工程专业新生的小刘同学接到任务后,先通过网络深入研究了所读专业的知识要求,然后使用 AI 工具撰写了一份详尽的学习计划。最后,为了更高效地管理和编辑这份计划,他决定采用功能强大的 WPS 办公软件的相关功能来完成对学习计划文档的编辑,最终排版效果如图 6-1 所示。小刘同学经过分析后,了解到编辑一份学习计划需要进行以下工作。

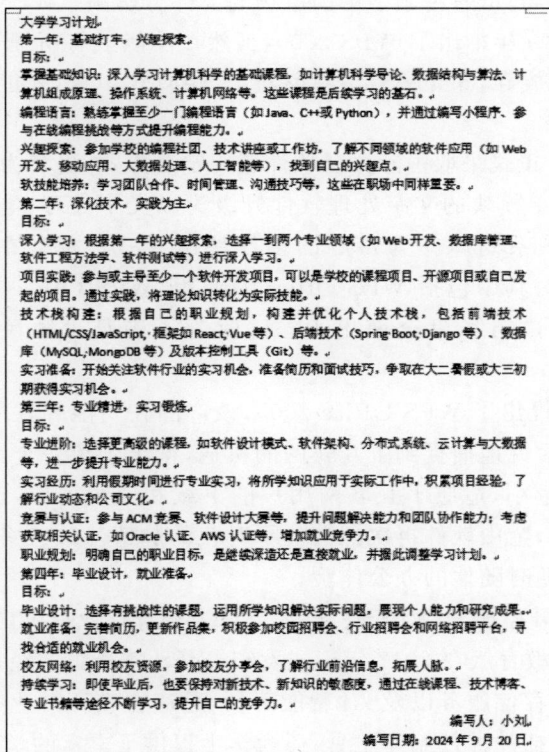

图 6-1　"大学学习计划"文档效果

- 新建空白文档。
- 在文档中输入标题"大学学习计划"。
- 复制并粘贴文心一言中生成的"大学学习计划"的文本作为正文文本。

- 在文档末尾输入编写人和编写日期,并移动到文档末尾的右下角。
- 保存文档并命名为"大学学习计划"。

6.1　WPS 概述

6.1.1　WPS 发展历程

WPS(Word Processing System)是由北京金山办公软件股份有限公司自主研发的一款办公软件套装,作为中国办公软件市场的佼佼者,自诞生以来就凭借其强大的功能和本土化的设计,赢得了广大用户的青睐,其发展历程可谓是一部充满挑战与机遇的"史诗"。

1988 年,WPS 的创始人求伯君用汇编语言编写出了 WPS 1.0,这一里程碑式的作品,不仅开创了中国中文处理的新纪元,更为中国办公软件市场奠定了基础。WPS 的出现,使得中文的排版、编辑变得简单而高效,极大地推动了国内办公自动化的进程。WPS 1.0 版本正式发布后,揭开了中文排版、中文办公的新时代帷幕。

1995 年,WPS 遭受到了来自微软 Office 的强大竞争压力。当时,微软 Office 凭借其强大的功能和全球化的布局,迅速占领了中国市场的大部分份额。WPS 一度陷入了困境。面对困境,金山软件在 1999 年推出了 WPS 2000,虽然在功能上有所提升,但市场表现依然不尽人意。金山软件并未放弃,深知只有不断创新、紧跟时代步伐,才能在激烈的市场竞争中立于不败之地。

2001 年 5 月,WPS 正式采取国际办公软件通用定名方式,更名为 WPS Office。在产品功能上,WPS Office 从单模块的文字处理软件升级为以文字处理、电子表格、演示制作、电子邮件和网页制作等一系列产品为核心的多模块组件式产品。在用户需求方面,WPS Office 细分为多个版本,其中包括 WPS Office 专业版、WPS Office 教师版和 WPS Office 学生版,力图在多个用户市场里全面出击。同时为了满足少数民族的办公需求,WPS Office 蒙文版发布。

2005 年,金山软件推出了 WPS Office 2005,该产品在功能和性能上都有了质的飞跃。更重要的是,金山软件敏锐地捕捉到了互联网的机遇,推出了免费个人版,与微软 Office 深度兼容,软件安装包容量小,适应了互联网用户的下载和使用习惯,迅速吸引了大量用户。随着移动互联网的兴起,金山软件再次把握住了时代的脉搏。2011 年,WPS 移动端产品正式上线,为用户提供了随时随地的办公体验。

2016 年,金山办公开始研发 WPS 教育版,旨在为教育行业提供更专业、更高效的服务。经过一年的研发,WPS 教育版在 2017 年正式发布,WPS 教育版一经推出,便凭借其强大的协作功能、安全机制、云存储服务以及 AI 智能工具,迅速在教育行业中树立了良好的口碑。它不仅为老师提供了便捷的课件制作工具,还为学生提供了丰富的学习资源,为学校师生提供高效、便捷、易用、安全的教育生态系统。在随后的几年里,WPS 教育版不断完善和升级,增加更多适应教育行业的功能和工具。例如,协作功能使得团队成员可以共同编辑文档、共享文件夹和在线讨论;安全机制保护学生隐私和数据安全;云存储服务方便用户存储和共享文件;AI 智能工具提供论文查重、文档翻译、文档校对等功能。这些功能和工具使得 WPS 教育版在教育行业中得到了广泛应用和认可。

2020 年 12 月,教育部考试中心宣布 WPS Office 作为全国计算机等级考试(NCRE)的二级考试科目之一,于 2021 年在全国实施。

2023 年 4 月,金山办公宣布,推出旗下办公软件的全新品牌"WPS 365"。WPS 365 是金山办公面向政府、企业及组织的数字办公全家桶,包含 WPS Office、云文档服务、云盘、即时通信、视频会议、邮件等办公产品和服务。同时,服务通过统一工具、统一协作、统一管理的数字办公理念匹配业务发展,实现整个组织高效协作和安全管控。针对不同用户,WPS 365 推出了包含体验版、商业基础版、商业应用版、商业标准版和商业高级版在内的多个版本。

2023 年 4 月,金山办公正式发布了具备大语言模型能力的生成式人工智能应用,暂定代号"WPS AI",即全面嵌入 AI 能力的 WPS 超级会员。这也是国内协同办公赛道首个类 ChatGPT 式应用,今后还将持续向 AIGC、阅读理解和问答、人机交互三个方向深耕。同年 11 月 16 日,金山办公宣布旗下具备大语言模型能力的人工智能办公应用 WPS AI 开启公测,AI 功能面向全体用户陆续开放体验。安卓、iOS 和 Mac 端于 11 月底陆续开放。

2024 年 4 月 9 日,WPS 365 全新升级,作为一站式 AI 办公平台,WPS 365 分为新升级的 WPS Office、WPS AI 企业版和 WPS 协作。在内容创作方面,WPS 365 提供了 WPS Office(文字＋表格＋演示)、WPS PDF 智能文档、智能表格、智能表单、多维表格、流程图、思维导图、WPS OFD、白板等工具,并打通了文档、AI、协作,帮助用户实现文档协作、流程梳理等服务。

6.1.2　WPS 功能简介

1. WPS 文字组件功能介绍

(1) 支持. doc、. docx、. dot、. dotx、. wps、. wpt 等文件格式的打开,包括加密文档。

(2) 支持对文档进行查找替换、修订、字数统计、拼写检查等操作。

(3) 编辑模式下支持文档编辑,文字、段落、对象属性设置,插入图片等功能。

(4) 阅读模式下支持文档页面放大、缩小,调节屏幕亮度,增减字号等功能。

(5) 独家支持批注、公式、水印、OLE 对象的显示。

2. WPS 表格组件功能简介

(1) 支持. xls、. xlt、. xlsx、. xltx、. et、. ett 等格式的查看,包括加密文档。

(2) 支持 Sheet 切换、行列筛选、显示隐藏的 Sheet、行、列。

(3) 支持醒目阅读——表格查看时,支持高亮显示活动单元格所在行列。

(4) 表格中可自由调整行高列宽,完整显示表格内容。

(5) 支持在表格中查看批注。

3. WPS 演示组件功能简介

(1) 支持. ppt、. pptx、. pot、. potx、. pps、. dps、. dpt 等文件格式的打开和播放,包括加密文档。

(2) 全面支持 PPT 各种动画效果,并支持声音和视频的播放。

(3) 编辑模式下支持文档编辑,文字、段落、对象属性设置,插入图片等功能。

(4) 阅读模式下支持文档页面放大、缩小,调节屏幕亮度,增减字号等功能。

(5) 共享播放,与其他设备链接,可同步播放当前幻灯片。

（6）支持 Airplay、DLNA 播放 PPT。

4．WPS 公共组件功能简介

（1）支持文档漫游，开启后不需要数据线就能将打开过的文档自动同步到登录的设备上。

（2）支持金山快盘、Dropbox、Box、GoogleDrive、SkyDrive、WebDAV 等多种主流网盘。

（3）具有 Wi-Fi 传输功能，计算机与 iPhone、iPad 可相互传输文档。

（4）支持文件管理，可以新增文件夹，复制、移动、删除、重命名、另存文档。

6.1.3　WPS 365 的特色功能

1．智能文档

智能文档是在线文档协作编辑工具。编辑的内容可自动保存到云端，并支持以链接形式分享文档，在文档里@同事、提醒查看或发表评论，对方将收到消息提醒，从而实现高效团队协作。

2．智能表格

智能表格是新一代在线表格工具，支持基于数据规范搭建场景化应用，支持多人在线协作和操作过程追溯。

3．在线演示

在线演示是在线演示文档制作工具。

4．海报/设计

海报/设计是在线海报创作工具，提供海量模板，让用户即使不会 PS 也能制作出满意的海报。

5．在线流程图/思维导图

在线流程图/思维导图是两种绘图工具，支持以在线文档的形式绘制图形，满足多种绘图需求，帮助用户更有逻辑、条理地描述，展示工作内容。

6．WPS 表单

WPS 表单是在线信息收集工具，覆盖活动报名、在线投票、问卷调查、在线考试、意见反馈、文件收集、考勤打卡、工资/成绩查询等多种信息收集场景，支持单选、多选、填空、评分等多种题型，满足用户在不同工作场景中的信息收集需求。

7．WPS PDF

WPS PDF 是针对 PDF 文件的阅读和编辑工具，提供 PDF 文件阅读、编辑、格式转换、批注等功能，全面满足用户对 PDF 文件的处理需求。

8．WPS AI

在移动办公场景下，WPS AI 还增加了"随手拍"功能，例如，用手机拍一份纸质英文合同，WPS AI 通过扫描识别进行翻译、概括、查询定位、知识问答，通过阅读理解分析，找出合同漏洞并提供相关法律建议。

9．白板

白板是在线板书书写工具，相当于教室中的黑板，适合在教学和会议场景中记录、表达内容。

10. 多维表格

多维表格是专为多人协作场景设计的增强版表格工具。结合了传统表格和数据库的优势，与传统表格相比，它更适合偏业务侧、数据管理的整理需求，可以广泛使用在项目管理、信息管理、团队任务分配等场景。

11. WPS OFD

WPS OFD 是版式文件处理工具，提供 OFD 文件的阅读、编辑、检索、打印、注释等基本版式处理功能，并具备文件签批、修订、套打、语义等公务扩展功能，是处理电子公文、电子证照、电子票据等严肃凭证类电子文件的必备工具。

相关知识

6.2　WPS 365 的安装、启动与退出

6.2.1　安装

本书中所有 WPS 案例都基于 WPS 365，官网下载地址为 https://365.wps.cn/。具体下载和安装过程如下。

第一步：下载安装包。

在浏览器中输入网址后进入 WPS 365 首页，找到"下载客户端"，如图 6-2 所示；单击"下载客户端"按钮进入下载页面，如图 6-3 所示。在此页面中根据具体需求选择相应的操作系统，此处以 Windows 操作系统的下载和安装过程为例。

图 6-2　下载 WPS

第二步：安装。

双击下载后的 WPS 365 可执行文件进入安装过程。首先是勾选"已阅读并同意金山办公软件许可协议、服务协议和隐私政策"复选框，如图 6-4 所示。

通过"自定义设置"功能可以自行设置所需要的功能和安装路径等。单击"自定义设置"

图 6-3 下载 WPS

图 6-4 勾选许可协议、服务协议和隐私政策

进入设置界面,如图 6-5 所示,单击"浏览"按钮 📁 可以更改安装路径,建议更改安装位置。设置完成后,单击"立即安装"按钮进行安装。

6.2.2 启动与退出

1. 启动 WPS 365 的 Office(简称 WPS Office)程序

启动 WPS Office 程序有多种方式。

(1)桌面图标:对于大多数安装了 WPS 的用户来说,最常用的启动方式就是双击桌面上的 WPS Office 快捷方式图标。

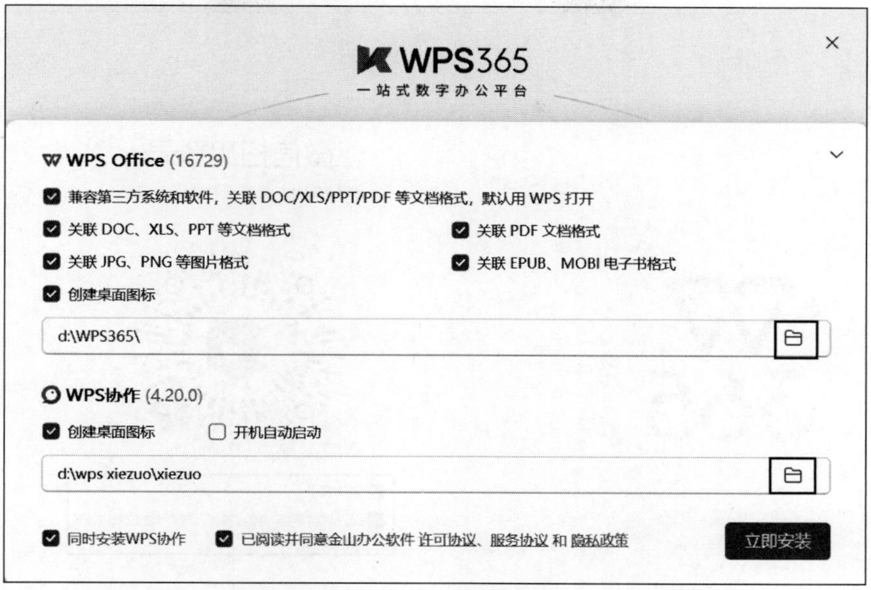

图 6-5 "自定义设置"界面

（2）"开始"菜单启动：单击"开始"菜单按钮，找到 WPS Office，然后选择 WPS Office 应用程序。

（3）任务栏图标：将 WPS Office 固定到任务栏，在任务栏中单击 WPS Office 图标，即可启动。固定到任务栏的方式是，在第（2）种方法中，在展开的程序列表中，右击 WPS Office 选项，在弹出的快捷菜单中选择"更多"→"固定到任务栏"命令。

（4）开始屏幕图标：将 WPS Office 固定到"开始"屏幕，在"开始"屏幕里单击 WPS Office 图标即可启动。固定到"开始"屏幕的方式是，在第（2）种方法中，在展开的程序列表中，右击 WPS Office 选项，在弹出的快捷菜单中选择"固定到'开始'屏幕"命令。

（5）快捷键：通过设置快捷键来启动 WPS Office。设置方法是，在桌面上右击 WPS Office 图标，选择"属性"，然后找到"快捷键"选项，设置一个快捷键即可。

（6）命令行：对于一些高级用户来说，也可以通过命令行来启动 WPS Office。具体方法是，打开 cmd 命令行窗口，输入 WPS 程序的安装路径以及文件名即可启动相应的 WPS Office 程序。

在启动 WPS Office 之后建议先进行登录，界面如图 6-6 所示。登录方式提供手机号、微信扫码、专属账号等。

以手机号登录方式为例，单击图 6-6 中的"手机"按钮，进入"短信验证码登录"页面，如图 6-7 所示。在页面中输入手机号，单击按钮开始智能验证获取验证码，正确输入获取的验证码即可完成登录。

登录后进入 WPS Office 首页界面，如图 6-8 所示。

在使用 WPS 文字前，需要先认识 WPS Office 首页。

（1）标签列表区：位于界面顶端，包括 ⓦ365 即 WPS 365 首页、＋˅ 即新建（可以新建文字、表格、演示、PDF、智能文档、智能表格、智能表单、多维表格、思维导图、流程图和设计等）和已打开的文档等标签。

图 6-6 "登录"界面

图 6-7 "短信验证码登录"界面

图 6-8　"首页"界面

（2）功能列表区：位于界面的左侧，包括"文档""消息""会议""日历""稻壳""应用"等。"文档"功能包括"新建"、"打开"（可以打开当前计算机中保存的 Office 文档）、"最近"、"星标"、"共享"、"我的云文档"、"团队文档"等按钮，主要用来管理文档。"消息"是 WPS 协作中显示接收到的消息。"会议"功能提供用户使用金山会议。"日历"是高效的日程管理工具，提供"添加日程"功能，同时也可切换为"待办"功能。"稻壳"可以进入稻壳商城搜索所需的模板。"应用"可以进入应用市场，获取应用或者创建自己的应用。

（3）功能显示区：位于界面的中间，单击功能列表区的功能会出现相对应的操作界面。例如，单击"文档"功能出现文档管理的相关按钮和最近访问文档列表（可以同步显示多设备文档信息），如图 6-8 所示。

2. 退出 WPS Office 程序

退出 WPS Office 程序有多种方法。

（1）使用快捷键 Ctrl＋F4：使用快捷键是最简单的退出 WPS Office 的方法。只需按 Ctrl＋F4 组合键，即可快速退出。

（2）使用窗口操作按钮：单击 WPS Office 应用程序窗口右上角的"关闭"按钮退出。

（3）使用菜单退出：单击 WPS Office 主界面的"文件"菜单，然后选择"退出"选项即可关闭 WPS。

（4）使用任务管理器强制结束：如果 WPS 出现了意外情况，如卡死、无响应等，那么使用任务管理器强制结束程序也是一种有效的方法。具体方法是，按 Ctrl＋Alt＋Delete 组合键，选择"任务管理器"，然后在"进程"选项卡中找到 WPS Office 程序，单击"结束任务"即可退出。

🔑 6.3　WPS 文字的基本操作

WPS 文字是支持桌面和移动办公，覆盖 Windows、Linux、Android、iOS 等多个平台环境下的文字处理软件，具有友好的图形用户界面以及丰富的文字处理功能，能够帮助用户轻松快速地完成文档的建立、排版等操作。该软件可以对用户输入的文字进行自动拼写检查，可以方便地绘制表格，编辑文字、图像、声音、动画，实现图文混排。WPS 文字还拥有强大的打印功能和丰富的帮助功能，具有对各种类型的打印机参数的支持性和配置性，帮助功能还为用户自学提供了方便。WPS 文字还能快速创建在线协作文档，并可通过统一 WPS 账号进行文档分享，分享至同一账号登录的其他操作系统环境下的 WPS 软件应用。

6.3.1　WPS 文字的工作窗口和文档视图

1. WPS 文字的工作窗口

WPS 文字工作窗口主要由标题栏、"文件"菜单、快速访问工具栏、功能选项卡、功能区、标尺、状态栏、编辑区等组成，如图 6-9 所示。用户可以根据自己的需要修改和设定窗口的组成。

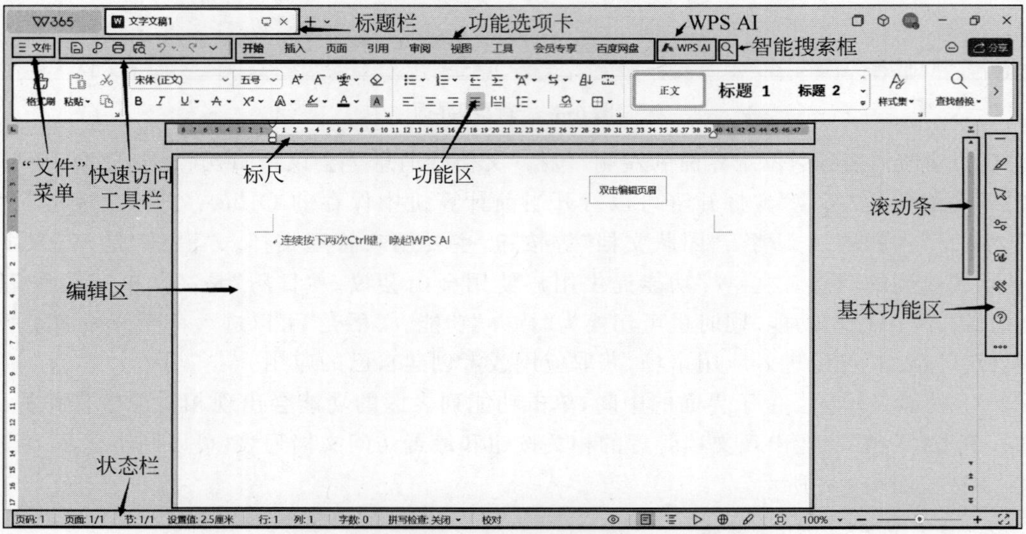

图 6-9　WPS 文字工作窗口

（1）标题栏：位于 WPS 文字窗口的最上方，显示"正在编辑的文档的名称"。

（2）"文件"菜单：用于文档、表格和演示文稿的新建、打开、保存、输出、打印等操作，该按钮右侧的下拉菜单则用于执行当前文档的新建、打开、保存、输出、打印等操作，同时包含编辑、视图、插入、格式、表格和窗口等基本命令。

（3）快速访问工具栏：集中了多个常用按钮，如"新建""保存""撤销""恢复"等，用户可以在此显示/隐藏个人常用工具，显示方法为：单击快速访问工具栏右侧的按钮，在弹出的下拉列表中勾选需要显示的按钮即可，也可选择"其他命令"进入"选项"→"快速访问工具栏"对话框完成更多工具的显示，如图 6-10 所示。

（4）功能选项卡：WPS 文字取消了传统的菜单，取而代之的是多个选项卡，每个选项卡代表一组核心按钮，并按功能不同分为若干组或功能区，如"开始"选项卡下有"剪贴板"功能区、"字体"功能区、"段落"功能区、"样式"功能区等。选择不同的选项卡可以快速显示该选项卡下面的所有核心功能。

（5）功能区：包含许多按钮和对话框的内容，单击相应的功能按钮，将执行对应的操

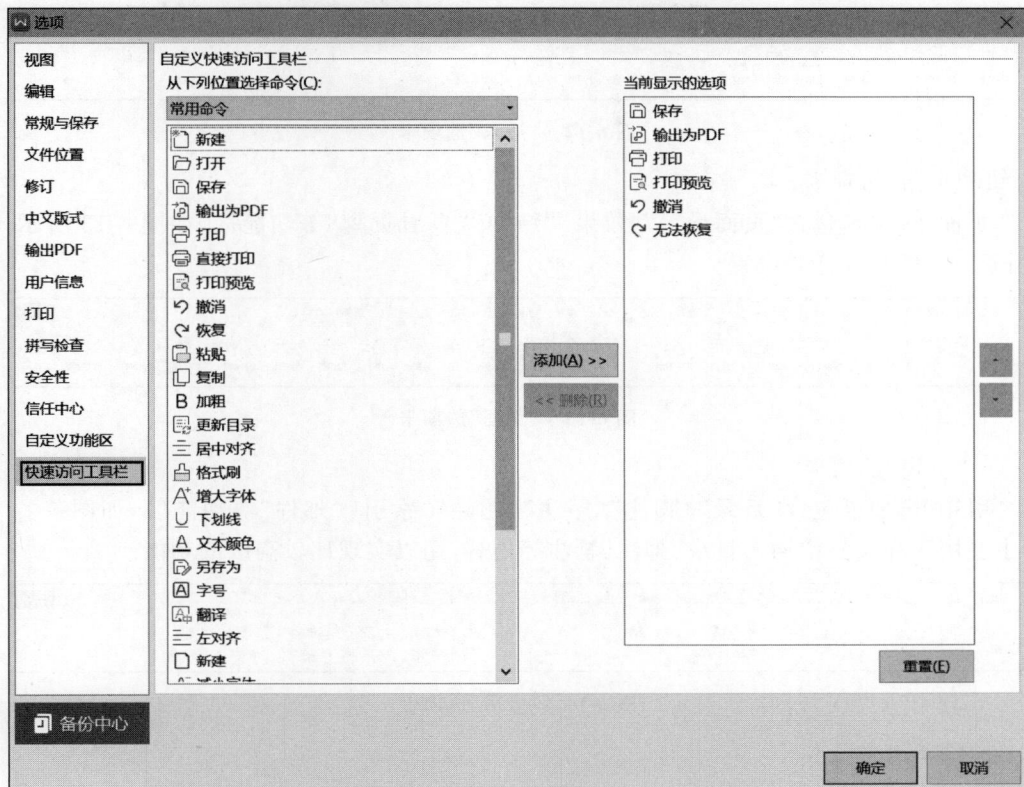

图 6-10　"选项"→"快速访问工具栏"

作。功能选项卡与功能区是对应的关系,选择某个选项卡即可打开与其对应的功能区。每个选项卡所包含的功能又被细分为多个子功能区,每个子功能区中包含多个相关的命令按钮,例如,"开始"选项卡包括"剪贴板""字体""段落"等子功能区。

在一些包含命令较多的功能区,右下角会有一个对话框启动器 ⅎ,单击该按钮将弹出与该功能区相关的对话框或任务窗格。

下面就常用选项卡及其相应功能区做简单介绍。

①"开始"选项卡。

"开始"选项卡包括"剪贴板""字体""段落""样式""文字工具""编辑"等功能区,如图 6-11 所示,主要用于对文档进行文本编辑和字体、段落的格式设置,是用户使用频率最高的功能区。

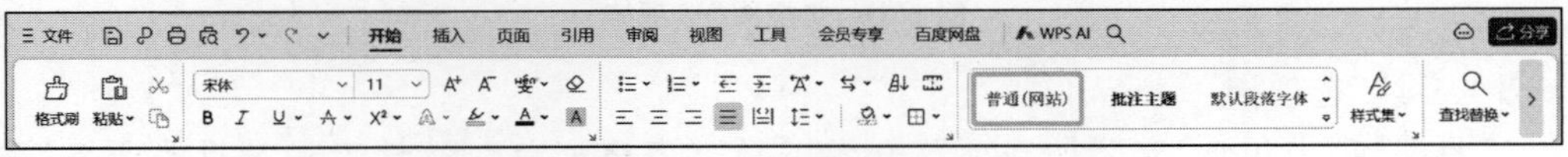

图 6-11　"开始"选项卡

②"插入"选项卡。

"插入"选项卡包含"页面""表格""插图""页眉页脚""水印""批注""文本""艺术字""符号""公式""首字下沉""文档部件""超链接"等功能,如图 6-12 所示,主要用于在文档中插入各种对象。

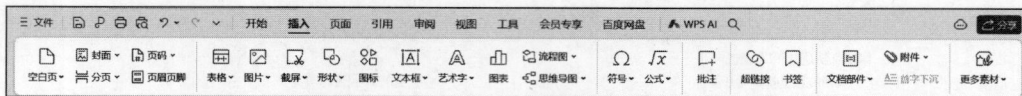

图 6-12　"插入"选项卡

③ "页面"选项卡。

"页面"选项卡包含"页面设置""效果""结构""页眉页脚"等功能区,如图 6-13 所示,主要用于文档的页面样式设置。

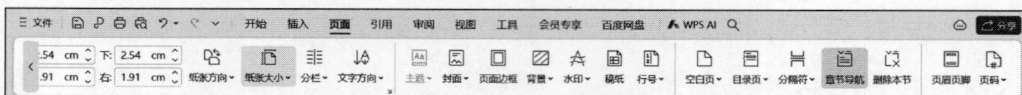

图 6-13　"页面"选项卡

④ "引用"选项卡。

"引用"选项卡包含"目录""脚注""尾注""题注""索引""邮件"等功能区,如图 6-14 所示,主要用于在文档中插入目录、脚注、题注等内容,用以实现比较高级的功能。

图 6-14　"引用"选项卡

⑤ "审阅"选项卡。

"审阅"选项卡包含"校对""批注""修订""审阅""比较""文档权限"等功能,如图 6-15 所示,主要用于对文档进行校对、修订、增加批注等操作,适用于多人协作处理长文档。

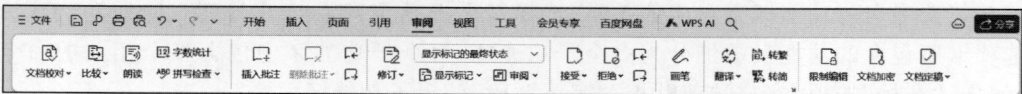

图 6-15　"审阅"选项卡

⑥ "视图"选项卡。

"视图"选项卡包含"视图""导航窗格""显示比例""窗口""宏"等功能,如图 6-16 所示,主要用于设置文档的视图类型、缩放比例等,以便于文档的编辑。

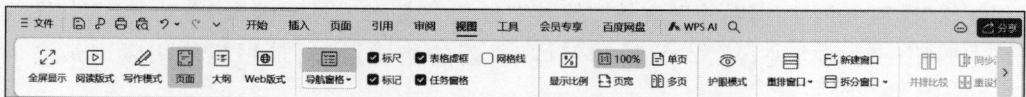

图 6-16　"视图"选项卡

⑦ "工具"选项卡。

"工具"选项卡包含"宏""加载项""开发工具""表格汇总""教学工具""批改服务"等功能,如图 6-17 所示,主要用于完成在 WPS 库中所提供的函数和表达式仍无法完成的功能开发,使用此功能需要一定的高级语言编程知识。"教学工具"主要有制定教学计划表、班级课程表、WPS 备课、组装试卷等强大的教学辅助功能。"批改服务"主要包括文档对比、标准审查、英文批改和论文查重等功能。

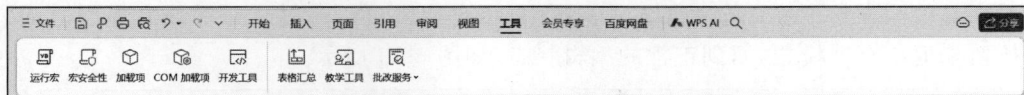

图 6-17　"工具"选项卡

⑧ "会员专享"选项卡。

"会员专享"选项卡包含"会员服务""输出转换""文字特色""便捷工具""模板资源""更多"文字特色功能,如图 6-18 所示。

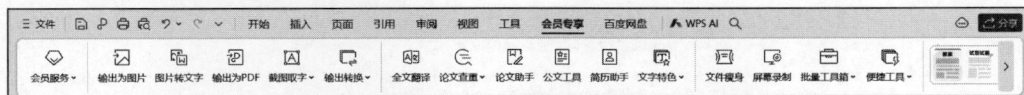

图 6-18　"会员专享"选项卡

(6) WPS AI:提供强大的 AI 服务,例如,起草、改写、总结、润色、翻译、续写等功能,覆盖文档创作、PPT 制作、数据分析等场景,提升办公效率,还支持桌面计算机和移动设备,实现智能化办公体验。

(7) 智能搜索框:包括查找命令和搜索模板两种功能,通过该搜索框,用户可以轻松找到相关的操作说明。例如,需要在文档中插入目录时,便可以直接在搜索框中输入"目录",此时会显示一些关于目录的信息,选择"插入目录"命令即可。

(8) 编辑区:所有的文本操作都在该区域中进行,可以显示和编辑文档、表格、图表等。

(9) 基本功能区:包括"样式和格式""选择窗格""属性"按钮。

(10) 状态栏:显示正在编辑的文档的相关信息,例如,当前页码、总页数等,还提供视图方式、显示比例和缩放滑块等辅助功能,以显示当前的各种编辑状态。

(11) 标尺和滚动条:文档编辑区的上方是水平标尺,文档编辑区的左侧是垂直标尺,利用标尺可以查看或者设置页边距、表格的行高和列宽、段落缩进大小等。文档编辑区的右侧是滚动条,通过移动滚动条的滑块或者单击滚动条两端滚动箭头按钮,可以滚动当前文档查看在当前屏幕上没有显示出来的部分。当文档的缩放比例较大时,文档的水平显示范围超出了屏幕,就会出现水平滚动条,使用方法和垂直滚动条一样。

2. WPS 文字的文档视图

在 WPS 文字中,用户可以通过 6 种不同的视图方式来查看和管理文档,包括页面视图、全屏显示视图、阅读版式视图、写作模式视图、大纲视图和 Web 版式视图等。在 WPS 文字中,用户通常可以通过菜单栏中的"视图"选项找到相应的视图进行切换。下面将从不同角度分析这些视图方式的特点和用途。

(1) 页面视图:页面视图是 WPS 文字默认的视图方式。在页面视图下,用户可以通过拖曳滑块和滚动条来在文档中浏览;可以看到文档的实际打印效果,包括页眉、页脚、分栏等;可以进行文本编辑、插入图片、设置文档格式等操作。页面视图方式适用于一般的文档编辑和查看。

(2) 全屏显示视图:全屏显示视图在 WPS 文字中的作用主要是提供一个更为专注和清晰的阅读环境。当用户进入全屏显示视图时,WPS 文字会去除所有的工具栏、菜单栏以及其他可能分散注意力的界面元素,只保留文档内容本身,以便于用户更加专注于文档的内容,减少其他因素的干扰。在全屏显示视图中,用户通常可以通过 Esc 键或者界面上的"退出"按钮来退出全屏模式,回到正常的编辑状态,如图 6-19 所示。

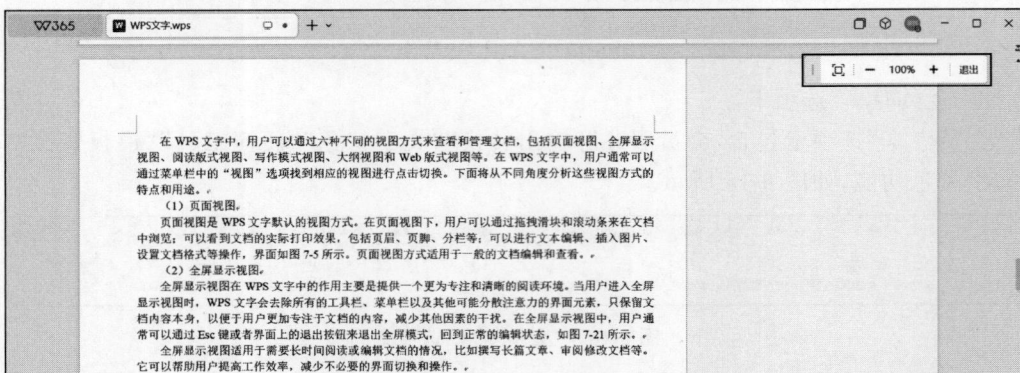

图 6-19　全屏显示视图

全屏显示视图适用于需要长时间阅读或编辑文档的情况,如撰写长篇文章、审阅修改文档等。它可以帮助用户提高工作效率,减少不必要的界面切换和操作。

(3)阅读版式视图:阅读版式视图是针对阅读而设计的一种视图方式。在阅读版式视图下,用户可以通过左右两个翻页按钮像阅读真实的书籍一样预览和阅读文档;可以进行类似书签和注释等的常规操作。阅读版式视图突出文档内容,去除了页面视图中的一些编辑元素,如工具栏、状态栏等,使得文档更加简洁易读,如图 6-20 所示。

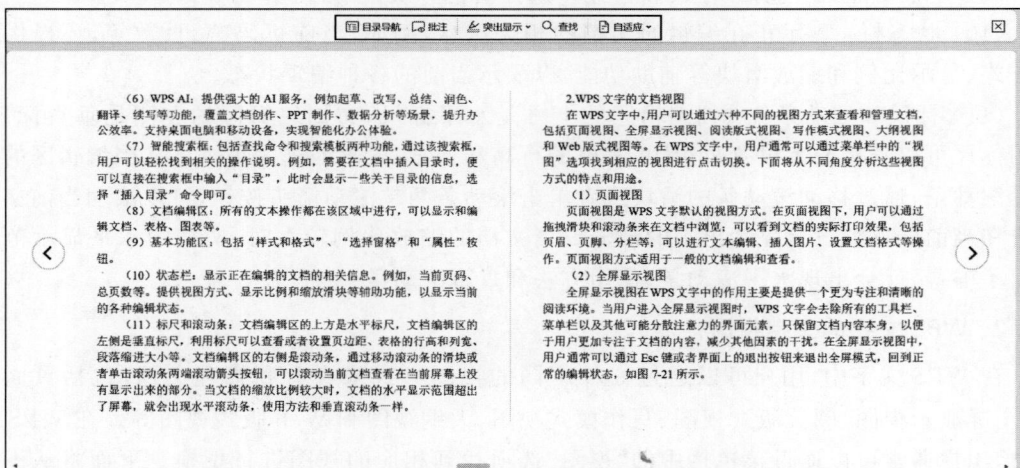

图 6-20　阅读版式视图

(4)写作模式视图:WPS 文字中的写作模式视图是一种特殊的编辑模式,旨在提供一个更加专注和优化的写作环境。在写作模式视图下,WPS 文字会去除一些不必要的界面元素,突出显示文档的主要内容和结构,从而帮助用户更加高效地写作,如图 6-21 所示。在写作模式视图中,可以看到文档的大纲结构,包括各个标题和段落,帮助用户更好地组织思路,确保文档的逻辑性和连贯性。

(5)大纲视图:大纲视图是 WPS 中可以让用户浏览和编辑文档结构的一种视图方式。在大纲视图下,用户可以展开和折叠大纲中的分支,来查看文档的组成结构;可以通过提

图 6-21　写作模式视图

升、降低级别按钮改变所选对象的级别；可以更新目录和快速跳转到目录，如图 6-22 所示。这种视图方式适用于生成大纲性文档的编辑和维护。

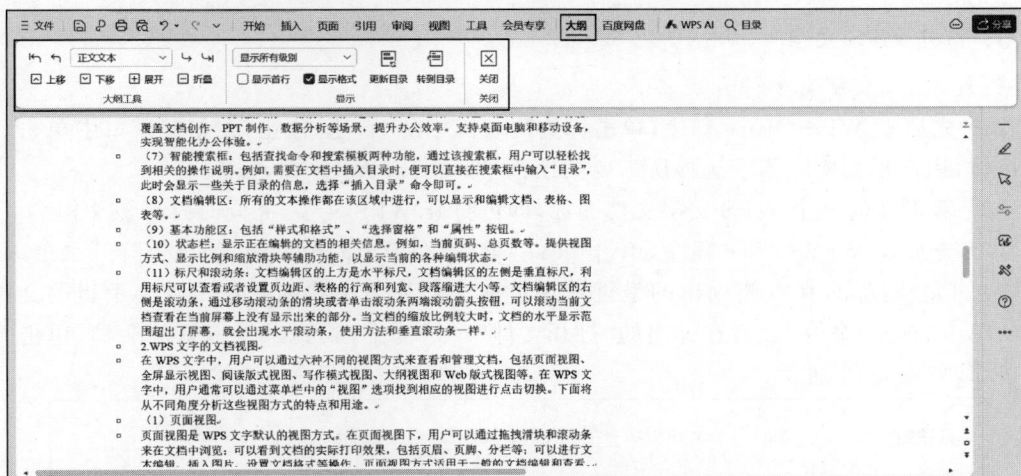

图 6-22　大纲视图

（6）Web 版式视图：Web 版式视图是一种适用于制作网页的视图方式。Web 版式视图结合了文档编辑和网页设计的功能，用户可以通过这些功能设置网页的布局和设计，进而模拟网页浏览器对文档的显示效果，如图 6-23 所示。当用户切换到 Web 版式视图时，文档会以类似于网页的形式进行展示，包括文本的排版、图片的显示以及超链接的样式等，这对于制作网页内容或发送电子邮件中的文档非常有帮助。

需要注意的是，Web 版式视图可能不会对文档的某些格式进行完全准确的渲染，尤其是对于一些复杂的布局和格式设置。因此，在切换到 Web 版式视图之前，建议先保存文档的副本，以防意外修改或丢失格式信息。

6.3.2　WPS 文字的打开和关闭

对任何一个 WPS 文字文档，在编辑处理前都需要先打开 WPS 文字组件。对于 WPS 来说，打开或关闭 WPS 文字就会打开或关闭一个 WPS 文字文档，所以打开或关闭 WPS 文字和 WPS 文字文档方法是一样的。

图 6-23　Web 版式视图

1. 打开 WPS 文字

打开 WPS 文字有多种方式。

（1）先启动 WPS Office 程序，单击标签列表区中的"新建"按钮，在新建窗口中单击"文字"按钮，用户根据实际需求选择所需要的模板，即可打开 WPS 文字。

（2）双击任何一个 WPS 文字文档图标，即可打开 WPS 文字，并同时打开该文档。

（3）先启动 WPS Office 程序，单击"文件"菜单，在弹出的窗口中，如果要打开最近编辑处理过的文档，那么在右侧列出的最近使用过的文档列表中找到并单击需要编辑的文档；否则，单击"打开"命令，然后在弹出的"打开文件"对话框中，找到需要编辑的文档，单击"打开"按钮，如图 6-24 所示。

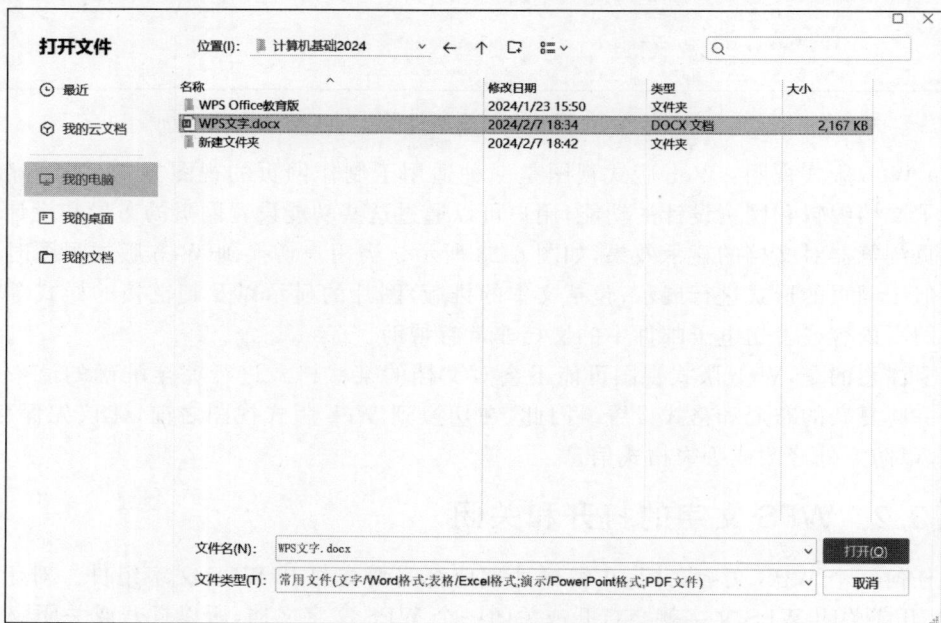

图 6-24　"打开"对话框

2. 关闭 WPS 文字

关闭 WPS 文字的方式有以下几种。

（1）单击 WPS 文字文档切换标签上的"关闭"按钮，如图 6-25 所示。

图 6-25　"关闭"按钮

（2）在 WPS 文字文档切换标签右击鼠标，在弹出的菜单中单击"关闭"命令，如图 6-26 所示。

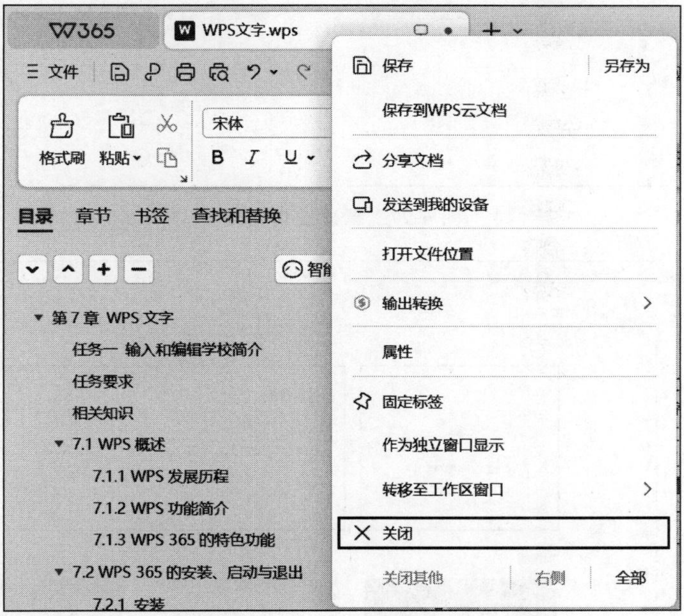

图 6-26　"关闭"命令

（3）单击 WPS 365 窗口右上角的"关闭"按钮，直接退出 WPS 365 程序。

6.3.3　WPS 文字文档的新建和保存

1. 新建文档

在 WPS 文字中可以新建空白文档，也可以根据现有内容新建具有特殊要求的文档。

（1）创建空白文档：单击标签列表区中的"新建"按钮 ➕；然后选择"新建"，单击弹出窗口中的"文字"按钮；最后单击"空白文档"按钮，如图 6-27 所示，即可创建空白文档。系统会根据默认模板，新建一个空白的名为"文字文稿 1"的 WPS 文字文档。

（2）创建在线智能文档：在"新建"弹窗中单击"在线文档"中的"智能文档"按钮，进入"新建智能文档"界面，如图 6-28 所示。"新建智能文档"界面中提供各种模板，如"我的模板"（可以上传本地文件也可以添加云文档）、"校本模板"（AI 模板、校园模板、团队管理等）和"空白智能文档"。

单击"空白智能文档"进入文字文稿编辑界面，如图 6-29 所示。用户可以使用编辑界面提供的"字体""段落""查找替换""添加评论""插入""WPS AI"等功能，对文字进行编辑和

图 6-27   新建空白文档

图 6-28   新建在线智能文档

格式设置;可以对文字进行评论;也可以使用"分享"按钮将文档进行分享。

(3)利用模板创建新文档:利用特定的模板创建文档,可以大大提高工作效率。WPS文字提供了丰富的模板,如图 6-30 所示。用户可以在"品类专区"中通过单击"精品推荐""求职简历""总结汇报""信纸""企业规章制度""人事行政公文""手抄报""更多"等分区来选择合适的模板;可以通过搜索的方式查找自己想要的模板;也可以在主界面区中直接选择需要的模板。

2. 保存文档

新建的文档输入内容后,或者已有的文档修改后,需要对文档进行保存,否则所做的编辑操作徒劳无功。文档可以按照原来的文件名进行保存,也可以用不同的名字或在不同的

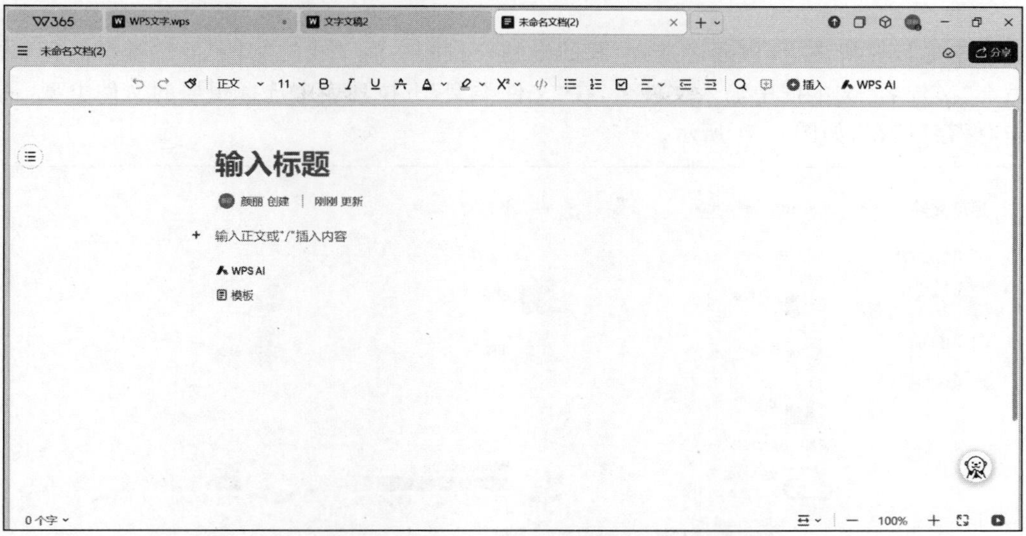

图 6-29　编辑在线智能文档

图 6-30　模板

位置保存文档的副本,还可以以另外的文件扩展名保存文档,以便于在其他应用程序中使用。例如,WPS 文字文档的默认扩展名为 wps,可以将文档另存为 pdf 文件格式。

（1）保存新建文档：如果要对新建文档进行保存,可单击快速访问工具栏上的"保存"按钮；可单击"文件"菜单,在下拉菜单中选择"保存"命令；也可使用快捷组合键 Ctrl＋S 进行快速保存。在三种情况下都会弹出一个"文件"按钮的"另存文件"界面,在该界面中有两种保存方式。

① 保存为"我的云文档"。

在联机情况下,选择保存到"我的云文档"后,文档会默认存储到"WPS 网盘-我的云文档"目录下,以该种方式存储的文档可以与他人共享。

② 保存到本地。

在本地计算机中,可以通过选择"我的电脑""我的桌面""我的文档"等位置来保存文档,然后在"文件名"文本框中输入文件名,在"文件类型"下拉列表中选择想要的文件类型,最后单击"保存"按钮,如图 6-31 所示。

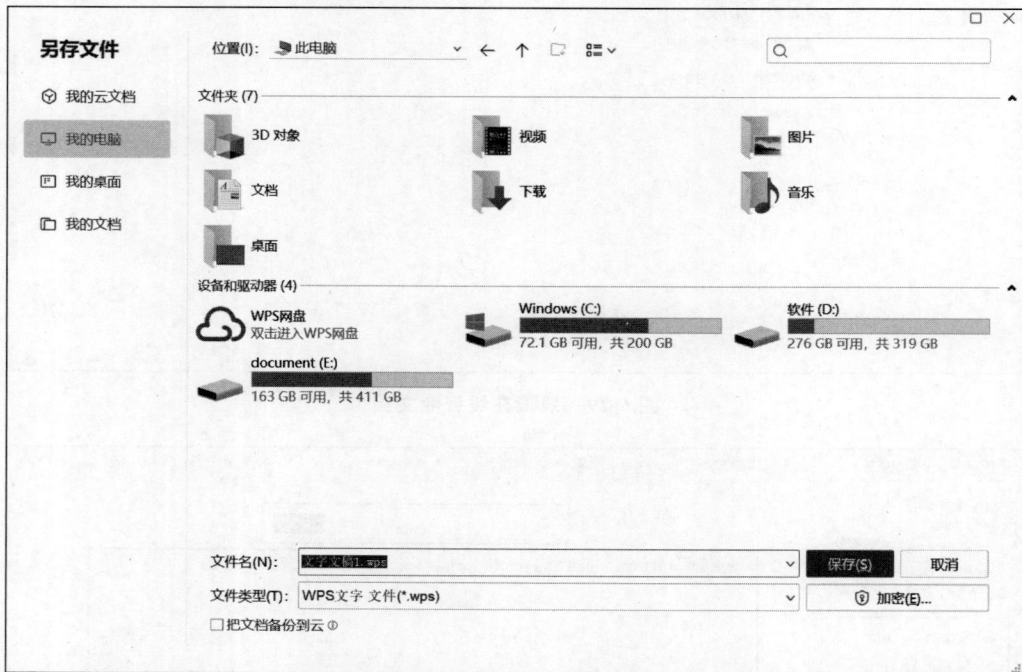

图 6-31 "另存文件"界面

(2) 保存已有文档:对于已经保存过的文档经过处理后保存,可单击快速访问工具栏的"保存"按钮;可单击"文件"菜单,在下拉菜单中选择"保存"命令;也可使用快捷组合键 Ctrl+S 进行快速保存。在这三种情况下都会按照原文件的存放路径、文件名称及文件类型进行保存。

(3) 另存为其他文档:如果文档已经保存过,再进行了一些编辑操作后,若要保留原文档、文件更名、改变文件保存路径或者改变文件类型,就需要打开"文件"菜单,在下拉菜单中选择"另存为"命令。在打开的"另存文件"界面进行保存,保存方式同保存新建文档步骤类似。

在文档编辑处理过程中,为了防止停电、程序无响应等意外情况发生导致文档信息丢失,要养成经常保存文档的习惯。单击快速访问工具栏的"保存"按钮;单击"文件"菜单,在下拉菜单中选择"保存"命令;使用快捷组合键 Ctrl+S,即可保存已命名的文档,这三种方式为手动保存。

为了防止文档编辑处理的信息丢失,还可以设置文档自动保存的时间间隔。具体操作过程是:单击"文件"菜单,在下拉菜单中选择"备份与修复"命令,在弹出的菜单中选择"备份中心",进入"备份中心"对话框;在对话框中单击"本地备份设置",如图 6-32 所示。

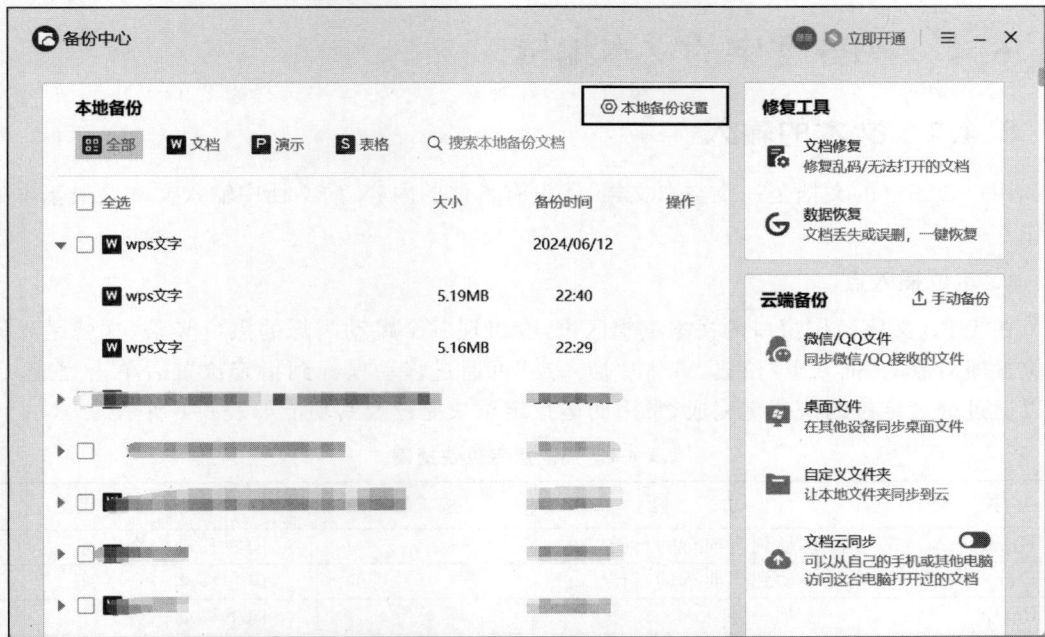

图 6-32　备份中心

在"本地备份设置"对话框中可以进行"智能备份""定时备份""增量备份",还可以选择备份存放的位置,如图 6-33 所示。

图 6-33　设置保存周期

🔑 6.4　WPS 文字的文本编辑

6.4.1　文本的输入

用户新建立的文档是一个空白文档,还没有具体的内容,向文档中输入文本是最基本的操作。

1. 定位插入点

在 WPS 文字工作窗口的文本编辑区里,会出现一个跳动闪烁的黑色竖条,这就是光标的位置即对象的"插入点"位置。定位"插入点"可通过移动鼠标到指定位置后单击完成,也可以通过键盘定位的快捷键完成,常用的键盘定位快捷键及其功能如表 6-1 所示。

表 6-1　插入点定位快捷键

按　键	功　能	按　键	功　能
Home	移动到当前行的行首	→	向右移动一个字符
End	移动到当前行的行尾	←	向左移动一个字符
PgUp	上翻一屏	↓	向下移动一行
PgDn	下翻一屏	↑	向上移动一行
Ctrl+Home	移动到文档的开始位置	Ctrl+→	向右移动一个单词
Ctrl+End	移动到文档的结束位置	Ctrl+←	向左移动一个单词
Ctrl+PgUp	移到上一页的开始位置	Ctrl+↓	向下移动一个段落
Ctrl+PgDn	移到下一页的开始位置	Ctrl+↑	向上移动一个段落

WPS 文字具有自动换行功能,所以当输入到每行的末尾时不需要按 Enter 键,WPS 会自动换行。当输入到段落结尾时按 Enter 键,表示段落结束,此时将在插入点的下一行重新创建一个新的段落,并在上一段落的结束处显示段落结束标记。如果要在段落中的某个位置强行换行,可以按 Shift+Enter 组合键。

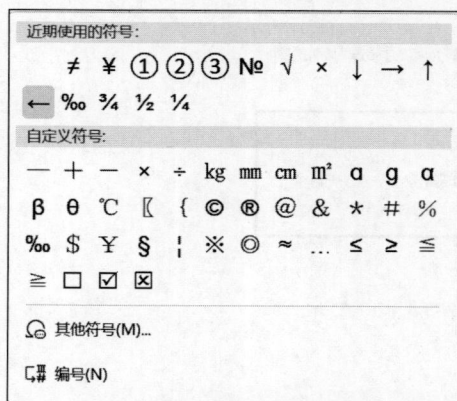

图 6-34　"符号"下拉菜单

2. 插入符号

在文本编辑过程中,除了普通的文字外,可能还需要输入符号或特殊字符。在文档中插入符号或特殊字符可以使用 WPS 文字的插入符号功能。首先将插入点移动到插入位置,单击"插入"选项卡中的"符号"按钮,在弹出的下拉菜单中选择需要的符号插入,如图 6-34 所示。如果下拉菜单中提供的符号不能满足要求,再选择"其他符号"选项,打开"符号"对话框,在"符号"、"特殊符号"或"符号栏"选项卡下选择所需要的符号或者特殊字符单击"插入"按钮即可,如图 6-35 所示。

3. 插入文件

插入文件是指将另一个 WPS 文字文档的内容插入当前文档的插入点,使用该功能可以将多个文档合并成一个文档。将插入点移动到插入位置,单击"插入"功能选项卡中的"附

图 6-35　"符号"对话框

件"按钮,在弹出的下拉菜单中选择"文件中的文字"选项。在弹出的"插入文件"对话框中选择所需要的文件,然后单击"打开"按钮,如图 6-36 所示,插入文件内容后系统会自动关闭对话框。

图 6-36　"插入文件"对话框

4.插入数学公式

编辑文档时常常需要输入数学符号和数学公式,可以使用 WPS 提供的"公式编辑器"来输入。将插入点移动到插入位置,单击"插入"选项卡中的"公式"按钮,在弹出的下拉菜单中选择"公式编辑器"命令。在弹出框中利用编辑器提供的公式符号输入公式,输入完成后单击"关闭"按钮,如图 6-37 所示。

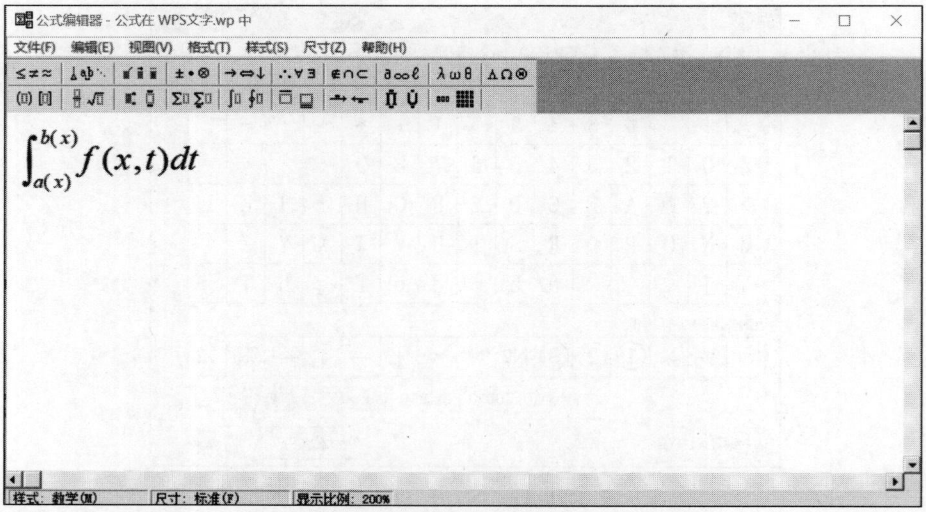

图 6-37　公式编辑器

6.4.2　AI 生成内容

WPS AI 写作助手是一个集成在 WPS Office 软件中的智能工具，旨在帮助用户提高写作效率和质量。它通常具备以下功能：

智能写作建议：根据用户输入的内容，AI 写作助手可以提供语法、拼写、用词等方面的建议，帮助用户改进文本。

内容生成：用户可以指定主题或关键词，AI 写作助手能够生成文章、报告、邮件等不同类型的文本内容。

文本润色：AI 写作助手可以对现有文本进行润色，使其更加流畅、专业。

语言风格调整：用户可以根据需要选择不同的语言风格，如正式、非正式、学术等，AI 写作助手将根据所选风格优化文本。

摘要生成：AI 写作助手能够从较长的文档中提取关键信息，生成摘要。

翻译功能：部分 AI 写作助手可能具备翻译功能，支持将文本翻译成不同的语言。

写作模板：提供各种写作模板，如商务信函、简历、报告等，用户可以根据模板快速开始写作。

写作指导：提供写作技巧和指导，帮助用户提升写作能力。

实时协作：支持多人实时协作编辑文档，AI 写作助手可以实时提供写作建议。

个性化学习：根据用户的写作习惯和偏好，AI 写作助手可以提供个性化的写作建议和学习资源。

单击"WPS AI"选项卡，在下拉列表中可以根据需求选择相应的 AI 写作助手，如图 6-38 所示。例如，选择"AI 帮我写"命令，会在光标处打开"AI 帮我写"对话框，如图 6-39 所示。在输入框中可以直接输入问题或者从下拉列表中选择场景提问。例如，选择"文章大纲"命令，在"AI 帮我写"对话框中输入主题"大学四年的学习计划"，单击"➤"按钮，如图 6-40 所示。WPS AI 就会根据主题生成大纲，如图 6-41 所示，单击"插入大纲"按钮会在插入点处插入大纲，单击"生成全文"按钮会生成关于主题"大学四年的学习计划"的具体内容。

图 6-38　WPS AI 选项卡

图 6-39　"AI 帮我写"对话框

图 6-40　帮写"文章大纲"

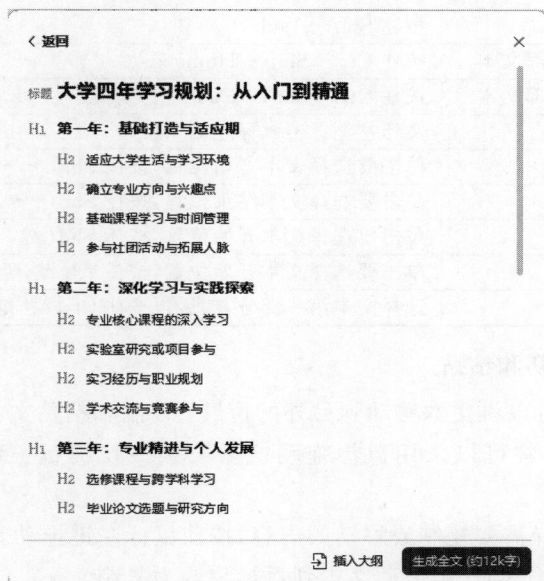

图 6-41　生成的大纲

6.4.3　文本的修改

文本的修改主要包括文本的选择，复制、剪切和粘贴，删除，查找与替换，撤销、恢复，拼写检查与自动更正等。

1．文本的选择

对文本进行内容修改或格式设置之前，首先必须先选中该文本。拖曳鼠标是选取文本最常用、最便捷的方式。将鼠标指针移动到要选择文本的开始位置，然后按住鼠标左键并拖动，被选中的文本内容会灰色阴影覆盖即反显状态，表示选中的文本的范围；当鼠标移动至所选文本的最后一个文字后，释放鼠标键，文本被选中就可以进行文本修改等操作。

文本被选中后，如果要取消选择，可以用鼠标单击文档的任意位置或者按键盘的任意方向键。

使用鼠标，配合键盘快捷键，可以对文档中的字词、句子、段落等进行选择，具体方法如表 6-2 所示。

表 6-2　选择文本快捷键

选 择 对 象	操 作 方 法
字词	鼠标双击某个汉字词或英文单词
光标左/右侧的一个字词	按住 Ctrl＋Shift＋→/←
一行	单击该行左侧选定区
光标上/下的一行	按住 Shift＋↑/↓
多行	先选择一行，然后在左侧选定区中向上或向下拖曳
段落	段落左侧选定区双击鼠标左键
光标所在的段落	按住 Ctrl 键，同时单击段落中的任意位置
光标上/下的一个段落	按住 Ctrl＋Shift＋↑/↓
光标所在行前半段文本	按住 Shift＋Home
光标所在行后半段文本	按住 Shift＋End
光标所在位置前半部分全部文本	按住 Ctrl＋Shift＋Home
光标所在位置后半部分全部文本	按住 Ctrl＋Shift＋End
全选文档	文档左侧三击鼠标左键
向后增加块选区域	单击要选择文本开始位置，按住 Shift＋→组合快捷键
向左增加块选区域	单击要选择文本结束位置，按住 Shift＋←组合快捷键
文档任意部分	单击要选择文本开始位置，按住 Shift 键，然后单击文本结束位置
矩形文本块	单击要选择文本开始位置，按住 Alt 键，竖向拖动鼠标
不连续文本	选择文本第一部分，然后再按住 Ctrl 键，继续选择其他目标文本

2．文本的复制、剪切和粘贴

复制和剪切文本，可以将文本移动到另外的位置；复制和粘贴文本，可以将文本的副本复制到另外的位置。通常可以采用鼠标拖动或剪贴板或快捷键三种方式来移动或复制文本。

（1）鼠标拖动：选择需要复制或移动的内容，按住鼠标左键拖动到目标位置为移动；或按住鼠标左键的同时按住 Ctrl 键拖动文本到目标位置为复制。

（2）剪贴板：首先选择需要复制或移动的内容，然后单击"开始"选项卡"剪贴板"功能区的"▯"复制或"✂"剪切按钮,再将插入点移动到文本要复制或移动的目标位置,最后单击"开始"选项卡"剪贴板"功能区的"粘贴"按钮,即可完成文本的复制或剪切操作。如果要进行选择性粘贴可以单击"粘贴"按钮的向下箭头进行粘贴的选择。

WPS 文字提供多重剪贴板功能,它能暂存多项复制或剪切的内容,用户可以按需选择并粘贴到指定位置。单击"开始"选项卡"剪贴板"功能区的" "剪贴板窗口启动器,以调出多重剪贴板功能。在剪贴板中,选中的内容会自动添加到剪贴板列表中,可以从中选择并粘贴到指定位置,并且单击"设置"按钮可以进行剪贴板窗口的相关设置,如图 6-42 所示。

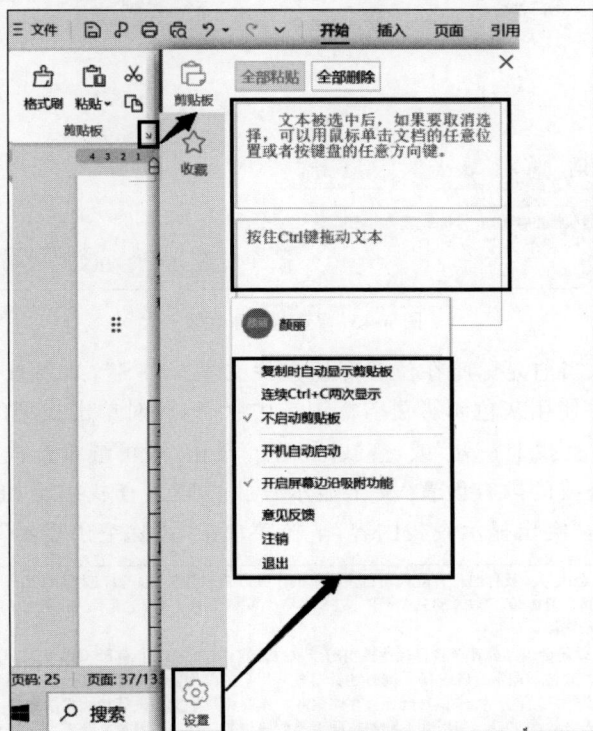

图 6-42　剪贴板

（3）快捷键：选择需要复制或移动的内容,按住快捷键 Ctrl＋C 复制内容或按住快捷键 Ctrl＋X 剪切内容,将插入点移动到目标位置,使用快捷键 Ctrl＋V 粘贴内容。

3. 文本的删除

（1）删除单个或多个字符或文字：首先将插入点移动到被删除文本的左边,然后按 Delete 键,即可逐个删除插入点后面的文本;或者将插入点移动到被删除文本的右边,然后按 Backspace 键,逐个删除插入点前面的文本。

（2）删除连续文本区域：首先选中需要删除的文本,然后按 Delete 键或 Backspace 键均可。

4. 文本的查找与替换

查找与替换是编辑文档的常用操作。在当前文档中搜索指定的字词或特殊符号时,可以使用 WPS 提供的查找替换功能。通过文本的查找,可以迅速定位文本的位置,从而提高文本编辑的效率。

（1）普通查找与替换：单击"开始"选项卡的"查找替换"按钮或者按快捷键 Ctrl＋F 弹出"查找和替换"对话框。

例如，需要查找文档中的"WPS"，具体过程是：在弹出的对话框中输入查找内容"WPS"，然后通过单击"查找上一处"或"查找下一处"按钮，即可开始在文档中查找，如图 6-43 所示。

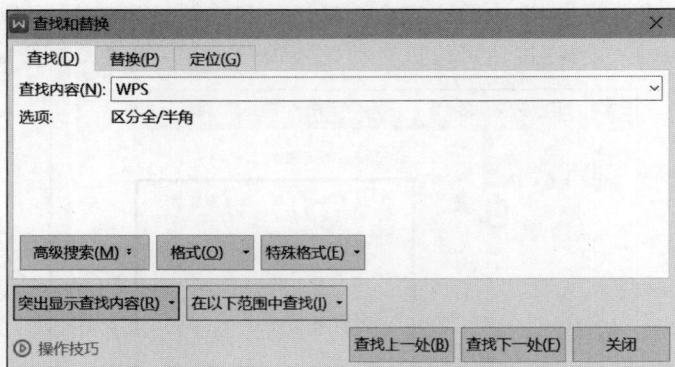

图 6-43　"查找"对话框

WPS 文字此时从当前光标所在位置开始查找文本"WPS"，如果查找到了，光标将停留在找出文本的位置，并使用灰色阴影覆盖标识选中状态，此时单击找到的文本即可对该文本进行编辑；继续单击"查找上一处"或"查找下一处"按钮，则可继续查找该文本。

同时，还可以对查找的内容设置"突出显示查找内容"，查找结果如图 6-44 所示。若要清除突出显示，请单击"突出显示查找内容"下拉菜单中"清除突出显示"命令。

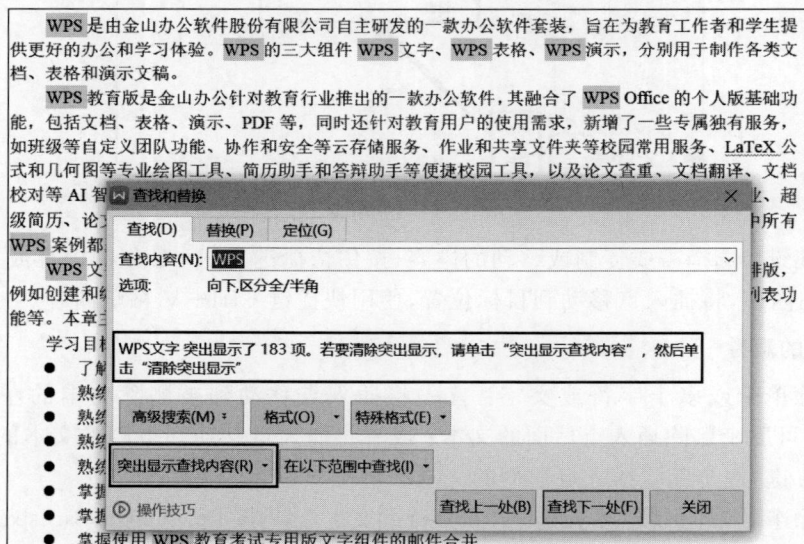

图 6-44　突出显示查找内容

例如，需要将查到的"WPS"替换为"WPS 程序"，具体过程是：首先在弹出的"查找和替换"对话框中单击"替换"标签页；然后在"查找内容"输入框中输入"WPS"，在"替换为"输入框中输入"WPS 程序"；最后单击"全部替换"按钮，会将文档中所有的"WPS"替换为"WPS

程序"。也可以逐个替换,单击"查找上一处"或"查找下一处"按钮,查找到后单击"替换"按钮,则完成当前的替换;如果当前查找的内容不需要替换,则可继续单击"查找上一处"或"查找下一处"按钮查找需要替换的内容,如图 6-45 所示。

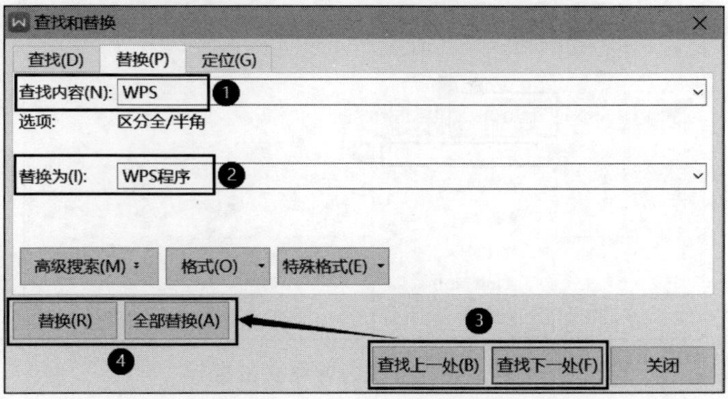

图 6-45　"替换"对话框

（2）高级查找与替换：查找替换操作不仅可以查找和替换内容,也可以同时查找和替换内容及格式,还可以只进行格式的查找和替换。

在高级查找操作之前需要重点学习"查找和替换"对话框中的"高级搜索""格式""特殊格式"栏中的各个选项的含义,如表 6-3 所示。

表 6-3　"高级搜索"栏中各选项的含义

选 项 名 称		含　义
"搜索"下拉列表框	全部	搜索范围为整篇文档
	向下	搜索插入点到文档的开始处
	向上	搜索插入点到文档的结尾处
区分大小写		查找或替换字母时区分字母的大小写
全字符匹配		查找与要查找内容完全一致的完整单词
使用通配符		用"?"或"＊"分别代表查找内容中的任意一个字符或任意一个字符串
区分全/半角		区分字符的全角和半角形式
区分前缀		查找针对前缀与查找内容开头字符完全相同的单词
区分后缀		查找针对后缀与查找内容结尾字符完全相同的单词
忽略标点符号		标点符号会被忽略
忽略空格		空格会被忽略
格式		带字体、段落、制表位、样式、突出显示等格式的内容查找
特殊格式		查找段落标记、制表符、尾注标记、手动分页符等特殊字符

例如,需要将字体为"Times New Roman"、字号为"四号"、字形为"粗体"的"WPS"替换为字体颜色为"红色"、字形为"倾斜"的"WPS 程序",具体过程是：首先在弹出的"查找和替换"对话框中单击"替换"标签页,在"查找内容"输入框中输入"WPS";然后单击"格式"下拉菜单选择"字体"选项对字体进行设置,如图 6-46 所示。

在弹出的"查找字体"对话框中设置字体为"Times New Roman"、字号为"四号"、字形为"加粗",如图 6-47 所示,设置完成后单击"确定"按钮。

确定完字体格式后,在"查找内容"下方会出现设置好的格式说明,如图 6-48 所示。

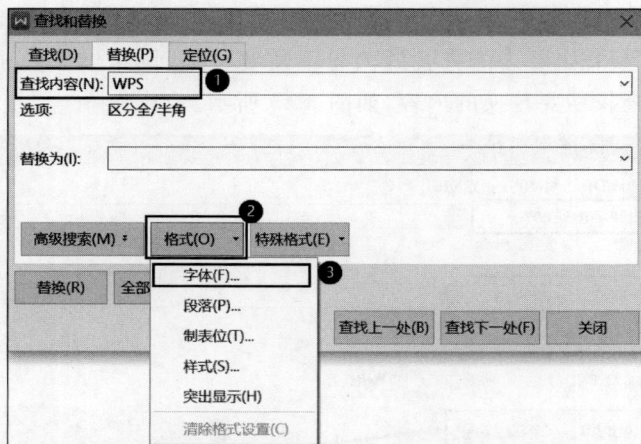

图 6-46　查找内容格式设置

图 6-47　"查找字体"对话框

图 6-48　设置查找内容格式后的"查找和替换"对话框

在"替换为"输入框中输入"WPS 程序";然后用查找格式的方法设置替换的格式,如图 6-49 所示;再单击"查找上一处"或"查找下一处"按钮;如果是要替换一处则单击"替换"按钮,若是要替换文档中的所有查找内容则单击"全部替换"按钮。

图 6-49　设置替换内容格式后的"查找和替换"对话框

(3) 文本的定位。

在"查找和替换"对话框中单击"定位"标签,"定位目标"可以按照"页""节""行""书签""批注"等进行文本的定位,例如,"定位目标"选择"页","输入页号"输入框中输入"26",单击"定位"按钮,那么当前页面会跳转至文档的第 26 页,如图 6-50 所示。

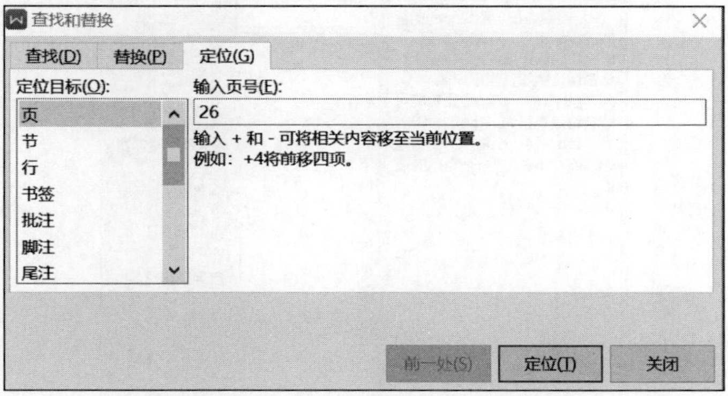

图 6-50　"定位"选项卡

5. 文本的撤销、恢复

对文档进行编辑时,如果不小心删除了重要内容或进行了错误的操作,"撤销""恢复"功能可以快速恢复到之前的状态,提高工作效率。

(1) 撤销操作是指取消最近的一次或多次编辑操作,使文档恢复到执行这些操作前的状态。在 WPS 文字中,可以通过多种方式进行撤销操作。最简单的方法是使用快速访问工具栏上的"撤销"按钮,它通常显示为一个向左的箭头 ↶ 。还可以按 Ctrl+Z 组合键来执行撤销操作。如果想要撤销多步操作,可以单击"撤销"按钮旁的向下三角,打开可以进行"撤销操作"的列表,用鼠标选择相应的操作即可。此外,连续地按 Ctrl+Z 组合键也可以实现多步撤销。

(2) 恢复操作是用于恢复最近的一次或多次撤销操作,即重新应用之前撤销的编辑。

在 WPS 文字中,恢复操作可以通过单击快速访问工具栏上的"恢复"按钮,它通常显示为一个向右的箭头 ↻ 。或按 Ctrl＋Y 组合键来完成。与撤销操作类似,如果要恢复多次操作,可以连续单击"恢复"按钮或按 Ctrl＋Y 组合键。

6. 拼写检查与自动更正

拼写检查与自动更正功能能够帮助用户发现并纠正拼写和语法错误,提高文本的质量和可读性。

(1) 拼写检查功能主要用于检查文本中的拼写错误。当输入文字时,拼写检查器会实时检查每个单词的拼写,如果发现有拼写错误,通常会以红色波浪线标记出错误的单词,并在用户右击时提供拼写建议。用户可以从建议列表中选择正确的拼写方式,替换原有的错误拼写。绿色波形下画线表示可能存在语法问题。

(2) 自动更正功能是一种更智能的编辑工具。在输入文字时,自动纠正常见的拼写和语法错误。例如,当用户输入"teh"时,自动更正功能可能会将其更正为"the",因为"teh"是一个常见的拼写错误,而"the"是一个常用的冠词。

单击"审阅"标签,再单击"拼写检查"按钮,在弹出的"拼写检查"对话框中显示更改为"the"和更正建议列表,还有"更改""全部更改""忽略""全部忽略"等选项,可以选择正确的拼写"the"并单击"全部更改"按钮,如图 6-51 所示。

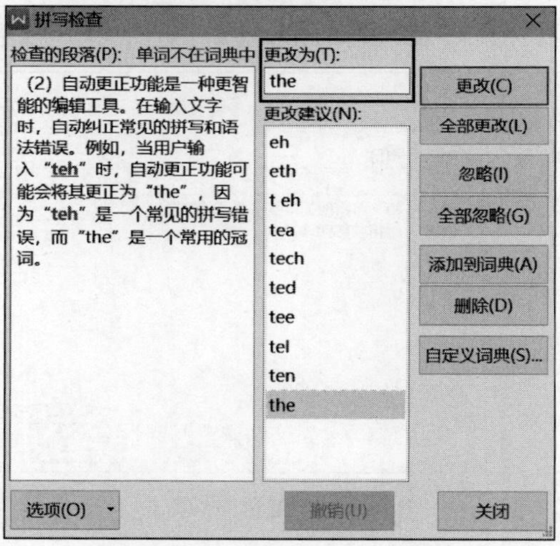

图 6-51　拼写检查

需要注意的是,虽然自动更正功能能够提高文本的质量和可读性,但也可能导致一些不必要的错误或误报。因此,在使用自动更正功能时,应该保持警惕,仔细检查文本,确保自动更正的结果符合写作意图。

任务实现

第一步:新建空白文档。

启动 WPS Office 完成登录后,单击"新建"按钮或"＋"按钮或使用快捷键 Ctrl＋N,然后在新建文档中选择"空白文档",如图 6-52 所示,空白文档创建完成。

第二步:在文档中输入标题"大学学习计划"文本。

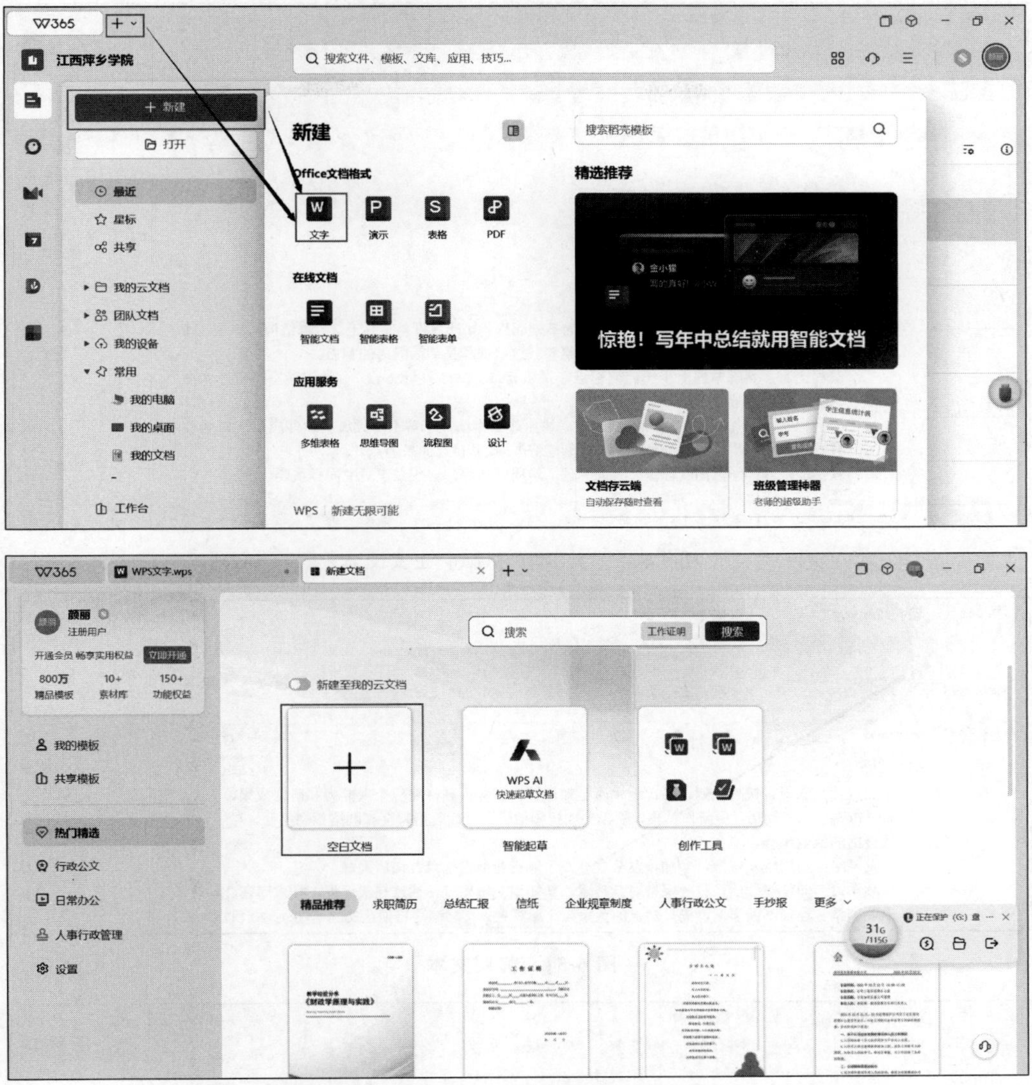

图 6-52　新建文档

在插入点位置使用中文输入法输入文本"大学学习计划"后按 Enter 键即可。

第三步：复制并粘贴文心一言中生成的"大学学习计划"的文本作为正文文本。

（1）在文心一言中选中所需要的文本，右击选择"复制"命令或者使用快捷键 Ctrl＋C。

（2）在插入点位置右击选择"只粘贴文本"命令或者在"开始"选项卡中使用"粘贴"下拉菜单中的"只粘贴文本"命令，粘贴后如图 6-53 所示。

第四步：在文档末尾输入编写人和编写日期，并移动到文档末尾的右下角。

（1）在插入点位置使用中文输入法输入"编写人：小刘""编写日期：2024 年 9 月 20 日"。

（2）选择"编写人：小刘"文本，在"开始"选项卡中单击" ✂ （剪切）"按钮或按快捷键 Ctrl＋X，如图 6-54 所示。

（3）在文档右下角双击定位文本插入点，在"开始"选项卡中单击" 📋 （粘贴）"按钮或按快捷键 Ctrl＋V，如图 6-55 所示，即可移动文本。

图 6-53　"大学学习计划"正文文本

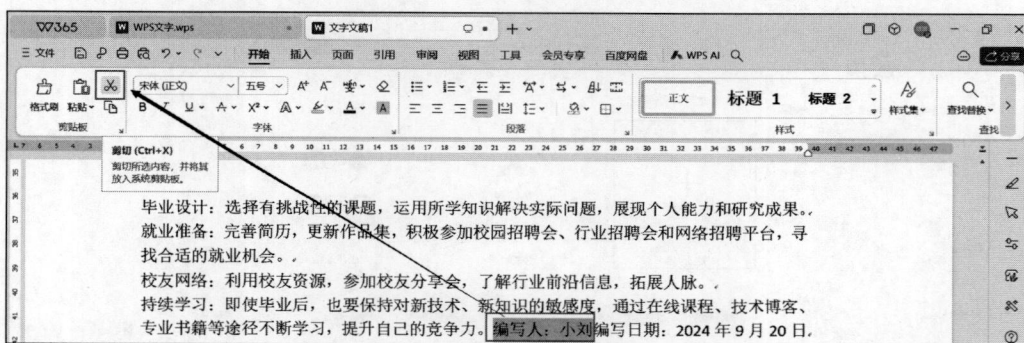

图 6-54　剪切文本

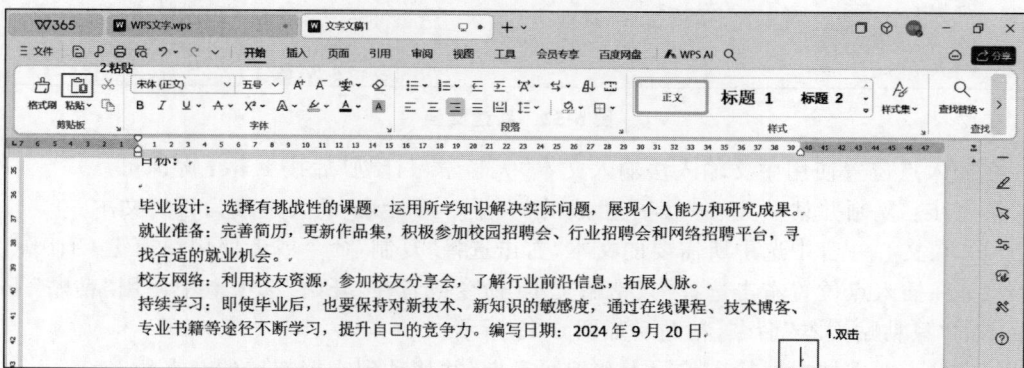

图 6-55　移动文本

（4）移动"编写日期：2024 年 9 月 20 日"文本的操作同移动"编写人：小刘"，此处不再赘述。

第五步：删除多余的段落标记符。

小刘同学发现正文文本中有多个空段落，他想使用查找替换功能删除多余的段落标记符,以节省时间和避免遗漏。

(1) 将插入点定位到文档的开始处,在"开始"选项卡中单击"查找替换"按钮或者使用快捷键 Ctrl+H。

(2) 在弹出的"查找和替换"对话框中,光标定位到"查找内容"框,单击"特殊格式"按钮,在弹出的下拉菜单中选择"段落标记"命令,那么在"查找内容"框中插入了一个"^P"(代表段落标记);重复上面的操作再插入一个段落标记符,此时在"查找内容"框中出现两个段落标记符。将光标移至"替换为"文本框中,使用同样的方法插入段落标记符,如图 6-56 所示。最后单击"全部替换"按钮即可高效地删除多余的空白段落。

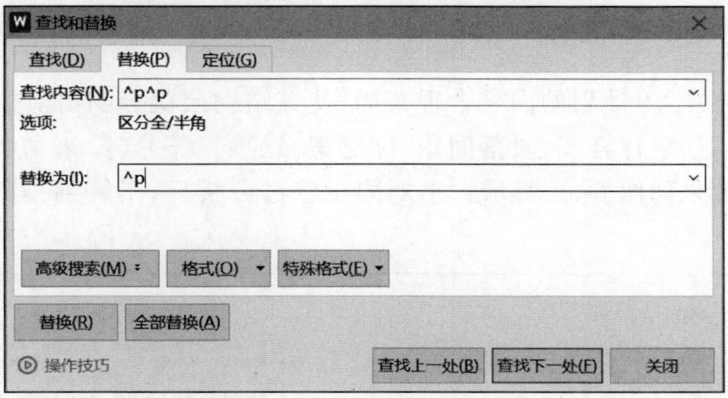

图 6-56　"查找和替换"对话框

第六步:保存文档并命名为"大学学习计划"。

完成文本编辑工作后,最后就是要保存文档。

(1) 单击快速访问工具栏中的"█(保存)"按钮或者单击"文件"菜单中的"另存为"命令或者使用快捷键 Ctrl+S。

(2) 在弹出的"另存为"对话框中,通过"此电脑"命令选择合适的保存位置,将文件名字命名为"大学学习计划",文件类型选择".wps",最后单击"保存"按钮,如图 6-57 所示。

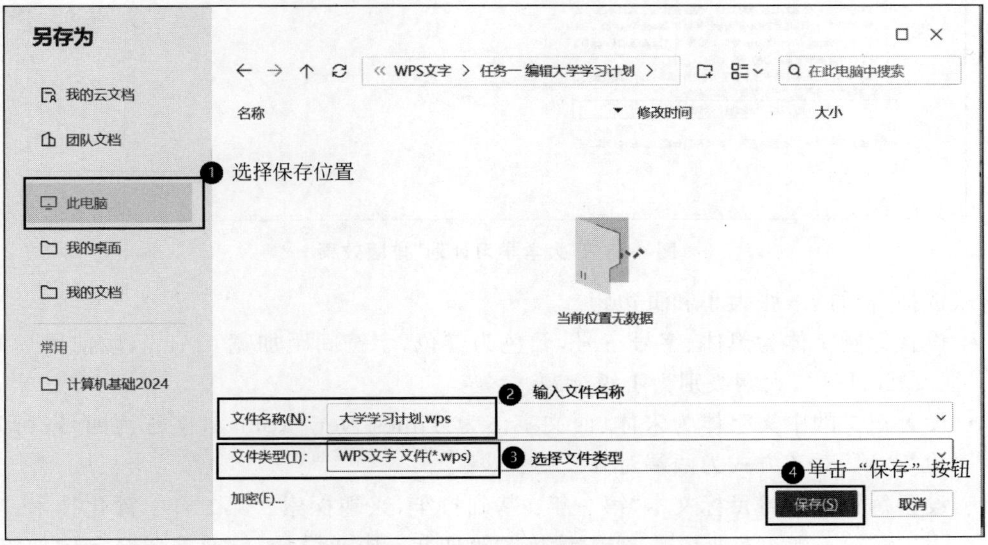

图 6-57　"另存为"对话框

任务 2　排版学习计划

任务情境

在成功完成了大学 4 年学习计划的初步撰写后,小刘同学意识到一个清晰、有条理的排版对于提高计划的可读性和执行效率至关重要。因此,他迎来了第二个挑战——使用 WPS 文字工具对这份学习计划进行专业的排版。

任务分析

小刘同学为了使学习计划的内容合理布局,使其结构层次分明,他想利用 WPS 提供的丰富格式设置功能,如字体样式、段落间距、标题编号、项目符号等,来增强文档的美观度和易读性,最终排版效果如图 6-58 所示。小刘同学经过分析后,了解到排版一份学习计划需要进行以下工作。

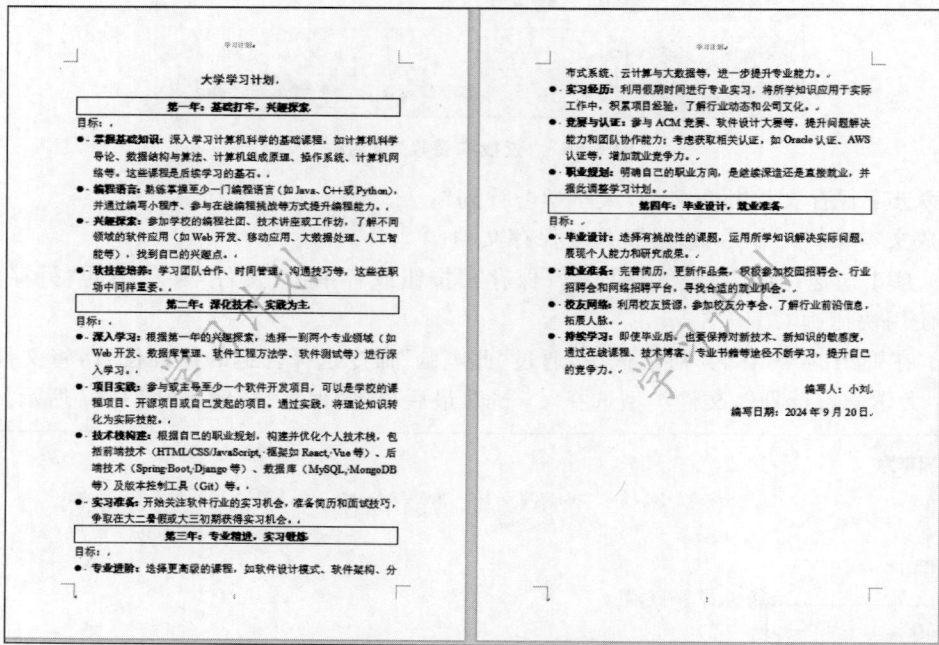

图 6-58　"大学学习计划"排版效果

- 选择合适的纸张大小和页边距。
- 设置标题字体为黑体、字号三号,颜色为红色,字符间距加宽 0.1cm,段前段后间距 0.5 行、居中,大纲级别为 1 级标题。
- 设置正文的中文字体为宋体、西文字体为 Times New Roman,字号为四号,行间距为 22 磅,对齐方式为两端对齐。
- 设置每年的学习目标文本"第一年:基础打牢,兴趣探索""第二年:深化技术,实践为主""第三年:专业精进,实习锻炼""第四年:毕业设计,就业准备",字体加粗,大

　　纲级别为 2 级标题,对齐方式为居中,添加边框。
- 每年的具体目标文本设置合适的项目符号,"目标"标题文本加粗。
- 进行重点标注,如对全文中"目标"两字设置着重号。
- 落款字号设置为四号。
- 设置页眉页脚,页眉为"学习计划",页脚位置插入页码,中文字体为宋体、西文为 Times New Roman,字号为小五,居中。
- 设置"学习计划"的水印,字体为楷体,字号为 72 号,版式为倾斜,居中,透明度 90%。
- 保存文档。

相关知识

6.5　WPS 文字的页面布局

　　文本编辑完成后就可以进行格式排版了,WPS 文字的基础排版有页面、文字、段落等格式设置等。

　　页面格式的设置对于文档的整体美观度和易读性都有很大的影响。因此,在进行页面格式设置时,用户需要根据文档的具体用途和需要,选择合适的页面大小、页边距、页面方向和页眉页脚等设置,以使文档更加美观、易读、易于打印和传阅。所以,无论是毕业论文、商业信函还是行政公文,首先应当设置页面格式,这样能够较好地在文档编辑过程中进行排版,避免后期因为调整页面大小等,从而导致对文档中的文本、图片、图表等各种对象重新排版。

　　页面格式是通过设置页边距、纸张方向、纸张大小、文档网格、页面背景等,为当前文档添加整体样式效果。

6.5.1　页面设置

1. 设置页边距

　　页边距是指页面四周的空白区域,包括上、下、左、右 4 个方向。调整页边距的大小,可以确定文本内容在页面中的位置和范围。

　　(1) 选择预定义的页边距:单击"页面"选项卡中"页面设置"功能区的"页边距"按钮,在弹出的下拉菜单列表中选择其中某项,如"适中"选项,如图 6-59 所示。

　　(2) 自定义页边距:如果预定义的页边距不符合需求,那么可以使用自定义页边距功能,设置方法有两种。

　　方法 1:直接在"页面"选项卡的"页面设置"功能区中进行设置,如图 6-60 所示。需要注意的是,这种方式定义的页边距单位是"cm"且不能修改。

　　方法 2:在"页边距"下拉菜单列表中单击"自定义页边距"选项,在弹出的"页面设置"对话框的"页边距"选项卡中设置"上""下""左""右"4 个页边距的数值,还可以设置数值的单位为"磅""英寸""厘米""毫米",默认单位是"厘米";"装订线位置"是为了便于文档的装订而专门预留的宽度,如果不需要装订,则可以不设置该项;"方向"组中设置纸张显示方向,包括"纵向"和"横向"两种方向,也可直接通过"页面设置"功能区中的"纸张方向"按钮进行

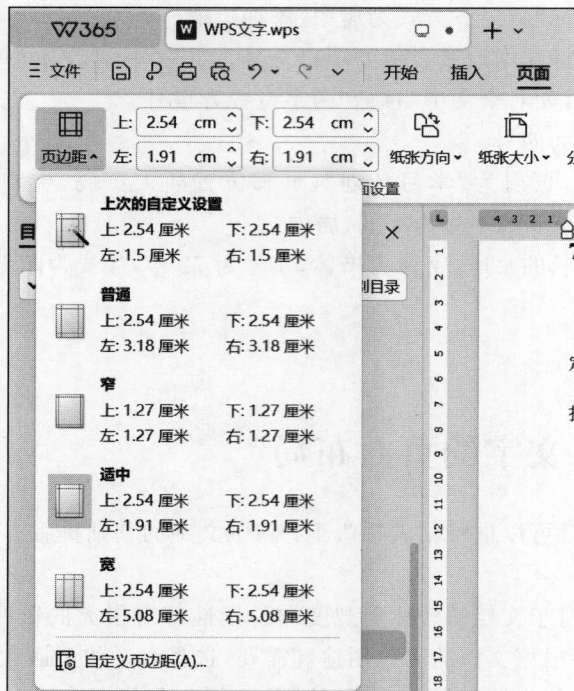

图 6-59　预定义页边距

图 6-60　功能区自定义页边距

设置；"页码范围"组默认为"普通"，可以在双面打印时设置左右对称的页边距即"对称页边距"，还可以在打印书籍时设置"书籍折页"和"反向书籍折页"。在设置完上述参数后，可以在"应用于"下拉列表中选择适用范围，如"整篇文档""本节""插入点之后"，如图 6-61 所示。

2. 设置纸张

纸张的设置包括纸张大小的设置和纸张来源的设置。

（1）纸张大小的设置：预置的纸张大小常见的有 A4、A3、16 开等，用户可以根据需要直接单击"页面设置"功能区中的"纸张大小"按钮，在弹出的下拉菜单中选择合适的即可。如果要自行设置大小，那么选择下拉菜单中的"其他页面大小"命令，会弹出"页面设置"对话框，在"纸张"选项卡的"纸张大小"列表框中，选择合适的纸张大小规划，如图 6-62 所示。还可以自行输入"宽度"和"高度"的数值，那么"纸张大小"将自动变为"自定义大小"。

（2）纸张来源的设置：在"页面设置"对话框"纸张"选项卡中，设置"纸张来源"是指定义文档打印时以什么方式取得打印纸。一般将"纸张来源"设置为"自动选择"，如图 6-62 所示。

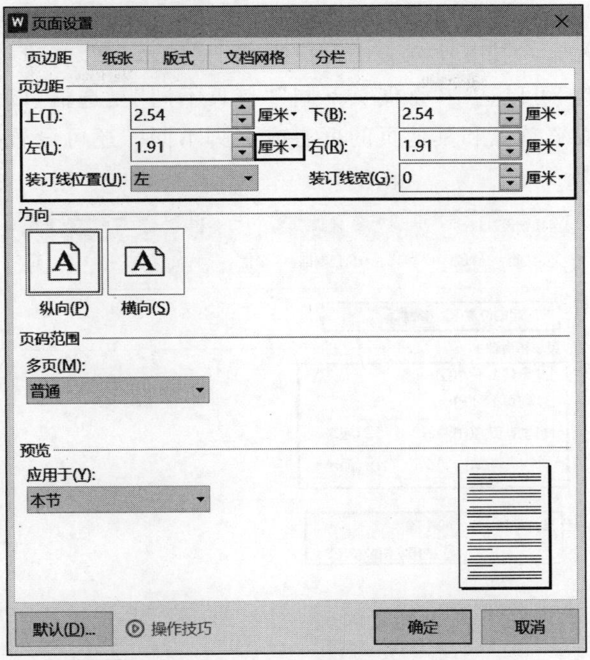

图 6-61　"页面设置"的"页边距"选项卡

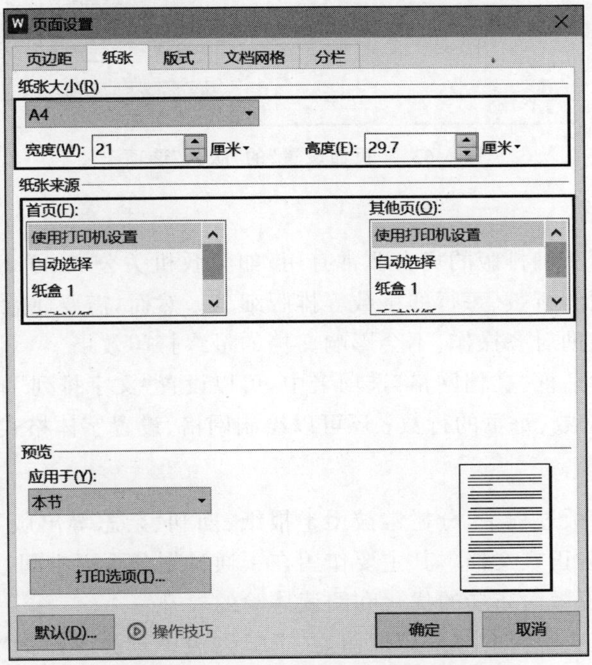

图 6-62　"页面设置"的"纸张"选项卡

3．设置版式

版式是整个文档的页面格局，主要是通过设置页眉、页脚等设置页面不同的布局。一般来说，页眉是文档或章节标题，页脚是当前页面的页码。

单击"页面设置"功能区的"↘"按钮，会弹出"页面设置"对话框，在"版式"选项卡中可以设置"节的起始位置"，在其下拉列表中可以选择"连续本页""新建页""偶数页""奇数页"等选项。"页眉和页脚"可以选中"奇偶页不同""首页不同"复选框，以设置奇数页和偶数页不同的页眉或页脚，设置首页和其他页的页眉或页脚不同。还可设置页眉和页脚距纸张边界的距离，如图 6-63 所示。

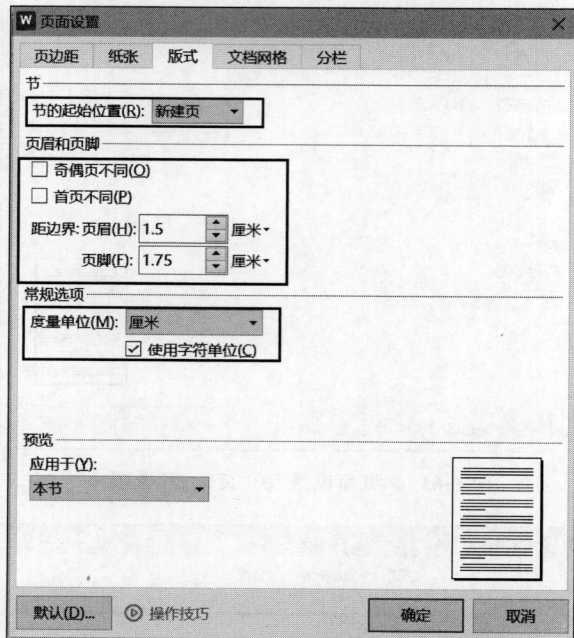

图 6-63　"页面设置"的"版式"选项卡

4. 设置文档网格

文档网格在需要精确排版的场合非常有用，如党政机关公文、学术论文等，它可以帮助用户精确地控制页面的行数、每行的字数等排版细节。然而，需要注意的是，WPS 的文档网格仅用于编辑时的辅助对齐操作，不会影响文档的最终打印效果。

在"页面设置"对话框"文档网格"选项卡中，可以设置"文字排列"的方向为"水平"或"垂直"；设置每行的字符数、每页的行数；还可以绘制网格、设置字体格式等，如图 6-64 所示。

5. 设置分栏

在文档编辑和排版过程中，分栏常被用于报纸、期刊、杂志等出版物，以及学术论文、报告、宣传册等正式或非正式文档。其主要作用在于通过划分页面空间，将内容分布在多个并排的栏位中，从而实现版面布局的优化和阅读体验的提升。

单击"页面设置"功能区的"分栏"按钮，在下拉列表中选择预设的"一栏""两栏""三栏"或者进入更多分栏进行详细设置。单击"更多分栏"会弹出"页面设置"对话框，在"分栏"选项卡中，可以直接选用预设的栏数，也可以自行设置栏数；设置栏宽度和栏间距；还可以设置是否有分隔线等，如图 6-65 所示。

注意：分栏只适用于文档中的正文内容，对于页眉、页脚或文本框等不适用。

图 6-64 "页面设置"的"文档网格"选项卡

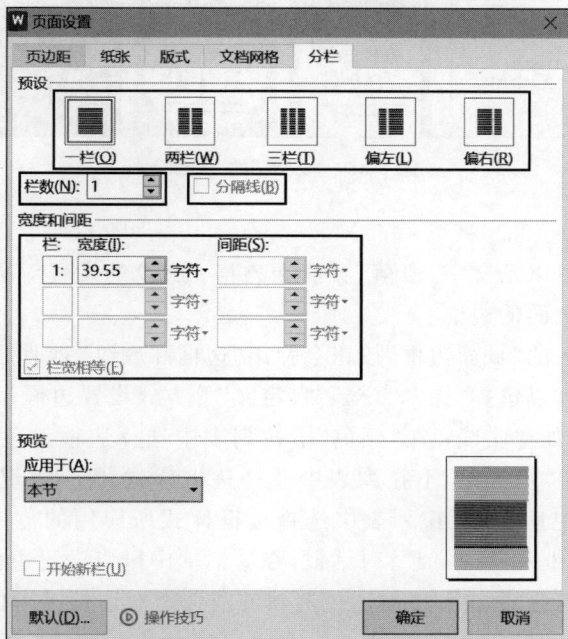

图 6-65 "页面设置"的"分栏"选项卡

6.5.2 页面效果设置

在 WPS 文字中,可以为文档添加封面、页面边框、背景、水印,设置稿纸、行号等,使页面更加美观。

1．设置封面

WPS文字提供了预设的封面，用户可以根据需求自行选择，也可以进入稻壳封面页中进行选择。单击"效果"功能区的"封面"按钮进行选择即可，如图6-66所示。

图 6-66　"效果"的"封面"

2．设置页面边框

边框的设置对象可以是文字、段落、页面和表格；底纹的设置对象可以是文本、段落和表格。下面介绍设置页面的边框。

单击"效果"功能区的"页面边框"按钮会弹出"边框和底纹"对话框，如图6-67所示。在"页面边框"选项卡中可以选择"无""方框""自定义"等方式设置边框；在"线型"下拉列表中选择边框的线型样式，如单实线；在"颜色"下拉列表中选择边框颜色；在"宽度"下拉列表中选择边框的宽度；在"艺术型"下拉列表中选择边框样式，艺术型边框是由各种图案、纹理、线条等组成；在"应用于"下拉列表中选择边框样式所应用的范围，如整篇文档；单击"选项"按钮会弹出"边框和底纹选项"对话框，在对话框中可以设置边框距正文的距离，度量依据可以设置为"文字"或"页边"，还可通过选项的复选框对边框进行位置设置等，如图6-68所示。

注意：在"预览"区中可以通过单击上、下、左、右4根边框线对应的按钮🔲、🔲、🔲、🔲或者直接单击图示中的4根边框线来对4根边框线设置不同的样式。设置方法是首先在"设置"组中选择"自定义"，然后选择"线型""颜色""宽度""艺术型"，再单击需要设置该样式的边框线按钮或直接在图示中单击相应的边框线，以此方法设置其余的边框线。

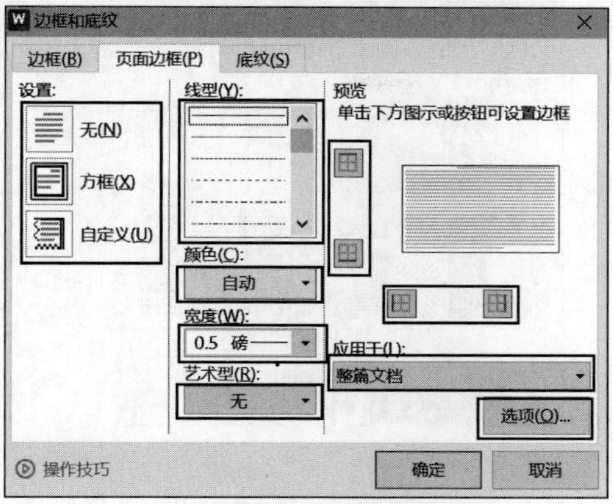

图 6-67　"页面边距"选项卡

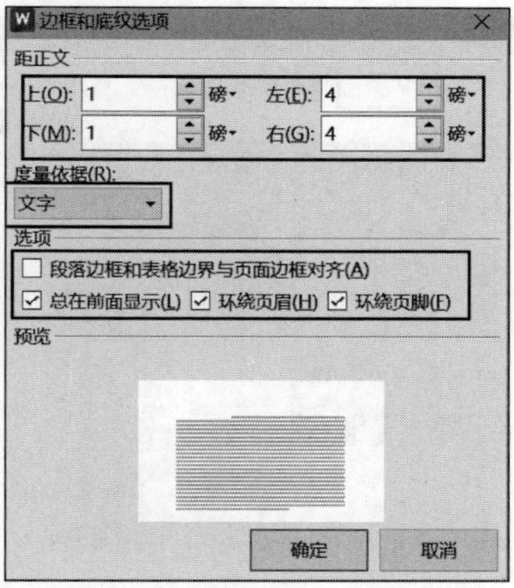

图 6-68　"页面边距"的"选项"

3. 设置背景

（1）设置背景颜色：在"页面"选项卡下的"效果"功能区，选择"背景"下拉列表（如图 6-69 所示）中的"主题颜色"或"标准色"作为背景颜色。如果没有适合的颜色，可以单击"其他颜色"命令或者"取色器"命令去设置颜色。

（2）设置渐变填充：如果想要给文档添加特殊背景效果，可以在"背景"下拉列表中的"渐变填充"中选择填充效果或在"更多渐变"列表中选择。

（3）设置图片、纹理或图案：除了颜色和渐变，WPS Office 还允许用户选择图片、纹理、图案作为页面背景。在"背景"选项中，选择"图片"命令，在图片列表中可以选择"本地图片"，也可以选择 WPS Office 提供的图片，如图 6-70 所示；在"其他背景"命令中可以选择"纹理"或"图案"，然后从提供的选项中选择合适的纹理或图案样式，如图 6-71 和图 6-72 所示。

图 6-69　"效果"的"背景"

图 6-70　"背景"的"图片背景"

图6-71　"背景"的"纹理"

图6-72　"背景"的"图案"

（4）设置水印：水印是显示在文档文本后面的半透明图片或文字，它是一种特殊的背景，一般用于标识文档的特殊性。在"背景"下拉列表中选择"水印"命令或者直接在"效果"功能区单击"水印"按钮，然后通过"预设水印""自定义水印""插入水印"进行设置，如图6-73所示。单击"自定义水印"的"点击添加"按钮或"插入水印"会弹出"水印"对话框，如图6-74所示。在对话框中可以设置图片水印，也可设置文字水印，只需要勾选相应水印前面的复选框即可。一旦勾选后，相应的属性设置项就会变成可设置状态。水印可以是整篇文档都有，也可以只针对本节设置。

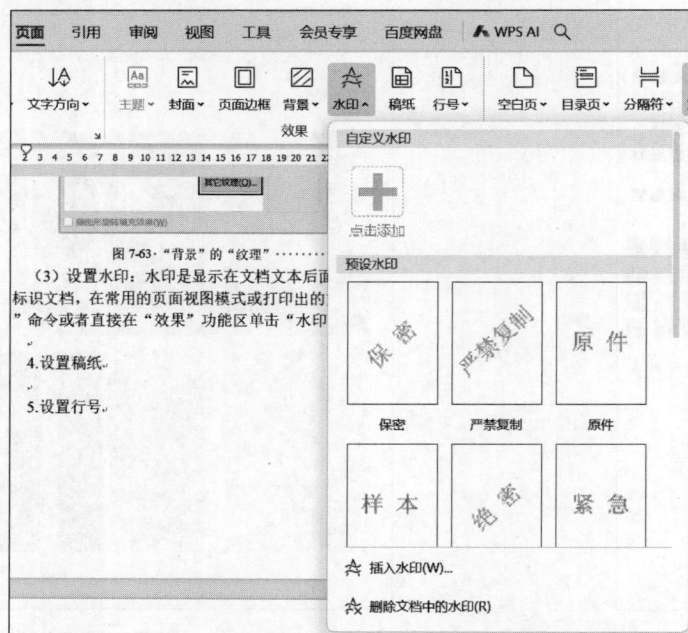

图6-73　"效果"的"水印"

注意：在设置完自定义水印相关属性后，会将设置好的水印添加到"自定义水印"列表中，如果要使用该水印只需单击即可。

4．设置稿纸

在"效果"功能区中单击"稿纸"按钮，会弹出"稿纸设置"对话框，如图 6-75 所示。选择"使用稿纸方式"复选框，选取稿纸规格及网格种类，在"颜色"一栏可以设置稿纸的颜色效果。如果想根据自己的写作习惯，可选不同习惯的"换行"复选框。如果要取消稿纸效果，可在"稿纸设置"对话框中，取消选择"使用稿纸方式"复选框。

图 6-74 "水印"对话框

图 6-75 稿纸设置

5．设置行号

行号主要用于提高文档的可读性和整洁度，方便用户在进行文档编辑和排版时更好地跟踪和引用文档内容。在"页面"选项卡的"效果"功能区中单击"行号"按钮，其下拉列表中提供多种不同的行号设置方式，也可通过"行编号选项"进行详细设置，如图 6-76 和图 6-77 所示。

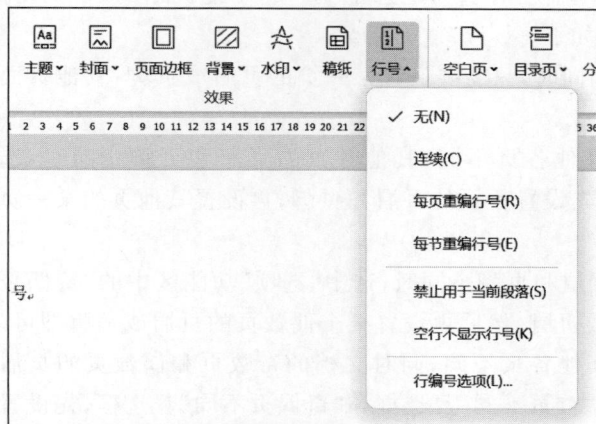

图 6-76 行号设置

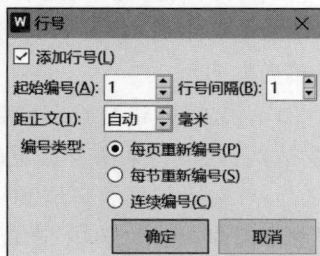

图 6-77 行编号选项设置

6.5.3　页眉页脚设置

页眉和页脚是文档中每个页面的顶部、底部的区域。常见的页眉有书名、章节名、作者名、公司徽标等，常见的页脚有页码、日期和时间等。文档中可以自始至终使用同一个页眉或页脚，也可以结合分节符的设置，在文档的不同部分使用不同的页眉页脚。甚至可以在同一部分的奇偶页上使用不同的页眉页脚。

WPS 文字中提供了不同样式的页眉页脚供用户选择，同时也允许用户自定义页眉页脚，也可以在页眉页脚中插入图片等内容。

1．编辑页眉和页脚

页眉和页脚的进入方式和设置方式是类似的，两者仅在位置上有区别。具体操作如下。

（1）进入页眉和页脚。从正文切换到页眉的方法1：打开"页面"选项卡或"插入"选项卡，单击"页眉页脚"按钮，自动切换到编辑页眉处。切换到页脚的方法类似。方法2：将光标移至页眉处，则 WPS 会自动提示"双击编辑页眉"，双击页眉区域，可以切换到页眉进行编辑。

退出页眉和页脚。方法1：当切换到页眉或页脚时，会显示"页眉页脚"选项卡，单击其中的"关闭"按钮。方法2：双击正文部分。方法3：按 Esc 键。

（2）在页眉页脚编辑区中输入页眉页脚的内容，同时 WPS 会自动添加"页眉页脚"选项卡，如图 6-78 所示。在"插入"功能区可以使用"日期和时间""图片""域"直接插入内容；在"导航"功能区的"页眉页脚切换""前一项""后一项"按钮可以实现页眉或页脚的跳转，关闭"同前节"可以为不同节的页面设置不同的页眉或页脚；在"位置"功能区可以对"页面上边距""页面下边距"输入数值来设置页眉和页脚到页面上下边界的距离。

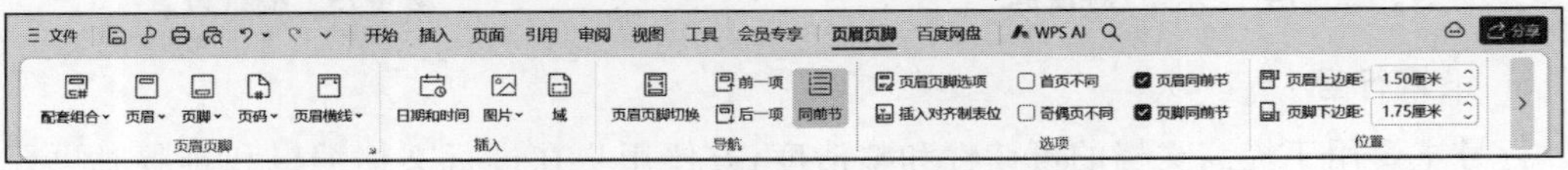

图 6-78　"页眉页脚"选项卡

2．设置不同页的页眉和页脚

页眉和页脚的设置在不同的情况下，需要有选择地选中"选项"功能区中的"首页不同""奇偶页不同"等复选框，具体分析情况如下。

（1）当文档各页的页眉和页脚均相同时，只需要设置某一页的页眉或页脚，其他页面的页眉和页脚自动设置为相同的内容。

（2）当文档首页的页眉和页脚与其他各页不同，其他各页的页眉和页脚相同时，选中"选项"功能区中的"首页不同"复选框，先设置首页的页眉和页脚，再设置其他页的某一页的页眉和页脚即可。

（3）当文档的奇数页和偶数页的页眉和页脚不同时，选中"选项"功能区中的"奇偶页不同"复选框，先设置某个奇数页的页眉或页脚，然后再设置某个偶数页的页眉或页脚即可。

（4）当文档首页的页眉和页脚与其他各页不同，同时文档的奇数页和偶数页的页眉和页脚也不同时，选中"选项"功能区中的"首页不同"复选框和"奇偶页不同"复选框，先设置首页的页眉和页脚，然后设置某个奇数页的页眉或页脚，最后设置某个偶数页的页眉或页脚即可。

（5）当文档不同部分的内容设置不同的页眉和页脚时，则应首先为这些不同的部分建立新的节，并分别为不同的节的页面设置页眉和页脚。某一节的页眉和页脚如果要设置为与上一节相同的页眉和页脚，则应在"导航"功能区中单击"同前节"按钮或勾选"选项"功能区的"页眉同前节"和"页脚同前节"。以上设置也可以通过单击"选项"功能区的"页眉页脚选项"按钮，在弹出的"页眉/页脚设置"对话框中进行设置，如图 6-79 所示。

页眉和页脚设置是初学者容易混淆的知识点，一定要理解节可以控制页眉和页脚的作用范围，通过新建或者删除节来控制页眉和页脚作用的页面范围。

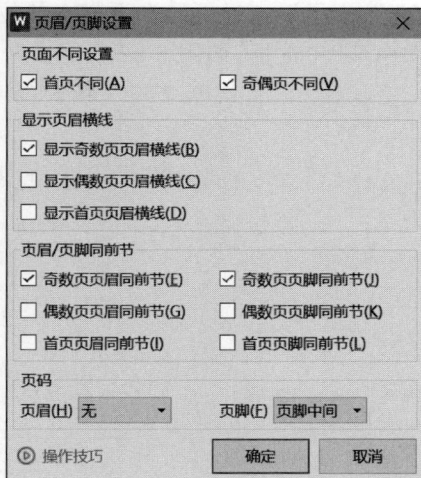
图 6-79　"页眉/页脚设置"对话框

3. 在页脚插入页码

页码是页面的顺序的标记，表示页面的编码，可以按照域的形式插入到页脚的位置上，会随着页的增加而自动增加数值。在页脚插入页码和设置页码格式的方法如下。

方法 1：单击"页眉页脚"功能区中的"页码"按钮，在弹出的下拉列表中选择某个预设样式，如图 6-80 所示，这样可以在文档当前节的页脚中加入页码。

方法 2：单击"页码"命令，会弹出"页码"对话框，在"样式"下拉列表中可以选择阿拉伯数字、英文字母或者中文作为编号格式；在"位置"中，可以选择页码在页脚中的位置；若要设置页码包含章节号，则勾选"包含章节号"复选框，并可对"章节起始样式""使用分隔符"进行设置，例如，显示为"第 1 章-1"或"1-1"；在"页码编号"中，可以选择"续前节"单选框，表示接着上一节的编号继续页码编号，选择"起始页码"并输入相应的数字，可以设置本节页面的起始页码；在"应用范围"中可以选择"整篇文档""本页及之后""本节"单选框，如图 6-81 所示。

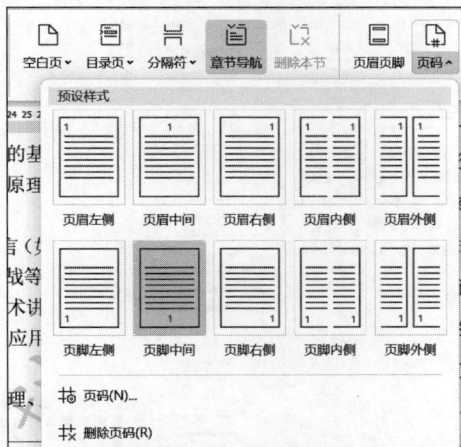
图 6-80　"页码"列表

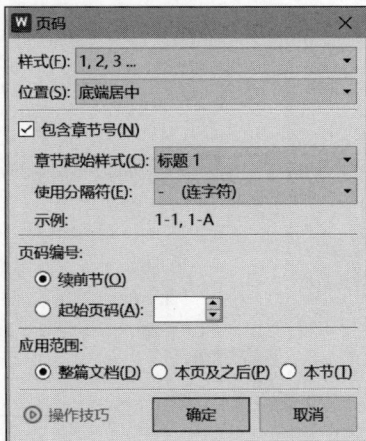
图 6-81　"页码"对话框

方法 3：双击页眉或页脚，进入页眉或页脚，单击"插入页码"按钮，会弹出"页码设置"下拉列表，在"样式"下拉列表中可以选择阿拉伯数字、英文字母或者中文作为编号格式；在

"位置"中,可以选择页码在页脚中的位置;在"应用范围"中可以选择"整篇文档""本页及之后""本节"单选框,如图 6-82 所示。

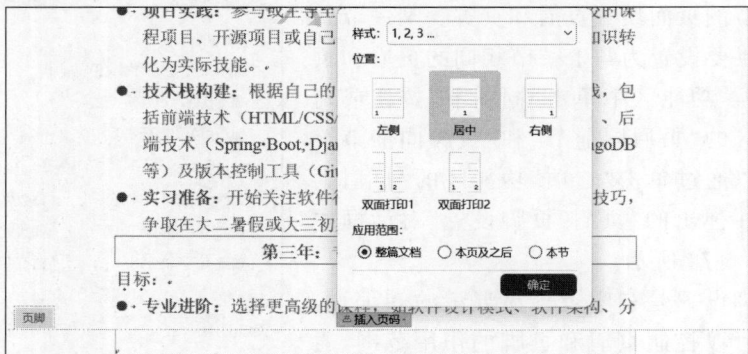

图 6-82   "插入页码"列表

4. 修改页眉中的画线格式

设置页面页眉后,在页眉的底部会自动出现一条横线,这是 WPS 自动添加的线条。这条线不是插入的直线,而是在页眉中设置的段落的"边框和底纹"属性,修改方法步骤如下。

(1)双击页眉区域,或者单击"插入"选项卡"页"功能区中的"页眉页脚"按钮,进入页眉的编辑状态,选中页眉中的段落标记。

(2)方法 1:单击"开始"选项卡"段落"功能区中的"□ ▾(边框)"按钮,在弹出的下拉列表中选择"边框和底纹"命令,会弹出"边框和底纹"对话框(如图 6-83 所示),在其"边框"选项卡中,选择"设置"样式中的"方框",设置"样式""颜色""宽度",并单击"预览"区域中的按钮,将样式应用到边框的下边线上,在"应用于"下拉列表中选择"段落"选项,最后单击"确定"按钮。

方法 2:单击"页眉页脚"选项卡的"页眉横线",在下拉列表中选择合适的线型,单击下拉列表中的"页眉横线颜色"设置线条颜色,如图 6-84 所示。

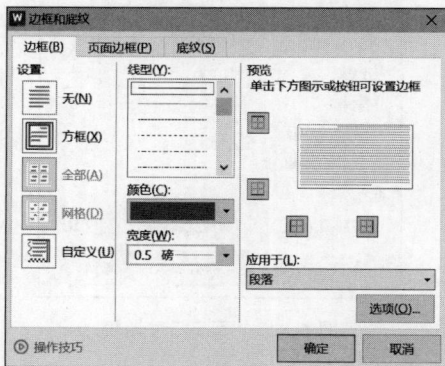

图 6-83   "边框和底纹"对话框

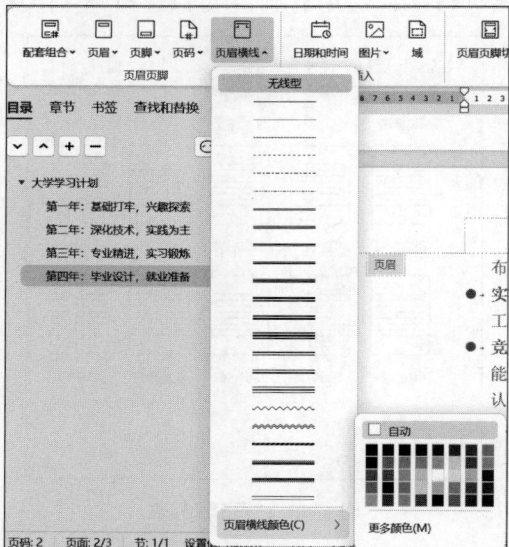

图 6-84   "页眉横线"列表

🔑 6.6 WPS 文字的文本格式

文字格式即字符格式,主要包括字体、字号、颜色、显示效果等在内的文本效果。在设置文字格式时要先选定需要设置格式的文字,可以是某个字符,也可以是一句话、一段话或整篇文档。

设置文字格式的方法有三种,①在"开始"选项卡的"字体"功能区中单击相应的命令按钮进行设置,如图 6-85 所示;②选中文字后会立即出现"浮动工具栏",在工具栏中可以进行文字格式的设置,如图 6-86 所示;③单击"字体"功能区右小角的字体对话框启动器按钮"◢"或者单击鼠标右键,在右键菜单中选择"字体"命令,会弹出"字体"对话框,然后进行设置,如图 6-87 所示。

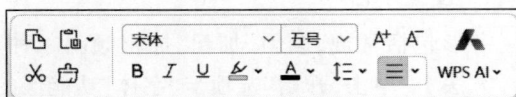

图 6-85 "字体"功能区

图 6-86 浮动工具栏

图 6-87 "字体"对话框

6.6.1 字体和字号设置

字体是文字的风格样式,例如,汉字常用的字体有宋体、楷体、仿宋、黑体、隶书等,这些是 Windows 系统自带的字体。字号是文字的大小,可以使用中文格式,其单位有"号",如初号、小初,一直到八号,相应的文字在逐渐变小;也可以使用数字格式,英文的字号一般使用

"磅"为单位,数值越小表示字符越小。

字体和字号的设置方法1:单击"字体"功能区中的字体、字号编辑框的下拉按钮。在"字体"功能区的"字体"下拉列表中列出了可以使用的字体,包含中文、西文和复杂文种,在列出字体名称的同时还会显示该字体的实际外观。

方法2:选中文字后在出现的"浮动工具栏"中单击"字体"下拉按钮和"字号"下拉列表进行设置。

方法3:文字格式的设置使用"字体"对话框中的"字体"和"字号"下拉列表实现,其中,在对话框中设置字体时可对中文、西文和复杂文种的字体分别进行设置。

注意:在"字体"和"字号"的显示框中可以直接输入想要设置的字体和字号,WPS会在输入的过程中进行内容匹配。

6.6.2　字形和颜色设置

1．设置字形

字形包括常规、倾斜、加粗、加粗倾斜4种,设置方法有以下三种。

方法1:单击"开始"选项卡"字体"功能区的" **B**(加粗)"按钮、" _I_(倾斜)"按钮进行设置。

方法2:选中需要设置的文本,在弹出的"浮动工具栏"中单击相对应的按钮即可。

方法3:使用"字体"对话框中的"字形"列表实现。

2．设置颜色

字体颜色的设置方法有以下三种。

方法1:单击"开始"选项卡"字体"功能区的" **A** ▾(字体颜色)"按钮,在下拉列表中可以使用"主题颜色""标准色""渐变填充""其他字体颜色""取色器"等方式来设置字体颜色。

方法2:选中需要设置的文本,在弹出的"浮动工具栏"中单击相对应的按钮即可。

方法3:使用"字体"对话框中的"字体颜色"列表实现。

6.6.3　其他文本效果设置

1．设置下画线和着重号

在"字体"对话框"字体"选项卡中可以对选中的文本设置不同类型和不同颜色的下画线,也可以设置着重号,如图6-88所示。

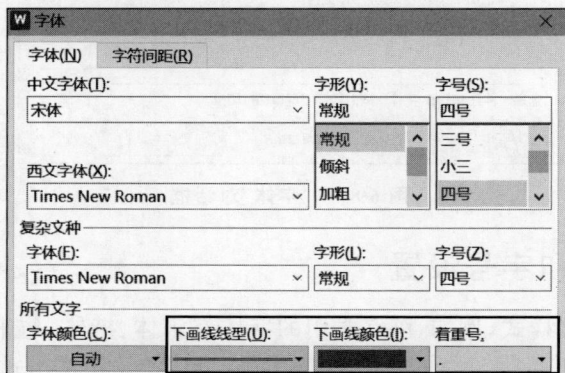

图 6-88　"字体"对话框的下画线和着重号

设置下画线最直接的方法是使用"字体"功能区内的"ᴜ（下画线）"按钮。

2．设置文字特殊效果

文字的特殊效果包括删除线、双删除线、上标、下表、阴影、空心等。文字特殊效果的设置方法为选定文字后在"字体"对话框"字体"选项卡中选择需要的效果项即可，如图 6-89 所示。

效果		
☐ 删除线(K)	☐ 阴影(W)	☐ 小型大写字母(M)
☐ 双删除线(G)	☐ 空心(O)	☐ 全部大写字母(A)
☐ 上标(P)	☐ 阳文(E)	☐ 隐藏文字(H)
☐ 下标(B)	☐ 阴文(V)	

图 6-89　"字体"对话框的效果

如果只对文字加删除线、着重号、上标、下标，直接使用字体功能组相对应的"A "、" X² "按钮即可。

3．设置边框和底纹

文字的边框和底纹有两种设置方式，一种是系统默认的边框和底纹，另一种是用户自定义设置边框和底纹。

1）系统默认设置

选定文字后直接在"开始"选项卡的"字体"功能区单击" ⓐ （字符边框）"按钮、" A （字符底纹）"按钮即可。

2）自定义设置

选定文字后，单击"段落"功能区的" ▣ （边框）"按钮，会打开"边框和底纹"对话框，在"边框"选项卡中选择方框类型，再设置方框的"线型""颜色""宽度"，在"应用于"下拉列表中选择"文字"选项，如图 6-90 所示。如果需要设置不同的边框线，切换至"底纹"选项卡，在"填充"组中选择颜色，在"图案"组中选择"样式"和"颜色"，并在"应用于"下拉列表中选择"文字"选项，如图 6-91 所示。或者单击"段落"功能区的" ⌷ （底纹颜色）"下拉按钮选择底纹颜色。

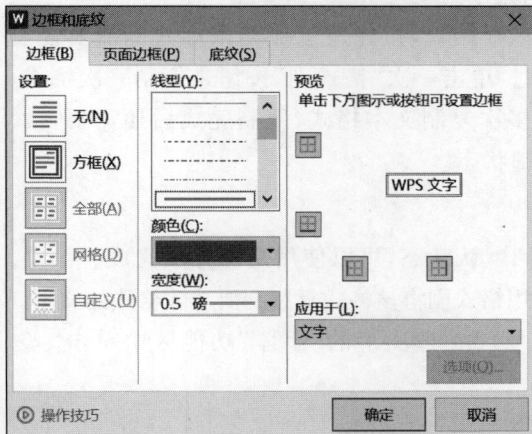

图 6-90　"边框和底纹"的"边框"选项卡　　**图 6-91　"边框和底纹"的"底纹"选项卡**

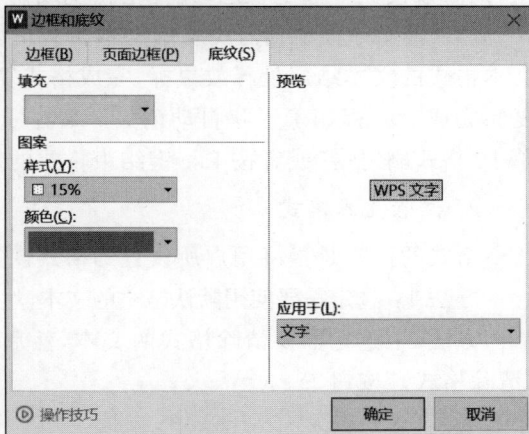

4．设置文字间距

在"字体"对话框的"字符间距"选项卡中可设置文字的缩放、间距和位置，如图 6-92 所示。

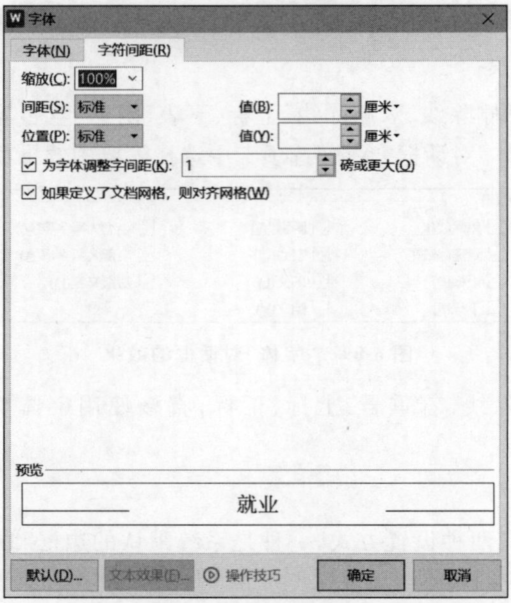

图 6-92 　"字体"对话框的"字符间距"选项卡

6.6.4　文本格式的复制和清除

1．复制文本格式

复制格式需要单击"开始"选项下的"剪贴板"功能区中的"格式刷"按钮完成。"格式刷"不仅可以复制文本格式，还可以复制段落格式，具体操作如下。

（1）选定已经设置好格式的文本。

（2）在"开始"选项卡的"剪贴板"功能区中单击"格式刷"按钮或双击锁定"格式刷"按钮，此时该按钮呈选定状态，光标指针变成刷子形状。

（3）将光标移动到需要复制文本格式的文本开始处，按住左键拖动鼠标直到需要复制文本格式的文本结尾处释放鼠标，完成格式复制。单击一次"格式刷"按钮是复制一次格式，复制完成后光标刷子形状自动消失；双击可以多次复制文本格式，复制完成后还需要再次单击"格式刷"按钮或者按 Esc 键结束格式的复制状态。

2．清除文本格式

格式的清除是指将用户所设置的格式恢复到默认状态，可以使用两种方法完成。

方法 1：选定需要使用默认格式的文本，然后用格式刷将该格式复制到要清除格式的文本。

方法 2：选定需要清除格式的文本，然后在"开始"选项卡的"字体"功能区中单击" ◇（清除格式）"按钮。

🔑 6.7　WPS 文字的段落格式

段落是以段落标记为结束符的包含文本、图形及其他对象的集合，是文本文档的基本组成单位。段落格式设置包括段落的对齐方式、段落缩进、行距、段间距、项目符号和编号、换行和分页设置等。对一个段落进行格式设置时,首先必须选择该段落的文本,或者将光标插入点置于段落中;如果要对多个段落同时设置格式,则必须同时选中这几个段落。

设置段落格式的方法有两种。

方法 1:在"开始"选项卡的"段落"功能区中单击相应按钮进行设置,如图 6-93 所示。

方法 2:单击"段落"功能区右下角的" ↘(段落对话框启动器)"按钮或者单击鼠标右键,在右键菜单中选择"段落"命令,会弹出"段落"对话框,然后进行设置,如图 6-94 所示。

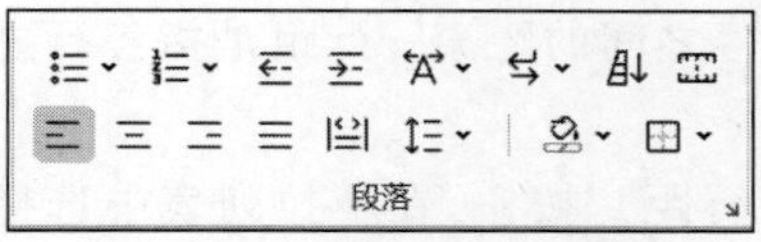

图 6-93　"段落"功能区

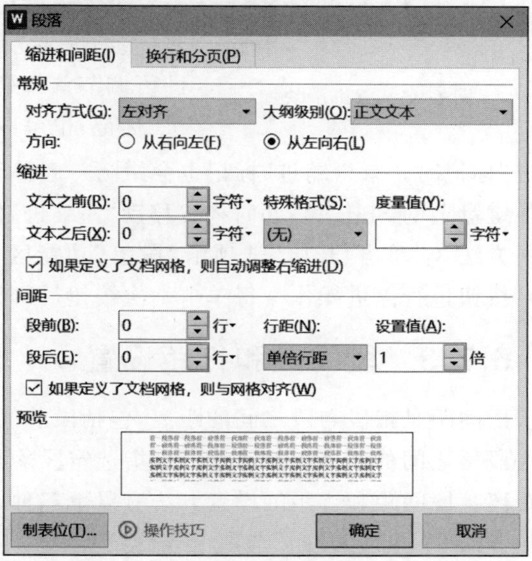

图 6-94　"段落"对话框

6.7.1　段落的对齐设置

段落的对齐方式有左对齐、居中对齐、右对齐、两端对齐和分散对齐 5 种方式,段落的对齐方式有三种方法。

方法 1:选中要对齐的段落后,单击"开始"选项卡"段落"功能区中对应的对齐按钮,可以分别设置相应的对齐方式,如图 6-93 所示。

方法 2:选中要对齐的段落后,在弹出的"浮动工具栏"中单击" ≡▾(对齐)"按钮的下拉列表,选择相应的对齐方式即可。

方法 3:选中要对齐的段落后,单击"开始"选项卡"段落"功能区中的"段落"对话框启动器,在弹出的"段落"对话框"缩进和间距"选项卡中,在"常规"组的"对齐方式"下拉列表框中选择需要的对齐方式即可,如图 6-94 所示。

6.7.2　段落的缩进设置

段落的缩进是文本与页边距之间距离的调整,包括文本之前、文本之后、首行缩进、悬挂缩进 4 种方式。文本之前是指设置段落文本与左页边距的距离;文本之后是指设置段落文本与右页边距的距离;首行缩进是指设置段落的第一行缩进的距离;悬挂缩进是指设置段落中除第一行外其他各行缩进的距离。缩进量的数值单位是字符、磅、英寸、厘米和毫米。

选中需要设置缩进的段落后,设置段落的缩进有以下三种方法。

方法 1:单击"开始"选项卡"段落"功能区中"段落"对话框启动器,在弹出的"段落"对话框"缩进和间距"选项卡中,"缩进"组中的"文本之前""文本之后"即为左缩进和右缩进;单击设置"特殊"下拉列表框中的"首行"或"悬挂",输入"度量值"的数值,例如,选择"首行"缩进,"度量值"为 2 字符。

图 6-95　缩进滑块

方法 2:调整水平标尺上标记的位置,如图 6-95 所示,有三个缩进标记,但可进行 4 种缩进,即首行缩进、悬挂缩进、左缩进,右缩进。按住鼠标左键拖曳"首行缩进"标记,即可调节首行缩进的距离;同样,拖曳"左缩进"或者"右缩进"标记,也可以调节左缩进或者右缩进的距离;在拖曳"左缩进"标记时,"首行缩进"标记也会跟随一起移动,这样就保持段落的首行缩进的值不会变。按住键盘上的 Shift 键,同时拖曳移动"左缩进"标记,即可设置悬挂缩进的距离。

方法 3:单击"开始"选项卡"段落"功能区中"（减少缩进量)"按钮、"（增加缩进量)"按钮进行缩进操作。每单击一次按钮,可以减少或增加一个中文字符的缩进量。

6.7.3　段间距和行距设置

段间距是指段与段之间的距离,包括段前间距和段后间距。段前间距是指选定段落与前一段落之间的距离;段后间距是指选定段落与后一段落之间的距离;行距是指各行之间的距离。段间距和行距的设置方法有以下三种。

方法 1:单击"开始"选项卡"段落"功能区中的"(行距)"按钮,在下拉列表中选择行距数值,即可设置段落的行距,选择"其他"命令会弹出"段落"对话框。

方法 2:选中要对齐的段落后,在弹出的"浮动工具栏"中单击"(行距)"按钮,设置方式同方法 1。

方法 3:单击"开始"选项卡"段落"功能区中"段落"对话框启动器,在弹出的"段落"对话框"缩进和间距"选项卡中,在"间距"组中设置"段前""段后"间距,单位是行、磅、英寸、厘米、毫米和自动;在"行距"下拉列表中设置行距,包括"单倍行距""1.5 倍行距""2 倍行距""多倍行距""最小值""固定值",其中,"多倍行距""最小值""固定值"三个选项,需要在"设置值"中输入具体的数值。

注意:不同字号的默认行距是不同的。一般来说,字号越大默认行距就越大。默认行距是单倍行距。

6.7.4　项目符号和编号设置

项目符号是一组相同的特殊符号,而编号是一组连续的数字或字母。对于添加项目符号或编号,可以在"段落"功能区单击相应按钮,还可以使用自动添加的方法。

1. 自动建立项目符号或编号

如果要自动创建项目符号和编号,应在输入文本前先输入一个项目符号或编号,再输入相应的文本,待本段落输入完成后按 Enter 键,项目符号和编号会自动添加到下一并列段落的开头。

2. 设置项目符号

选定需要设置项目符号的文本段,单击"段落"功能区的" ☰▾(项目符号)"下拉按钮,在列表的"预设样式""其他样式"中单击选择一种需要的项目符号。如果给出的样式中没有所需要的,可以在下拉列表中选择"自定义项目符号"命令,自定义项目符号的步骤如下。

(1)单击"自定义项目符号"命令打开"项目符号和编号"对话框,如图 6-96 所示。

(2)在"项目符号"选项卡中先选择任意一种项目符号,然后单击"自定义"按钮,弹出"自定义项目符号列表"对话框,如图 6-97 所示。

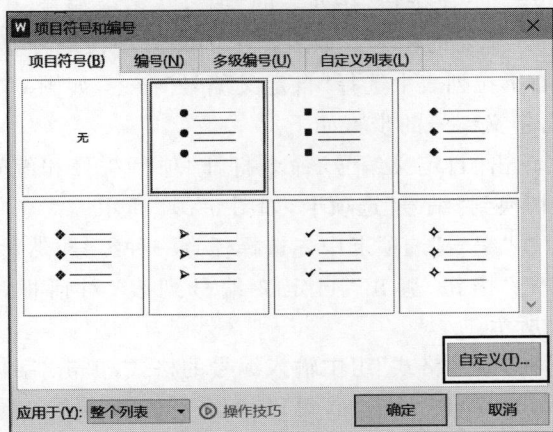

图 6-96　"项目符号和编号"对话框的"项目符号"选项卡

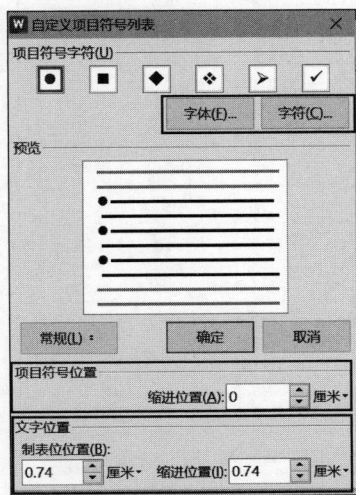

图 6-97　"自定义项目符号列表"对话框

(3)在"项目符号字符"组中单击"字符"按钮会弹出"字符"对话框,如图 6-98 所示。在"字符"对话框中选择一种符号,如"&"符号,单击"插入"按钮,自动返回"自定义项目符号列表"对话框,并且在"项目符号字符"组中添加"&"符号,如图 6-99 所示。

图 6-98　"符号"对话框

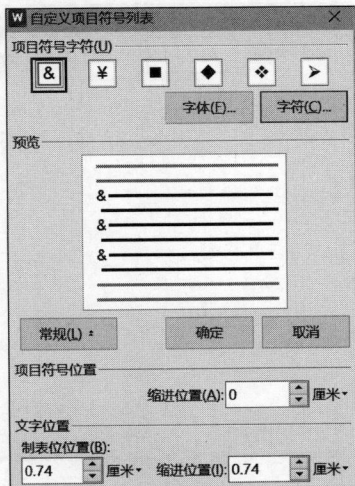

图 6-99　"自定义项目符号列表"的
"项目符号字符"组

（4）单击"字体"按钮会弹出"字体"对话框，可以为符号设置颜色，设置完后自动返回"自定义项目符号列表"对话框。

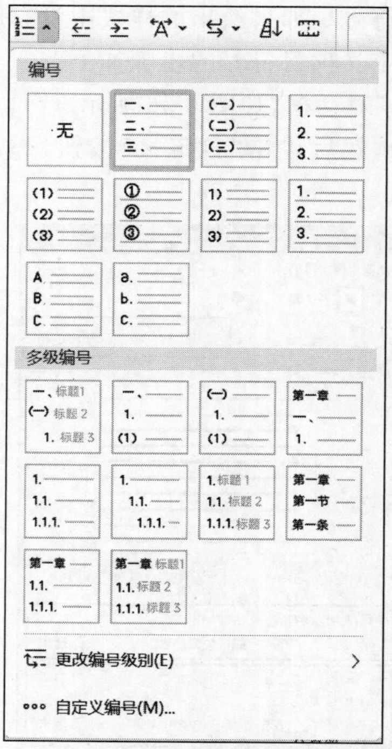

图 6-100　"编号"下拉列表

（5）在"项目符号位置"组"缩进位置"中输入数值来设置项目符号与左页边距的距离；在"文字位置"组中设置"制表位位置"即文本在段落中的起始位置的数值和"缩进位置"即文字与项目符号间的间距的数值。

3. 设置编号

选定需要设置编号的文本段，单击"段落"功能区的"≡▾（编号）"下拉按钮，在列表的"编号""多级编号"中单击选择一种需要的编号。如果给出的编号中没有所需要的，可以在下拉列表中选择"自定义编号"命令，如图 6-100 所示。自定义编号的步骤如下。

（1）单击"自定义编号"命令打开"项目符号和编号"对话框，切换到"编号"选项卡，如图 6-101 所示。

（2）在"编号"选项卡中先选择任意一种编号，然后单击"自定义"按钮，弹出"自定义编号列表"对话框，如图 6-102 所示。

（3）在"编号格式"组中输入编号的格式，单击"字体"按钮会弹出"字体"对话框，可以为编号设置字体、颜色、字形等，设置完后自动返回"自定义编号列表"对话框；在"编号样式"组中选择样式和设置起始编号。

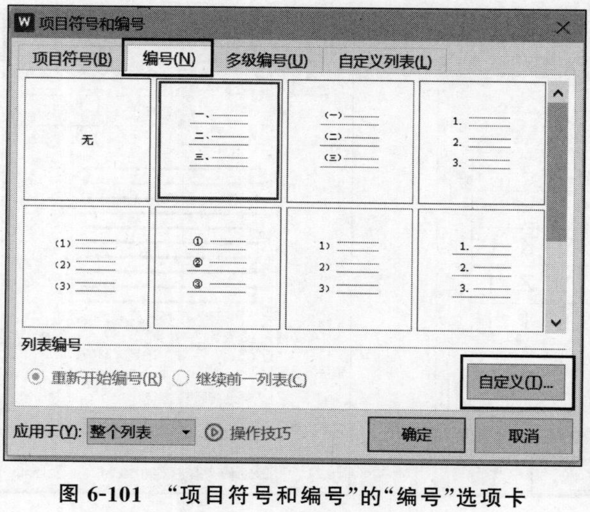

图 6-101　"项目符号和编号"的"编号"选项卡

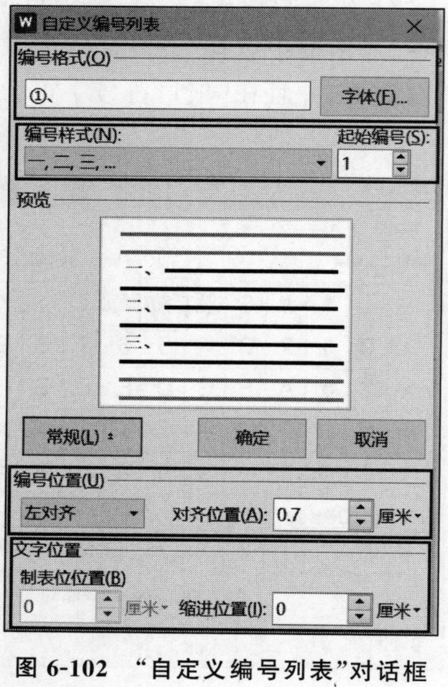

图 6-102　"自定义编号列表"对话框

（4）在"编号位置"组设置对齐方式，在"对齐位置"中输入数值设置编号与对齐位置的距离；在"文字位置"组中设置"制表位位置"（文本在段落中的起始位置的数值）和"缩进位置"(文字与项目符号间的距离)。

6.7.5　段落边框和底纹设置

1. 设置段落的边框

选定需要设置边框的段落,单击"开始"选项卡的"段落"功能区的"□▾(边框)"的向下按钮,在弹出的下拉列表中选择"边框和底纹"命令,会弹出"边框和底纹"对话框。在"边框"选项卡的"设置"组中选择边框类型,然后选择"线型""颜色""宽度";在"预览"区中可以通过单击各边框线所对应的按钮来设置不同的边框样式;在"应用于"下拉列表中选择"段落"选项。

2. 设置段落底纹

选定需要设置边框的段落,单击"开始"选项卡的"段落"功能区的"□▾(边框)"的向下按钮,在弹出的下拉列表中选择"边框和底纹"命令,会弹出"边框和底纹"对话框。切换至"底纹"选项卡,在"填充"组中选择颜色,在"图案"组中选择"样式"和"颜色",并在"应用于"下拉列表中选择"段落"选项,如图 6-103 所示。或者单击"段落"功能区的"▵▾(底纹颜色)"下拉按钮选择底纹颜色。

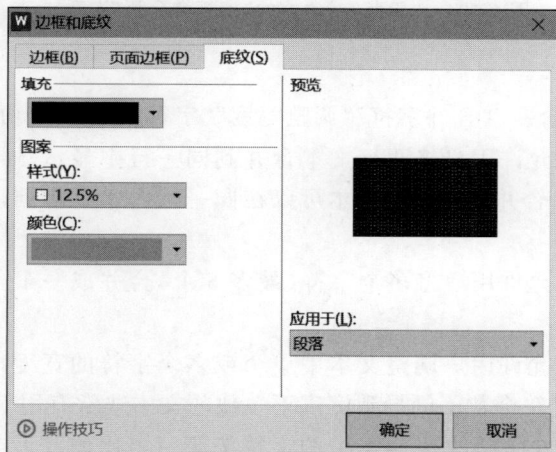

图 6-103　"边框和底纹"的"底纹"选项卡

6.7.6　段落换行和分页设置

换行设置主要控制段落中文字如何在一行结束时自动移动到下一行,以及如何处理行尾的特殊情况,如单词拆分、空格和标点符号的放置等。分页设置则负责控制文档中页面分隔的方式,确保内容的逻辑性和视觉连贯性。

单击"段落"功能区的"段落"对话框启动器,切换到"换行和分页"选项卡,根据具体要求勾选相对应的复选框即可,如图 6-104 所示。在长文档排版中,如毕业论文,一般都需要在章标题前分页,那么此时就可以勾选"段前分页"复选框。

6.7.7　段落的其他设置

段落除了上述常用的基本设置功能外,还有中文版式、显示/隐藏编辑标记、排序和制表位等功能。

图 6-104　"段落"对话框的"换行和分页"选项卡

1．中文版式

中文版式有"双行合一""合并字符""调整宽度""字符缩放"4 个功能，如图 6-105 所示。

（1）双行合一功能允许用户将两行文本合并到同一行中显示，通常用于制作特殊格式的文件头或节省空间。合并后的两行文本可以在同一行内水平排列，并可以选择是否添加括号包围。

（2）合并字符功能允许用户将多个字符（最多 6 个）合并成一个整体显示，常用于制作特殊符号或效果。

（3）调整宽度功能允许用户调整文本中单个或多个字符的宽度，以实现对齐或特殊排版效果。这对于处理字符个数不同导致宽度不一致的文本非常有用。

（4）字符缩放功能允许用户将文本中的字符按照一定比例放大或缩小，以改变文本的显示效果。这可以用于制作特殊字体效果或适应不同的排版需求。

2．显示/隐藏编辑标记

显示/隐藏编辑标记有"显示/隐藏段落标记""显示/隐藏段落布局按钮""显示/隐藏段落柄按钮"三个命令，如图 6-106 所示。

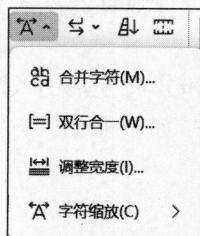

图 6-105　"中文版式"下拉列表

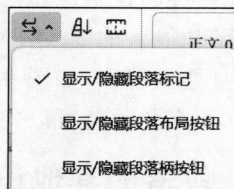

图 6-106　"显示/隐藏编辑标记"下拉列表

（1）段落标记是文本编辑器中用来表示段落结尾的特殊符号，它通常是一个不可见的符号,但在某些情况下可以被显示出来。段落标记的主要作用是将文本分隔成不同的段落,使文本更易于阅读和理解。单击"显示/隐藏段落标记"是显示或隐藏的切换。

(2)段落布局按钮允许用户快速、方便地对段落进行格式调整。通过单击"显示/隐藏段落布局按钮",用户可以进入段落布局模式,此时可以直观地看到并调整段落的边界框、缩进、间距等属性。

(3)段落柄按钮允许用户通过单击并拖动某个手柄(柄)来快速调整段落的某些属性(如行距、间距或缩进)。

3．排序

排序功能是按字母顺序或数字顺序对所选内容进行排序,允许用户对文档中的段落或列表项进行排序。单击"段落"功能区的"$\frac{A}{Z}\downarrow$(排序)"按钮,会弹出"排序文字"对话框,如图 6-107 所示。在该对话框中可以设置三个排序关键字,关键字对象可以是"段落""标题""域",其类型可以是"拼音""笔画""数字""日期",排序方式可以是"升序""降序"。针对列表的排序还可以设置是否包含行标题。

4．制表位

制表位用来指定文字缩进的距离或一栏文字开始的位置。单击"段落"功能区的"▦(制表位)"按钮,会弹出"制表位"对话框,如图 6-108 所

图 6-107　"排序文字"对话框

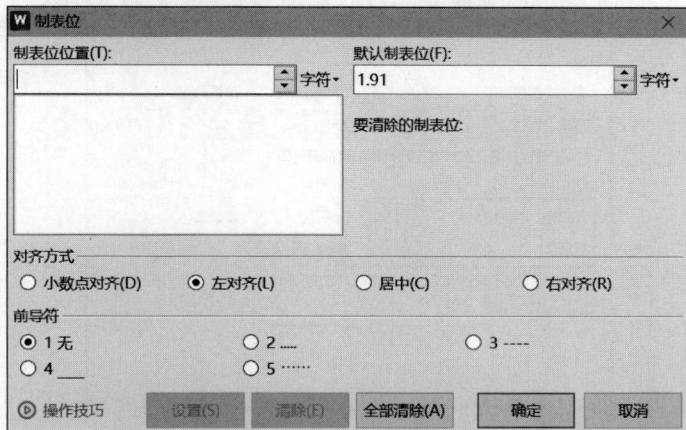

示。在对话框中可以设置制表位的位置、对齐方式和前导符。制表位通常显示在水平标尺上,通过调整标尺上的位置标记来设置,也可以在"制表位位置"编辑框中输入具体的数值确定制表位的具体位置;制表位的对齐方式决定了文本在制表位处如何排列,对齐方式包括小数点对齐、左对齐、居中对齐、右对齐;前导字符是制表位的辅助符号,用于填充制表位前的空白区间,可以是实线、粗虚线、细虚线或点画线等样式,在书籍的目录、索引等场景中前导字符的应用尤为广泛。

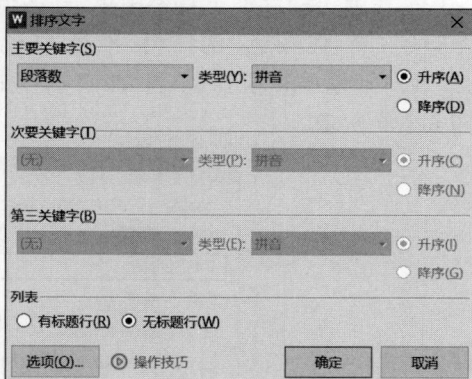

图 6-108　"制表位"对话框

任务实现

第一步：选择合适的纸张大小和页边距。

(1) 单击"页面"选项卡"页面功能区"的"页边距"按钮，在弹出的下拉菜单列表中选择"普通"选项。

(2) 单击"页面设置"功能区中的"纸张大小"按钮，在弹出的下拉菜单中选择"A4"即可。

第二步：设置标题字体为黑体、字号三号，颜色为红色，字符间距加宽 0.1cm，段前段后间距 0.5 行、居中，大纲级别为 1 级标题。

(1) 选中标题文字"大学学习计划"。

(2) 在弹出的浮动工具栏中单击"字体"下拉列表选择"黑体"，单击"字号"下拉列表选择"三号"，"字体颜色"选择"标准色-红色"；单击"字体"功能区的"↘(字体对话框启动器)"，在对话框中切换到"字符间距"选项卡，设置"间距"为"加宽"，"值"编辑区输入"0.1"，如图 6-109 所示。

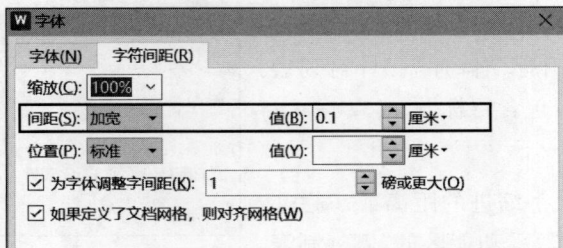

图 6-109 "字体"对话框的"字符间距"选项卡

(3) 单击"段落"功能区的"↘(段落对话框启动器)"，在对话框中的"间距"组中"段前""段后"编辑框中输入"0.5"，"常规"组中"对齐方式"选择"居中对齐"，"大纲级别"选择"1级"，如图 6-110 所示。

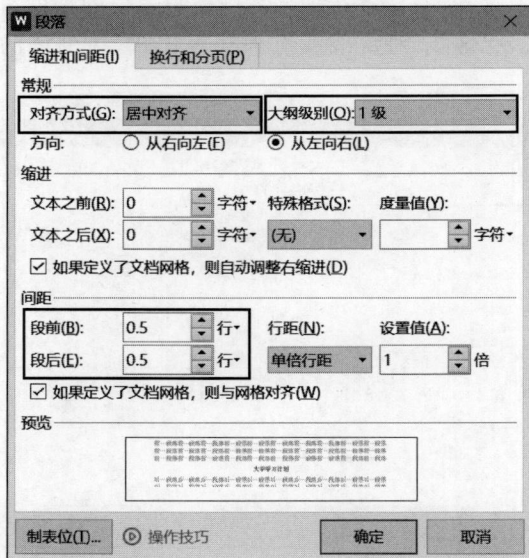

图 6-110 "段落"对话框

第三步：设置正文的中文字体为宋体、西文字体为 Times New Roman，字号为四号，行间距为 22 磅，对齐方式为两端对齐。

（1）选中正文"第一年：基础打牢，兴趣探索……提升自己的竞争力。"。

（2）单击"字体"功能区的" ↘ （字体对话框启动器）"，设置中文字体为"宋体"、西文字体为"Times New Roman"，字号为"四号"，如图 6-111 所示。

图 6-111 "字体"对话框

（3）单击"段落"功能区的" ↘ （段落对话框启动器）"，设置行距为"固定值"，值为"22 磅"，对齐方式为"两端对齐"，如图 6-112 所示。

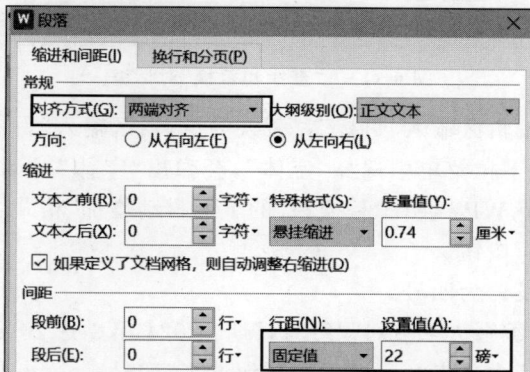

图 6-112 "段落"对话框

第四步：设置每年的学习目标文本"第一年：基础打牢，兴趣探索""第二年：深化技术，实践为主""第三年：专业精进，实习锻炼""第四年：毕业设计，就业准备"字体加粗，大纲级别为 2 级标题，对齐方式为居中，添加边框。

（1）选择文本"第一年：基础打牢，兴趣探索"，再按住 Ctrl 键，分别选择文本"第二年：深化技术，实践为主""第三年：专业精进，实习锻炼""第四年：毕业设计，就业准备"。

（2）在"浮动工具栏"中单击" B （字体加粗）"按钮。

（3）在"段落"对话框中设置大纲级别为"2 级"，对齐方式为"居中对齐"。

（4）单击"段落"功能区的" ⊞ ˅ （边框）"按钮的下拉按钮，在下拉列表中选择" ⊞ 所有框线(A) "命令。

第五步：每年的具体目标文本设置合适的项目符号，目标标题文本加粗。

（1）选择第一年的具体目标文本"掌握基础知识：……这些在职场中同样重要。"。

（2）单击"段落"功能区的" ≔ ˅ （项目符号）"按钮的左边区域" ≔ "按钮，即可添加●样式的项目符号。

（3）双击" ⿺ （格式刷）"按钮，分别选择其余三年的具体目标文本。

（4）选择第一年中第一条具体目标的标题文本"掌握基础知识："。

（5）单击"字体"功能区的"加粗"按钮。

（6）双击"凸（格式刷）"按钮，分别选择其余的具体目标的标题文本。

第六步：对全文中"目标"两字设置着重号。

（1）单击"开始"选项卡"查找"功能区中的"查找替换"按钮，在弹出的对话框中切换到"替换"选项卡，如图 6-113 所示。

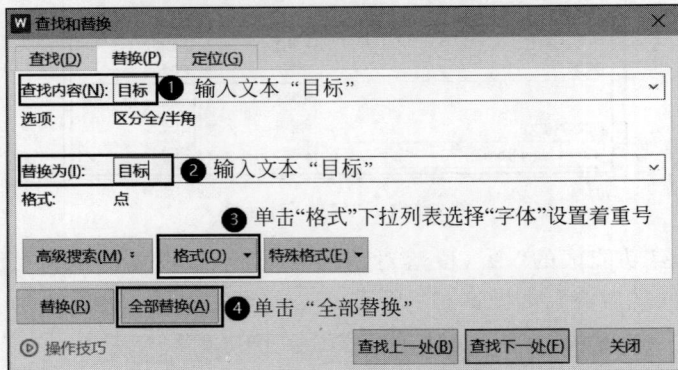

图 6-113　"查找和替换"对话框

（2）在"查找内容"编辑区输入"目标"，"替换为"编辑区输入"目标"。

（3）单击"格式"，在下拉菜单中选择"字体"，会弹出"字体"对话框，在对话框中设置着重号为"·"。设置完成后，WPS 会在"替换为"的下面自动增加"格式：点"的字样。

（4）单击"全部替换"按钮。

第七步：落款字号设置为四号。

（1）选择落款文本"编写人：小刘""编写日期：2024 年 9 月 20 日"。

（2）在"浮动工具栏"中单击"字号"下拉按钮选择"四号"。

第八步：设置页眉页脚，页眉为"学习计划"，在页脚位置插入页码，中文字体为宋体、西文为 Times New Roman，字号为小五，居中。

（1）光标移至页眉处，双击页眉区域，输入"学习计划"。

（2）选择页眉文本"学习计划"。

（3）在"浮动工具栏"中设置字体为"宋体"，字号为"小五"，对齐方式为"居中对齐"。

（4）切换到"页脚"区域，单击"插入页码"，在列表中设置"样式"为"1,2,3"，"位置"选择"居中"，"应用范围"为"整篇文档"，如图 6-114 所示。

（5）选择页码"1"。

（6）在"浮动工具栏"中设置字体为"Times New Roman"，字号为"小五"，对齐方式为"居中对齐"。

（7）按 Esc 键退出页眉页脚的编辑状态。

第九步：设置"学习计划"的水印，字体为楷体，字号为 72 号，版式为倾斜，居中，透明度 90%。

（1）单击"页面"选项卡中"效果"功能区的"水印"，在下拉列表中选择"插入水印"命令，弹出"水印"对话框。

（2）在弹出的"水印"对话框中勾选"文字水印"，设置内容为"学习计划"，字体为"楷体"，字号为"72 号"，版式为"倾斜"，水平和垂直"居中"，透明度"90％"，如图 6-115 所示。

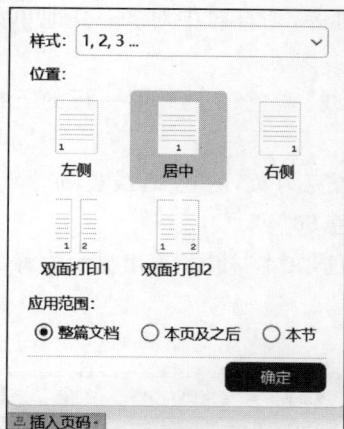

图 6-114 "插入页码"列表　图 6-115 "水印"对话框

第十步：保存文档。

按快捷键 Ctrl＋S，保存文档。

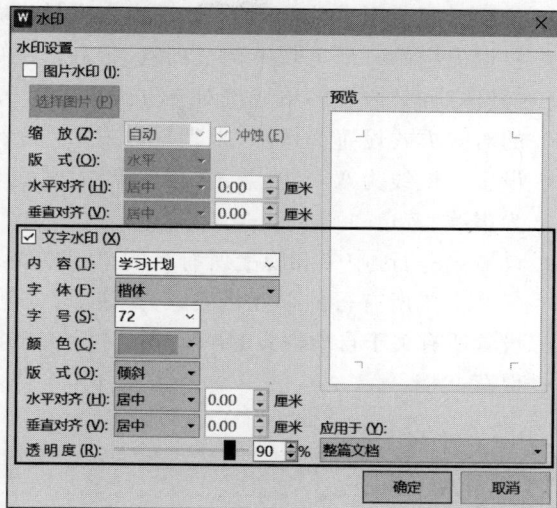

任务 3 　制作学习计划表

任务情境

在成功完成了大学 4 年学习计划的详细撰写和专业排版后，小刘同学为了更有效地跟踪学习进度和评估学习效果，需要一个可视化的学习计划表来辅助执行。他计划利用 WPS 文字来制作一份详细的学习计划表，该表主要针对一周的具体学习生活内容以及对应的时间节点。通过这份计划表，小刘期望能够清晰洞察自己的学习轨迹，灵活调整学习策略，进而促进大学 4 年学习目标的稳步达成，确保每一步都坚实有力。

任务分析

小刘计划利用 WPS 文字的表格工具制作周学习计划表，以可视化方式跟踪每日学习进度和评估效果。他需设计表格包含学习任务、时间规划等核心栏目，最终效果如图 6-116 所示。小刘结合大一第一学期的课程安排以及学校的作息时间安排，分析出学习计划表需要进行以下工作。

- 纸张方向设置为横向。
- 输入表格标题文本"学习计划"，设置标题字体为黑体、字号三号，颜色为"印度红，着色 2，深色 50％"，居中。
- 插入一个 21 行 7 列的表格。
- 在第一个单元格中绘制斜线表头，标题文字为"星期""时间"。

- 结合课程安排和作息时间安排，在单元格中输入文本内容，设置中文字体为宋体、西文字体为 Times New Roman，字号为五号；第一行文本内容加粗。
- 按照时间范围合并单元格，按照内容安排合并单元格。
- 根据内容的布局美观来调整列宽、行高，让单元格的内容不分行显示。
- "具体时间"内容的单元格对齐方式设置为水平左对齐，垂直居中对齐；其他单元格的对齐方式设置为水平、垂直均居中。
- 设置外框线为双窄线、蓝色、1.5 磅，内宽线为单实线、蓝色、1 磅；第一行的下框线为虚线、蓝色、1.5 磅。
- 设置第一行、中午和晚上所有行的单元格底纹为"巧克力黄，着色 2，浅色 60％"；上午和下午所有行的单元格底纹为"浅绿，着色 4，浅色 60％"。
- 设置所有关于自学内容的单元格文本为突出显示黄色，文本"社团"突出显示为鲜绿。
- 保存文档。

学习计划表

时间	星期	星期一	星期二	星期三	星期四	星期五	周末
上午	6:10	起床					
	6:20-7:10	锻炼20分钟，复习，预习当天课程					锻炼
	7:10	早餐					
	8:10	预备					
	8:20-9:05	程序设计基础	高等数学I	中国近现代史纲要	高等数学I	计算机导论	英语考级自学
	9:15-10:00	程序设计基础	高等数学I	中国近现代史纲要	高等数学I	计算机导论	
	10:15-11:00	程序设计基础	大学英语I	高等数学I	大学英语I	大学英语I	数学自学
	11:10-11.55	程序设计基础	大学英语I	高等数学I	大学英语I	大学英语I	
中午	12:00-14:00	午餐，午休					
下午	14:20	预备					
	14:30-15:15	专业基础课程自学	形势与政策I	Photoshop 图形处理	大学体育I	计算机导论	专业基础课程自学
	15:25-16:10		形势与政策I	Photoshop 图形处理	大学体育I	计算机导论	
	16:20-17:05		大学生心理健康教育	Photoshop 图形处理			编程语言自学
	17.15-18:00		大学生心理健康教育	Photoshop 图形处理	社团	社团	
	18:10	晚餐					
晚上	19:10	预备					锻炼
	19:20-21:00	晚自习					
	21:00-22:00	休闲、锻炼					总结、反思
	22:00-22:30	洗漱					
	22:30	睡觉					

图 6-116　学习计划表效果图

相关知识

🔑 6.8　WPS 文字的表格

表格是由行和列的单元格组成的集合，表格适用于展示大量有规律的数据或记录。表格的单元格中可以插入文本、图形、图像等多种媒体元素，可以设置边框和底纹使之更加美观；还可以对单元格的数字数据进行排序和计算，使之切合文档表达的主题。

6.8.1　表格的创建与编辑

1. 创建表格

表格的创建有以下 4 种方式。

（1）拖动：单击"插入"选项卡"表格"功能区中的"表格"按钮，会弹出"表格"下拉列表，在下拉列表中表格区域向右下角方向移动鼠标,出现将要创建的表格的范围,并在左上角显示表格的行数和列数,如图 6-117 所示;单击鼠标左键,即可在选定位置创建出所需要的表格。这种方法建立的表格不能超过 10 行 10 列。

(2)"插入"对话框:单击"插入"选项卡"表格"功能区中的"表格"按钮,会弹出"表格"下拉列表,在下拉列表中选择"插入表格"命令,会弹出"插入"对话框,在该对话框中设置表格的"行数""列数"等参数值,如图 6-118 所示。

图 6-117　"表格"下拉列表

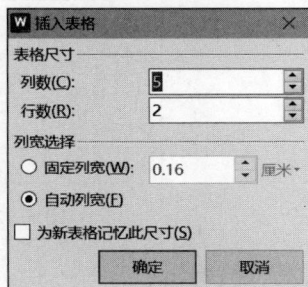

图 6-118　"插入表格"对话框

(3)手动绘制:单击"插入"选项卡"表格"功能区中的"表格"按钮,会弹出"表格"下拉列表,在下拉列表中选择"绘制表格"命令,此时光标指针变为"画笔"形状,在文档编辑区单击确定起点,然后拖曳至终点释放,即可直接绘制表格的外框、行列线和斜线。绘制完成后,WPS 文字会增加针对表格处理的"表格工具""表格样式"两个选项卡,单击"表格样式"选项卡"绘制边框"功能区中的"绘制表格"按钮,或者按 Esc 键,即可退出绘制表格的状态;单击"🗑(擦除)"按钮,在表格线上拖曳或者单击,即可删除表格线,实现单元格的合并。绘制表格的方式适合创建不规则的表格,例如,单元格再次拆分为多个单元格,或者单元格内绘制斜线等。

(4)文本转表格:选中要转换为表格的文本,单击"插入"选项卡"表格"功能区中的"表格"按钮,会弹出"表格"下拉列表,在下拉列表中选择"文本转换成表格"命令,会弹出"将文字转换成表格"对话框,在"文字分隔位置"组中选择与所选文本分隔符一致的标记即可,WPS 文字会自动识别出列数和行数,如图 6-119 所示。

注意:文本转换为表格时,"文本分隔位置"必须使用段落标记、制表符、逗号、空格或其他字符等作为转换时分隔文本的字符,以分隔成列,使用段落标记分隔为行。图 6-120 中文本是使用"制表符"分隔文本,图 6-121 是转换后的效果。

图 6-119　"将文字转换成表格"对话框

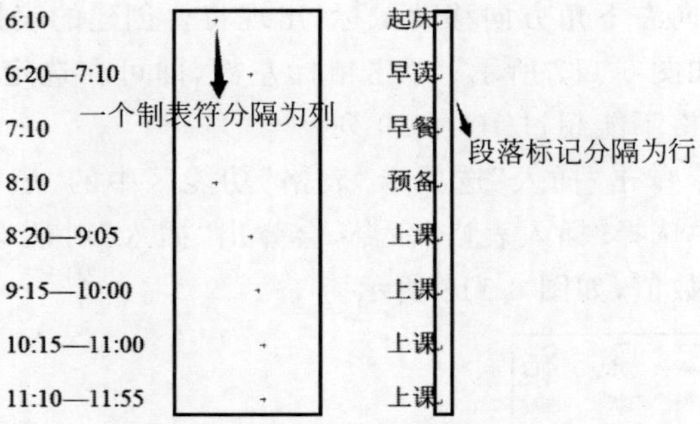

6:10	起床
6:20—7:10	早读
7:10	早餐
8:10	预备
8:20—9:05	上课
9:15—10:00	上课
10:15—11:00	上课
11:10—11:55	上课

一个制表符分隔为列   段落标记分隔为行

图 6-120   文本分隔示例

6:10	起床
6:20—7:10	早读
7:10	早餐
8:10	预备
8:20—9:05	上课
9:15—10:00	上课
10:15—11:00	上课
11:10—11:55	上课

图 6-121   文本转换为表格效果

2．选定表格的编辑区

在对表格进行编辑操作前,需要先选定表格后操作。选定表格编辑区的方法如下。

(1)选中一个单元格:用鼠标指向单元格的左侧,当光标指针变成实心斜向上的箭头时单击。

(2)选中整行:用鼠标指向行左侧,当光标指针变成空心斜向上的箭头时单击。

(3)选中整列:用鼠标指向列上边界,当光标指针变成实心垂直向下的箭头时单击。

(4)选中连续多个单元格:用鼠标从左上角单元格拖动到右下角单元格,或按住 Shift 键选定。

(5)选中不连续多个单元格:按住 Ctrl 键用鼠标分别选定每个单元格。

(6)选中整个表格:将鼠标定位在单元格中,单击表格左上角出现的移动控制点"⊞"。

在"表格工具"选项卡的"选择"功能区中单击"选择"按钮,在弹出的下拉列表中单击相应的命令,也可选择单元格、列、行、表格直接进行选择,也可使用"虚框选择表格"命令使用鼠标去拖动选择,如图 6-122 所示。

3．调整行高、列宽和单元格宽度

(1)鼠标拖动:将光标指针移动到表格行线或者列线,当指针变成双向箭头时,按住鼠标左键拖曳,即可调整表格的行、列的高度和宽度。

(2)"单元格大小"功能区按钮:将光标定位在表格中,在"表格工具"选项卡的"单元格大小"功能区中单击"自动调整"按钮,在弹出的下拉菜单中选择"适应窗口大小""根据内容调整表格""行列互换""平均分布各行""平均分布各列"等命令,可以实现表格的自动调整,如图 6-123 所示。当需要精准地调整行高和列宽时,可以在"单元格大小"功能区的"表格行高""表格列宽"中输入数值,单位为"厘米"。

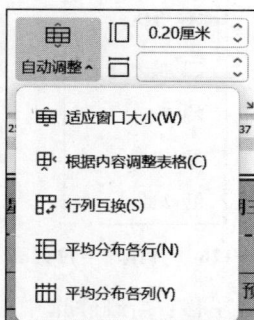

图 6-122　"选择"下拉列表　　　　　图 6-123　"自动调整"下拉列表

(3)"表格属性"对话框:将光标定位在表格中,单击"表格工具"选项卡"属性"功能区中的"表格属性"按钮,会弹出"表格属性"对话框,在"行"选项卡中可以设置行的高度,在"列"选项卡中可以设置列的宽度,如图 6-124 所示。调出"表格属性"对话框的方法还可以在表格区域右击,在弹出的右键菜单中选择"表格属性"命令。

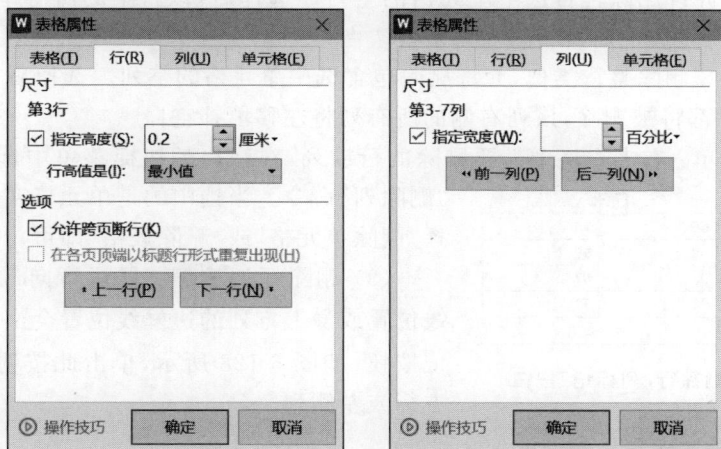

图 6-124　"表格属性"的"行""列"选项卡

(4)标尺拖动:选中表格或单击表格中的任意单元格,分别沿水平或垂直方向拖动"标尺"列或行标记用于调整列宽和行高,如图 6-125 所示。

4．删除单元格或行或列

(1)"删除"功能按钮:选中需要删除的行或列,在"表格工具"选项卡"行和列"功能区中单击"删除"按钮,在弹出下拉列表选择"单元格""行""列"命令,即可删除选定的单元格或行或列,如图 6-126 所示。

注意:在删除单元格时会打开一个"删除单元格"对话框,如图 6-127 所示。"删除单元格"对话框中通常包含 4 个不同的命令选项,每个选项都有其特定的含义。

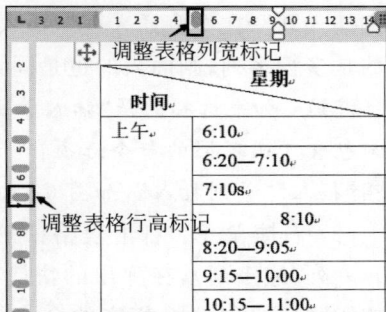

图 6-125　行列标记

图 6-126　"删除"下拉列表

图 6-127　"删除单元格"对话框

右侧单元格左移：当删除选中的单元格时，其右侧的单元格（在同一行中）会向左移动一格，以填补被删除单元格的位置。这意味着，被删除单元格右侧的数据会向左移动，但数据不会丢失。

下方单元格上移：当删除选中的单元格时，其下方的单元格（在同一列中）会向上移动一格，以填补被删除单元格的位置，被删除单元格下方的数据会向上移动，数据不会丢失，但移动的方向是垂直的。

删除整行：允许删除包含选中单元格的整行。选择后，该行中的所有单元格及其内容都将被删除，该行下方的所有行将上移填补空白。

删除整列：与删除整行类似，允许删除包含选中单元格的整列。选择后，该列中的所有单元格及其内容都将被删除，该列右侧的所有列将左移填补空白。

（2）右键菜单：右击表格中需要删除的行或列，在弹出的快捷菜单中选择"删除行"或"删除列"命令。当选中的是单元格或表格时，右击选择"删除单元格"或"删除表格"即可。

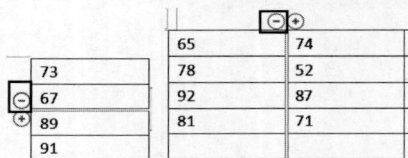

（3）删除标记按钮：鼠标指向最左侧行的边框线位置或最上方列的边框线位置会出现"⊖"删除标记按钮，如图 6-128 所示，单击此按钮即可删除其上方行或左侧列。

图 6-128　"删除行/列标记"按钮

5．插入单元格或行或列

（1）"插入"功能按钮：选中表格中的一个单元格（或多个）/一行（或多行）/一列（或多列），单击"表格工具"选项卡"行和列"功能区的"插入"，在弹出的下拉列表中单击相应的命令即可。在"行和列"组中选择在"在上方插入行""在下方插入行""在左侧插入列""在右侧插入列""插入单元格"，如图 6-129 所示；如果选中的是多行多列，则插入的也是同样数目的多行多列。

注意：如果选择的是"插入单元格"，会弹出"插入单元格"对话框，通常包含 4 个不同的命令选项："活动单元格右移""活动单元格下移""整行插入""整列插入"，如图 6-130 所示。

（2）右捷菜单：右击表格中的一个单元格（或多个）/一行（或多行）/一列（或多列），在弹出的快捷菜单中选择"插入"命令，然后在打开的级联菜单中选择相应的命令，便可在指定位置插入一个单元格（或多个）/一行（或多行）/一列（或多列），如图 6-131 所示。

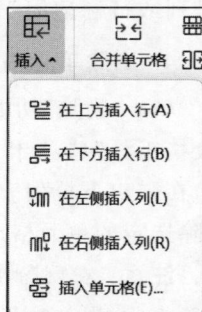

图 6-129　"插入"按钮下列表

图 6-130　"插入单元格"对话框

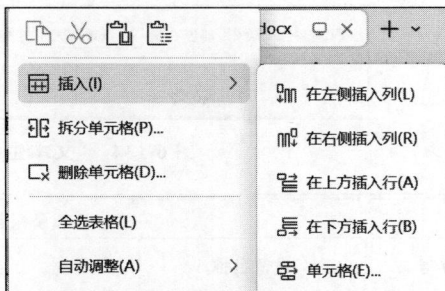

图 6-131　右键菜单"插入"

（3）插入行或列标记按钮：鼠标指向最左侧行的边框线位置或最上方列的边框线位置会出现"⊕（插入标记）"按钮，单击此按钮即可在指向边框线的上方插入行或左侧插入列。

6. 表格底部或最右侧插入行或列

（1）表格底部或最右侧插入行或列标记：将鼠标指向表格中任意位置，在最后一列的右侧、最后一行的下方会出现"插入列"标记按钮和"插入行"标记按钮，如图 6-132 所示，单击按钮即可在右侧插入列、在下方插入行。

（2）在表格底部添加空白行可以使用下面两种方法。

方法 1：将插入点移到表格右下角的单元格中，然后按 Tab 键。

方法 2：将插入点移到表格最后一行右侧的行段落标记处，然后按 Enter 键。此方法也可以用于在表格的任意行段落标记处的下方插入一行。

7. 合并或拆分单元格

使用合并和拆分单元格功能可以将表格变成不规则的复杂表格。

（1）合并单元格：选定多个连续的单元格，在"表格工具"选项卡的"合并拆分"功能区单击"合并单元格"按钮，即可将多个单元格合并为一个单元格。

（2）拆分单元格：选定一个单元格，在"表格工具"选项卡的"合并拆分"功能区单击"拆分单元格"按钮，会弹出"拆分单元格"对话框。在对话框中输入"列数""行数"的数值，如图 6-133 所示，即可拆分成相应行列数的单元格。

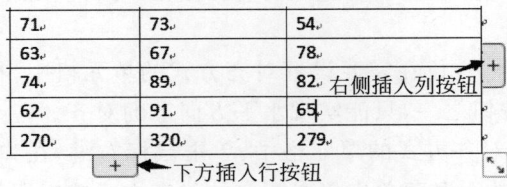

图 6-132　"插入单元格"对话框

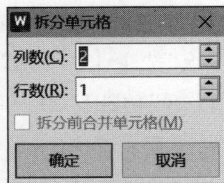

图 6-133　"拆分单元格"对话框

6.8.2　AI 生成表格

WPS AI 提供模板库，可以根据用户的提示语自动生成表格，并填充样例数据，自动匹配合适的函数。在需要插入表格的位置双击 Ctrl 键调出 AI 应用，在下拉列表中单击"更多 AI 功能"的"文本生成表格"，在"文本生成表格"对话框中可以根据提示词模板进行填写，如图 6-134所示，单击"➤"按钮即可生成相应的表格，如图 6-135 所示。也可以直接根据需求进行填写。

图 6-134　"文本生成表格"对话框

图 6-135　生成的表格

6.8.3　表格的修饰

1. 设置对齐方式

（1）"对齐方式"功能区：将光标定位在需要设置对齐方式的单元格中，在"表格工具"选项卡"对齐方式"功能区中，单击水平方向对齐按钮和垂直方向对齐按钮，即可实现水平或垂直方向上的对齐，如图 6-136 所示。

（2）"开始"选项卡"段落"功能区：将光标定位在需要设置对齐方式的单元格中，在"开始"选项卡"段落"功能区中，单击 5 种对齐按钮之一，只能实现水平方向上的对齐。

（3）右键菜单：将光标定位在需要设置对齐方式的单元格中，单击鼠标右键，在弹出的右键菜单中单击"单元格对齐方式"，在打开的级联菜单中单击相应的对齐方式按钮即可，如图 6-137 所示。

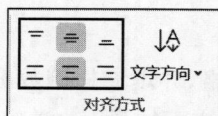

图 6-136　"对齐方式"功能区

图 6-137　右键菜单的"单元格对齐方式"

（4）"表格属性"对话框：将光标定位在需要设置对齐方式的单元格中，右击，在弹出的快捷菜单中选择"表格属性"命令,在弹出的"表格属性"对话框"表格"选项卡中,可以选择"左对齐""居中""右对齐"三种水平对齐方式,如图 6-138 所示;在"单元格"选项卡中,可以选择"顶端对齐""居中""底端对齐"三种垂直对齐方式,如图 6-139 所示。

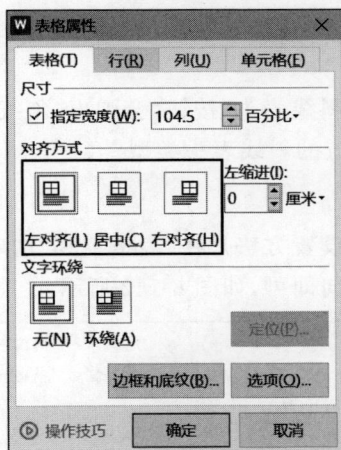

图 6-138 "表格属性"对话框的"表格"选项卡

图 6-139 "表格属性"对话框的"单元格"选项卡

2. 设置表格样式

表格既可以采用预设好的表格样式,也可以分别设置表格的边框和底纹来设置样式。

(1) 套用预设的表格样式:在"表格样式"选项卡的"表格样式"功能区中有提供"预设样式"和"其他样式",如图 6-140 所示。对于"预设样式"中的样式还可以自行设置"主题颜色"和"底纹填充";对于"其他样式"已经设置好相应的颜色、底纹和边框,直接使用即可。

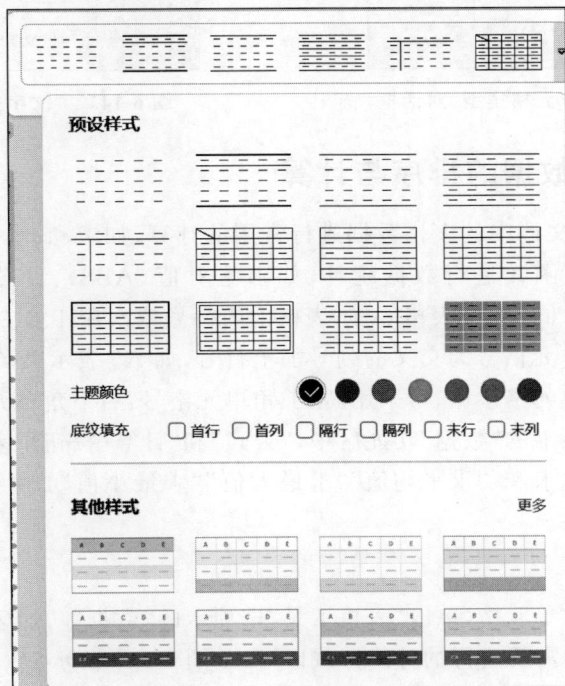

图 6-140 "表格样式"下拉列表

（2）设置边框和底纹：选定表格，在"表格样式"选项卡的"表格样式"功能区中单击"边框"和"底纹"按钮可以设置；也可以单击"边框"按钮的下三角箭头，在弹出的下拉列表中选择"边框和底纹"命令，会弹出"边框和底纹"对话框。在对话框的"边框"选项卡和"底纹"选项卡中可以设置相应的边框和底纹。

3. 绘制斜线表头

在"表格样式"选项卡的"绘制边框"功能区中单击"斜线表头"按钮，会弹出"斜线单元格类型"对话框，如图 6-141 所示，在对话框中可以选择相应的斜线表头类型。

4. 设置文字排列方向

单元格中文字的排列方向分为横向和纵向两种，其设置方法是在"表格工具"选项卡"对齐方式"功能区的"文字方向"按钮中选择相应的文字方向即可，如图 6-142 所示。

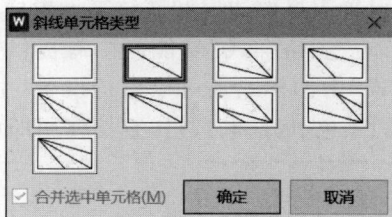

图 6-141 "斜线单元格类型"对话框   图 6-142 "文字方向"下拉列表

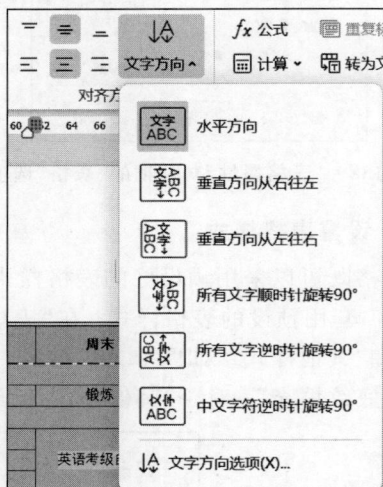

6.8.4 表格数据的排序与计算

WPS 文字可以对文档中的表格数据进行常用的计算，如求和、求平均值、求最大值、求最小值，还可使用统计函数进行数据统计，如求绝对值（ABS）、计数（COUNT）、求乘积（PRODUCT）等计算。同 WPS 表格一样，表格中的行号依次用 1、2、3 等表示，列号依次用字母 A、B、C 等表示，单元格号为交叉的列号加上行号，如 A5 表示第 A 列第 5 行的单元格。如果要表示表格中的单元格区域，可采用"左上角单元格号：右下角单元格号"，如 A1:E7。

在"表格工具"选项卡的"数据"功能区中，"公式"和"计算"按钮用来统计数据，其中，"计算"按钮中提供常用的"求和""求平均值""求最大值""求最小值"4 种统计方式。"排序"按钮用来对数据进行排序。

1. 计算

先选中需要统计的单元格，单击"表格工具"选项卡的"数据"功能区中的"计算"按钮，在弹出的下拉列表中选择需要进行的计算方式即可，如图 6-143 所示。

注意：使用"计算"功能时，不管是连续选择还是不连续选择的单元格，计算的范围都是从同行或同列中选中的第一个单元格到同行或同列中选中最后一个单元格的连续单元格，WPS 文字会自动增加行或列来存放计算结果。在图 6-144 中选中的是同一列中不连续的两个单元格，单击"计算"按钮下拉列表中的"求和"命令后，会将三个连续单元格中的数据"67""89""91"求和，得到的结果"247"存放在新插入的行中。

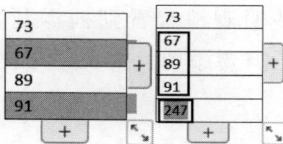

图 6-143　"计算"下拉列表　　　图 6-144　不连续单元格数据的"求和"

2. 公式

将光标定位在需要存放计算结果的单元格，单击"表格工具"选项卡的"数据"功能区中的"公式"按钮，在弹出的"公式"对话框中默认的是求和公式，然后在公式的括号中输入单元格的引用，即可对所引用的单元格数据进行计算，如图 6-145 所示；如果不是计算数据的求和，那么可以将其从"公式"输入框中删除，在"粘贴函数"下拉列表中选择所需要的公式；在"数字格式"输入框中单击下三角按钮在下拉列表中选择计算结果的显示格式，例如，要以不带小数点的百分比显示数据，可以选择"0%"；如果要计算的数据范围是存放计算结果单元格的同行左侧所有数据，那么选择"LEFT"作为公式中单元格地址的引用，如图 6-146 所示。

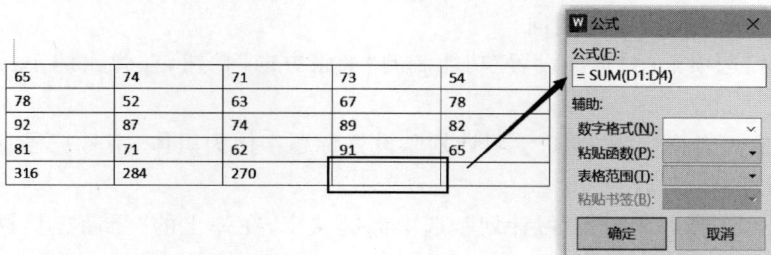

图 6-145　"公式"对话框

图 6-146　"公式"对话框的"辅助"区

注意："公式"输入框中函数前面必须为"＝"。

3. 排序

表格中的数据是按照选定的关键字进行排序。将光标定位在表格中,单击"表格工具"选项卡的"数据"功能区中的"排序"按钮,会弹出"排序"对话框。在弹出的"排序"对话框中,可以设置三个关键字来排序。先选择"主要关键字"下拉列表中所需排序的列标题,"类型"下拉列表选择需要排序的数据类型,如"数字""笔画""日期""拼音",排序的方式可以是"升序"或"降序",为了更直观地查看到列标题,建议选择"列表"区的"有标题行"单选按钮,如图 6-147 所示。若还需要添加其他关键字来排序,那么设置方式同主要关键字。

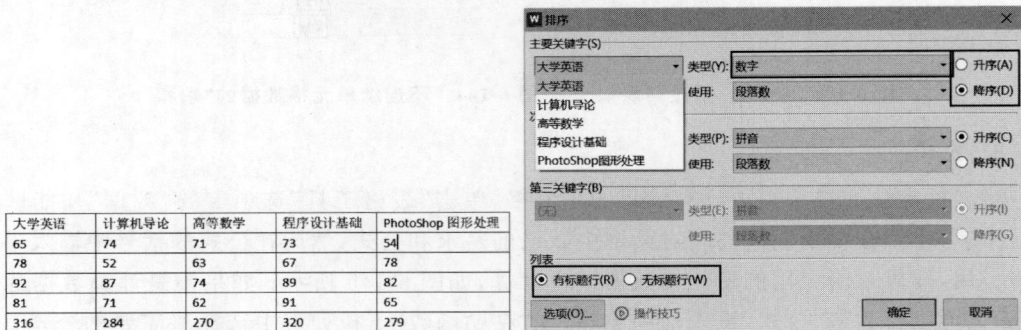

图 6-147　"排序"对话框

任务实现

第一步:纸张方向设置为横向。

单击"页面"选项卡的"页面设置"功能区的"纸张方向"按钮,在弹出的下拉列表中选择"横向"。

第二步:输入表格标题文本"学习计划",设置标题字体为黑体、字号三号、颜色为"印度红,着色 2,深色 50%",居中。

在页面开始处输入文本"学习计划",选中标题文字,在弹出的"浮动工具栏"中单击"字体"下拉按钮选择"黑体";单击"字号"下拉按钮选择"三号";在"颜色"下拉按钮选择"印度红,着色 2,深色 50%";单击"对齐"下拉按钮选择"居中对齐"。

第三步:插入一个 21 行 7 列的表格。

单击"插入"选项卡的"常用对象"功能区的"表格"下拉按钮,在下拉列表中单击"插入"表格,在弹出的"插入表格"对话框中的"列数"和"行数"输入框中输入"7""21",如图 6-148所示。

第四步:在第一个单元格中绘制斜线表头,标题文字为"星期""时间"。

(1) 光标定位到第一个单元格中,单击"表格样式"选项卡的"绘制边框"功能区的"斜线表头"按钮,在弹出的"斜线单元格类型"中选择第二个类型,如图 6-149 所示。

(2) 分别在斜线的两侧输入文本"星期""时间"。

第五步:结合课程安排和作息时间安排,在单元格中输入文本内容,设置中文字体为宋体、西文字体为 Times New Roman,字号为五号;第一行文本内容加粗。

(1) 在单元格中输入文本内容,内容如图 6-150 所示。

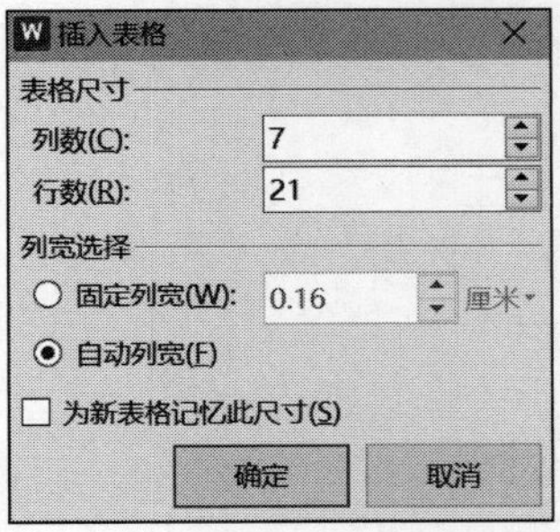

图 6-148　"插入表格"对话框

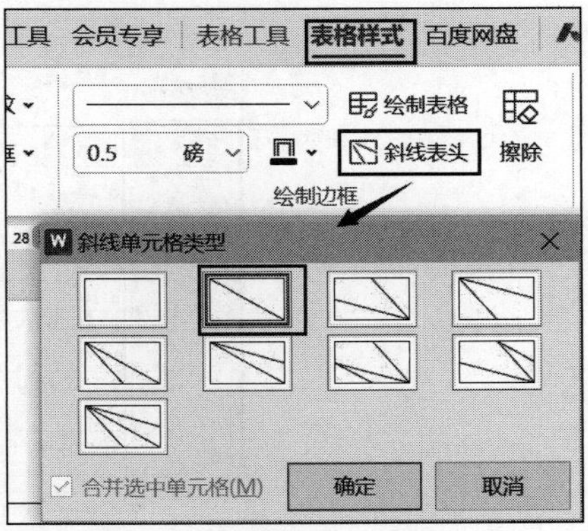

图 6-149　"斜线表头"对话框

时间 \ 星期		星期一	星期二	星期三	星期四	星期五	周末
上午	6:10	起床					
	6:20—7:10	锻炼 20 分钟,复习,预习当天课程					锻炼
	7:10	早餐					
	8:10	预备					英语考级自学
	8:20—9:05	程序设计基础	高等数学L	中国近现代史纲要	高等数学L	计算机导论	
	9:15—10:00	程序设计基础	高等数学L	中国近现代史纲要	高等数学L	计算机导论	
	10:15—11:00	程序设计基础	大学英语L	高等数学L	大学英语L	大学英语L	数学自学
	11:10—11:55	程序设计基础	大学英语L	高等数学L	大学英语L	大学英语L	
中午	12:00—14:00	午餐,午休					
下午	14:20	预备					
	14:30—15:15	专业基础课程自学	形势与政策L	Photoshop 图形处理	大学体育L	计算机导论	专业基础课程自学
	15:25—16:10		形势与政策L	Photoshop 图形处理	大学体育L	计算机导论	
	16:20—17:05		大学生心理健康教育	Photoshop 图形处理	社团	社团	编程语言自学
	17:15—18:00			Photoshop 图形处理			
	18:10	晚餐					
晚上	19:10	预备					锻炼
	19:20—21:00	晚自习					
	21:00—22:00	休闲、锻炼					总结、反思
	22:00—22:30	洗漱					
	22:30	睡觉					

图 6-150　单元格内容

（2）单击移动控制点"⊞"选中整个表格,单击"开始"选项卡的"字体"功能区的"字体"对话框按钮,在弹出的"字体"对话框中设置中文字体为"宋体",西文字体为"Times New Roman",字号为"五号"。

（3）选中第一行,在弹出的"浮动工具栏"中单击"加粗"按钮。

第六步：按照时间范围合并单元格,按照内容安排合并单元格。

（1）选中"6:10"到"11:10—11:55"的左侧"上午"所在的单元格,如图 6-151 所示,单击鼠标右键,在弹出的快捷菜单中选择"合并单元格"命令即可。

图 6-151 选中要合并的单元格

（2）按照上述（1）中所描述的方法完成其他单元格的合并。

第七步：根据内容的布局美观来调整列宽、行高，让单元格的内容不分行显示。

鼠标指向需要调整的行线或者列线，当指针变成双向箭头时，按住鼠标左键拖曳，即可调整表格的行、列的高度和宽度。

经过基础编辑之后，表格效果如图 6-152 所示。

图 6-152 编辑后效果图

第八步："具体时间"内容的单元格对齐方式设置为水平左对齐，垂直居中对齐；其他单元格的对齐方式设置为水平、垂直均居中。

选中从"6:10"到"22:30"的具体时间内容的单元格，单击鼠标右键，在弹出的快捷菜单中单击"单元格对齐方式"命令，在弹出的右拉列表中选择"水平左对齐，垂直居中对齐"按钮，如图 6-153 所示；其他单元格的对齐方式设置为"水平居中、垂直居中"。

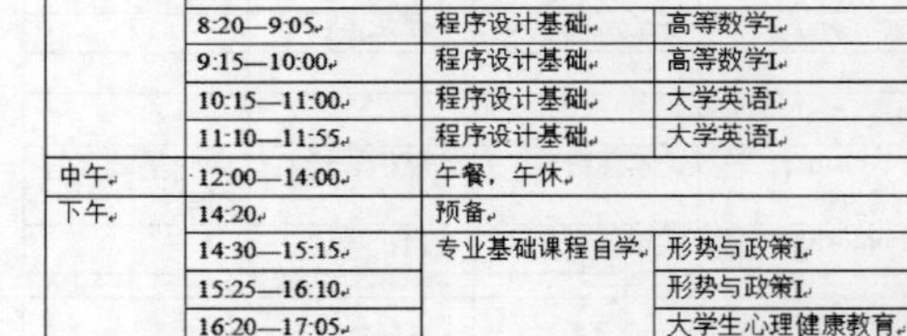

第九步：设置外框线为双窄线、蓝色、1.5磅，内宽线为单实线、蓝色、1磅；第一行的下框线为虚线、蓝色、1.5磅。

图 6-153 单元格对齐方式

（1）在表格区域内单击鼠标右键，在弹出

的快捷菜单中选择"边框和底纹"命令。在弹出的"边框和底纹"对话框中设置"自定义",线型选择"双窄线",颜色为"标准颜色-蓝色",宽度为"1.5 磅","预览"区单击四根外框线对应的按钮,如图 6-154 所示。

图 6-154　外框线的设置

　　(2) 继续在"边框和底纹"对话框中设置内宽线为"单实线""蓝色""1 磅","预览"区单击内框线对应的两个按钮,如图 6-155 所示。在"预览"区查看设置效果无误后,单击"确定"按钮。

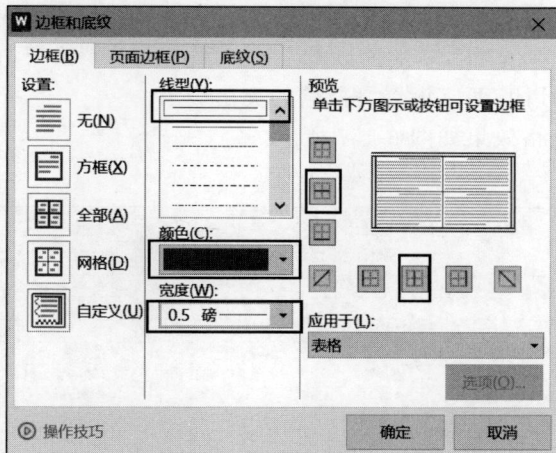

图 6-155　内框线的设置

　　(3) 选中第一行,在第一行区域内单击鼠标右键,在弹出的快捷菜单中选择"边框和底纹"命令。在弹出的"边框和底纹"对话框中线型选择一种虚线类型,颜色为"标准颜色-蓝色",宽度为"1.5 磅","预览"区单击下框线对应的按钮,如图 6-156 所示。

　　第十步:设置第一行、中午和晚上所有行的单元格底纹为"巧克力黄,着色 2,浅色 60%";上午和下午所有行的单元格底纹为"浅绿,着色 4,浅色 60%"。

　　(1) 先选中第一行,再按住 Ctrl 键,分别选中"中午""晚上"所包含的行。

　　(2) 单击鼠标右键,在弹出的快捷菜单中选择"边框和底纹"命令。

　　(3) 在弹出的"边框和底纹"对话框中,切换到"底纹"选项卡,单击"填充"组的下拉按

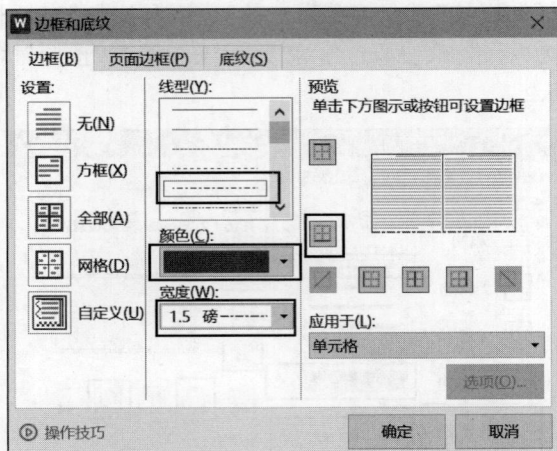

图 6-156　下框线的设置

钮，在颜色的下拉列表中选择"巧克力黄，着色 2，浅色 60％"。

（4）按照（1）～（3）的步骤先选中"上午"和"下午"所包含的行，然后进行底纹设置。

第十一步：设置所有关于自学内容的单元格文本为突出显示黄色，文本"社团"突出显示为鲜绿。

（1）选中"专业基础课程自学""英语考级自学""数学自学""编程语言自学"等含"自学"两个字的单元格。

（2）单击"开始"选项卡"字体"功能区的"　ᵃᵇ（突出显示）"按钮，在下拉列表中选择"黄色"，以同样的步骤对"社团"两字设置"鲜绿"的突出显示。

经过修饰之后的表格效果如图 6-157 所示。

学习计划表

时间	星期	星期一	星期二	星期三	星期四	星期五	周末
上午	6:10	起床					
	6:20—7:10	锻炼 20 分钟，复习，预习当天课程					锻炼
	7:10	早餐					
	8:10	预备					
	8:20—9:05	程序设计基础	高等数学I	中国近现代史纲要	高等数学I	计算机导论	英语考级自学
	9:15—10:00	程序设计基础	高等数学I	中国近现代史纲要	高等数学I	计算机导论	
	10:15—11:00	程序设计基础	大学英语I	高等数学I	大学英语I	大学英语I	数学自学
	11:10—11:55	程序设计基础	大学英语I	高等数学I	大学英语I	大学英语I	
中午	12:00—14:00	午餐，午休					
下午	14:20	预备					
	14:30—15:15	专业基础课程自学	形势与政策I	Photoshop 图形处理	大学体育I	计算机导论	专业基础课程自学
	15:25—16:10		形势与政策I	Photoshop 图形处理	大学体育I	计算机导论	
	16:20—17:05		大学生心理健康教育	Photoshop 图形处理			编程语言自学
	17:15—18:00		大学生心理健康教育	Photoshop 图形处理	社团	社团	
	18:10	晚餐					
晚上	19:10	预备					锻炼
	19:20—21:00	晚自习					
	21:00—22:00	休闲、锻炼					总结、反思
	22:00—22:30	洗漱					
	22:30	睡觉					

图 6-157　修饰后的效果

第十二步：保存文档。

按 Ctrl＋S 组合键保存文档到适当位置。

任务 4　设计武功山旅游海报

任务情境

　　近期学校的文化传扬社团接到了学校学生会的委托,负责设计并制作一张关于江西武功山的旅游海报。武功山作为萍乡地区的著名旅游景点,以其雄伟的山峰、壮观的云海、广袤的草甸和丰富的生态资源而闻名遐迩,吸引了大量游客前来探秘。为了提升学校学生对本地旅游资源的认知与兴趣,同时宣传武功山的独特魅力,社团决定利用 WPS 文字软件的图文混排功能,打造一张集视觉美感与信息传递于一体的旅游海报。

任务分析

　　小刘同学作为文化传扬社团中才华横溢的一员,主动请缨担纲此次海报的设计重任。他深知,这不仅仅是一项任务,更是一次将创意与激情融入地域文化宣传的宝贵机会。因此,他决定充分利用 WPS 文字软件的强大图文混排功能,将武功山的壮丽景色与深厚的文化底蕴巧妙融合,打造一张既具视觉冲击力又富含信息量的旅游海报,最终效果如图 6-158 所示。

图 6-158　武功山旅游海报效果图

- 标题"武功山旅游"设置字体为华光中雅,小初,字符间距加宽 0.1cm,居中对齐;设置合适的艺术字效果。
- 正文文本字体为华光隶变,小四;首行缩进 2 字符,行距为固定值 22 磅。
- 正文第一段首字下沉 2 行,第二、三段两栏加分隔线。

- 在文字下方插入"武功山风景"图片,环绕方式为浮于文字上方,调整图片大小和位置。
- 在空白区域绘制圆形,填充颜色为"猩红,着色6,深色25%",轮廓颜色为"猩红,着色6,深色80%"。
- 在圆形上绘制文本框,输入两行文本"山景""雄秀",字体为华光准圆,四号,字体颜色为白色,行距为固定值20磅;形状无填充,无轮廓。
- 将文本框移至圆形的合适位置使得文本在圆形中心位置,组合圆形和文本框。
- 复制出两个组合图形,将文本分别改为"人文荟萃""草甸奇观",三个圆形的对齐方式为相对于对象组,底端对齐,横向分布,并放置在"武功山风景"图片的上方。
- 图片下方输入文本"领略武功山之美 ◆◆◆ 体会自然风光",字体为华光准圆,三号,居中对齐,添加虚线下画线。
- 插入武功山官网网址"https://www.wugongshan.cn/"的二维码,嵌入"武功山logo"图片。
- 设置合适的背景图片。

相关知识

🔑 6.9　WPS文字的图文混排

　　表格是由行和列的单元格组成的集合,表格适用于展示大量有规律的数据或记录。表格的单元格中可以插入文本、图形、图像等多种媒体元素,可以设置边框和底纹使之更加美观;还可以对单元格的数字数据进行排序和计算,使之切合文档表达的主题。

6.9.1　绘制图形

1. 用绘制工具手工绘制图形

　　WPS文字中包含一套手工绘制图形的工具,主要包括线条、基本形状、箭头、流程图、星与旗帜和标注等,成为自选图形或形状。

　　在"插入"选项卡的"常用对象"功能区中单击"形状"按钮,在下拉列表中展示出各种形状。例如,插入一个"笑脸"形状的图形,在下拉列表的"基本形状"中选择"☺",然后用鼠标在文档中画出一个笑脸图形。

　　注意:如果要画出方正的图形,如圆、正方形等,可以按住Shift键,然后用鼠标绘制。

2. 设置图形格式

　　(1) 快速工具:选中图形后,可以通过"⟳(旋转图形)"按钮手动调整图形方向;通过8个"〇"调整大小的按钮调整图形大小;编辑图形按钮属于快速工具栏,包含常用编辑工具,如"布局选项""形状填充""形状轮廓",如图6-159所示。

　　(2) 选项卡:选中图形,在选项卡区会自动增加"绘图工具""效果设置"两个选项卡。"绘图工具"选项卡主要是对形状的格式设置,如图6-160

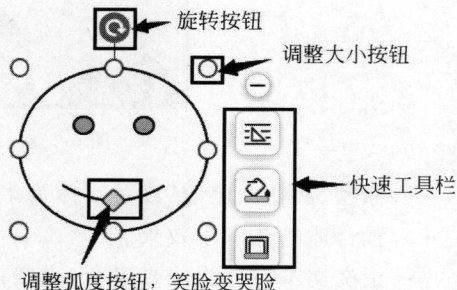

图 6-159　新建自选图形"笑脸"

所示。单击"形状样式"功能区的"设置对象格式"对话框启动器按钮,可以在弹出的对话框中对图形的"颜色与线条""大小""版式"进行设置,如图 6-161 所示;单击"大小"功能区的"布局"对话框启动器按钮,可以在弹出的对话框中对图形的"位置""环绕方式""大小"进行设置,如图 6-162 所示。

图 6-160 "绘图工具"选项卡

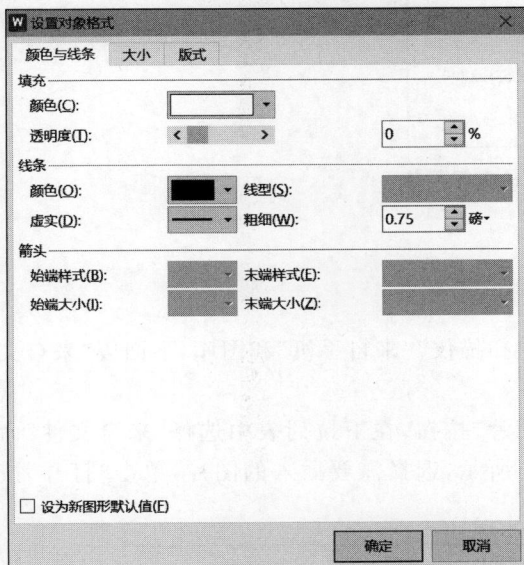

图 6-161 "设置对象格式"对话框

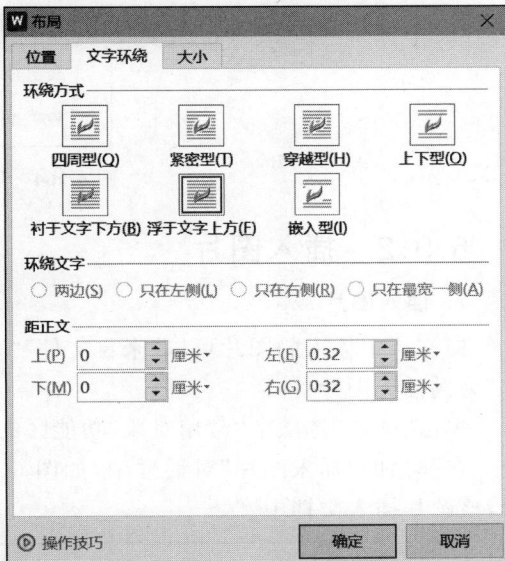

图 6-162 "布局"对话框

注意:设置环绕方式可以灵活地显示文字和图形的混合排版,制作出图文并茂的效果。"嵌入型"是将图形视为文字对象,与文字一样占有位置,可以拖曳移动到文本中的任意位置;其他类型的环绕方式是将图形视为文字以外的单独的外部对象,这样就与文本编辑区的文本产生位置上的距离关系,如"四周型""紧密型""穿越型""上下型";或者产生空间上的上下层叠加关系,如"衬与文字下方""衬与文字上方"两种类型。

"效果设置"选项卡主要是对形状的"阴影效果""三维效果"进行设置,如图 6-163 所示。用户根据需要选择相应功能组中的命令按钮进行图形格式和效果设置。

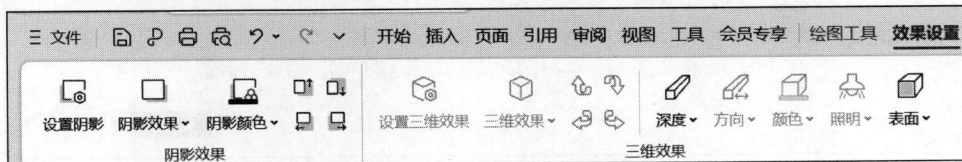

图 6-163 "效果设置"选项卡

(3)右键菜单:选中形状,单击鼠标右键,在弹出的快捷菜单中也可以完成部分格式的设置,如在形状中编辑文字,更改形状样式,设置叠放次序和设置对象格式等,如图 6-164 所示。

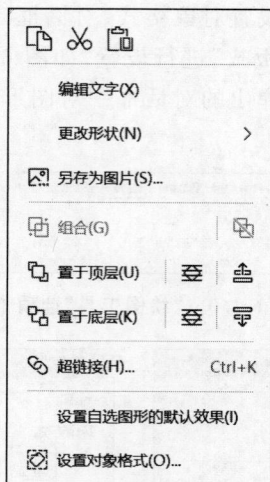

图 6-164　形状的右键菜单

6.9.2　插入图片

1. 插入图片

向文档中插入的图片可以"来自文件""来自扫描仪""来自手机"和图库,下面以"来自文件"为例插入图片。

单击"插入"选项卡"常用对象"功能区的"图片"按钮,在下拉列表中选择"来自文件"命令。在弹出的"插入图片"对话框中,如图 6-165 所示,选择需要插入的图片,单击"打开"按钮,该图片插入文档中。

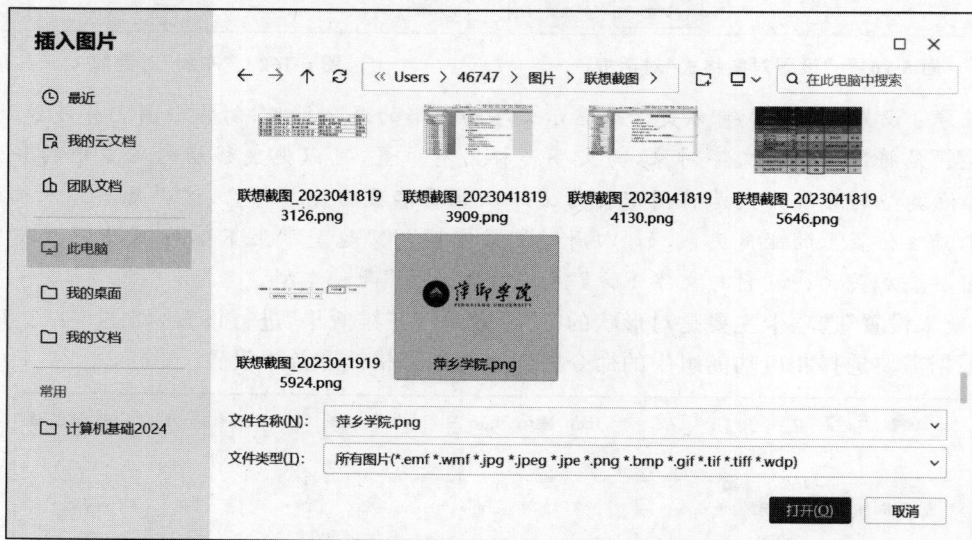

图 6-165　"插入图片"对话框

2. 修改图片

(1)快速工具:选中图片,可以手动旋转图片、调整图片大小,还可以使用快速工具栏中的"布局选项""裁剪图片""图片预览""旋转图片""转文字""更多功能"来修改图片,如图 6-166 所示。

（2）"图片工具"选项卡:选中图片,在选项卡区会自动增加"图片工具"选项卡。"图片工具"选项卡主要是对图片进行编辑和格式设置,如图 6-167 所示。在"图片工具"选项卡中可以精确地设置图片大小、调整图片样式、设置阴影、排列图片,还有图片修复、图片压缩、批量处理和图片转换等进阶功能。单击"大小"/"图片样式"功能区的"设置对象格式"对话框启动按钮可以弹出"设置对象格式"对话框,在对话框中可以对图片的"颜色与线条""大小""版式""图片"等进行设置,如图 6-168 所示。

快速工具栏

图 6-166　修改图片的快速工具

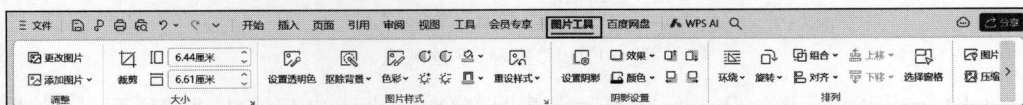

图 6-167　"图片工具"选项卡

（3）右键菜单:选中图片,单击鼠标右键,也可以完成部分格式的设置,如"题注""另存为图片""文字环绕""设计图片""提取与转换""设置对象格式"等,如图 6-169 所示。

图 6-168　"设置对象格式"对话框

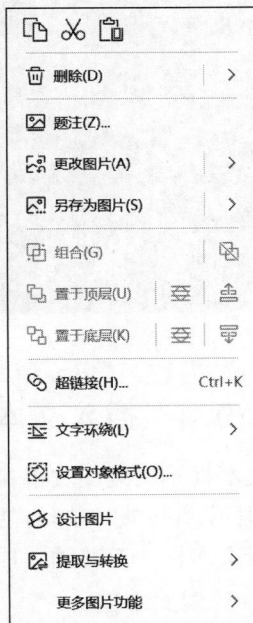

图 6-169　图片的右键菜单

6.9.3　插入屏幕截图

截屏就是快速在文档中添加桌面上已打开窗口的快照,可以截取屏幕窗口的全部或者部分截图。单击"插入"选项卡"常用对象"功能区的"截屏"按钮,在下拉列表中可以选择截屏方式,如图 6-170 所示。

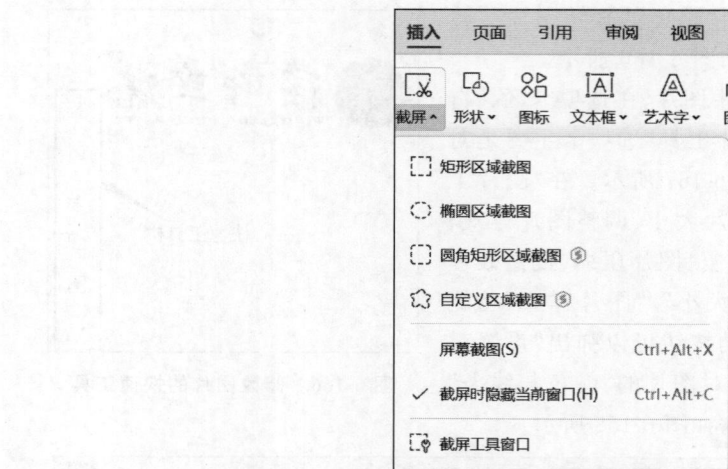

图 6-170 "截屏"下拉列表

单击"矩形区域截图",用鼠标圈定所需截图部分后,会弹出截屏快捷键说明,还有截图工具栏,如图 6-171 所示。在截图工具栏中提供录屏、添加文字、马赛克、提取文字、保存、钉在屏幕上等工具。

图 6-171 截屏

6.9.4 插入文本框

文本框是实现图文混排时非常有用的工具,它如同一个容器,在其中可以插入文字、表格、图片等不同的对象,可置于页面的任何位置,并可随意调整其大小,放到文本框中的对象会随着文本框一起移动。同时,可以设置文本框的边框、颜色和版式等格式。

1. 绘制文本框

单击"插入"选项卡"常用对象"功能区的"文本框"按钮,在弹出的下拉列表中有"横向""竖向""多行文字"的文本框样式。例如,选择"横向"命令,将光标移动到插入文本框位置,此时光标会变为"+"形状,按住鼠标左键拖曳,即可绘制出文本框。

2. 设置文本框格式

选中文本框,在选项卡区会增加"绘图工具""效果设置"两个选项卡,其功能区与图形的一样。对文本框的格式设置方法与图形的一致。

6.9.5 插入艺术字

在报纸杂志海报上经常会看到形式多样的艺术字,这些艺术字可以给文章增添强烈的视觉冲击效果。使用 WPS 文字可以创建出形式多样的艺术字效果,甚至可以把文本扭曲成各种各样的形状或者设置为具有三维轮廓的效果。

将光标定位到要插入艺术字的位置或者直接选中要转换成艺术字的文本。单击"插入"选项卡"常用对象"的"艺术字"按钮,在弹出的下拉列表中选择需要的艺术字效果,如图 6-172所示。

图 6-172 "艺术字"下拉列表

例如,将"我爱祖国"文字选中,在"艺术字"下拉列表中选择"填充-沙棕色,着色 2,轮廓-着色 2",文本效果如图 6-173 所示。如果没有选择文本,那么艺术字框内的文本会自动设为"请在此放置您的文字",如图 6-174 所示。

图 6-173 "我爱祖国"艺术字

图 6-174 艺术字框

艺术字是由两个对象组成,一个是艺术字所在的框,一个是艺术字文本。选中艺术字,选项卡区会增加"绘图工具""文本工具"两个选项卡。其中,"绘图工具"选项卡主要是针对艺术字框的格式进行设置,如"形状样式"可以对艺术字框进行"效果""填充""轮廓"设置,如

图 6-175 所示。

图 6-175　"绘图工具"选项卡

"文本工具"选项卡主要是对艺术字的文本进行格式设置。例如,"艺术字样式"功能区可以对文本进行"填充""轮廓""效果"等设置,如图 6-176 所示。

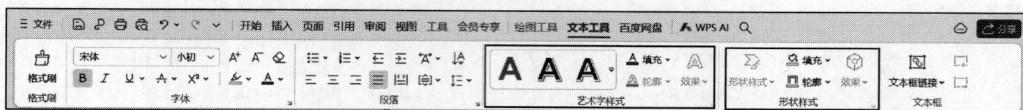

图 6-176　"文本工具"选项卡

6.9.6　插入自动图文集

文档中常常需要输入重复的语句或者段落,可以采用复制＋粘贴的方法。也可使用自动图文集随用随点。自动图文集是可存储和反复访问的可重复使用内容,其中主要有两块内容,一是内置的已经设置好格式的页码,二是自定义的图文集。

选择需要重复输入的文档内容,可以是文本、图片、表格等文档对象。单击"插入"选项卡"部件"功能区的"文档部件"按钮,在下拉列表中单击"自动图文集",在弹出的列表中选择"将所选内容保存到自动图文集库",如图 6-177 所示,会弹出"新建构建基块"对话框。在"新建构建基块"对话框中,可以为新建的文档部件输入"名称",其中,"库""类别""保存位置"默认即可,"选项"下拉列表有"仅插入内容""插入自身的段落中的内容""将内容插入其所在页面"三个选项,根据需要选择即可,如图 6-178 所示。新建完成后,会在"自动图文集"的列表中出现刚刚所建立的文档部件,如图 6-179 所示。单击需要复制的文档部件名称就可以完成文字的粘贴。

图 6-177　"自动图文集"列表

图 6-178　"新建构建基块"对话框　　　图 6-179　新建后保存到"自动图文集"列表

6.9.7　首字下沉

　　首字下沉通过将段落的首字进行放大并下沉至段落其他文字之下,使得这个首字在视觉上显著突出。在制作宣传册、海报时,都可以通过首字下沉来增强文本的吸引力和可读性,成为一个有力的视觉元素。

　　选中需要设置首字下沉的段落或文本。单击"插入"选项卡"部件"功能区的"首字下沉"按钮,会弹出"首字下沉"对话框,如图 6-180 所示。在弹出的对话框中,可以选择下沉的样式(如无、下沉、悬挂等)、下沉的字体、下沉的行数以及距正文等参数。设置完成后单击"确定"按钮即可看到首字下沉的效果,如图 6-181 所示。

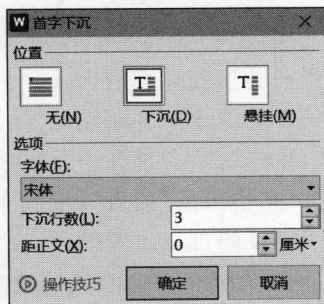

图 6-180　"首字下沉"对话框

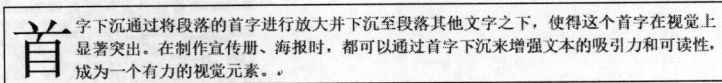

图 6-181　首字下沉效果

6.9.8　插入超链接

　　WPS 文字中的插入超链接不仅能够实现网页、文档间的快速跳转和文档内部的定位,还能够方便用户发送电子邮件,并提升文档的交互性和可读性。

　　单击"插入"选项卡"链接"功能区的"超链接"按钮,会弹出"插入超链接"对话框。在对话框中,单击"屏幕提示"按钮编辑链接的提示文字,链接定位可以是"原有文件或网页""本文档中的位置""电子邮件地址""链接附件"。

　　例如,为文本"萍乡学院"插入官网网址的超链接,首先选中文本"萍乡学院",单击"超链接",在对话框中,要显示的文字为"萍乡学院",选择"原有文件或网页","地址"栏输入

"www. pxu. edu. cn",单击"确定"按钮,如图 6-182 所示。此时,文本"萍乡学院"的显示会变成 萍乡学院 的超链接形式。

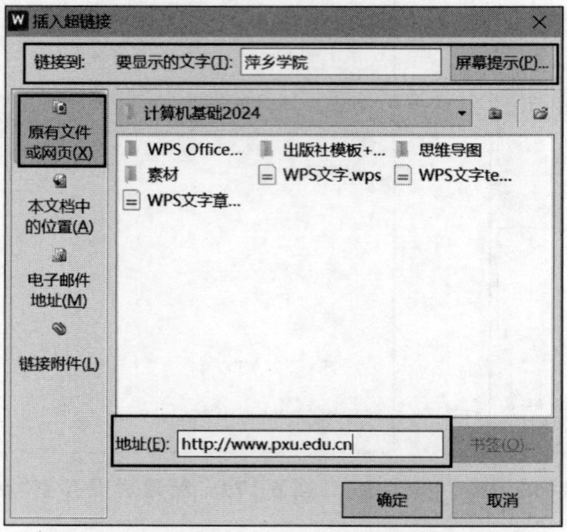

图 6-182　"插入超链接"对话框

6.9.9　插入二维码

通过 WPS 文字插入的二维码,用户可以快速将文档中的关键信息、链接或其他内容以二维码的形式分享给他人。只需使用手机等扫描设备扫描二维码,即可快速获取相关信息,无须手动输入或复制粘贴。

单击"插入"选项卡"更多对象"功能区的"更多素材",在弹出的下拉列表中选择"二维码"。在弹出的"插入二维码"对话框中,可以把文本、名片、Wi-Fi 和手机号设置为二维码;对于二维码可以设置颜色,嵌入 Logo、文字,设置图案样式以及其他设置,如图 6-183 所示。

图 6-183　"插入二维码"对话框

6.9.10　插入流程图

在制作项目计划、工作流程、业务流程等文档时，流程图和思维导图可以作为一种重要的辅助工具。通过绘制流程图或思维导图，可以系统地梳理出各个环节和步骤，帮助决策者更好地规划和管理项目，确保项目的顺利进行。WPS 文字与亿图软件公司联合提供流程图和思维导图。

单击"插入"选项卡"常用对象"功能区的"流程图"按钮，在下拉列表中提供"在线流程图""本地流程图"。单击"本地流程图"会默认定位到"新建"流程图界面，提供多种流程图模式，如"商务""软件和数据库""网络""教育科学"等，如图 6-184 所示。在"新建"界面选择某种流程图会启动"流程图-WPS×亿图"软件，它提供了丰富的图形库和模板库，支持用户快速绘制各种流程图、思维导图、组织结构图、商业图表等。"流程图-WPS×亿图"软件采用全拖曳式操作，只需简单地将图形拖曳到画布上，即可开始绘图，如图 6-185 所示。绘制完成后，单击"插入到文档"按钮，流程图就会以图片的形式插入文档中。

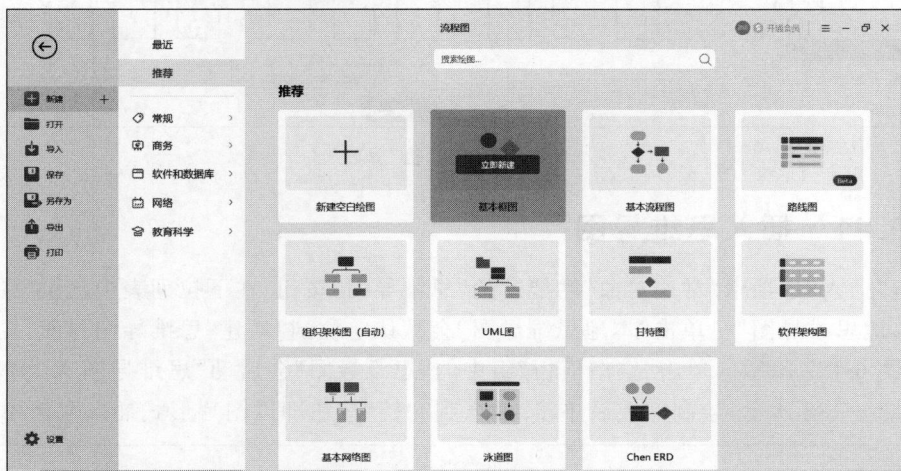

图 6-184　本地流程图的"新建"界面

图 6-185　流程图-WPS×亿图界面

单击"在线流程图"会打开流程图库,选择所需要的流程图,然后进入编辑界面,如图 6-186 所示,编辑完成后单击"插入"按钮即可。

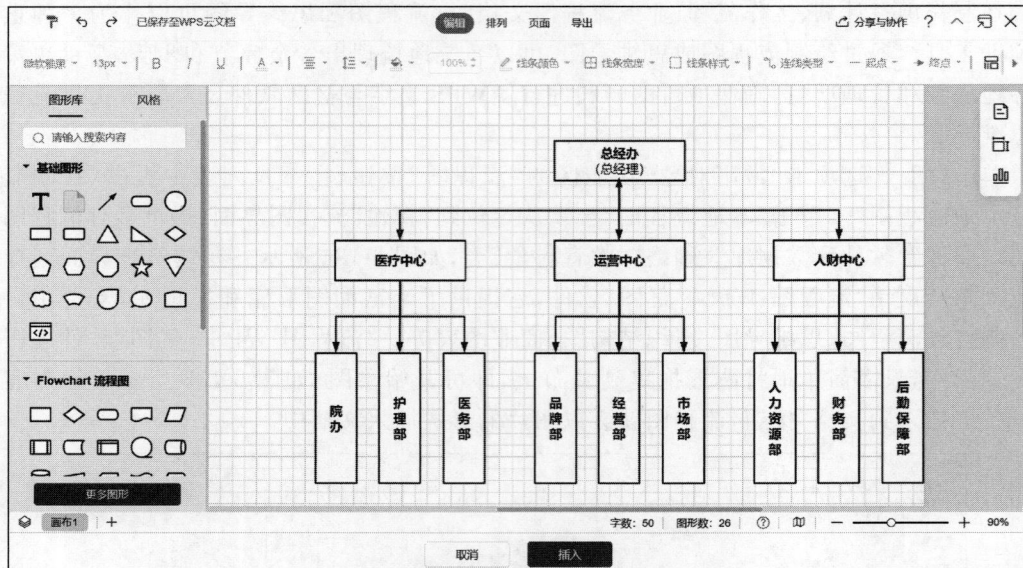

图 6-186   "编辑"界面

6.9.11   插入思维导图

单击"插入"选项卡"常用对象"功能区的"思维导图"按钮,在下拉列表中提供"在线思维导图""本地思维导图"。单击"本地思维导图"会默认定位到"新建"思维导图界面,提供多种模板,如图 6-187 所示。单击"空白模板"组中的"思维导图"会启动"思维导图-WPS×亿图"软件,如图 6-188 所示,绘制完成后单击"插入到文档"按钮即以图片形式插入文档中。

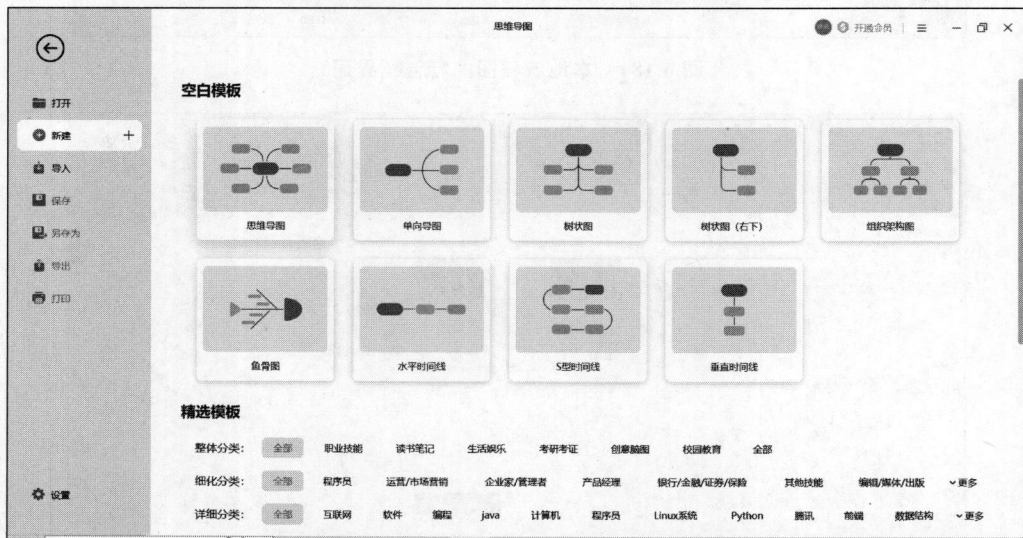

图 6-187   本地思维导图的"新建"界面

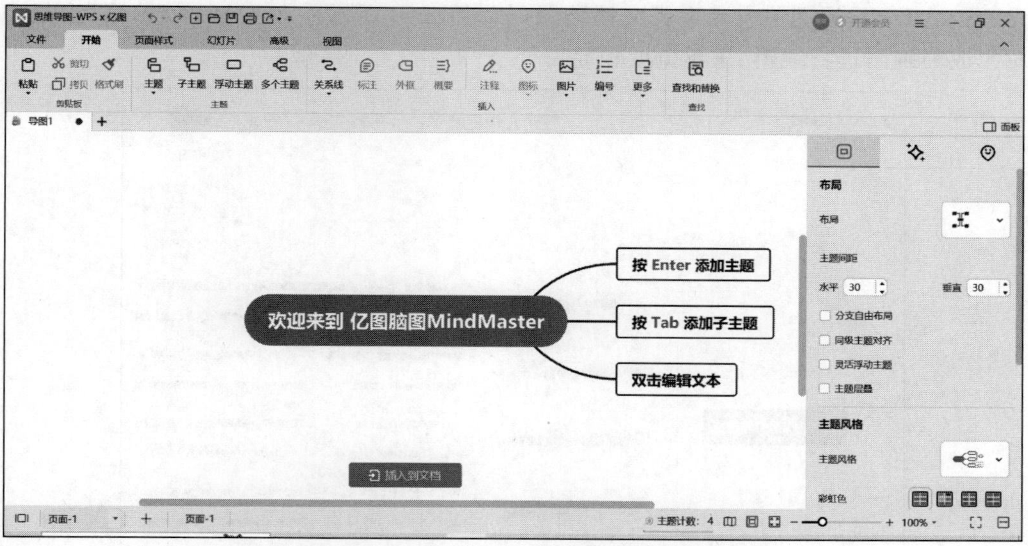

图 6-188　思维导图-WPS×亿图界面

单击"在线思维导图"会打开思维导图库,选择所需要的思维导图,然后进入编辑界面,如图 6-189 所示,编辑完成后单击"插入"按钮即可。

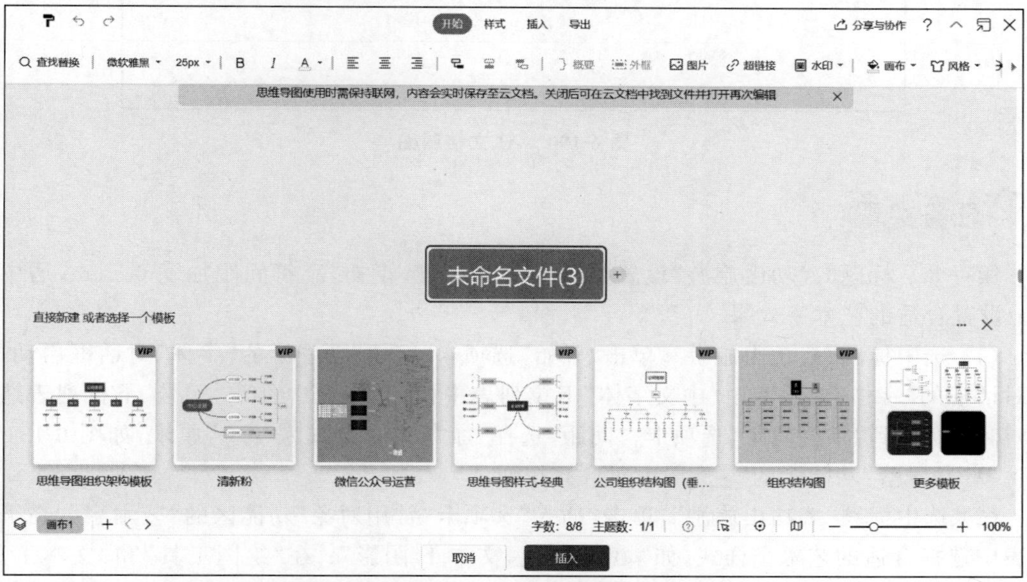

图 6-189　在线思维导图编辑界面

注意:在线思维导图在使用时需要保持联网,内容会实时保存至云文档。这意味着用户可以随时随地对思维导图进行编辑和修改,并且不用担心数据丢失的问题。同时,云同步功能也使得用户可以在不同设备之间共享和协作编辑流程图,提高工作效率。

6.9.12　AI 生成文档脑图

打开 WPS AI 选项卡,在下拉列表中选择"AI 文档脑图",在弹出的"AI 文档脑图"窗格中 WPS 文字会根据文档内容生成文档脑图,如图 6-190 所示。在"AI 文档脑图"窗格中可以对生成的脑图进行编辑、重新生成和导出。

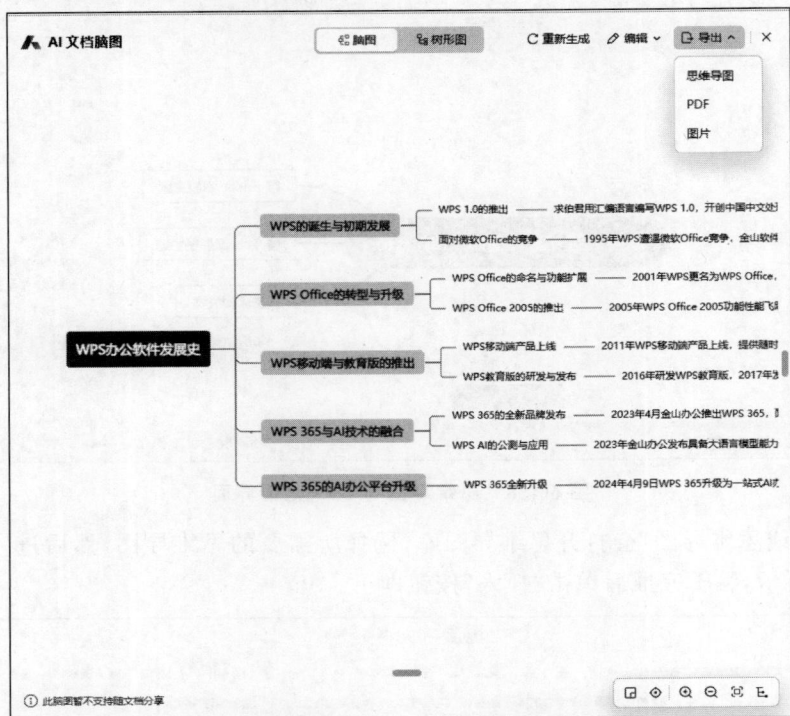

图 6-190　AI 文档脑图

任务实现

第一步:标题"武功山旅游"设置字体为华光中雅,小初,字符间距加宽 0.1cm,居中对齐;设置合适的艺术字效果。

(1) 选中标题"武功山旅游",单击"开始"选项卡"字体"功能区的"字体"对话框启动器,在对话框的"字体"选项卡中"中文字体"下拉列表中找到"华光中雅","字号"下拉列表选择"小初";切换到"字符间距"选项卡,"间距"选择"加宽",值设置为"0.1"厘米,如图 6-191 所示。单击"段落"功能区的"三(居中对齐)"按钮。

(2) 选中标题"武功山旅游",单击"插入"选项卡"常用对象"功能区的"艺术字",在下拉列表中选择合适的艺术字样式,如"填充-黑色,文本 1,阴影";在"绘图工具"和"文本工具"选项卡中设置适当的效果。

第二步:正文文本字体为华光隶变,小四;首行缩进 2 字符,行距为固定值 22 磅。

(1) 选中所有正文文本,在浮动工具栏中设置字体为"华光隶变",字号为"小四"。

(2) 右击选中的文本区域,在右键菜单中选择"段落"命令,在弹出的对话框中设置"缩进"区的"特殊格式"为"首行缩进",度量值为"2"字符;"间距"区"行距"为"固定值",设置值为"22"磅,如图 6-192 所示。

第三步:正文第一段首字下沉 2 行,第二、三段两栏加分隔线。

(1) 选中正文第一段首字"江",单击"插入"选项卡"部件"功能区的"首字下沉"按钮,在

图 6-191　"字体"对话框

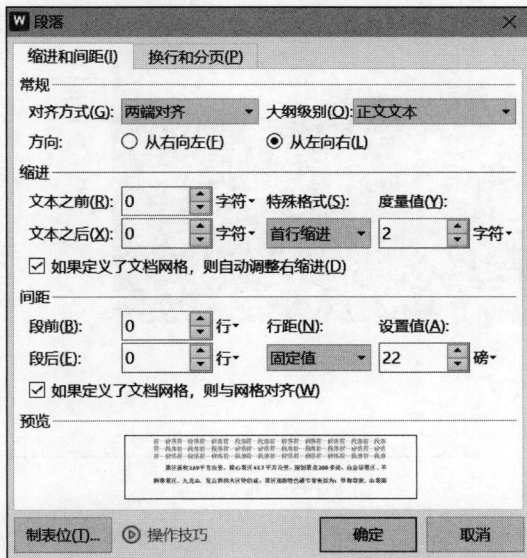

图 6-192　"段落"对话框

"首字下沉"对话框选择"下沉","下沉行数"设置为"2",如图 6-193 所示。

（2）选中正文第二、三段,单击"页面"选项卡"页面设置"功能区的"分栏"按钮,在下拉列表中选择"更多分栏"命令,在"分栏"对话框中选择"两栏",勾选"分隔线"复选框,如图 6-194 所示。

注意：如果分栏后文本都在同一栏,那么选择文本时不要选中最后一个段落标记符。

第四步：在文字下方插入"武功山风景"图片,环绕方式为"浮于文字上方",调整图片大小和位置。

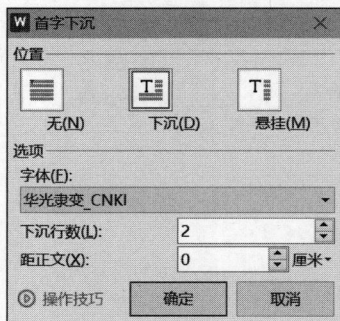

图 6-193　"首字下沉"对话框

图 6-194　"分栏"对话框

（1）光标定位到文字下方，单击"插入"选项卡"常用对象"功能区的"图片"，在下拉列表中选择"本地图片"命令，在弹出的"插入图片"对话框中找到图片名为"武功山风景"的图片，单击"打开"按钮，图片即可插入光标处。

（2）单击快速工具栏中的"布局选项"按钮，在列表中选中环绕方式为"浮于文字上方"，如图 6-195 所示；单击调整大小的控制点，用鼠标拖动调整到合适的大小；鼠标拖动图片到文字下方的适当位置。

图 6-195　布局选项

第五步：在空白区域绘制圆形，填充颜色为"猩红，着色 6，深色 25％"，轮廓颜色为"猩红，着色 6，深色 80％"。

单击"插入"选项卡"常用对象"功能区的"形状"，在下拉列表中选中圆形，按住 Shift 键用鼠标在空白区域绘制合适大小的圆形，如高 2.54cm×宽 2.54cm，在快速工具栏中单击"形状填充"，在弹出的颜色列表中选择"猩红，着色 6，深色 25％"；单击快速工具栏中的"形状轮廓"，在弹出的颜色列表中选择"猩红，着色 6，深色 80％"。

第六步：在圆形上绘制文本框，输入文本两行文本"山景""雄秀"，字体为华光准圆，四号，字体颜色为白色，行距为固定值 20 磅；形状无填充，无轮廓。

（1）单击"插入"选项卡"常用对象"功能区的"文本框"，在圆形上绘制文本框，第一行输入"山景",第二行输入"雄秀"。选中文本,在浮动工具栏的"字体"列表中选择"华光准圆",字号列表中选择"四号",字体颜色选择"白色"。单击"浮动工具栏"中的"行距"按钮,在下拉列表中选择"其他",在弹出的"段落"对话框中设置行距为"固定值,20 磅"。

(2) 选中文本框,单击快速工具栏中的"形状填充",在列表中选择"无填充颜色";单击"形状轮廓",在列表中选择"无边框颜色"。

第七步:将文本框移至圆形的合适位置使得文本在圆形中心位置,组合圆形和文本框。

(1) 单击文本框的边框线选中文本框,鼠标拖动文本框调整到合适位置,使文字放置在圆形的中心位置。

(2) 单击文本框的任意边框线选中文本框,然后按住 Ctrl 键,再用鼠标选择圆形,使文本框和圆形同时处于选定状态,在浮动工具栏中单击"囹(组合)"按钮,那么圆形和文本框就会组合成一个图形,如图 6-196 所示。

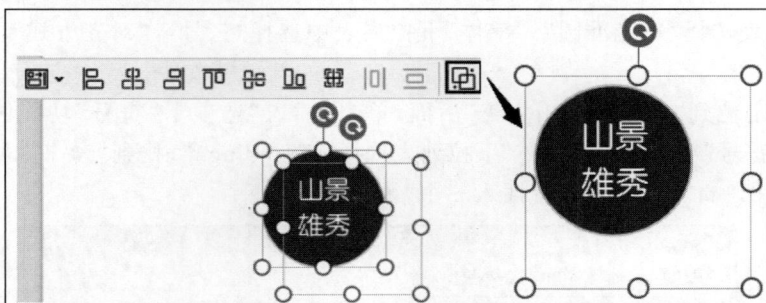

图 6-196　圆形和文本框的组合

第八步:复制出两个组合图形,将文本分别改为"人文荟萃""草甸奇观",三个圆形的对齐方式为相对于对象组,底端对齐,横向分布,并放置在"武功山风景"图片上。

(1) 选中"山景雄秀"的组合图形,按住 Ctrl 键复制出两个一样的组合图形,将文本修改为"人文荟萃""草甸奇观"。

(2) 选中三个组合图形,在浮动工具栏中单击"囹﹀"按钮,在下拉列表中选择"相对于对象组",再单击"Ⅱ∞(底端对齐)"和"∣∥∣(横向分布)"按钮,如图 6-197 所示。

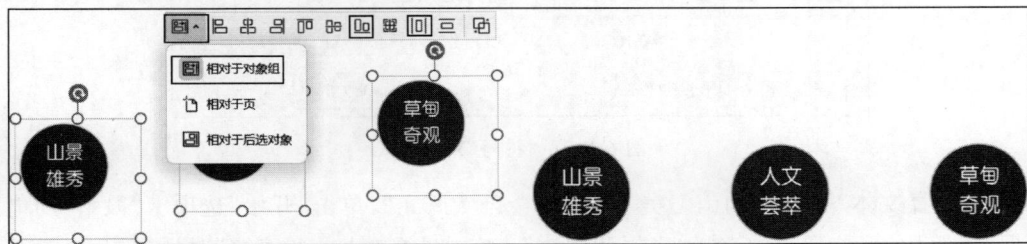

图 6-197　图形对齐效果

(3) 选中三个组合图形,拖动到图片合适位置上;选中图片,右击鼠标,在弹出的右键菜单中选择"置于底层"命令,效果如图 6-198 所示。

第九步:在图片下方输入文本"领略武功山之美 ◆◆◆ 体会自然风光",字体为华光准圆,三号,居中对齐,添加虚线下画线。

(1) 光标定位到图片下方,输入"领略武功山之美体会自然风光",在浮动工具栏中单击

图 6-198 排列效果

"字体"下拉列表选择"华光准圆","字体"下拉列表中选择"三号","对齐方式"下拉列表中选择"居中对齐"。

（2）光标定位到"领略武功山之美"后面，单击"插入"选项卡"符号"功能区的"符号"按钮，在弹出的"符号"对话框中，"字体"下拉列表选择"Wingdings"，找到"◆"符号，如图 6-199 所示。单击三次"插入"按钮，即可插入三个"◆"符号。

图 6-199 "符号"对话框

（3）选择文本"领略武功山之美 ◆◆◆ 体会自然风光"，单击"开始"选项卡"段落"功能区"边框"按钮，在下拉列表中选择"边框和底纹"。在弹出的"边框和底纹"对话框中，"线型"选择虚线，在"预览"区单击下画线按钮设置下画线，应用于"段落"，如图 6-200 所示。

第十步：插入武功山官网网址"https://www.wugongshan.cn/"的二维码，嵌入"武功山 logo"图片。

光标定位到虚线下方，单击"插入"选项卡"更多对象"功能区的"更多素材"，在下拉列表中选择"二维码"命令。在"插入二维码"对话框中，"输入内容"框中输入"https://www.wugongshan.cn/"；单击设置区域的"嵌入 Logo"，单击其中的"点击添加图片"按钮，在弹出

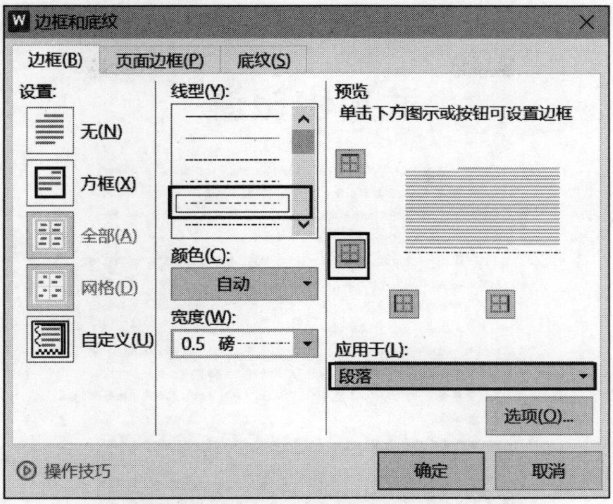

图 6-200 "边框和底纹"对话框

的"打开"窗口中找到名为"武功山 logo"的图片,单击"打开"按钮,显示样式选择"圆角",如
图 6-201 所示。

图 6-201 "插入二维码"对话框

单击二维码的调整大小控制点,调整为适当大小。

第十一步:设置合适的背景图片。

单击"页面"选项卡"效果"功能区的"背景"按钮,在下拉列表中选择"图片背景"命令,在
图片库中选择合适的图片,即可完成背景设置。海报的最终效果如图 6-202 所示。

图 6-202　武功山旅游海报效果图

任务 5　排版毕业论文

📚 任务情境

　　经过 4 年紧张而充实的学习,学生们即将迎来大学生涯的重要里程碑——撰写并提交毕业论文。作为对所学专业知识与技能的综合展示,毕业论文不仅要求内容深刻、分析透彻,其外在形式——排版,同样需要体现出学术的严谨性和规范性。

📚 任务分析

　　小刘同学通过前期对 WPS 文字的认真学习实践,熟练掌握了 WPS 文字中关于字体、字号、段落、页眉页脚、目录生成、图表插入与标注、参考文献格式设置等排版功能,确保毕业论文符合学校及学科领域的排版要求,最终排版效果如图 6-203 所示。为了确保论文排版准确无误,他仔细研读学校下发的排版规范文件。排版工作涉及众多细节,小刘同学极具耐心和细心,确保每一个细节都处理得当,避免影响论文的整体质量,排版大体步骤如下。

- 根据学校关于毕业论文的排版要求修改系统预设样式、新建样式、应用样式。
- 使用大纲视图查看文档结构,插入分页符或分节符。
- 添加章标题的页眉,并且带单实线的下画线。

- 添加页码并设置页码格式、设置页码字体。
- 插入目录。

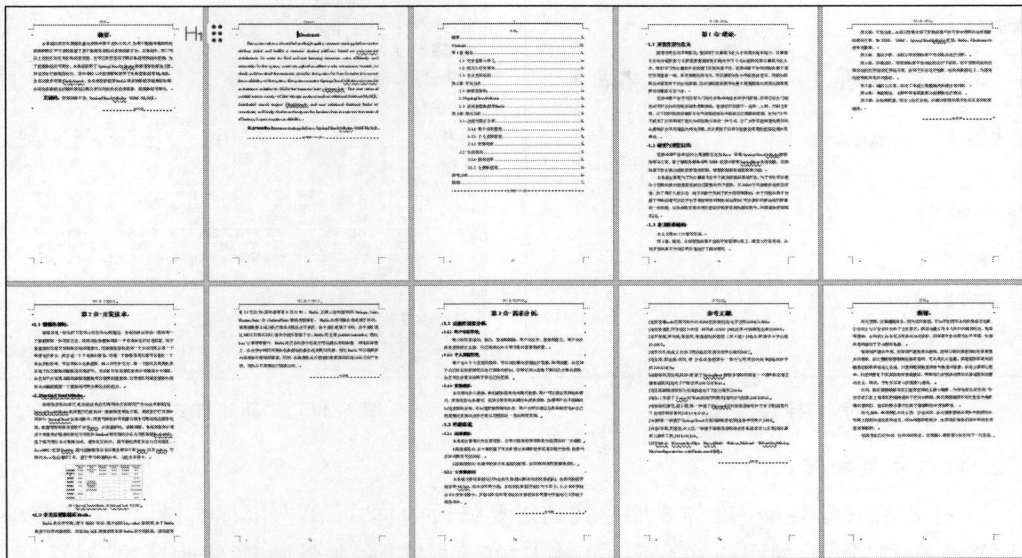

图 6-203　毕业论文排版效果图

相关知识

6.10　WPS 文字的长文档排版

长文档不仅内容较多,目录结构层级多,需要插入和设置多种对象。为了提高排版效率,WPS 文字提供一系列的高效排版功能,包括样式、生成目录、脚注、题注等。

6.10.1　创建和应用样式

样式是系统预定义或者用户自定义并保存的一系列排版格式,包括文字格式、段落格式、制表位和间距等。样式可以理解为赋予文本的属性集合,将其定义并命名后,可以重复使用。使用样式可以使文档的格式更容易统一,也可以构造大纲,使文档更具条理性。此外,使用样式还可以更加方便地生成目录。

1. 创建样式

(1)"样式"功能区:单击"开始"选项卡"样式"功能区右侧滚动条的向下箭头,在弹出的下拉列表中选择"新建样式"命令,如图 6-204 所示。在弹出的"新建样式"对话框中,在"名称"框中输入样式名称,选择样式类型、样式基于、后续段落样式,如果要对字体、段落、制表位等进行格式设置可以单击"格式"按钮,如图 6-205 所示。

(2)样式和格式窗格:单击"样式"功能区的"⬡(样式和格式窗格启动器)",在 WPS 文字窗口的右侧会出现"样式和格式"窗格,如图 6-206 所示,在窗格中单击"新样式"按钮即可打开"新建样式"对话框,在对话框中完成样式的创建。

图 6-204 "样式"下拉列表

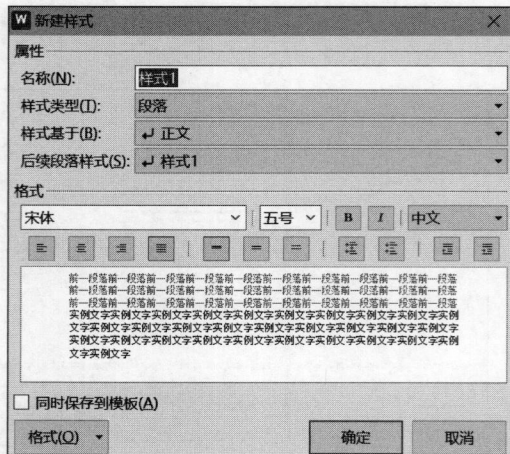

图 6-205 "新建样式"对话框

2. 修改和删除样式

（1）样式的右键菜单：在样式库中找到需要修改的样式，单击鼠标右键，在快捷菜单中选择"修改样式"命令，如图 6-207 所示。单击"修改样式"命令会弹出"修改样式"对话框，如图 6-208 所示，修改方式同新建样式。对于用户自己创建的样式可以单击右键菜单中的"删除样式"命令，需要注意的是，系统预设样式是不能删除的。

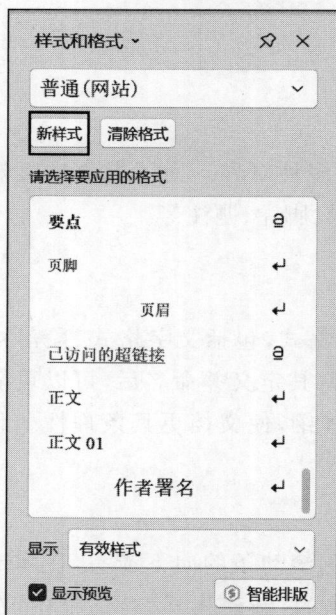

图 6-206 "样式和格式"窗格

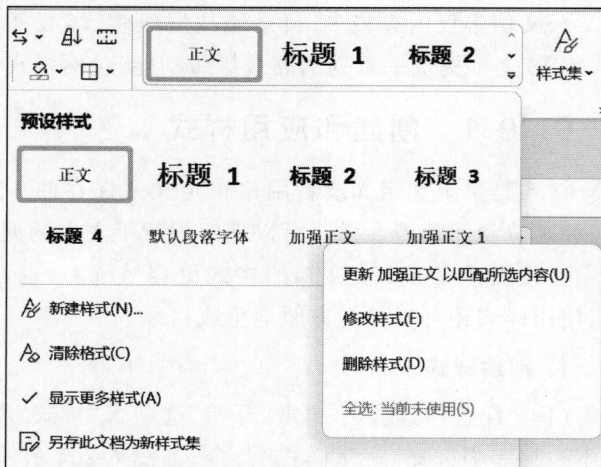

图 6-207 样式的右键菜单

（2）"样式和格式"窗格：在"请选择要应用的格式"组中选中要修改的样式，单击该样式旁边的向下箭头弹出下拉列表，选择"修改"命令，如图 6-209 所示。在弹出的"修改样式"对话框中完成相应设置即可。单击"删除"命令可删除该样式。

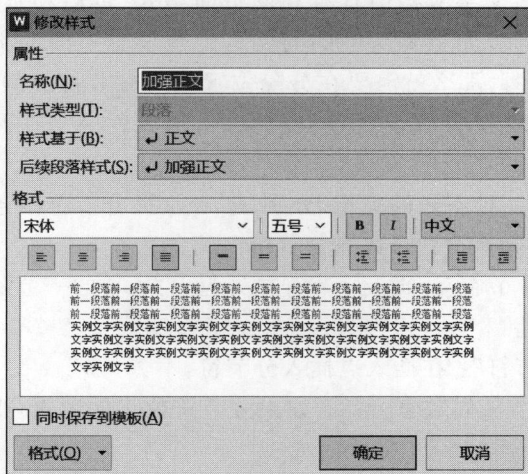

图 6-208　"修改样式"对话框　　　　图 6-209　样式的下拉列表

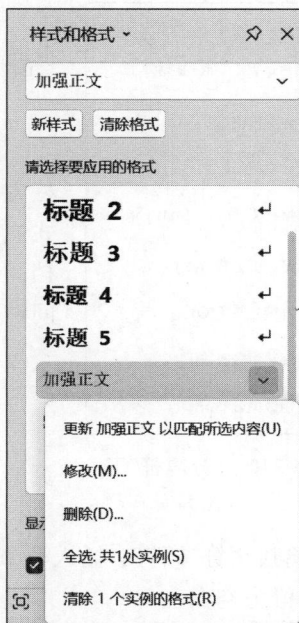

3. 应用样式

使用系统预设样式或者用户创建好的样式,将该样式快速地应用到选定的文本上,可以大大地提高效率,避免重复设置。

(1) 预设样式库:选中需要设置样式的文本或段落,单击"开始"选项卡"样式"功能区右侧滚动条的向下箭头,在弹出的下拉列表的"预设样式"组中选择需要的样式,所选样式随即应用到所选定的文本上。

(2) "样式和格式"窗格:在"样式和格式"窗格的"请选择要应用的格式"组中选择需要应用的样式。

(3) "样式集":单击"开始"选项卡"样式"功能区的"样式集"按钮,在下拉列表中选择样式集。样式集包含各级别标题和正文的格式设置。

6.10.2　插入分页符和分节符

当文档内容到达页面底部时 WPS 文字会自动分页。但有时在一页未写满时希望重新开始下一页,这时就需要通过手工插入分页符或分节符来强制分页。

1. 插入分页符

分页符是分隔文档内容的一种分隔符,在插入点后的文档内容会自动跳转到新的一页中,分页符前后页面的设置属性和参数保持一样。

(1) 分隔符:将光标定位到需要插入分页符的位置,单击"页面"选项卡"结构"功能区的"分隔符"按钮,会弹出下拉列表,如图 6-210 所示。在弹出的下拉列表中选择"分页符",即可在插入点插入分页符。

(2) 分页:单击"插入"选项卡"页"功能区的"分页"按钮,在下拉列表中选择"分页符"。

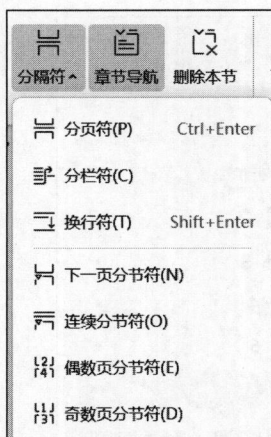

图 6-210 "分隔符"下
拉列表

（3）快捷键：使用 Ctrl＋Enter 快捷键可以在插入点进行分页。

2．插入分节符

节是 WPS 文字文档中具有相同页面格式、页眉和页脚、分栏方式等的单元，如果要为不同的文本内容设置不同的页面格式或页眉及页脚，那么就需要在分隔位置插入分节符。例如，文档的目录与正文要分别设置各自的页码，那么就应当在两者之间插入分节符。

分节符有 4 种不同的类型，分别是"下一页分节符""连续分节符""偶数页分节符""奇数页分节符"，其含义如下。

"下一页分节符"：插入分节符并另起一页，新的一节从下一页的顶端开始。

"连续分节符"：在插入点插入分节符，不分页。

"偶数页分节符"：插入分节符，下一节从偶数页开始；如果分节符位于偶数页，则下一奇数页留为空白。

"奇数页分节符"：插入分节符，下一节从奇数页开始；如果分节符位于奇数页，则下一偶数页留为空白。

6.10.3 插入脚注、尾注和题注

脚注和尾注一般用于给文档中的文本提供解释、批注以及相关的参考资料。一般用脚注对文档内容进行注释说明，用尾注说明引用的文献资料。脚注和尾注分别由两个互相关联的部分组成，即注释引用标记和与其对应的注释文本，其中引用标记会自动更新维护。脚注是在引用位置的当前页面中，尾注位于文档末尾。题注可以对图片或者对象添加标签说明。

1．插入脚注和尾注

（1）"插入脚注"或"插入尾注"按钮：选中需要加注释的文本，单击"引用"选项卡"脚注和尾注"功能区的"插入脚注"或"插入尾注"按钮，如图 6-211 所示。此时会在文本的右上角插入一个"脚注"或"尾注"的序号，同时在文档相应页面下方或文档尾部添加一个横线并出现光标，光标位置为插入"脚注"或"尾注"内容的插入点，输入"脚注"或"尾注"内容即可。

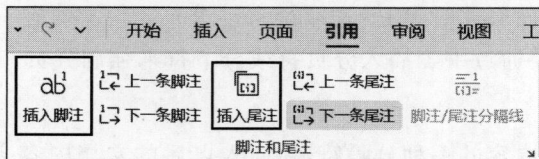

图 6-211 "脚注和尾注"功能区

（2）"脚注和尾注"对话框：单击"引用"选项卡"脚注和尾注"功能区的"脚注和尾注"对话框启动器，会弹出"脚注和尾注"对话框，如图 6-212 所示。在对话框中，"位置"区可以对脚注和尾注的显示位置进行设置；"格式"区可以设置编号格式或者自定义标记符号，以及起始编号和编号方式等；"应用更改"区可以将更改应用于"本节"或"整篇文档"。

图 6-212　"脚注和尾注"对话框

2. 插入题注

单击"引用"选项卡"脚注"功能区"题注"按钮,在弹出的"题注"对话框中可以设置新标签和编号等,如图 6-213 和图 6-214 所示。在"题注"对话框中,"位置"下拉列表提供"所选项目下方""所选项目上方"两种显示位置。

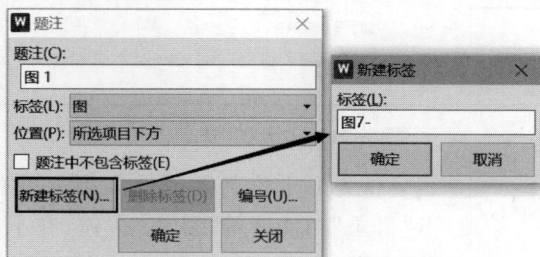

图 6-213　"脚注和尾注"对话框的"新建标签"

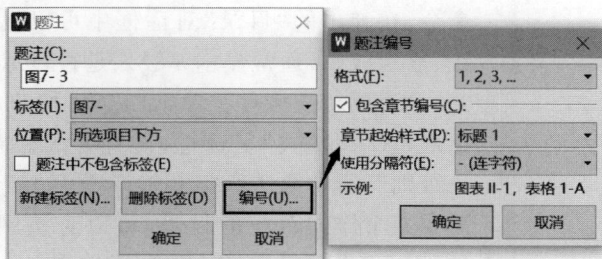

图 6-214　"脚注和尾注"对话框的"题注编号"

要为下一个对象添加题注,只需要在"标签"列表中选择相应的题注即可。依次为插入的对象设置题注,题注将按照对象的顺序自动编号,这样就提高了编辑效率。

6.10.4　生成目录

当编写书籍、撰写论文时一般都应有目录,以便反映文档的内容全貌和层次结构,便于阅读。要生成目录,必须对文档的各级标题进行格式化,通常利用样式的"标题"统一格式化,便于长文档排版和多人协作编辑。

目录由文档的各级标题和页码组成,位于正文之前,起着导航链接的作用。自动创建目录的方式,能够大大节约新建生成和后期编辑及修改目录的时间。WPS 文字提供两种自动生成目录的方式,分别是自动目录和智能目录。

1. 自动目录

自动生成目录可以采用样式和大纲级别两种方法。由于目录是基于样式创建,故在自动生成目录前需要将作为目录的章节标题应用样式。对需要设置标题的文本使用相应的"标题 1""标题 2""标题 3"样式来格式化,也可以使用其他几级标题样式,甚至还可以是自己创建的标题样式。

大纲级别是段落所处层次的级别编号,从 1 级(最高)到 9 级(最低),对应 9 种标题样式,在生成目录之前首先要设置好各标题的级别。单击"视图"选项卡"视图"功能区的"大纲"按钮,此时进入大纲视图,在选项卡区会自动增加"大纲"选项卡,如图 6-215 所示。选中需要设置大纲级别的标题文字,在"大纲"选项卡"大纲工具"功能区的左侧"级别"下拉列表中选择需要设置的级别,单击"↖""↘"可以升一级或降一级,单击"⇇"升到 1 级,"⇉"降为正文。设置好后,单击"关闭"按钮就能返回到原来的视图状态。

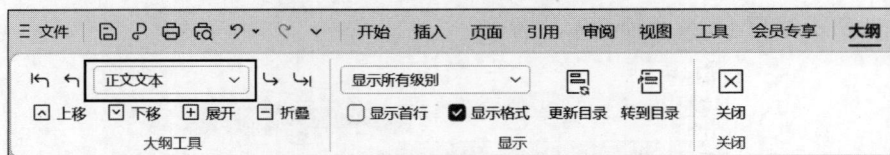

图 6-215 "大纲"选项卡

图 6-216 "目录"下拉列表

将光标定位到需要插入目录的位置,单击"引用"选项卡"目录"功能区的"目录"按钮,在下拉列表中选择"自动目录"命令,如图 6-216 所示,在插入点会自动添加目录。

如果想自定义目录,则单击下拉列表的"自定义目录"命令,在弹出的"目录"对话框中可以设置制表符前导符样式、显示级别(通常显示 3 级)、是否显示页码、页码是否右对齐、是否要超链接等。单击"选项"按钮,弹出"目录选项"对话框,选中"样式"复选框,设置各级标题的样式对应的"目录级别",通常第一级标题输入数字"1",以此类推;如果不需要某个样式对应的目录,可以直接删除数字。如果不通过"样式"来创建目录,则取消选中的"样式"复选框,选中"大纲级别"复选框即可,如图 6-217 所示。

2. 智能目录

智能目录是利用 AI 技术根据文档的结构、标题的长短等大量因素,自动推算出目录。由于 AI 算法的局限性,智能目录在识别过程中可能存在不准确的地方,用户可能需要根据实际情况进行手动调整。

单击"引用"选项卡"目录"功能区的"目录"按钮,在下

图 6-217　"目录"对话框

拉列表中选择"智能目录"组中所需要显示的目录即可。

3. 更新目录

如果生成目录之后,修改了文档的标题或者页码发生了变动,那么就要自动修改目录。

在生成的目录区域选中目录,单击"引用"选项卡"目录"功能区的"更新目录"按钮,或者右击,在弹出的快捷菜单中选择"更新域"命令,如图 6-218 所示。在弹出的"更新目录"对话框中选择"只更新页码"或者"更新整个目录"单选按钮,如图 6-219 所示,WPS 文字会自动更新目录。

图 6-218　"目录"的快捷菜单

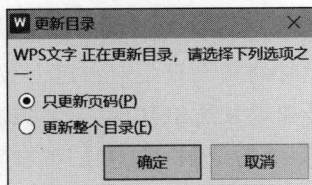

图 6-219　"更新目录"对话框

6.10.5　审阅文档

文档编辑完成后,需要进行审阅和修订工作,例如,修订文档、进行拼写和语法检查、统计文档字数、简体字与繁体字的相互转换、插入批注、快速比较两份文档的差异等。

1. 修订文档

修订功能能够在原有的文档中添加各类修订操作的标记,便于原作者和修订者都能够清楚地区分原来的文本和修订后的文本状态。

（1）开启修订状态：单击"审阅"选项卡"修订"功能区的"修订"按钮的上半区域""，开启修订状态。当进行文档的修订工作时，所做的修改操作会增加相应的标记，例如，插入内容用单下画线标记，删除内容用删除线标记，修订效果如图6-220所示。完成修订后，再次单击"修订"按钮，就关闭了修订状态。

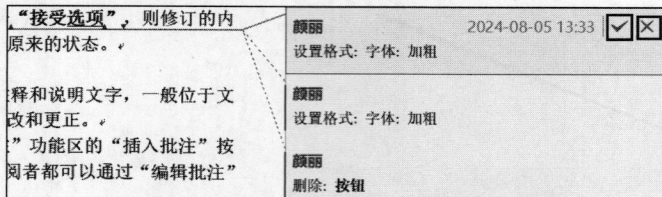

图6-220　修订效果

图6-221　修订的四种状态

在"修订"功能区的"显示标记状态"下拉列表中选择设置修订标记如何显示，有4种不同标记状态显示类型，如图6-221所示。

- 显示标记的最终状态：显示所有修订的最终状态。
- 最终状态：取消修订标记的显示，显示文档修改后的状态。
- 显示标记的原始状态：显示修订标记的原始状态。
- 原始状态：取消修订标记的显示，显示文档修订前的状态。

只有在选择第一个和第三个选项时，才能看到文稿中的修订标记，否则将不显示修订标记。

修改操作对应的标记可以进行更改，单击"审阅"选项卡"修订"功能区的"修订"按钮的下半区域"修订▼"，在下拉列表中选择"修订选项"命令，会弹出"选项"对话框，此时WPS文字会自动定位到"修订"，如图6-222所示。在对话框中，可以对修改的内容设置不同的标记等。

（2）接受或拒绝修订：显示标记状态如果是"最终状态"会看到修改后的状态。但需要注意的是，此时的状态只是对自己有效，而对其他用户无效。也就是说，自己看似已经完成修改了，但是如果发送给其他人，对方看到的还是处于标记的状态，所以对于修订，最终需要进行接受或拒绝的处理。文档的撰写者收到审阅后的文档，在修订状态下可以查看审阅人对文档所做的修改，并根据需要决定是"接受"还是"拒绝"。首先进入显示标记的状态，选择文档编辑区右侧的修订条目，单击修订框的"✓"按钮或单击"审阅"选项卡"更改"功能区的"接受"或者"拒绝"按钮即可。如果单击"接受"按钮，则修订的内容就会生效。如果单击"✕"按钮或者"拒绝"按钮则显示的修订标记就会消失，恢复成原来的状态。

（3）自动修订状态：通常文档交给审阅者是希望看到审阅者在哪里做了修改，并且希望对方能以修订的方式来提醒。此时可以设置文档的自动修订状态，记录审阅者对文档做的每一个操作。

单击"审阅"选项卡"文档安全"功能区的"限制编辑"按钮，在窗口右侧会出现"限制编辑"窗格，如图6-223所示，勾选"设置文档的保护方式"复选框，在下方选中"修订"选项，然

图 6-222　"选项"对话框的"修订"

后单击"启动保护"按钮，此时可以为文档添加一个取消保护用的密码。设置完成后，文档就会处于修订状态。当收到审阅返回的文档后，在"限制编辑"窗格中单击"停止保护"按钮输入密码即可对文档增加的修订进行接受或拒绝处理。

2．批注文档

批注是审阅者根据自己对文档的理解给文档添加上的感想、问题、注释和说明文字，一般位于文档正文右侧的空白处。文档的撰写者可以根据审阅者的批注对文档进行修改和更正。

将光标置于要批注的文本前或选中文本，单击"审阅"选项卡"批注"功能区的"插入批注"按钮，会打开显示批注框和批注人，在批注框中输入内容即可。撰写者和审阅者都可以通过"编辑批注"按钮对批注进行答复、解决或者删除，如图 6-224 所示。

图 6-223　"限制编辑"窗格

删除批注还可以单击"批注"功能区的"删除批注"按钮来完成。光标定位到批注位置，单击"删除批注"按钮，在下拉列表中选择"删除批注"可以删除定位处的批注，如果需要删除文档中所有的批注，可以选择"删除文档中的所有批注"命令，如图 6-225 所示。

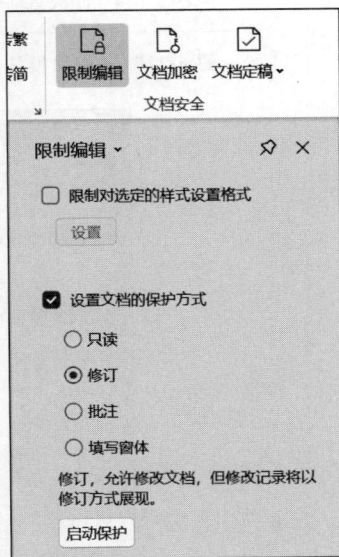

图 6-224 批注效果

3. 比较文档

文档经过评审修订后,可以通过对比方式查看前后两个版本的异同。单击"审阅"选项卡"校对"功能区的"比较"按钮,如图 6-226 所示。在弹出的下拉列表中选择"比较"命令。在弹出的"比较文档"对话框中,单击"原文档"右侧向下箭头或者" "按钮找到原始文档;单击"修订的文档"右侧向下箭头或者" "按钮找到修订后的文档。单击"更多"按钮可以在展开的"比较设置"区里设置更为详细的比较项,在"显示修订"区可以设置"修订的显示级别""修订的显示位置",如图 6-227 所示。单击"确定"按钮之后,两个文档之间的不同之处将突显在新闻当中。

图 6-225 "删除批注"下拉列表

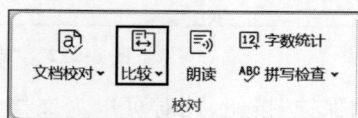

图 6-226 "校对"功能区

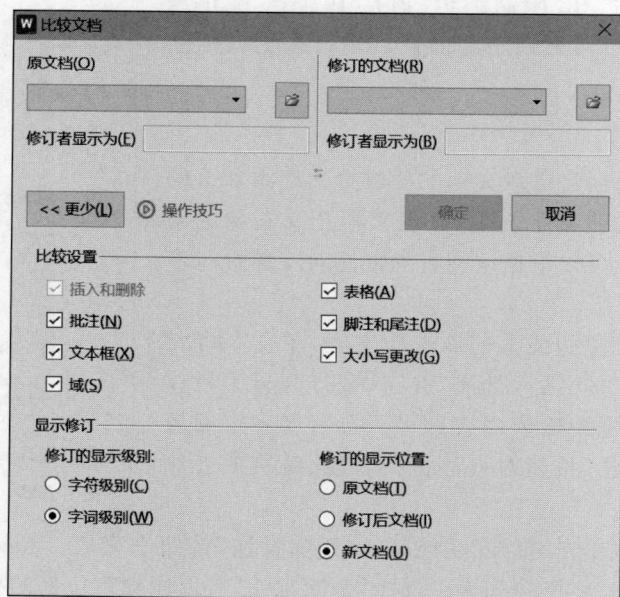

图 6-227 "比较文档"对话框

6.10.6　预览与打印

在完成文档的编辑与排版后，首先必须对其进行打印预览，如果用户不满意效果还可以进行修改和调整，满意后再对打印文档的页面范围、打印份数和纸张大小进行设置，然后打印文档。

1．预览文档

打印预览的显示与实际打印的真实效果基本一致，使用该功能可以避免打印失误或不必要的损失。单击"文件"菜单，在下拉列表中选择"打印"命令，然后在右拉列表中单击"打印预览"会打开"打印预览"界面；或者单击快速访问工具栏中的"打印预览"按钮打开"打印预览"界面，如图 6-228 所示。

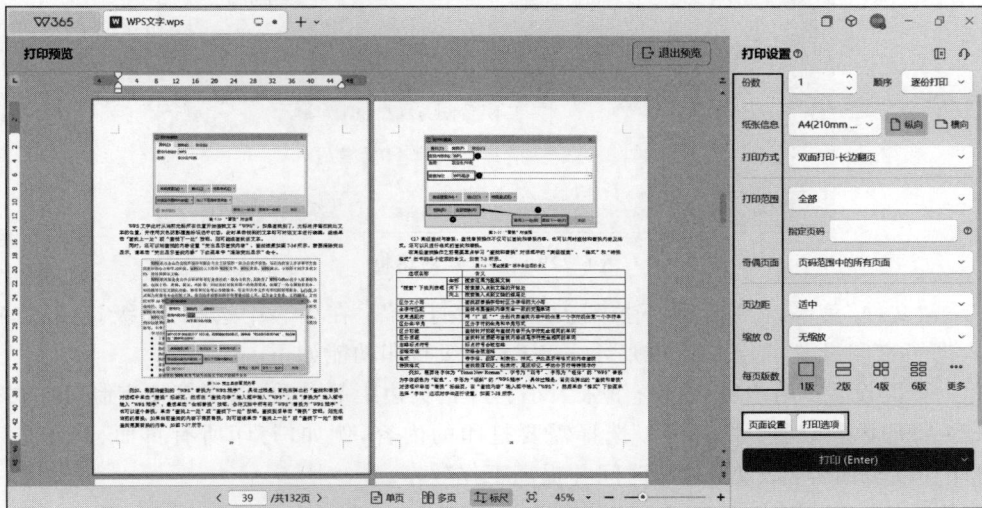

图 6-228　"打印预览"界面

打印预览界面中可以查看文档的总页数和当前预览的页码；可以单击"单页"或"多页"来设置在一屏中的显示页数；通过"显示比例"滑块调整适当的缩放比例；可以进行打印设置，如打印机、打印份数、纸张信息、打印方式、打印范围、每页版数等；可以单击"页面设置"按钮，在弹出的"页面设置"对话中调整页面设置。

2．打印文档

预览效果满足要求后即可对文档进行打印，在"打印预览"界面单击"打印"按钮；或者单击"文件"菜单的"打印"命令中的"打印"，会弹出"打印"对话框，如图 6-229 所示。在对话框中对打印机属性、打印范围、打印分数和双面打印等，设置完成后单击"确定"按钮；或者直接单击"快速访问工具栏"中的"打印"按钮，也会弹出"打印"对话框，进行相关设置后单击"确定"按钮。

3．高级打印

WPS 高级打印是一种打印设置选项，它提供了更多的自定义和高级功能，使用户能够更好地控制打印输出。用户可设置纸张大小、方向、页边距等参数，选择打印内容，设置背景颜色、页码和文档属性等。

图 6-229 "打印"对话框

单击"文件"菜单,在弹出的下拉列表中单击"打印"。在列表中选择"高级打印"选项即可进入高级打印设置,如图 6-230 所示。WPS 高级打印功能如下。

(1)页面设置:用户可以设置纸张大小、方向、页边距等参数,以更好地定制打印文件。

(2)打印内容设置:用户可以选择需要打印的内容,例如,打印所有页面、打印选定区域、打印当前页面等,以减少打印时间并提高工作效率。

(3)其他设置:用户可以选择是否打印背景颜色和图片、是否打印页码、是否打印文档属性等,以使打印文档更加个性化。

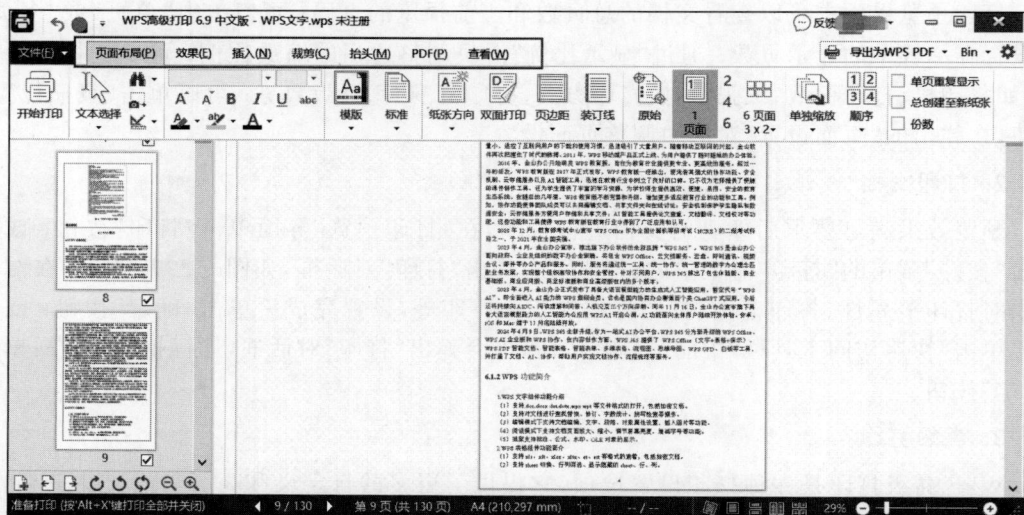

图 6-230 "高级打印"窗口

6.11　WPS AI 排版

　　WPS AI 排版功能包括自动格式化文档、段落调整、标题样式统一、自动生成目录和图表目录、页眉页脚设置、脚注尾注管理以及文档内容的快速查找替换等，帮助用户高效地优化文档结构，提升排版美观度和文档的可读性。

　　打开 WPS AI 选项卡，在下拉列表中选择"AI 排版"命令，会在窗口的右侧打开"AI 排版"窗格。如果要排版学位论文，那么光标指向"学位论文"区，会出现"选择学校"按钮，如图 6-231 所示。单击"选择学校"按钮会出现已经收录的学校，光标指向相应的学校图片区会出现"开始排版"按钮，单击"开始排版"按钮即可按照收录的范文排版模板对当前文档进行排版，如图 6-232 所示。

图 6-231　"AI 排版"学位论文

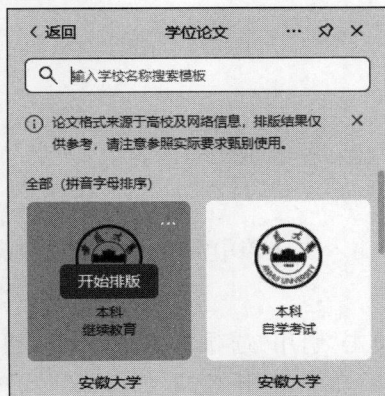

图 6-232　"开始排版"学位论文

在图 6-232 的查找框中可以输入学校名称搜索模板,例如,输入"萍乡学院",若没有找到相关模板,单击"导入访问排版"按钮,在弹出的"打开"对话框中找到排版需要参照的模板文件即可,如图 6-233 所示。

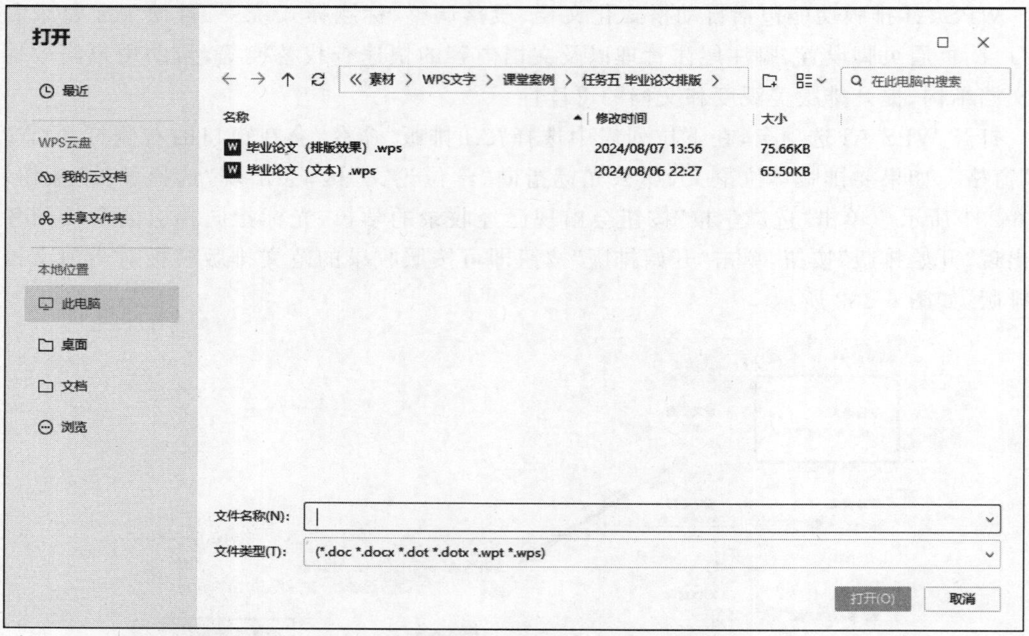

图 6-233　查找学位论文排版模板

6.12　邮件合并

在日常生活中,人们经常会看到通知书、邀请函,它们的共同点是多份文档中主要内容是系统的,只是具体数据不相同。WPS 文字中的邮件合并功能可以方便快捷地处理这类邮件。

邮件合并需要两部分文档:一是主文档,即相同部分的内容,如录取通知书正文;二是数据源文件,即可变化部分,如考生姓名、录取学校、录取专业等,可以使用 WPS 表格数据作为数据源。

邮件合并具体步骤如下。

1. 创建主文档

创建一个空白 WPS 文字文档,输入主文档内容。

2. 创建数据源

创建一个 WPS 表格文件,输入主文档中需要的数据源数据。

3. 插入合并域

将光标定位到主文档中,单击"引用"选项卡的"邮件"按钮,打开"邮件合并"选项卡,选择"打开数据源"的"打开数据源"命令,打开"选取数据源"对话框,选择数据源文件,单击"打开"按钮,将光标定位到主文档中要插入数据的区域中,单击"邮件合并"选项卡的"插入合并域"按钮,打开"插入域"按钮,打开"插入域"对话框,在"插入"区域中选择"数据库域"单选按钮,在"域"列表框中依次选择需要插入合并的选项,单击"插入"按钮。

4. 查看并合并邮件

在"邮件合并"选项卡的"预览结果"组中可以单击"查看合并数据"按钮或单击"上一条""下一条"按钮来切换显示数据,最后在"完成"组中选择"合并到新文档"的"全部"命令,单击"确定"按钮。

任务实现

第一步:根据学校关于毕业论文的排版要求修改系统预设样式、新建样式、应用样式。

学校对于毕业论文排版的要求,如表 6-4 所示。下面按照要求,对已经写好的论文内容进行排版。

表 6-4　毕业论文排版要求

预设样式	学校要求的样式	具体格式要求
正文	正文	中文为宋体,西文为 Times New Roman,小四号,1.5 倍行距,首行缩进 2 个字符,两端对齐
标题 1	标题 1	1 级标题,居中,1.5 倍行间距,中文为宋体,西文为 Times New Roman,小二号,加粗
标题 2	标题 2	2 级标题,1.5 倍行距,左对齐,四号宋体,Times New Roman,加粗
标题 3	标题 3	3 级标题,1.5 倍行距,左对齐,小四号宋体,Times New Roman,加粗
无	文献条目	小四号宋体,Times New Roman,1.5 倍行距,无缩进,两端对齐,项目编号(设定项目编号为[1])
无	关键词:	四号宋体,Times New Roman,加粗,1.5 倍行距,首行缩进 2 字符,左右缩进 0 字符
无	表及说明	五号宋体,Times New Roman,1.2 倍行距,段前 0.2 行,居中,左右缩进 −0.5 字符
无	图及说明	1.5 倍行距,居中,五号宋体,Times New Roman,左右缩进 3 字符
无	目录	

(1) 首先,修改系统预设的正文、标题 1、标题 2、标题 3 的样式。在"开始"选项卡"样式"功能区的"样式库"中找到"正文"样式,在"正文"样式上右击,单击右键菜单中的"修改样式"命令。单击"格式"按钮,在下拉列表中选择"字体"命令,在"字体"对话框中设置中文字体为"宋体",西文字体为 Times New Roman,字号为"小四"。

(2) 单击"格式"按钮,在下拉列表中选择"段落"命令,在"段落"对话框中设置"两端对齐""首行缩进,2 字符",行距为"1.5 倍"。

(3) 根据格式要求,同(1)(2)的操作步骤完成标题 1、标题 2 和标题 3 的样式修改。

(4) 新建排版所需要的新样式。单击"样式库"的向下箭头,在下拉列表中选择"新建样式"。在弹出的"新建样式"对话框中。在"名称"框输入"文献条目","格式"区设置宋体、Times New Roman、小四;单击"格式"按钮中的"段落",在弹出的"段落"对话框中设置对齐方式为"两端对齐",行距"1.5 倍","缩进"区设置"无缩进",如图 6-234 所示。

(5) 单击"新建样式"对话框的"格式"按钮,选择"编号"命令。在弹出的"项目符号和编号"对话框中单击"自定义列表"选项卡,单击"自定义"按钮,如图 6-235 所示。在弹出的"自

图 6-234　新建样式

定义多级编号列表"对话框中,"编号格式"输入框修改为"[①]","编号样式"为"1,2,3…","编号位置"设为"左对齐",对齐位置为"0"厘米;单击"字体"按钮,在弹出的对话框中设置"小四号,宋体,Times New Roman",如图 6-236 所示。

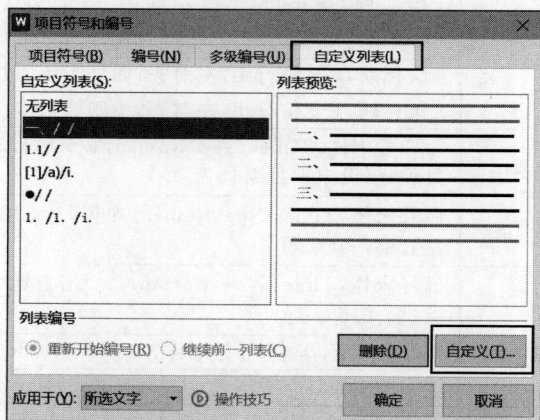

图 6-235　"项目符号和编号"对话框

注意:修改编号格式时,输入框中的"①"不能删除,它仅用来标识编号,并不是代表编号样式。

(6) 根据格式要求,参照(4)的操作步骤新建"关键词:""表及说明""图及说明"样式。

(7) 样式创建完后,要应用样式,为了更直观地看到论文的结构,就需要先显示导航窗格。单击"视图"选项卡"显示"功能区的"导航窗格"按钮的下半区,在下拉列表中选择"靠左",此时会在界面左侧出现"目录"导航窗格。

(8) 按 Ctrl+A 组合键全选所有文本,应用"正文"样式;然后再分别对其他文本应用相应的样式,例如,文本"摘要"应用"标题 1"样式;文本"1.1 开发背景与意义"应用"标题 2"样式;文本"3.1.1 用户信息管理"应用"标题 3"样式;文本"关键词:"和"Keywords:"应用"关键词:"样式;图片和图标题文本应用"图及说明"样式;选中所有的参考文献文本,应用"文献条目"样式。应用完样式后,导航窗格如图 6-237 所示。

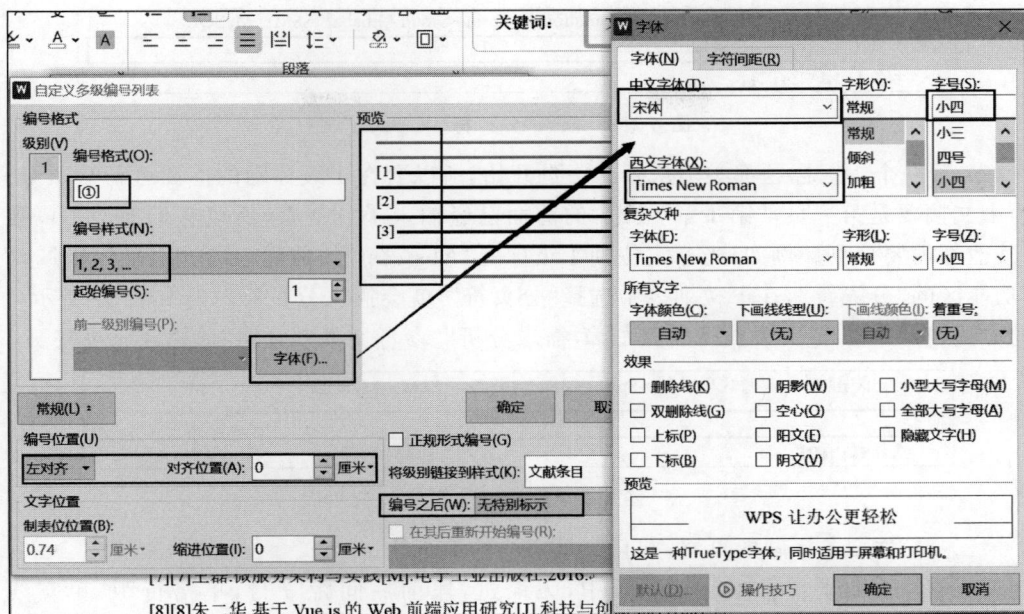

图 6-236　自定义多级编号列表

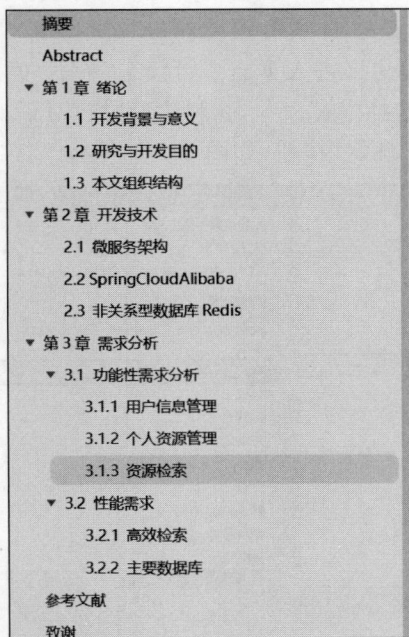

图 6-237　"导航窗格"

第二步：使用大纲视图查看文档结构，插入分页符或分节符。

（1）论文内容分为两部分：一是摘要，二是正文。所以要先将这两部分内容进行分节。单击"视图"选项卡"视图"功能区的"大纲"按钮，立即进入"大纲"视图。光标定位到 1 级标题文本"第 1 章 绪论"的前面，单击"页面"选项卡"结构"功能区的"分隔符"，在下拉列表中选择"下一页分节符"，就会插入分节符，如图 6-238 所示。

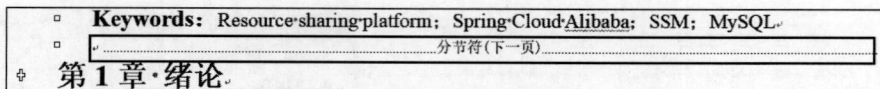

图 6-238   插入"分节符（下一页）"

（2）每一个 1 级标题都必须从新的一页开始，所以要在 1 级标题的前面进行分页处理。因为中文摘要是第一页，"第 1 章 绪论"的前面已经插入了分节符，所以它们前面不需要分页，其他都需要分页。例如，光标定位到 1 级标题"Abstract"的前面，单击"页面"选项卡"结构"功能区的"分隔符"，在下拉列表中选择"分页符"，就会插入分页符，如图 6-239 所示。同样的方法，在"第 2 章 开发技术""第 3 章 需求分析""参考文献""致谢"前插入分页符。

图 6-239   插入"分页符"

第三步：添加章标题的页眉，并且带单实线的下画线。

页眉的格式要求：宋体，小五，居中，无缩进，段前后间距 0 行，单倍行距，单实线下画线。

由于页眉是来自章标题，所以此时要使用插入域的方式来引用章标题。而章标题是来自样式中的"标题 1"，所以域名为"样式引用"。

（1）双击"摘要"的页眉编辑区进入页眉编辑状态，单击"插入"选项卡"部件"功能区"文档部件"按钮，在下拉列表中选择"域"命令，在弹出的"域"对话框中"域名"选择"样式引用"，"样式名"选择"标题 1"，单击"确定"按钮，如图 6-240 所示。

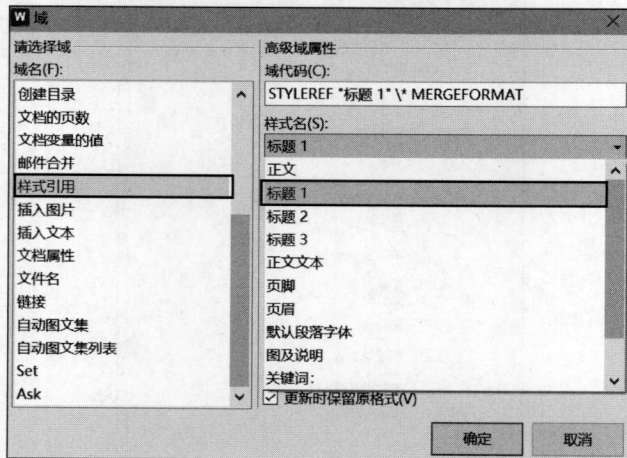

图 6-240   "域"对话框

（2）选中插入的"摘要"页眉，单击"开始"选项卡，在"字体"功能区设置字体为宋体，字号为小五；在"段落"功能区启动"段落"对话框，"对齐方式"为"居中对齐"，缩进区的特殊格式选择"无缩进"，间距区设置段前后间距均为"0 行"、行距为"单倍"，最后单击"确定"按钮。

（3）单击"段落"功能区的"边框"按钮，在下拉列表中单击"下框线"按钮，效果如图 6-241 所示。

图 6-241　编辑页眉

第四步：添加页码并设置页码格式、设置页码字体。

页码的格式要求：Times New Roman，小五，居中，无缩进，段前后间距均为 0 行，单倍行距（摘要节、目录节为罗马数字Ⅰ、Ⅱ；正文页码为 1、2…）

（1）双击"摘要"页的页码编辑区进入页码编辑状态，单击"插入页码"按钮，样式选择"Ⅰ，Ⅱ，Ⅲ…"，位置"居中"，应用范围选择"本节"，如图 6-242 所示。

（2）选中插入的页码，在浮动工具栏中设置字体和字号；右击选中的页码，在右键菜单中选择"段落"命令，在"段落"对话框中设置"无缩进"、段前后间距均为"0 行"、行距"单倍"。

图 6-242　插入页码

（3）翻页至"第 1 章　绪论"所在页的页码区，单击"插入页码"按钮，样式选择"1，2，3…"，位置"居中"，应用范围选择"本节"，此时会插入页码"3"。选中页码"3"，单击"重新编码"按钮，在"重新编码"下拉列表的"页码编号设为："框中输入 1，如图 6-243 所示，按 Enter 键确认输入，此时页码"3"改为"1"。

第五步：插入目录。

根据要求，目录需要放置在英文摘要和正文之间。

（1）光标定位到英文摘要的末尾，单击"插入"选项卡"页"功能区的"分页"按钮，在下拉列表中选择"下一页分节符"，此时会增加一页空白页同时给目录做了分节。

（2）光标定位到空白页的开始位置，单击"引用"选项卡"目录"功能区的"目录"按钮，在下拉列表中选择"自动目录"，此时会自动生成目录，如图 6-244 所示。

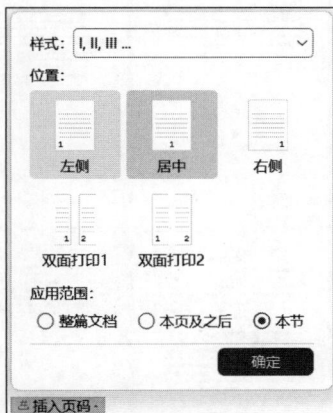

图 6-243　重新编号　　　　　　**图 6-244　自动生成的目录效果图**

（3）选中"目录"两字,应用"标题1"样式。

最终排版效果如图 6-245 所示。

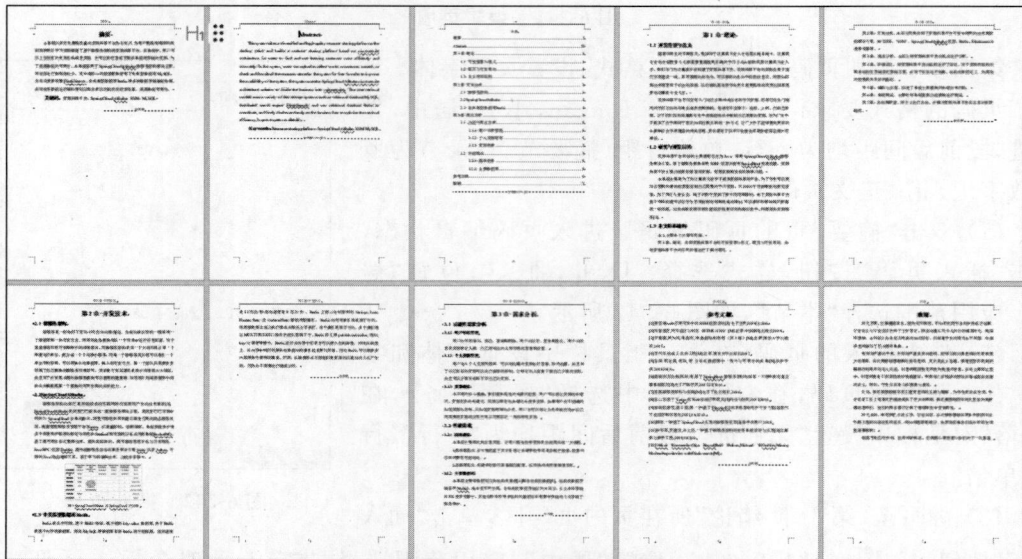

图 6-245　毕业论文排版效果图

🔑 小结

在本章中,深入探讨了 WPS 文字的基本操作与应用以及 WPS AI 在排版过程中的应用,这是掌握文档编辑和排版技能的基石。通过学习,我们了解了 WPS 文字的界面布局、文本编辑、格式设置、插入元素以及高级排版技巧。

首先,熟悉了 WPS 文字的用户界面,包括菜单栏、工具栏、编辑区和状态栏等关键组成部分。了解这些组件的功能对于提高工作效率至关重要。

接着,学习了文本编辑的基本操作,如文本的输入、删除、复制和粘贴。这些操作是日常文档处理中不可或缺的部分。还掌握了文本的查找和替换功能,这对于快速修改文档内容非常有用。

在格式设置方面,探讨了如何改变字体样式、大小、颜色和段落对齐方式,以及如何使用项目符号和编号来组织列表。这些技能有助于提升文档的可读性和专业性。

此外,学习了插入各种元素,包括图片、表格、图表和形状,这些元素能够丰富文档内容,使信息呈现更加直观和生动。还了解了如何调整这些元素的大小和位置,以及如何设置边框和颜色等属性。

在高级排版技巧方面,介绍了页眉和页脚的设置,这在制作正式文档如报告和论文时尤为重要。还学习了如何使用样式和模板来统一文档风格,以及如何进行文档的分节和分栏排版。探讨了文档的审阅功能,包括添加批注、修订等。

最后,还简要介绍了邮件合并功能,这是一个强大的工具,它允许用户从单一的数据源(如表格或数据库)中提取信息,并将其插入文档的特定位置,从而快速生成个性化的信件、标签或批量文档,极大地提高了工作效率和准确性。

总结而言,本章为 WPS 文字的初学者提供了一个全面的入门指南。通过实践这些基本操作和应用,用户可以有效地创建、编辑和格式化文档。随着技能的不断提升,用户将能够更加自信地应对各种文档编辑任务,无论是学术写作、商务报告还是个人记录。

实践任务 1:排版"弘扬抗洪精神"宣传文档

学院的辅导员需要制作一个以"弘扬抗洪精神"为主题的宣传文档,引导学生要勇于担当社会责任,面对困难与挑战时保持坚韧不拔的毅力,将个人成长融入国家发展大局之中,用实际行动诠释"生命至上、为民情怀",培养团结协作、无私奉献的高尚品德,让抗洪精神成为激励学生不断前进的强大动力。通过该文档的制作,可以掌握文字处理的基本操作,包括新建文档、保存文档、文本的输入和编辑、段落格式设置、页面格式设置等,最终排版效果如图 6-246 所示。具体要求如下。

图 6-246 排版效果图

- 新建 WPS 文字空白文档,将"弘扬伟大抗洪精神(素材).txt"文档的内容复制到空白文档中。
- 设置纸张大小为宽度 22cm,高度 30cm;上下页边距 2.7cm,左右页边距 3.5cm。
- 设置标题"弘扬伟大抗洪精神,筑牢安全新防线"的字体为"楷体",字号为"四号",字符间距为"加宽 1 磅",位置为"上升 3 磅",段前段后间距为"0.5 行",行距为"固定值 20 磅",对齐方式为"居中"。

- 设置正文的字体为"楷体",字号为"小四",段落对齐方式为"两端对齐",首行缩进"2字符",行距为"固定值20磅"。
- 第1段最后一句话的底纹颜色为"白色,背景1,深色15%",字体颜色为"红色"。
- 第2段、第3段和第4段首句加粗,在段落开头设置项目符号◇,内容分两栏并添加分隔线。
- 为正文中间添加"弘扬伟大抗洪精神,筑牢安全新防线"页眉,靠右添加当前日期的页脚并且自动更新,添加单实线页眉横线。
- 页眉添加水印"弘扬伟大抗洪精神,筑牢安全新防线",字体为"宋体",版式为"倾斜"。
- 文档另存为"弘扬伟大抗洪精神.wps"。

🔑 实践任务 2：制作成绩单

每学期的评奖评优又开始了,辅导员要求寝室长利用 WPS 表格制作一份本寝室同学的成绩单,并保存为"班级＋寝室＋成绩单.wps",寝室长在取得本寝室同学的成绩单后,开始制作成绩单。通过该文档的制作,可以掌握表格的基本编辑操作,包括表格编辑、修饰、排序和计算,最终排版效果如图 6-247 所示。具体要求如下。

软件工程 2303 班 13 栋 305 成绩单

学号	姓名	高等数学	英语	普通物理	计算机导论	总成绩
99050214	吴修萍	78	85	86	89	338
99050201	李响	87	84	89	76	336
99050208	王晓明	80	89	82	81	332
99050229	刘佳	91	62	86	79	318
99050217	赵丽丽	66	82	69	77	294
99050216	高立光	62	76	80	68	286
99050211	张卫东	57	73	62	62	254
各科平均分		74.43	78.71	79.14	76.00	

图 6-247　表格排版效果图

- 设置标题字体为"四号""黑体",段前段后 6 磅,居中对齐。
- 除标题外其余文本转换为表格。
- 在表格右侧增加一列,输入列标题"总成绩";在新增列相应单元格内填入左侧 4 门课的总成绩,并且按"总成绩"列降序排列表格内容。
- 表格最下方增加一行,计算每门课程的"平均成绩",保留两位小数。
- 表格最后一行的第 1 个和第 2 个单元格合并,输入文本"各科平均分"。
- 设置根据内容调整表格并且表格居中,表格中第 1 行水平垂直居中,第 1 列和 2 列内容文字靠左对齐、其他各列内容文字水平和垂直居中。
- 表格第 1 列列宽为 2cm,第 1 行行高为 0.6cm。
- 设置表格外框线为红色 1.5 磅双窄线,内框线为蓝色 1 磅单实线。
- 设置第 1 行底纹为黄色。

- 表格中的中文字符字体为"宋体,五号",西文字体为"新罗马,五号"。
- 保存文档,命名为"班级＋寝室＋成绩单.wps"。

🔑 实践任务 3：教材排版

小王是某出版社新入职的编辑,刚受领主编提交给她关于《计算机与网络应用》教材的排版任务。请根据"计算机与网络应用.wps"和相关图片文件的素材,完成编排任务,最终排版效果如图 6-248 所示。具体要求如下。

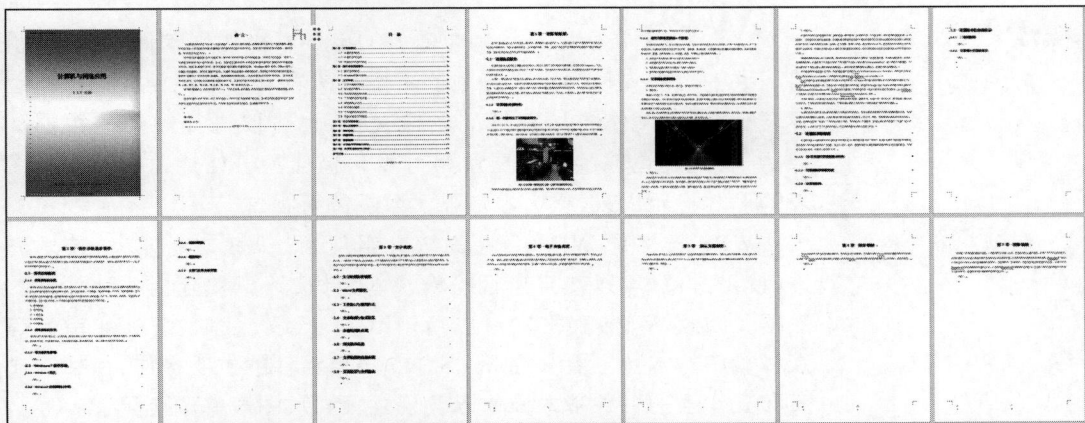

图 6-248　教材排版效果图

- 设置页面的纸张大小为 A4,页边距上、下为 3cm,左、右为 2.5cm,设置每页行数为 36 行。
- 将封面、前言、目录、教材正文的每一章、参考文献均设置为独立的一节。
- 教材内容的所有章节标题均设置为单倍行距,段前段后间距 0.5 行。其他格式要求为:章标题(1 级标题)设置为"标题 1"样式,字体为三号、黑体、居中对齐、段前分页;节标题(2 级标题)设置为"标题 2"样式,字体为四号、黑体、无缩进;小节标题(3 级标题)设置为"标题 3"样式,字体为小四、黑体、无缩进。前言、目录、参考文献的标题参照张标题设置。除此之外,其他正文字体设置为宋体、五号字,段落格式为单倍行距,首行缩进 2 字符。
- 将"第一台数字计算机.jpg"和"天河 2 号.jpg"图片依据图片内容插入正文的相应位置并居中,图标题公式设置为居中、小五、黑体。
- 根据"教材封面样式.jpg"的示例,为教材制作一个封面,图片为"Cover.jpg",设置该图片为"衬于文字下方",调整大小使之正好为 A4 幅面。
- 为文档添加页码,编排要求为:封面、前言无页码,目录页页码采用罗马数字"Ⅰ",正文和参考文献页码采用阿拉伯数字。正文的每一章以奇数页的形式开始编码,第 1 章的第一页页码为"1",之后章节的页码编号续前节编号,参考文献页续正文页码编号。页码设置在页面的页脚中间位置。
- 在目录页的标题下方,以"智能目录"方式自动生成。

第7章

数字表格设计

WPS 表格是一款功能强大的电子表格处理软件,主要用于将庞大的数据转换为比较直观的表格和图表。它可利用公式进行运算,帮助用户制作各种复杂的表格文档,也可以进行烦琐的数据计算,并将经过运算的结果显示为可视化极佳的表格或以彩色商业图表的形式显示出来,极大地增强了数据的可视性。

WPS 表格是 WPS 套件的核心组件之一,其功能强大,技术先进,使用方便,可以使用户轻松愉快地组织、计算和分析各种类型的数据。因此,WPS 表格广泛应用于财务、行政、金融、统计和审计等众多领域。本章主要介绍 WPS 365 表格组件的主要操作,包括工作簿和工作表的各种基本操作以及公式、函数、图表等的应用。

知识目标:

• 掌握表格的基本操作以及编辑、格式化工作表的方法。

• 熟练掌握工作表的数据运算。

• 熟练掌握图表的制作和修改。

• 掌握常用的数据管理与分析方法。

能力目标:

• 提升数据分析能力。

• 提升数据处理能力。

• 提升图表制作与解读能力。

• 提高工作簿与工作表管理能力。

• 提高自动化与批量处理能力。

素质目标:

• 面对复杂的数据处理任务时,能够独立思考,分析问题本质,运用 WPS 表格工具创造性地解决问题。

• 在处理数据时,具备保护用户隐私和数据安全的意识,遵守数据使用规范和法律法规,确保数据处理的合法性和合规性。

• 在掌握基础操作的同时,勇于尝试新的数据处理方法和技巧,培养创新思维和实践能力。

任务 1　成绩单编辑

任务情境

学期结束,辅导员要求各班学习委员对班级成绩进行系统的输入与编辑。学习委员需要收集每位同学的各科成绩,准确无误地录入 WPS 表格中,并对成绩进行必要的编辑,如核对分数、修正录入错误等,以确保成绩单的完整性和准确性。这一任务不仅考验了学习委员的责任心与细致程度,也是他们为班级贡献、助力同学了解自身学习情况的重要一环。

任务分析

软件工程 3 班的学习委员在完成了学期成绩的收集工作后,将成绩存放在了"软件工程 3 班成绩单.et"文档中,现在需要对这些数据进行系统化的整理和编辑。为了确保成绩单的准确性和完整性,以下是对编辑任务的具体分析和步骤规划,效果如图 7-1 所示。

- 在"序号"列后添加"学号"列,设置学号为文本型,有效性为"长度为 9 位"。
- 输入学号,第一位学生学号为"203242601",依次补齐后续学号。
- 性别为空的单元格输入"男"。
- 将所有成绩设置为保留两位小数的数值。
- 用"红色加粗"字体标识出所有低于 60 分的成绩。
- 根据单元格内容自适应调整列宽;调整行高为 0.75cm。
- 设置表格边框线,单元格内容水平居中,字体为"宋体",标题行添加"浅绿"底纹。
- 在数据清单的最上面添加一行,输入标题"班级课程成绩",字体设置为黑体,20 号,合并居中。
- 工作表标签颜色设置为"红色",名字改为"成绩单",保存表格。

序号	学号	姓名	性别	班级	数据分析	数据库应用开发	职业生涯规划	办公软件应用	分布式数据库	体育	软件测试技术
					班级课程成绩						
1	203242601	陆小东	男	软件工程3班	53.00	74.00	45.00	60.00	60.00	77.00	29.00
2	...02	李宁宁	女	软件工程3班	90.00	87.00	91.00	92.00	90.00	90.00	86.00
3	...03	李志	男	软件工程3班	63.00	76.00	65.00	63.00	60.00	76.00	64.00
4	...04	李庆庆	男	软件工程3班	60.00	47.00	28.00	60.00	60.00	75.00	24.00
5	203242605	李力伟	男	软件工程3班	70.00	71.00	70.00	62.00	60.00	76.00	63.00
6	203242606	马云龙	男	软件工程3班	60.00	80.00	76.00	75.00	60.00	67.00	60.00
7	203242607	林浩	男	软件工程3班	65.00	87.00	77.00	63.00	70.00	81.00	70.00
8	203242608	孟庆龙	男	软件工程3班	42.00	41.00	38.00	60.00	60.00	60.00	54.00
9	203242609	马爱华	女	软件工程3班	75.00	74.00	74.00	68.00	70.00	79.00	89.00
10	203242610	张乐	女	软件工程3班	90.00	69.00	94.00	53.00	80.00	77.00	63.00
11	203242611	张进明	男	软件工程3班	89.00	78.00	80.00	71.00	85.00	81.00	94.00
12	203242612	张山	男	软件工程3班	71.00	73.00	81.00	61.00	85.00	82.00	85.00
13	203242613	李明明	女	软件工程3班	44.00	67.00	15.00	53.00	30.00	83.00	33.00

（工作表标签：成绩单　班级课程学分　课程对应学分　成绩查询）

图 7-1　"成绩单"表格

相关知识

🔑 7.1　表格的基本操作

作为 WPS Office 套件中的核心组件之一,WPS 表格的基本操作方法与其他组件基本类似,如打开、关闭、新建和保存等操作。下面主要对 WPS 表格概述、工作表操作、单元格操作等知识进行介绍,对于工作簿的打开、关闭、新建和保存与文字文档的操作类似,此处不再赘述。

7.1.1　WPS 表格概述

1. WPS 表格的工作窗口

WPS 表格工作窗口与 WPS 文字窗口组成相似,主要由"标题"选项卡、快速访问工具栏、"文件"选项卡、"开始"选项卡、其他选项卡、功能区、编辑栏、工作区、工作表标签区、"录制新宏"按钮、状态栏等组成,如图 7-2 所示。用户也可以根据自己的需要修改和设定窗口的组成。下面就 WPS 表格与 WPS 文字的不同区域进行描述。

图 7-2　WPS 表格工作窗口

(1)编辑区:位于 WPS 表格窗口功能区的下方,由名称框、命令按钮区、编辑框组成。名称框用来显示当前单元格的地址或单元格区域名称。命令按钮区是与公式、函数相关的常用命令,包含"浏览公式结果"和"插入函数"。编辑框用来显示和编辑当前活动单元格内容。

(2)工作区:WPS 表格编辑数据的主要场所,包含行号与列号以及单元格。行号用"1、2、3…"等阿拉伯数字标识,列号用"A、B、C…"等大写英文字母标识,单元格是行列交叉位置。

(3)工作表标签区:用来显示工作表的名称,包括"第一个""前一个""后一个""最后一个"4 个工作表切换按钮和工作表标签名称。

（4）状态栏：主要包括视图切换、比例缩放区以及全屏显示按钮。

（5）"录制新宏"按钮：允许用户将一系列复杂的操作录制并保存为一个宏，以便在需要时通过快捷键或宏库中的宏命令自动执行这些操作。

2．WPS 表格的工作簿视图

在 WPS 表格中，用户可以通过两种模式、三种不同的视图方式来查看表格，包括护眼模式、阅读模式、普通视图、页面布局、分页浏览。

（1）护眼模式：以此模式开启后工作表的背景会变为缓解眼部疲劳的浅绿色。

（2）阅读模式：主要方便查看与当前单元格处于同一行和列的相关数据，单击向下箭头可以选择不同的颜色来标识。

（3）普通视图：普通视图是 WPS 表格默认的视图方式，用于正常显示工作表，在其中可以执行数据输入、数据计算和图表制作等操作。

（4）页面布局：页面布局视图中，每一页都会显示页边距、页眉和页脚，用户可以在此视图模式下编辑数据、添加页眉和页脚，还可以通过拖动上方的标尺来设置页面边距，主要用于查看打印文档的外观。

（5）分页浏览：分页浏览视图可以显示分页符，用户可以用鼠标拖动分页符改变显示的页数和每页的显示比例。

（6）全屏显示：当表格中有很多数据时，用户可通过全屏模式最大限度地把表格的行列在同一个屏幕中全部显示出来，方便查看。用户进入全屏模式后，WPS 表格中的"文件"选项卡、功能区和系统的任务栏将自动隐藏，单击"关闭全屏显示"按钮即可退出该模式。

3．基本操作对象

（1）工作簿：工作簿是一个 WPS 表格文件，后缀是.et，也被称为电子表格。默认情况下，新建的工作簿以"工作簿 1"命名，若继续新建工作簿，则以"工作簿 2""工作簿 3"等命名，且工作簿的名称将显示在标题栏的文档名处。

（2）工作表：工作表是用来显示和分析数据的工作场所，它存储在工作簿中。默认情况下，一个工作簿只包含一个工作表，且以"Sheet1"命名，若继续新建工作表，则以"Sheet2""Sheet3"等命名，名称在工作表标签栏中显示，通过单击工作表标签栏中的标签名称可以切换工作表。

（3）单元格：单元格是工作表的最小组成单位。每个单元格的位置称为单元格地址，通常使用该单元格的列号和行号表示，如 A1、B2 等。选定的单元格称为活动单元格或当前单元格，表示正在使用的单元格，被一个绿色的方框包围，方框右下角会显示一个小方框，称为填充柄。其输入、编辑或格式化的对象只能在活动单元格中进行。

（4）单元格区域：相邻的多个单元格组成的矩形区域称为单元格区域，很多的操作是以单元格区域为操作对象的，单元格区域的表示由该区域的左上角单元格地址和右上角单元格地址组成，如 A1:E5，表示由 25 个单元格构成的矩形区域。

7.1.2　工作表的基本操作

WPS 表格工作簿可以包含多个工作表，每个工作表的名称都是唯一的，常见的基本操作有选择、插入、删除、重命名、移动或复制等。

1. 选择工作表

选择工作表是最基础的操作,包括选择一张工作表、选择连续的多张工作表、选择不连续的多张工作表和选择所有工作表等。

(1) 选择一张工作表:单击相应的工作表标签,即可选中该工作表。或者使用 Ctrl＋PgUp(上一个工作表)或 Ctrl＋PgDn(下一个工作表)组合键切换选择工作表。

(2) 选择连续的多张工作表:选择一张工作表后按住 Shift 键,再选择不相邻的另一张工作表,即可同时选中这两张工作表间的所有工作表。

(3) 选择不连续的多张工作表:选择一张工作表后,按住 Ctrl 键,再依次单击其他工作表标签,可同时选择所单击的工作表。

(4) 选择所有工作表:在工作表标签的任意位置右击鼠标,在弹出的快捷菜单中选择"选定全部工作表"命令,可选中所有工作表。

2. 插入工作表

当工作表数量不能满足需求时,此时就需要插入新工作表。

(1) 使用"新建工作表"按钮新建:单击工作表标签右侧的"＋(新建工作表)"按钮,插入空白工作表。

(2) 使用快捷键新建:按住 Shift＋F11 组合键,可在当前编辑工作表的前方新建一个工作表,并将新建的工作表作为当前编辑工作表。

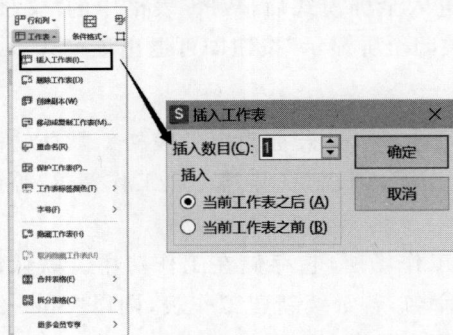

图 7-3 "插入工作表"对话框

(3) 通过"开始"选项卡"工作表"按钮:在"开始"选项卡中单击"工作表"按钮,在打开的下拉列表中选择"插入工作表"命令,打开"插入工作表"对话框,如图 7-3 所示,其中,"插入数目"数值框用于输入新建工作表的数量,"当前工作表之后""当前工作表之前"单选按钮用于设置新建工作表的插入位置。

(4) 使用鼠标右键新建:在工作表标签上右击鼠标,在弹出的快捷菜单中选择"插入工作表"命令,也会打开"插入工作表"对话框,如图 7-3 所示。右键快捷菜单和"工作表"下拉列表相似。

3. 删除工作表

(1) 使用鼠标右键删除:选择一张或多张工作表后,在工作表标签上单击鼠标右键,在弹出的快捷菜单中选择"删除"命令,即可删除选中的工作表。

(2) 通过"开始"选项卡"工作表"按钮:在"开始"选项卡中单击"工作表"按钮,在打开的下拉列表中选择"删除工作表"命令。

执行删除操作后,若删除的工作表中有数据,将会打开提示是否删除数据的对话框,如果单击"确定"按钮,那么工作表和数据都会被永久删除,是不可恢复的。

4. 重命名工作表

对工作表重命名可以帮助用户快速了解工作表内容,便于查找和分类。

(1) 双击工作表标签:双击后,工作表标签呈可编辑状态,输入新的名称后按 Enter 键确认输入内容。

（2）使用鼠标右键重命名：在工作表标签上右击鼠标，在弹出的快捷菜单中选择"重命名"命令进入编辑状态。

5. 移动或复制工作表

（1）在同一个工作簿中移动或复制工作表。

方法 1：选中工作表，按住鼠标左键直接拖曳到所需位置即可完成移动。若拖曳的同时按住 Ctrl 键则完成复制工作表操作。

方法 2：在工作表标签上右击鼠标，在弹出的快捷菜单中选择"创建副本"命令。

方法 3：单击"开始"选项卡的"工作表"按钮，在下拉列表中选择"创建副本"命令。

方法 4：选中工作表，右击鼠标在快捷菜单中选择"移动"命令或在"开始"选项卡的"工作表"下拉列表中选择"移动或复制工作表"命令，会打开"移动或复制工作表"对话框，如图 7-4 所示。在对话框中，通过在"下列选定工作表之前"栏中选择需要移动或复制后的工作表的位置，然后再选中或取消"建立副本"复选框，完成移动或复制工作表。

（2）在不同工作簿中移动或复制工作表：在不同工作簿中移动或复制工作表，就是将选中的工作表移动或复制到另一个打开的目标工作簿或新工作簿中。在"移动或复制工作簿"对话框的"工作簿"位置，单击"工作簿名称框"的向下箭头，选择目标工作簿即可；然后选择工作表的位置，最后选择是否建立副本即可。

6. 隐藏和显示工作表

（1）隐藏工作表：在工作过程中，如果工作表太多可能会影响操作，此时就可以将暂时不需要的工作表隐藏。选中工作表，右击工作表标签，在弹出的快捷菜单中选择"隐藏"命令或者在"开始"选项卡的"工作表"下拉列表中选择"隐藏工作表"即可隐藏工作表。

（2）显示工作表：在任意工作表标签上右击鼠标，在弹出的右键菜单中选择"取消隐藏"命令或在"开始"选项卡的"工作表"下拉列表中选择"取消隐藏工作表"，会弹出"取消隐藏"对话框，如图 7-5 所示。在对话框中，选择需要取消隐藏的工作表，如果需要取消隐藏多个工作表，可以结合 Shift 键或 Ctrl 键进行操作。

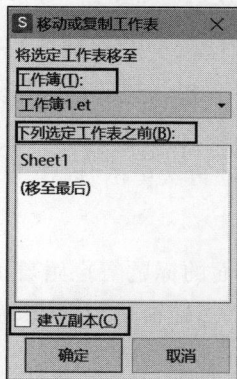

图 7-4　"移动或复制工作表"对话框　　　　图 7-5　"取消隐藏"对话框

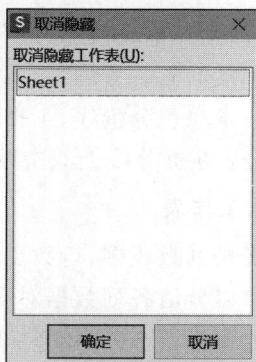

7. 设置工作表标签颜色和字号

WPS 表格中默认工作表标签的颜色和字号是相同的，为了区别各个工作表，除了对工作表进行重命名外,还可以对工作表标签设置不同的颜色和字号加以区分。在工作表标签上右击鼠标,在弹出的快捷菜单中选择"工作表标签"命令,在右拉列表中有"标签颜色"和"字号"选项,如图 7-6 所示,然后进行颜色设置和字号设置即可。或者在"开始"选项卡的"工作表"下拉列表中选择"工作表标签颜色""字号"进行设置。

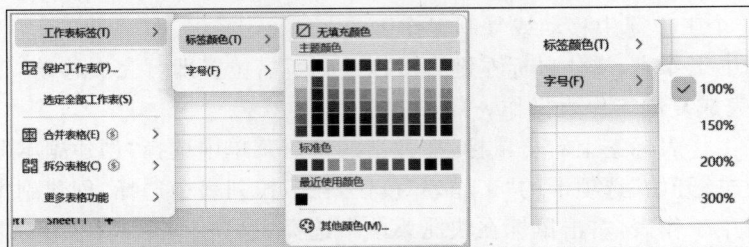

图 7-6　"工作表标签"列表

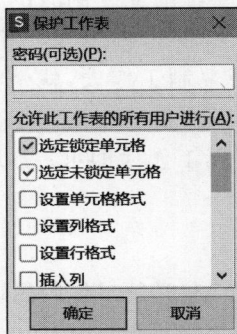

图 7-7　"保护工作表"
对话框

8. 保护工作表

为防止他人在未经授权的情况下对工作表中的数据进行编辑或修改,可以保护工作表。在工作表标签上右击鼠标,在弹出的快捷菜单中选择"保护工作表"命令或者在"开始"选项卡的"工作表"下拉列表中选择"保护工作表"命令,会打开"保护工作表"对话框,如图 7-7 所示。在对话框中可以设置密码,同时可以勾选允许用户的操作。如果要取消保护,则在已经设置保护的工作表标签上右击鼠标,在弹出的快捷菜单中选择"撤销工作表保护",然后输入密码即可。

9. 拆分工作表

当工作表行和列比较多,并且需要同时查看工作表的不同部分时,可以拆分工作表。

方法 1:使用功能区命令进行拆分,先选中要拆分位置点的右下方的单元格,再单击"视图"选项卡的"拆分窗口"按钮,则工作表就被拆分成 4 部分。

方法 2:使用鼠标拖动进行拆分,单击垂直滚动条上方的" — "按钮,光标指针变成上下箭头形状时,向下拖动鼠标,此时窗口中出现一条绿色分割线,工作表被拆分成上下两部分。单击水平滚动条右方的" | "按钮,光标指针变成左右箭头形状时,向左拖动鼠标,此时窗口中出现一条绿色分割线,工作表被拆分成左右两部分。

取消拆分:在拆分线上双击鼠标左键可去除拆分线,或者再次单击"取消拆分"按钮。

10. 冻结工作表

当一个表格列数较多,行数也较多时,一旦向下滚屏,上面的标题行也跟着滚动,在处理数据时往往难以分清各列数据对应的标题,此时就可以利用"冻结窗格"功能来解决问题。

冻结拆分窗格:先要拆分窗口,然后将当前选中定位到需要冻结的窗口中,单击"开始"选项卡的" 冻结 "按钮或单击"视图"选项卡的"冻结窗格"按钮,在下拉列表中选择"冻结窗格"。滚屏时,被冻结的标题行总是显示在最上面,大大增强了表格编辑的直观性。

冻结行或列:选中要冻结的行或列(可以是一行或多行,一列或多列)的下一行或下一列,选择"冻结窗格"下拉列表中"冻结至第 X 行"或"冻结至第 X 列"选项即可。如果要同时冻结顶部多行和左侧多列的窗格,可以选择要冻结区域的右下单元格,再选择"冻结至第 X 行 X 列"选项即可。

冻结首行或首列:在"冻结窗格"中可以选择"冻结首行"或"冻结首列"选项,则首行或首列就一直显示在页面里。

如果要取消"冻结窗格",只要再单击"冻结窗格"按钮,在下拉列表中单击"取消冻结窗格"选项即可。

7.1.3　单元格的基本操作

单元格的基本操作包括选择、插入、删除、移动、复制、合并、拆分等操作。

1．选定单元格或单元格区域

(1)选定单元格:对单元格内容的编辑,要遵守"先选定,后操作"的原则。鼠标单击单元格,即可选定单元格为当前活动单元格;或者在"名称框"中输入单元格地址,然后按 Enter 键。在实际操作中,也可以使用键盘命令快速定位活动单元格,如表 7-1 所示。

表 7-1　选定单元格的常用方法

按　键	功　　能	按　键	功　　能
Home	移动到当前行的第一个单元格	←	向左移动一个单元格
PgUp/PgDn	上/下翻一屏	↓	向下移动一个单元格
Enter	原活动单元格向下移动	↑	向上移动一个单元格
Tab	原活动单元格向右移动	Ctrl＋→	移动到数据区域的最右边单元格
Ctrl＋Home	移动到 A1 单元格	Ctrl＋←	移动到数据区域的最左边单元格
Ctrl＋End	移动到数据区域最后一个单元格	Ctrl＋↓	移动到数据区域的最下边单元格
→	向右移动一个单元格	Ctrl＋↑	移动到数据区域的最上边单元格

(2)选定单元格区域:对多个单元格进行操作时,需要先选定这个单元格区域。选定的单元格区域可以是连续的,也可以是不连续的,最常用的方法是用鼠标拖曳选定区域或者在"名称框"中输入区域地址,还有其他的方法,如表 7-2 所示。

表 7-2　选定单元格区域的常用方法

选 择 对 象	操 作 方 法
一行	将光标指针指向行号,光标呈向右黑色实心箭头时单击
一列	将光标指针指向列号,光标呈向下黑色实心箭头时单击
一行	单击该行左侧选定区
连续单元格区域	先选中一个单元格或一列或一行,然后按住 Shift 键,再选定最后一个单元格或一列或一行
不连续单元格区域	先选中一个单元格或一列或一行,然后按住 Ctrl 键,再选定其他单元格或列或行
整个表格	单击表格左上角行列交叉的"全部"按钮或按 Ctrl＋A 组合键

2．插入和删除单元格

(1)插入单元格:在工作表中可以插入和删除单元格,也可以插入和删除一行或一列单元格,都会引起周围单元格的变动,因此在执行这些操作时需要考虑周围单元格的移动方向。

方法 1:右击单元格,在弹出的快捷菜单中单击"插入"命令会弹出右拉菜单,如图 7-8 所示,根据需要选择移动的方向即可。也可选择插入行或列,在数量输入框中可以输入需要插入的行数或列数。

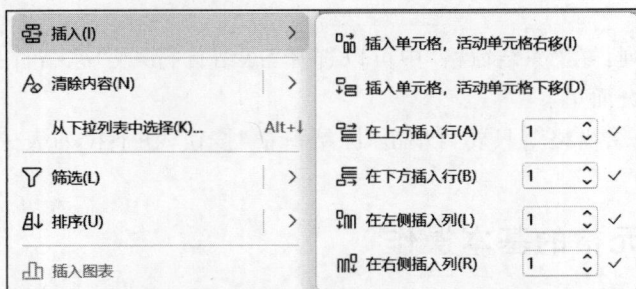

图 7-8 "插入"菜单

方法 2：在"开始"选项卡的"行和列"下拉列表中选择"插入单元格"命令，会弹出右拉菜单，当单击"插入单元格"命令时，会弹出"插入"对话框，如图 7-9 所示，在对话框中选择移动方向，也可以插入整行或列，默认插入在当前选中的单元格上方。

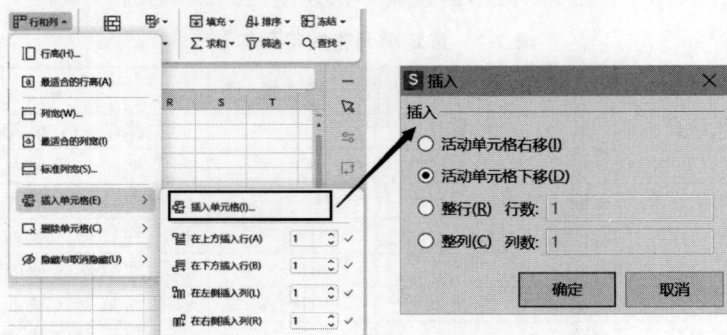

图 7-9 "插入单元格"命令

（2）删除单元格：删除操作可以删除单个单元格，也可删除整行或整列单元格。

方法 1：右击单元格，在弹出的快捷菜单中单击"删除"命令会弹出右拉菜单，如图 7-10 所示，根据需要选择单元格移动方向即可，也可选择删除整行或整列或删除空行。

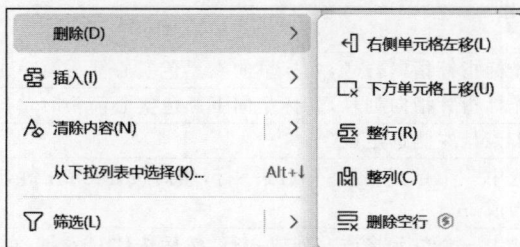

图 7-10 "删除"命令

方法 2：在"开始"选项卡的"行和列"下拉列表中选择"删除单元格"命令，会弹出右拉菜单，当单击"删除单元格"命令时，会弹出"删除"对话框，如图 7-11 所示，在对话框中选择移动方向使不同位置的单元格代替所选单元格，也可以删除整行或列。

3. 移动和复制单元格

方法 1：选中需要移动或复制的单元格或单元格区域，单击"开始"选项卡的" （剪

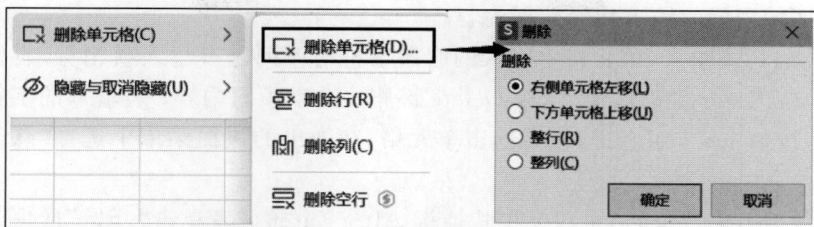

图 7-11　"删除单元格"命令

切)"或"⌐₂～(复制)"按钮,然后在目标位置单击"⌐₂(粘贴)"按钮。

方法 2：右击活动单元格,在弹出的快捷菜单中单击"✂(剪切)"或"⌐₂～(复制)"按钮,然后在目标位置单击"⌐₂(粘贴)"按钮。

方法 3：选中活动单元格,使用快捷键 Ctrl＋X 剪切或 Ctrl＋C 复制,然后在目标位置使用快捷键 Ctrl＋V 粘贴。

方法 4：选中活动单元格,光标移动到单元格的边框上,当光标变成"✥"形状时按住鼠标并拖动到目标单元格位置,即可实现单元格移动。如果按住鼠标的同时再按住 Ctrl 键则可实现复制。

4．合并和拆分单元格

当默认的单元格样式不能满足实际需要时,可通过合并与拆分单元格的方法来更改表格样式。

合并单元格：在编辑表格的过程中,为了使表格结构看起来更美观、层次更清晰,有时需要合并某些单元格区域。选择需要合并的多个单元格,在"开始"选项卡中单击"合并"按钮,即可合并单元格,并使其中的内容居中显示。除此之外,单击下拉按钮,还可在打开的下拉列表中选择"合并单元格""合并相同单元格""合并内容"等选项。

拆分单元格：拆分单元格的方法与合并单元格的方法完全相反,在拆分时需先选择合并后的单元格,然后单击"合并居中"按钮,或单击鼠标右键,在打开的快捷菜单中选择"设置单元格格式"选项,打开"单元格格式"对话框,在"对齐"选项卡中的"文本控制"栏中取消选中"合并单元格"复选框,然后单击"确定"按钮,即可拆分已合并的单元格。

7.1.4　数据的基本操作

表格的操作对象是数据,只有在工作表中准确输入数据,才能用公式和函数进行正确的数据处理。数据的基本操作主要包括数据输入、类型、填充、验证、编辑等。

1．数据的输入

方法 1：选中单元格,通过键盘输入数据,输入的数据会替换单元格中原有的内容,输入完后按 Enter 键。

方法 2：选中单元格,双击鼠标左键,进入单元格的编辑状态,可以修改单元格的内容,输入完后按 Enter 键。

方法 3：选中单元格,通过编辑栏中的编辑框输入或修改单元格内容,输入完后按 Enter 键。

方法 4：选中单元格区域,通过编辑栏中的编辑框输入数据,按 Ctrl＋Enter 组合键,即可在单元格区域内同时输入相同数据内容。

方法 5：记忆式输入，单元格中输入的起始字符与该列已有录入项相符，表格将自动填写余下内容，按 Enter 键确认输入，按 Delete 键删去自动填写内容；若输入的字符与该列多项数据相同，按 Alt＋↓ 组合键，或者右击单元格，在弹出的快捷菜单中选择"从下拉列表中选择"命令。

单元格数据若需要换行，可以使用快捷键 Alt＋Enter 或者单击"开始"选项卡的"换行"按钮，即可在单元格内换行。

2. 数据的修改或删除

方法 1：在单元格中修改或删除数据，双击需要修改或删除数据的单元格，在单元格中定位文本插入点，修改或删除数据，然后按 Enter 键。

方法 2：选择单元格修改或删除数据，当需要对某个单元格中的全部数据进行修改或删除时，只需要选择该单元格，然后重新输入正确的数据，也可选择单元格后按 Delete 键删除所有数据，然后输入数据再按 Enter 键。

方法 3：在编辑框中修改或删除数据，选中单元格，将光标移至编辑框中进行修改或删除数据，再按 Enter 键。

3. 数据类型

单元格中可以输入多种数据类型，常见的数据类型有文本、数值、日期时间等。

（1）文本数据：文本包括汉字、英文字母、数字、空格和各种符号，输入的文本自动在单元格中靠左对齐。如果单元格没有足够的宽度，显示不下的内容将扩展到右边相邻单元格上，若右边单元格也有内容，则当前单元格内容将截断显示，但编辑框中会有完整的显示。

（2）数值类型：数值类型包括 0～9 中的数字以及含有数学符号、货币符号等符号的数据，默认情况下，数值数据在单元格中靠右对齐。

（3）日期时间型：输入日期型数据时，年、月、日之间要用"/"号或"-"号隔开，如"2024-8-22""2024/8/22"。输入时间型数据时，时、分、秒要用冒号隔开，中英文冒号皆可，如"14:30:59"或"14：30：59"。

4. 数据自动填充

对于有规律的数据，如数字、日期、时间等序列可以使用自动填充。自动填充最常用的方法是使用填充柄。

方法 1：鼠标拖动填充柄，光标指向单元格或单元格区域右下角的绿色实心小方块，光标会变成"✚"形状，按住鼠标左键拖动至需要填充的单元格处，释放鼠标左键即可完成填充。

方法 2：双击填充柄向下填充，光标指向单元格或单元格区域右下角的绿色实心小方块，光标变成"✚"形状时双击填充柄即可向下完成自动填充。使用此方法时，自动填充数据的单元格数量会匹配左侧数据单元格的数量。

填充后，右下角会出现"🔳▾"自动填充选项的标记按钮，单击此按钮，在下拉列表中可以选择不同的填充方式，如图 7-12 所示。

- 复制单元格：复制单元格内容及格式。
- 以序列方式填充：根据原单元格内容填充有规律的序列数据。
- 仅填充格式：只复制单元格的格式。

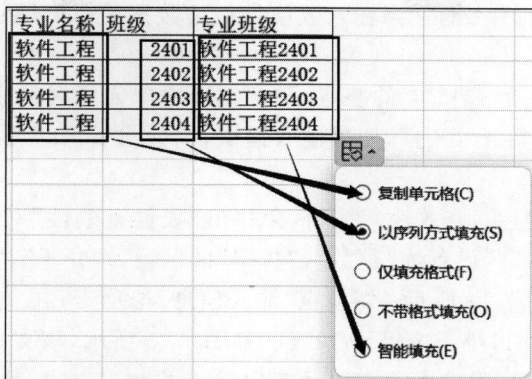

图 7-12　自动填充方法演示

- 不带格式填充：不带格式仅填充内容。
- 智能填充：通过识别已输入数据的模式，自动为相邻的单元格填充相应的数据。

需要注意的是，使用智能填充需要在第一个或几个单元格中输入示例数据，然后拖动填充柄或使用快捷键 Ctrl＋E，才可快速完成批量数据填充。

当以序列方式填充时，可以对序列进行设置。单击"开始"选项卡"填充"按钮，会弹出下拉列表。在下拉列表中选择"序列"，会弹出"序列"对话框，如图 7-13 所示。在对话框中，可以设置序列产生在"行"或"列"；类型默认是"等差序列"，也可根据需要选择其他类型；"步长值"的数值框可以输入步长数字，同时可以设置"终止值"的数值。

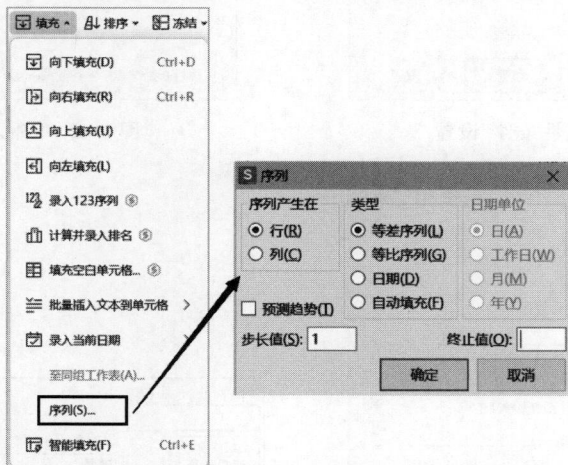

图 7-13　"序列"设置

5．数据有效性

WPS 表格提供了数据有效性验证功能，可对单元格或单元格区域输入的数据从内容到范围进行限制。对于符合条件的数据，允许输入；不符合条件的数据，则禁止输入，可防止输入无效数据。使用数据有效性功能只能对用户输入内容进行限制，如果将其他位置的内容复制后粘贴到已设置数据有效性的单元格区域，该单元格区域中的内容和数据有效性规则将同时被新的内容和格式覆盖清除。

（1）设置数值大小的有效性：当输入数值类型是数据时，可以限制输入数据的范围，并给出出错警告。

例如，对于分数要求是 1～100 的整数，要求在选中单元格时给出提示"请输入分数，分数大于或等于 1，小于或等于 100！"，如果输入错误，则弹出警告，"输入错误，请按照要求重新输入！"。

单击"数据"选项卡"$\sqsubset\!\!\times$（有效性）"按钮，会弹出"数据有效性"对话框，在"设置"选项卡中"有效性条件"的"允许"区设置为"整数"，"数据"区设置为"介于"，"最小值"和"最大值"区设置为"1"和"100"，如图 7-14 所示；切换至"输入信息"选项卡，在"输入信息"区输入"请输入分数，分数大于或等于 1，小于或等于 100！"，如图 7-15 所示，该文本内容会在鼠标选择单元格或单元格区域时显示，用来提示在单元格内输入的数据要求；切换至"出错警告"选项卡，在"错误信息"区输入"输入错误，请按照要求重新输入！"，如图 7-16 所示，该文本内容会在用户输入数据无效时弹出提示。设置完成后，针对分数有效性验证的效果如图 7-17 所示。

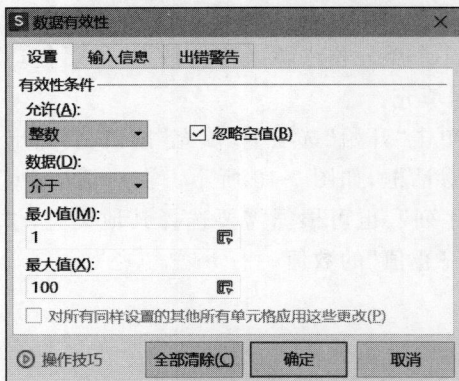

图 7-14　"有效性条件"设置

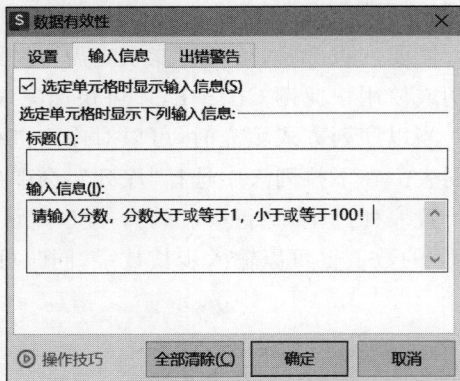

图 7-15　"输入信息"设置

图 7-16　"出错警告"设置

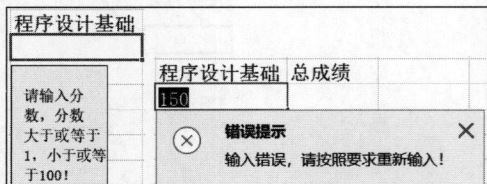

图 7-17　数据有效性验证效果

（2）设置下拉列表：当要求输入的数据只能为有限的几个序列值时，可以提供下拉列表选取数据。

例如，专业班级只能取"软件工程 2401""软件工程 2402""软件工程 2403"三个值之一。

方法 1：单击"数据"选项卡"$\sqsubset\!\!\times$（有效性）"按钮，会弹出"数据有效性"对话框，在"设置"

选项卡中"有效性条件"的"允许"区设置"序列","来源"区输入"软件工程 2401,软件工程 2402,软件工程 2403"。需要注意的是,来源中输入的数据必须要用英文状态下的逗号隔开,如图 7-18 所示。"输入信息"和"出错警告"选项卡的设置与分数设置类似。设置完成后,针对专业班级的有效性验证的效果如图 7-19 所示。

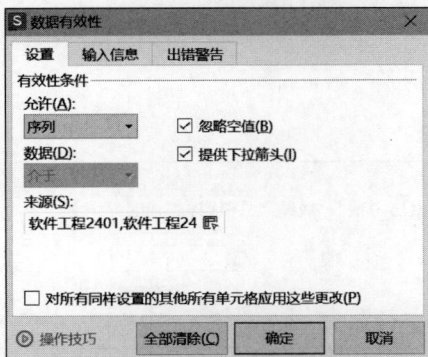

图 7-18　"序列"的有效性设置　　　图 7-19　数据有效性验证效果

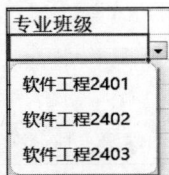

方法 2：选中需要使用下拉列表进行数据输入的单元格区域,单击"数据"选项卡的"下拉表"按钮,在弹出的"插入下拉列表"对话框中可以通过"手动添加下拉选项"或"从单元格选择下拉选项"的方式添加下拉选项。

例如,对"性别"字段进行数据输入,选择"手动添加下拉选项"的方式。在下拉选项的输入框中输入"男",然后单击" （添加选项）"按钮输入"女",如图 7-20 所示。单元格的下拉列表效果如图 7-21 所示。

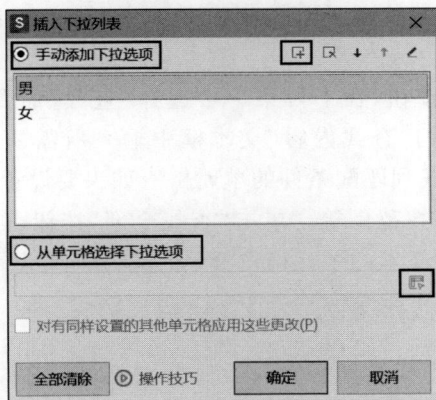

图 7-20　"插入下拉列表"对话框　　　图 7-21　下拉列表设置效果

（3）设置自定义：有些有效性的条件用预设的选项可能达不到要求,这种情况就可以使用自定义有效性条件。在数据有效性中使用函数和公式作为限制条件,能够实现个性化的输入录入限制规则。当公式结果返回逻辑值 TRUE 或是不等于 0 的数值时,WPS 表格将允许用户输入。如果公式结果返回逻辑值 FALSE 或是数值 0,则不允许用户输入。

例如,在一年一度的评优评先中,某学校要求学生只有综合素质考核和总成绩考核均为"优"时,才可被提名。

单击"数据"选项卡" （有效性）"按钮,会弹出"数据有效性"对话框,在"设置"选项卡中"有效性条件"的"允许"区设置"自定义",在"公式"区输入"＝AND(F2＝"优",G2＝"优")",如图7-22所示。设置完成后,针对评优评先提名的输入有效性验证效果如图7-23所示。

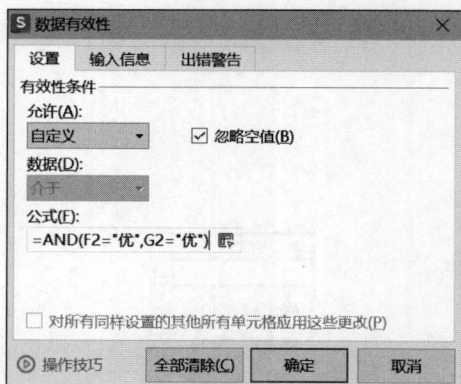

图7-22　"自定义"的有效性设置　　　　　图7-23　数据有效性验证效果

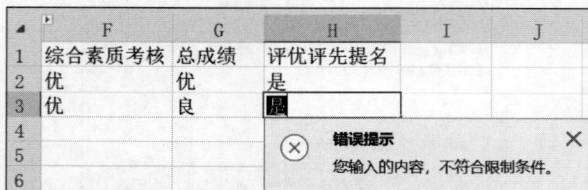

公式中分别使用两个条件"F2＝"优""和"G2＝"优"",依次判断F2单元格中的内容和G2单元格中的内容是否等于"优"。如果两个条件同时符合,AND函数返回逻辑值TRUE,此时系统允许用户录入。如果两个条件都不符合或仅符合其一时,AND函数返回逻辑值FALSE,此时系统将拒绝用户录入。

6. 数据的查找和替换

当表格中数据量很大时,在其中直接查找数据就会非常困难,此时可通过查找和替换功能来快速查找符合条件的单元格,还能快速对这些单元格进行统一替换,从而提高编辑效率。

(1)查找:单击"开始"选项卡的"查找"按钮,在下拉菜单中选择"查找"命令,会弹出"查找"对话框,如图7-24所示。在对话框中的"查找内容"文本框中输入所需要查找的内容,然后单击"查找下一个"按钮,便能快速查找到匹配条件的单元格。如果要设置更多的查找条件,单击"选项"按钮,包括范围、搜索、查找范围等。单击"查找全部"按钮,可以在"查找"对话框下方列表中显示所有包含所需查找文本的单元格位置,如图7-25所示。

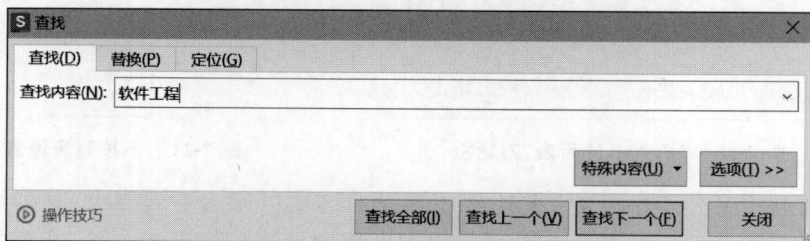

图7-24　"查找"对话框

(2)替换:单击"开始"选项卡的"查找"按钮,在下拉菜单中选择"替换"命令,会弹出"替换"对话框。在"查找内容"输入框中输入需要查找的内容,在"替换为"输入框中输入需要替换为的内容,单击"全部替换"按钮,替换完后WPS表格会弹出替换提示框,如图7-26所示。

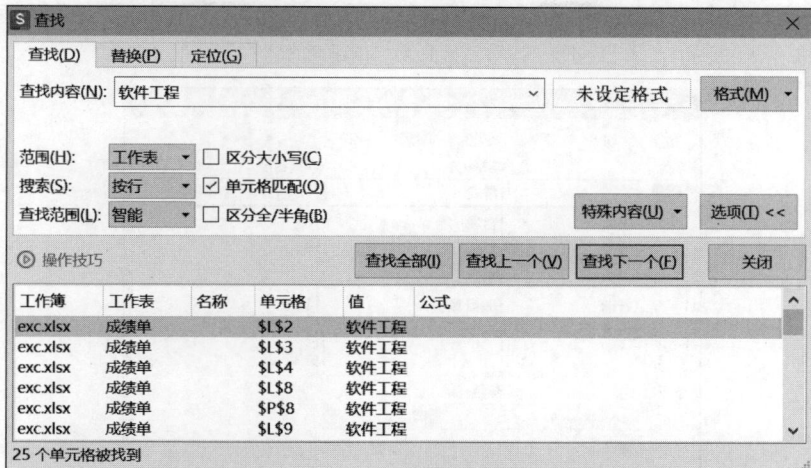

图 7-25　"自定义"的有效性设置

图 7-26　"替换"对话框

7.2　表格的格式化

在输入并编辑好表格数据后,为了使工作表中的数据更加清晰明了、美观实用,通常需要对表格格式进行设置和调整。默认状态下,表格是没有格式的,用户可根据实际需要进行自定义设置,包括数据的格式、单元格格式、表格格式等。

7.2.1　数据的格式设置

在 WPS 表格中设置数据格式主要包括设置字体格式、对齐方式和数字格式等。

1. 设置字体格式

方法 1:选中要设置格式的单元格或单元格区域,通过"开始"选项卡的"字体""字号""字体颜色""加粗""倾斜""下画线"等按钮对数据进行格式设置,如图 7-27 所示。

方法 2:选中单元格中的数据,在弹出的浮动工具栏中进行格式设置,如图 7-28 所示。

图 7-27　"开始"选项卡的字体格式按钮

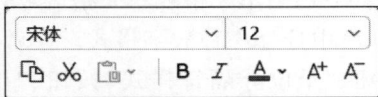

图 7-28　浮动工具栏

方法 3:通过"单元格格式"对话框设置,选择要设置格式的单元格或单元格区域,单击鼠标右键在快捷菜单中选择"设置单元格格式"命令或者单击"字体"格式区的"单元格格式"

对话框启动按钮,会打开"单元格格式"对话框,如图 7-29 所示。单击"字体"标签,在其中可以设置单元格中数据的字体、字形、字号、下画线和颜色等。

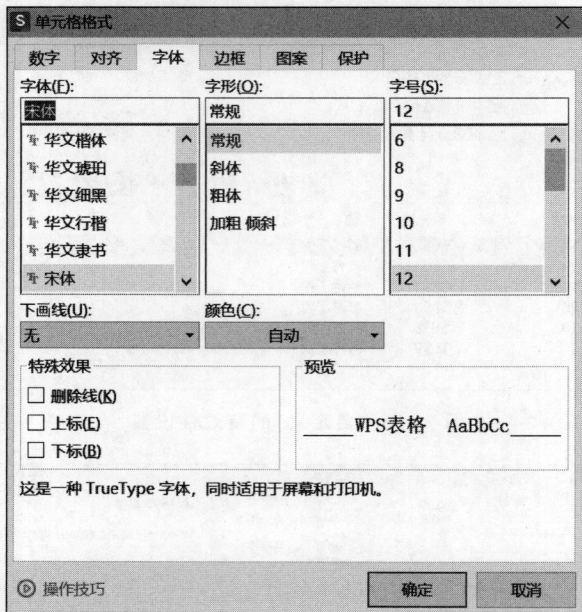

图 7-29　"单元格格式"对话框的"字体"选项卡

2．设置对齐方式

在 WPS 中,数字的默认对齐方式为右对齐,文本的默认对齐方式为左对齐,用户也可以根据实际需要对其重新设置。

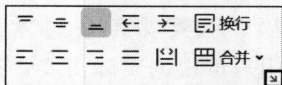

图 7-30　"开始"选项卡的对齐方式按钮

方法 1：选中需要设置的单元格或单元格区域,在"开始"选项卡中单击对齐按钮进行水平和垂直方向的对齐设置,如"左对齐""水平居中""右对齐""顶端对齐""垂直居中""底端对齐"等按钮,如图 7-30 所示。

方法 2：通过"单元格格式"对话框设置,启动"单元格格式"对话框的方式与字体格式设置时类似。单击"单元格格式"对话框的"对齐"标签,可以设置单元格中数据的水平和垂直对齐方式、文字排列方向和文本控制等,如图 7-31 所示。

3．设置数字格式

数字格式是指修改数值类单元格格式,例如,日期可以设置长日期、短日期,财务相关的数字可以设置以会计专用的形式显示,数值类数据可以设置显示小数位数等。

方法 1：选中单元格或单元格区域,单击"开始"选项卡的"数字格式"下拉按钮,在打开的下拉列表中选择一种数字格式。或者直接单击"中文货币符号/会计专用"按钮、"百分比样式"按钮、"千位分隔符样式"按钮、"增加小数位数"和"减少小数位数"按钮等设置,如图 7-32 所示。

方法 2：使用"单元格格式"对话框的"数字"选项卡来设置,单击功能区右上角的"单元格格式"对话框启动器或者按快捷键 Ctrl+1。在弹出的"单元格格式"对话框中,在"数字"

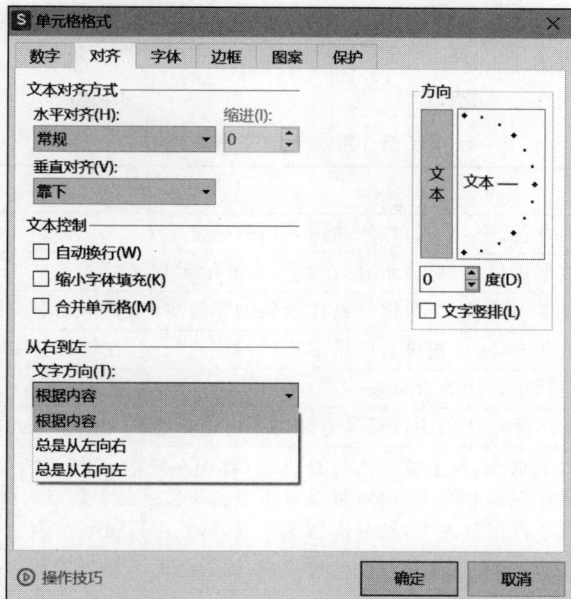

图 7-31 "单元格格式"对话框的"对齐"选项卡

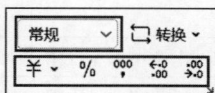

图 7-32 "开始"选项卡的设置数字格式按钮

选项卡中根据数据类型来设置单元格中的数字格式,如对于数值类型,可以设置小数位数,或者是否使用千位分隔符等,如图 7-33 所示。

图 7-33 "单元格格式"对话框的"数字"选项卡

　　需要注意的是,在数字格式中还可以使用"自定义"类型的数字格式代码进行灵活的设置。数字格式代码除中文字符外,其他字符编写均使用英文半角输入。常用的数字格式代码如表 7-3 所示。

表 7-3　常用的数字格式代码

数字格式代码	作　用
G/通用格式	不设置任何格式,按原始输入的数据显示
♯	数字占位符,只显示有效数字,不显示无意义的 0
0	数字占位符,当数据长度比代码的字符少时,显示无意义的 0
?	数字占位符,按设置的数字代码占位符长度,在输入数字的小数点两侧增加空格
%	把数字转换为百分数
*	使用数字代码中该符号右侧的下一个字符填充整个单元格列宽(填满为止)
_	短下画线,表示数字占位符,在小数点左侧时,每个数字占位符实际显示为在小数点左侧的一个空格,可以有多个占位符;在小数点右侧时,以最靠近小数点的数字占位符为准,尾数进行四舍五入,且占位符显示为空格
@	文本占位符,使用单个@符号时,输入的内容相当于替换到该符号位置
[颜色]	为输入内容的指定数据设置颜色
"文本"	显示英文双引号内的文本内容,与输入的数据按规则拼接成一个新的字符串
[条件值]	设置的格式条件
yyyy/mm/dd	y 表示年,m 表示月,d 表示日,一个字母占位符对应一个数字
h:mm:ss	h 表示时,m 表示分,s 表示秒,其中,一个 m 和一个 s 占位符代表一个数字

7.2.2　单元格的格式设置

　　在 WPS 表格中设置单元格格式主要包括设置行高、列宽、边框、底纹、合并单元格等。

1. 设置行高和列宽

　　在 WPS 表格中不能单独设置某个单元格的行高或列宽,必须是整行或整列设置。

　　方法 1:粗调。选定某行或多行,光标指向行的分隔线位置形状变成"＋"时,向上或向下拖动或者双击鼠标左键即可调整行高;选定某列或多列,光标指向列的分隔线位置形状变成"＋"时,向左或向右拖动或者双击鼠标左键即可调整列宽。

　　方法 2:精调。选中某行或多行,右击鼠标,在弹出的快捷菜单中选择"行高"命令或者单击"开始"选项卡的"行与列"按钮,在弹出的下拉列表选择"行高"命令,会弹出"行高"对话框,如图 7-34 所示。在对话框中输入行高数值,单击单位的下拉箭头可以设置单位。

　　选中某列或多列,右击鼠标,在弹出的快捷菜单中选择"列宽"命令或者单击"开始"选项卡的"行与列"按钮,在弹出的下拉列表中选择"列宽"命令,会弹出"列宽"对话框,如图 7-35 所示。在对话框中输入列宽数值,单击单位的下拉箭头可以设置单位。

图 7-34　"行高"对话框　　　　　图 7-35　"列宽"对话框

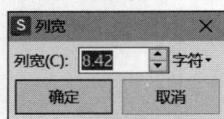

方法 3：根据内容调。选中行或列，右击鼠标，在快捷菜单中选择"最适合的行高"或"最适合的列宽"，也可以单击"开始"选项卡的"行与列"，在下拉列表中选择"最适合的行高"或"最适合的列宽"，会根据数据内容进行最合适的调整。

2．设置单元格边框

WPS 表格中单元格边框是默认显示的，但是默认状态下的边框不能打印，为了满足打印需要，可以为单元格设置边框效果。

方法 1：通过"所有框线"按钮设置。可以使用预设的边框线样式，也可以自行绘制边框。选择单元格，在"开始"选项卡中单击" ⊞▾（框线）"按钮，在下拉列表中可以直接选择需要的边框线样式，或者单击"绘制边框"，然后选择"线条颜色""线条样式"设置边框的线型和颜色。

方法 2：通过"单元格格式"对话框设置。选择单元格，单击"开始"选项卡的" ⊞▾（框线）"按钮，在下拉列表中选择"其他边框"命令，打开"单元格格式"对话框。在"边框"选项卡中，可以设置各种粗细、样式或颜色的边框，如图 7-36 所示。

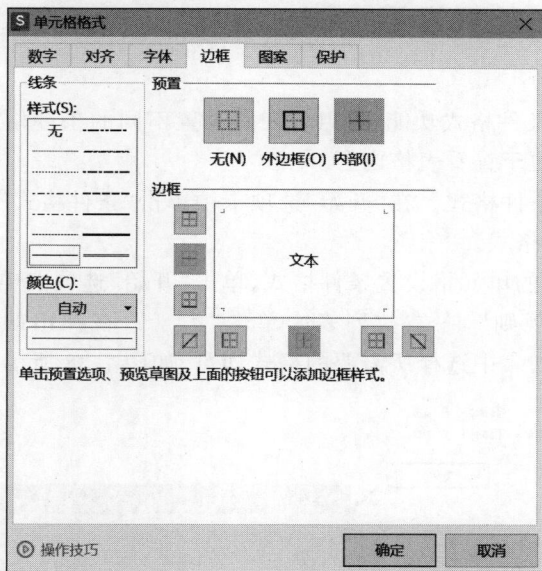

图 7-36　"边框"选项卡

3．设置单元格填充颜色

需要突出显示某个或某部分单元格时，可选择为单元格设置填充颜色。设置填充颜色可通过"填充颜色"按钮和"单元格格式"对话框的"图案"选项卡来实现。

方法 1：通过"填充颜色"按钮设置。选择要设置的单元格后，在"开始"选项卡中单击"填充颜色"下拉按钮，在打开的下拉列表中可选择所需的填充颜色。

方法 2：通过"单元格格式"对话框设置。选择需要设置的单元格，打开"单元格格式"对话框，打开"图案"选项卡，在其中可设置填充的颜色、效果和图案样式。

4．单元格样式

在"开始"选项卡中单击" □▾（单元格样式）"下拉按钮，在打开的下拉列表中可选择所需的样式。也可单击其中的"新建单元格样式"命令自定义样式,在弹出的"样式"对话框中可以查看目前单元格格式,也可单击"格式"按钮进入"单元格格式"对话框进行设置,单击"确定"按钮后会在"单元格样式"按钮的下拉列表中自动添加自定义的样式,如"样式1",如图 7-37 所示。

图 7-37　自定义单元格样式

7.2.3　表格的格式设置

1. 条件格式

通过 WPS 表格的条件格式功能,可以为表格设置不同的条件格式,并将满足条件的单元格数据突出显示,以便于查看表格内容。

方法 1:快速设置条件格式。在"开始"选项卡中单击"条件格式"下拉按钮,在打开的下拉列表中可选择所需的格式。

例如,要对大于 60 的单元格设置条件格式,单击"开始"选项卡中"条件格式"下拉按钮,单击"突出显示单元格规则",在右拉列表中单击"大于",在弹出的"大于"对话框中输入"60",在"设置为"下拉列表中选择所需要的格式即可,如图 7-38 所示。

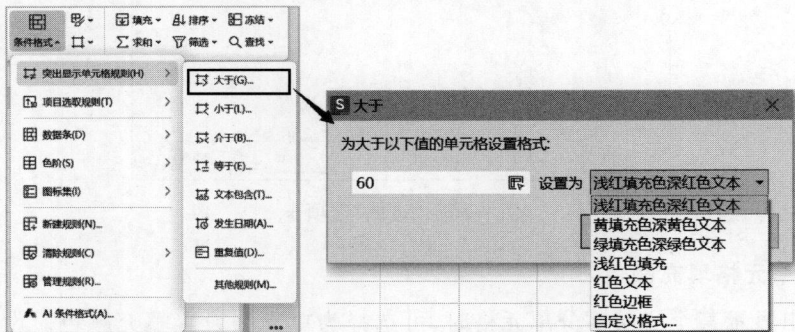

图 7-38　设置条件格式

方法 2:新建条件格式规则。如果 WPS 表格提供的条件格式选项不能满足实际需要,用户也可通过新建格式规则的方式来创建适合的条件格式。选择要设置的单元格区域后,在"开始"选项卡中单击"条件格式"按钮,在打开的下拉列表中选择"新建规则"选项,打开"新建格式规则"对话框,在其中可以选择规则类型和对应条件格式的单元格格式进行编辑。

方法 3:AI 条件格式。单击 WPS AI 标签,在弹出的 WPS AI 窗格中选择"AI 条件格式",弹出"AI 条件格式"对话框,如图 7-39 所示。或者,在"开始"选项卡中单击"条件格式"

按钮,在打开的下拉列表中选择"AI 条件格式"选项。在弹出的"AI 条件格式"对话框中,输入条件格式的指令,例如,"将语文成绩大于 79 分的单元格标成红色",单击对话框中的"发送"按钮。AI 会根据指令自动生成条件格式,并在表格中展示出来。此时,可以检查 AI 生成的格式是否符合预期,如有需要,可以进行进一步的修改。确认无误后,单击"完成"按钮,以应用 AI 生成的格式。

图 7-39　"AI 条件格式"对话框

2. 表格样式

在工作表中选择需要套用表格格式的单元格区域,在"开始"选项卡中单击" (套用表格样式)"按钮,在打开的下拉列表中选择需要的样式选项。例如,在"预设样式"中选择"表样式 1",在弹出的"套用表格样式"对话框中设置"表数据的来源",还可选择"仅套用表格样式"还是"转换成表格,并套用表格样式",如图 7-40 所示。

任务实现

第一步:在"序号"列后添加"学号"列,设置学号为文本型,有效性为"长度为 9 位"。

(1) 打开"软件工程 3 班成绩单. et",在 Sheet1 工作表中选中"序号"列,右击鼠标,在弹出的右键快捷菜单中单击"在右侧插入列 1"命令,如图 7-41 所示,然后在对应的标题栏单元格中输入"学号"。

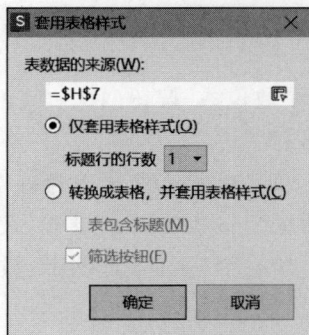

图 7-40　"套用表格样式"对话框

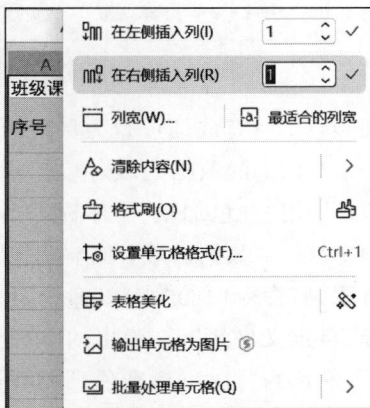

图 7-41　插入列

（2）选中插入的学号列（B列），单击"开始"选项卡的"数字格式"下拉按钮，在打开的下拉列表中选择"文本"。

（3）选中 B2:B57 的单元格区域，单击"数据"选项卡"⊨✕（有效性）"按钮，会弹出"数据有效性"对话框，在"设置"选项卡中"有效性条件"的"允许"区选择"文本长度"，"数据"区选择"等于"，"数值"区输入"9"；在"输入信息"选项卡中"输入信息"区输入"请输入 9 位的学号！"；在"出错警告"选项卡中"样式"区选择"停止"，"标题"区输入"学号位数必须为 9位。"，如图 7-42 所示。

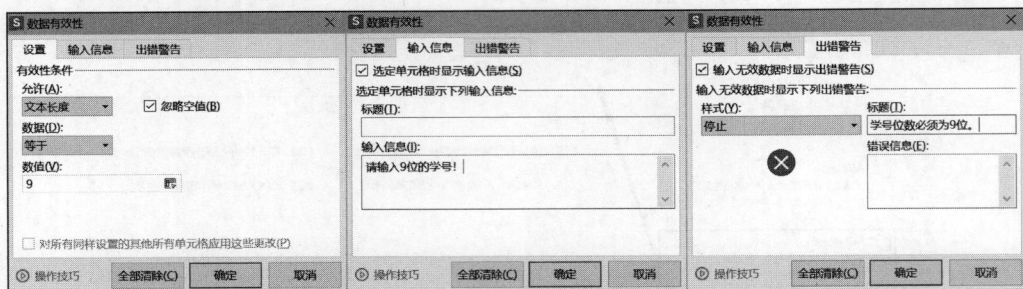

图 7-42　设置数据有效性

第二步：输入学号，第一位学生学号为"203242601"，依次补齐后续学号。

选中 B2 单元格，输入"203242601"，若单元格显示内容为"2E＋08"，则调整列的宽度即可。双击填充柄，自动填充后续学号。

第三步：性别为空的单元格输入"男"。

选中 D2:D57 区域，单击"开始"选项卡的"查找"按钮，在下拉菜单中选择"替换"，在弹出的"替换"对话框中"查找内容"为空，"替换为"输入"男"，如图 7-43 所示。

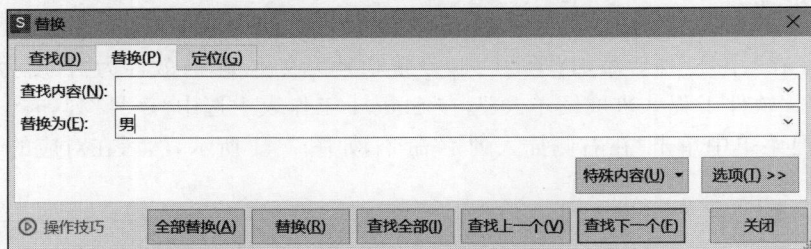

图 7-43　"替换"对话框

第四步：将所有成绩设置为保留两位小数的数值。

选中 F2:L57 的数据区域，单击"开始"选项卡的"增加小数位数"按钮两次。

第五步：用"红色加粗"字体标识出所有低于 60 分的成绩。

选中 F2:L57 数据区域，单击"开始"选项卡的"条件格式"，在下拉列表中选择"突出显示单元格规则"命令中的"小于"命令，在弹出的"小于"对话框中输入"60"，"设置为"下拉列表中选择"自定义格式"，在弹出的"单元格格式"对话框中，切换到"字体"选项卡，设置字形为"粗体"，颜色为"红色（标准色）"，如图 7-44 所示。

第六步：根据单元格内容自适应调整列宽；调整行高为 0.75cm。

（1）选中 A～L 列，在选中区域右击，在右键快捷菜单中单击"最适合的列宽"命令。

图 7-44　设置条件格式

（2）选中第 1～58 行，在选中区域右击，在右键快捷菜单中单击"行高"命令，弹出"行高"对话框，在对话框中切换单位为"厘米"并输入"0.75"，如图 7-45 所示。

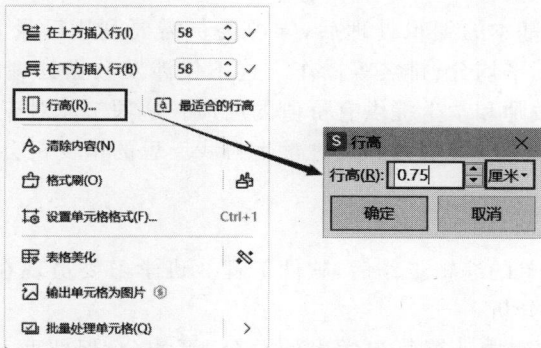

图 7-45　设置行高

第七步：设置表格边框线，单元格内容水平居中，字体为"宋体"，标题行添加"浅绿"底纹。

（1）选中数据清单区域，单击"开始"选项卡中的"田▾（边框）"按钮，在下拉列表中选择"所有框线"命令。

（2）选中数据清单区域，单击"开始"选项卡中的"垂直居中"和"水平居中"按钮。

（3）选中数据清单区域，单击"开始"选项卡中的"字体"，选择"宋体"。

（4）选择 A1:L2 区域，单击"♦▾（填充颜色）"按钮，选择"浅绿"颜色。

第八步：在数据清单的最上面添加一行，输入标题"班级课程成绩"，字体设置为黑体，20 号，合并居中。

（1）选中第 1 行，右击鼠标，在右键快捷菜单中选择"在上方插入行 1"。

（2）在 A1 单元格中输入"班级课程成绩"，设置字体为黑体，20 号。

（3）选中 A1:L1，单击"开始"选项卡的"合并"按钮。

第九步：工作表标签颜色设置为"红色"，名字改为"成绩表"，保存表格。

（1）右击工作表 Sheet1，在列表菜单中选择"工作表标签"的"标签颜色"，在颜色区域中选择"红色（标准色）"，如图 7-46 所示。

（2）双击工作表 Sheet1 名字区域，输入"成绩单"。

（3）单击"保存"按钮保存表格。

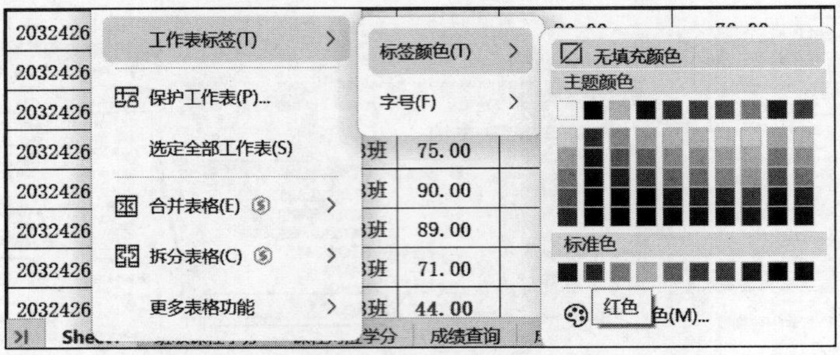

图 7-46　设置工作表标签颜色

任务 2　成绩单统计

任务情境

在对成绩单进行了基本的编辑处理后，学习委员需要利用已录入 WPS 表格的成绩数据进行成绩统计，如计算平均分、排名等操作。这不仅涉及数据处理的技能，还需要对数据进行深入分析，以便为教师和学生提供有价值的反馈。这项工作对于学习委员来说，是一次提升数据处理能力、增强班级凝聚力和促进学生自我反思的重要机会。

任务分析

在成功完成了成绩单的编辑工作后，软件工程 3 班学习委员现在需要进一步对这些成绩数据进行深入的统计分析。

- 在"成绩单"工作表中计算每名学生的总分、平均分，保留两位小数；统计每名学生的名次。
- 在"成绩区间人数分布"工作表中统计出每门课程各个分数区间的人数，分数区间分别为 $[0,59]$，$[60,69]$，$[70,79]$，$[80,89]$，$[90,100]$。
- 在"班级课程学分"工作表中填充"学号"。
- 计算"班级课程学分"工作表中每个学生每门课程"学分"列的内容，条件是该门课程的成绩大于或等于 60 分才可以得到相应的学分，否则学分为 0（每门课程的学分参考"课程对应学分"工作表）。
- 计算"班级课程学分"工作表"总学分"列的内容。
- 计算"班级课程学分"工作表"学期评价"列的内容，条件是：总学分大于或等于 14 分的学生评价是"合格"，总学分小于 14 分的学生评价是"不合格"。
- 在"成绩查询"工作表中，输入学号和课程名称，查询出相应的成绩。

相关知识

🔑 7.3　公式与函数

WPS 表格中的公式和函数是用于数据处理和分析的强大工具。公式允许用户进行简单的数学运算，而函数则是一些预定义的公式，能够执行更复杂的计算和处理任务。这些函数涵盖了求和、平均值、最大值、最小值、条件判断、查找引用、文本处理、日期时间计算、数学与三角函数、财务计算以及统计分析等多方面,极大地提高了数据处理的效率和准确性。用户可以通过输入特定的函数名称和参数,快速完成数据的计算,从而满足各种数据处理需求。

7.3.1　公式的概念

公式是对工作表的数据进行计算的等式,以等号(=)开始,通过各种运算符号,将值或常量和单元格引用、函数返回值等组合起来,形成公式表达式。WPS 表格可以自动计算公式表达式的结果,并显示在相应的单元格中。例如:

=21+32

=A2+B4

=AVERAGE(A2:A13)

=(F4+123)/SUM(A5:A18)

1. 数据类型

在 WPS 表格中,常用的数据类型主要包括数值型、文本型和逻辑型三类,其中,数值型数据是表示大小的具体值,文本型数据是表示一个名称或提示信息,逻辑型数据表示真或假值。

2. 常量

WPS 表格中常量包括数字和文本等各类数据,主要分为数值型、文本型和逻辑型常量。数值型常量可以是整数、小数或百分数,不能带千分位和货币符号。文本型常量是用英文双引号括起来的若干字符,但其中不能包含英文双引号。逻辑型常量只有两个值"true"和"false",分别表示真和假。

3. 运算符

运算符是公式中的运算符号,用于对公式中的元素进行特定计算。运算符主要用于连接数字并产生相应的计算结果。

(1)算术运算符:对于公式,可使用多种数学运算符号来完成,例如,+、-、*、/、%、^(乘方)等。例如,=3+2^2,按 Enter 键后单元格显示计算结果 7。

(2)比较运算符:使用比较运算符,根据公式来判断条件,返回逻辑结果 TRUE 或 FALSE。常用的比较运算符有 =、<>(不等于)、<、>、<=、>=。例如,=(2=2)按 Enter 键后单元格显示计算结果 TRUE。

(3)文本连接符:文本连接符(&)用于将一个或多个文本连接成为一个字符串文本。例如,="WPS"&"表格",按 Enter 键后单元格显示计算结果"WPS 表格"。

(4)引用运算符:单元格作为一个整体以单元格地址的描述形式参与运算称为单元格引用,常见的有独立地址和连续地址的引用。多个独立地址用英文逗号分隔,例如=SUM(A1,A3,A5),表示对 A1、A3 和 A5 这三个单元格求和。连续地址是首尾地址用英文冒号连接,例如=SUM(A1:A5),表示对 A1、A2、A3、A4 和 A5 这 5 个单元格求和。

在公式和函数的单元格引用中,可以把独立地址和连续地址的引用合并在一个表达式中,例如=SUM(A1:A5)+B3,表示 A1~A5 这 5 个单元格与 B3 单元格求和。

（5）逻辑运算符：逻辑运算符包括 AND、OR 和 NOT 等，用于组合多个条件。例如，=AND(A1>B1,C1<D1)，如果 A1 单元格的值大于 B1 单元格的值，且 C1 单元格的值小于 D1 单元格的值，则返回 TRUE；否则返回 FALSE。

7.3.2　公式的使用

在 WPS 表格使用公式计算数据时，用户除了需要输入和编辑公式之外，通常还需要对公式进行填充、复制和移动等操作。

1．输入和修改公式

在 WPS 表格中输入公式的方法与输入文本的方法类似，只需将公式输入相应的单元格中，即可计算出数据结果。选择要输入公式的单元格，在单元格或编辑栏中输入"="，接着输入公式内容，例如，=B3+C3+D3+E3，完成后按 Enter 键或单击编辑栏上的"√"按钮。

2．编辑公式

选择含有公式的单元格，将文本插入点定位在编辑栏或单元格中需要修改的位置，按 BackSpace 键删除多余或错误的内容，再输入正确的内容，完成后按 Enter 键确认即可完成公式的编辑。

3．填充公式

在输入公式完成计算后，如果该行或该列后的其他单元格皆需使用该公式进行计算，可通过填充公式的方式快速完成其他单元格的数据计算。

选择已添加公式的单元格，将光标指针移至该单元格右下角的填充柄上，当其变为"+"形状时，按住鼠标左键并拖动至所需位置，释放鼠标，即可在选择的单元格区域中填充相同的公式并计算出结果。

注意：在填充公式时，被填充的目标单元格中数据的计算方式会根据原始单元格的公式引用情况而有所不同。如果原始单元格为相对引用，则目标单元格的公式会根据位移情况自动调整；如果原始单元格为绝对引用，则目标单元格的公式不会发生改变。

4．复制和移动公式

通过复制和移动公式也可以快速完成数据的计算。在复制公式的过程中，WPS 表格会自动调整引用单元格的地址，避免手动输入公式的麻烦，提高工作效率。复制公式的操作与复制数据的操作一样。

移动公式即将原始单元格的公式移动到目标单元格中，公式在移动过程中不会根据单元格的位移情况发生改变。移动公式的方法与移动数据的方法相同。

7.3.3　单元格的引用

单元格引用是指引用数据的单元格区域所在的位置。用户可以根据实际计算需要引用当前工作表、当前工作簿或其他工作簿中的单元格数据。在引用单元格后，公式的运算值将随着被引用单元格的变化而变化。

1．单元格引用类型

在计算表格中的数据时，通常会通过复制或移动公式来实现快速计算，这就涉及单元格引用的知识。根据单元格地址是否改变,可将单元格引用分为相对引用、绝对引用和混合引用。

（1）相对引用：相对引用是指输入公式时直接通过单元格地址来引用单元格。相对引用单元格后,如果复制或剪切公式到其他单元格,那么公式中引用的单元格地址会根据复制或剪切的位置而发生相应改变。

（2）绝对引用：绝对引用是指无论引用单元格的公式位置如何改变,所引用的单元格均不会发生变化。绝对引用的形式是在单元格的行列号前加上符号"$"。

（3）混合引用：混合引用包含相对引用和绝对引用。混合引用有两种形式:一种是行绝对、列相对,如"B$2",表示行不发生变化,但是列会随着新的位置发生变化;另一种是行相对、列绝对,如"$B2",表示列保持不变,但是行会随着新的位置而发生变化。

2. 跨工作表单元格引用

在引用单元格时可以引用同一工作簿不同工作表中的单元格,也可引用不同工作簿工作表中的单元格。例如,＝Sheet2!B2＋Sheet3!B2,表示工作表 Sheet2 中的 B2 单元格与 Sheet3 中 B2 单元格求和。

"［工作簿 1. et］Sheet2!D6"表示工作簿 1 中工作表 Sheet2 的 D6 单元格。

7.3.4　函数的基本应用

函数相当于预设好的公式,通过这些函数公式可以简化公式输入过程,提高计算效率。WPS 中的函数主要包括财务、统计、逻辑、文本、日期与时间,查找与引用、数学与三角函数、工程、数据库和信息等类型。函数一般包括等号、函数名称和函数参数三部分,其中,函数名称表示函数的功能,每个函数都具有唯一的函数名称;函数参数指函数运算对象,可以是数字、文本、逻辑值、表达式、引用或其他函数等。

1. 常用函数

WPS 表格中提供了多种函数,每个函数的功能、语法结构及其参数的含义各不相同,除使用较多的 SUM 函数和 AVERAGE 函数,常用的函数还有 IF 函数、MAX/MIN 函数、COUNT 函数、COUNTIF 函数、SIN 函数、PMT 函数、SUMIF 函数,RANK 函数、TODAY 函数、YEAR 函数和 INDEX 函数等。

SUM 函数：SUM 函数的功能是对被选择的单元格或单元格区域进行求和计算,其语法结构为"SUM(number1,number2,…)",其中,number1,number2,…表示若干个需要求和的参数。填写参数时,可以使用单元格地址(如 A6,B7,E8),也可以使用单元格区域(如 A16:E28),甚至可以混合输入(如 A6,B7:E8)。

AVERAGE 函数：AVERAGE 函数的功能是求平均值,其计算方法是将选择的单元格或单元格区域中的数据先相加,再除以单元格个数。其语法结构为"AVERAGE(number1,number2,…)",其中,number1,number2,…表示需要计算平均值的若干参数。

IF 函数：IF 函数是一种常用的条件函数,它能判断真假值,并根据逻辑计算的真假值返回不同的结果。其语法结构为"IF(logical_test, value_if_true, value_if_false)",其中,logical_test 表示计算结果为 true 或 false 的任意值或表达式;value_if_true 表示 logical_test 为 true 时要返回的值,可以是任意数据;value_if_false 表示 logical_test 为 false 时要返回的值,也可以是任意数据。

MAX/MIN 函数:MAX 函数的功能是返回被选中单元格区域中所有数值的最大值,MIN 函数则用来返回所选单元格区域中所有数值的最小值。其语法结构为"MAX/MIN(number1,number2,…)",其中,number1,number2,…表示要筛选的若干参数。

COUNT 函数:COUNT 函数的功能是返回包含数字及包含参数列表中的数字的单元格的个数,通常利用它来计算单元格区域或数字数组中数字字段的输入项个数。其语法结构为"COUNT(value1,value2,…)",其中,value1,value2,…为包含或引用各种类型数据的参数,但只有数字类型的数据才被计算。

COUNTIF 函数:COUNTIF 函数的功能是求指定范围内符合条件的数据个数。其语法结构为"COUNTIF(range,criteria)",其中,range 为要计算其中非空单元格数目的区域,criteria 为以数字、表达式或文本形式定义的条件。

SIN 函数:SIN 函数的功能是返回给定角度的正弦值,其语法结构为"SIN(number)",number 为需要计算正弦的角度,以弧度表示。

PMT 函数:PMT 函数即年金函数,它的功能是基于固定利率及等额分期付款方式,返回贷款的每期付款额。其语法结构为"PMT(rate,nper,pv,fv,type)",其中,rate 为贷款利率;nper 为该项贷款的付款总数;pv 为现值,或一系列未来付款的当前值的累积和,也称为本金;fv 为未来值,或在最后一次付款后希望得到的现金余额,如果省略 fv,则假设其值为零,也就是一笔贷款的未来值为零;type 为数字 0 或 1,用以指定各期的付款时间是在期初还是期末。

SUMIF 函数:SUMIF 函数的功能是根据指定条件对若干单元格求和,其语法结构为"SUMIF(range,criteria,sum_range)",其中,range 为用于条件判断的单元格区域;criteria 为确定哪些单元格将被作为相加求和的条件,其形式可以为数字、表达式或文本;sum_range 为需要求和的实际单元格。

RANK 函数:RANK 函数是排名函数,其功能是返回某数字在一列数字中相对于其他数字的大小排名。其语法结构为"RANK(number,ref,order)",其中,number 为需要找到排位的数字(单元格内必须为数字);ref 为数字列表数组或对数字列表的引用;order 指明排位的方式,order 的值为 0 或 1,默认不用输入,得到的就是从大到小的排名,若想求倒数第几名,order 的值则应使用 1。

TODAY 函数:TODAY 函数的功能是返回系统当前日期。其语法结构为"TODAY()",其中参数为空。

YEAR 函数:YEAR 函数的功能是返回以序列号表示的某日期的年份,是介于 1900~9999 的整数。其语法结构为 YEAR(serial_number),serial_number 表示进行日期及时间计算的日期-时间代码。

INDEX 函数:INDEX 函数的功能是返回数据清单或数组中的元素值,此元素由行序号和列序号的索引值给定。函数 INDEX 的语法结构为"INDEX(array,row_num,column_num)",其中,array 为单元格区域或数组常量;row_num 为数组中某行的行序号,函数从该行返回数值;column_num 是数组中某列的列序号,函数从该列返回数值。如果省略 row_num,则必须有 column_num;如果省略 column_num,则必须有 row_num。

2．插入函数

在 WPS 表格中可以通过以下方式来插入函数。

方法 1：选择要插入函数的单元格后，单击编辑栏中的"f_x（插入函数）"按钮，在打开的"插入函数"对话框中选择函数后，单击"确定"按钮。打开"函数参数"对话框，在其中对参数值进行准确设置后，单击"确定"按钮，即可在所选单元格中显示计算结果，如图 7-47 所示。

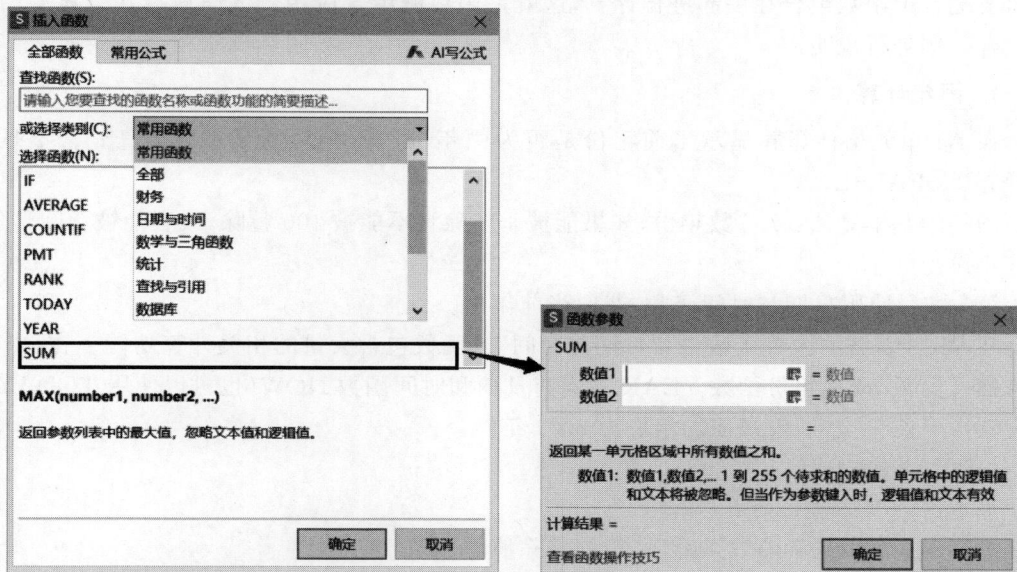

图 7-47　"函数参数"对话框

方法 2：选择要插入函数的单元格后，在"公式"选项卡中单击"f_x（插入函数）"按钮，在打开的"插入函数"对话框中选择函数后，单击"确定"按钮。打开"函数参数"对话框，在其中对参数值进行准确设置后，再单击"确定"按钮。

方法 3：在"开始"选项卡中单击"∑求和▾"按钮的向下箭头，在下拉列表中选择"其他函数"，打开"插入函数"对话框，选择函数后打开"函数参数"对话框进行设置即可。

3．快速计算与自动求和

WPS 表格的计算功能非常人性化，用户既可以选择公式函数来进行计算，又可直接选择某个单元格区域查看其求和、求平均值等结果。

（1）快速计算：选择需要计算单元格之和或单元格平均值的区域，在 WPS 工作界面的状态栏中可以直接看计算结果，包括平均值、单元格个数、总和等，如图 7-48 所示。

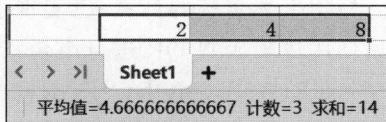

图 7-48　快速计算

（2）自动求和：求和函数主要用于计算某一单元格区域中所有数值之和。选择需要求和的单元格，在"开始"选项卡或"公式"选项卡中单击"∑求和▾（自动求和）"按钮，此时，即可在当前单元格中插入求和函数 SUM，同时，WPS 表格将自动识别函数参数，单击编辑栏中的"✓（输入）"按钮或按 Enter 键，完成求和计算。

单击"∑求和▾（自动求和）"按钮的向下箭头按钮，在打开的下拉列表中还可以选择"平均值""计数""最大值""最小值"等选项,用于计算所选区域的平均值、计算数字单元格个数、最大值和最小值等。

7.3.5　函数的组合应用

在表格的常规计算中,单独的函数功能适用、操作简单,但遇到较为复杂的运算需求时,就需要把若干函数组合在一起进行计算,这就是函数的组合应用。下面通过几个典型的函数组合案例进行说明。

1. 闰年计算

在 A1 单元格计算并显示当前年份是否为闰年,若是闰年,则显示 TRUE;若不是闰年,则显示 FALSE。

闰年的基本算法:4 位数年份,如果能被 4 整除且不能被 100 整除,或者能被 400 整除,则该年份为闰年。

第一步:使用日期与时间函数,获取当前年份。

在 WPS 表格的内置函数中,"日期与时间"类函数包含大量的相关计算功能。在 A1 单元格插入函数,选择年份函数 YEAR 和当前日期和时间函数 NOW(也可以使用 TODAY),组合获得当前年份(假设当前的年份为 2024 年):

=YEAR(NOW())

显示值为 2024。

第二步:使用数学函数,计算年份的整除值。

使用 MOD 函数可以计算两数相除的余数,其可作为判断年份是否能被 4、100、400 整除的条件。例如,获取年份是否被 4 整除:

=MOD(YEAR(NOW()),4)

第三步:使用逻辑函数,判断闰年条件。

符合闰年的情形有两种:一是年份能被 4 整除且不能被 100 整除,二是年份能被 400 整除。先看第一种情形,需要同时符合两个条件,故使用逻辑函数中的 AND 函数:

=AND(MOD(YEAR(NOW()),4)=0,MOD(YEAR(NOW()),100)<>0)

再看闰年的第二种情形,仅需判断当前年份是否被 400 整除:

=MOD(YEAR(NOW()),400)=0

第四步:组合各函数,实现闰年计算。

根据上述步骤的计算,已实现了两种符合闰年条件的计算,这两个条件是"或者"关系,最后使用逻辑函数 OR 进行组合:

=OR(AND(MOD(YEAR(NOW()),4)=0,MOD(YEAR(NOW()),100)<>0),MOD(YEAR(NOW()),400)=0)

函数 OR 的返回值为逻辑值 TRUE 或 FALSE,通过上述计算,当前年份 2024 满足第一个闰年条件,故返回 TRUE。

2. 根据身份证号码,计算当前年龄

根据每个人的身份证信息,自动获取出生日期信息,并按当前年份进行年龄计算,年龄要求按周岁计算。

（1）只看年份计算年龄。

获取身份证的 4 位出生年份，然后以当前年份减去出生年份，假设 B3 单元格存放身份证号码：

$=YEAR(NOW())-MID(B3,7,4)$

其中，MID 函数的功能是从文本字符串中指定的位置开始，返回指定长度的字符串，语法结构为 MID(text, start_num, num_chars)。

（2）当前日期达到出生日期后才计入年龄。

第一步：使用文本函数将数值转换为日期格式。

从身份证号码特征可知，使用 MID(B3,7,8) 即可获取出生年月日的数字，但它不是日期格式。结合数字格式代码，以"0000-00-00"格式表示年月日的 8 个数字；并用 TEXT 函数进行转换，函数组合为

$=TEXT(MID(B3,7,8),"0000-00-00")$

此时从身份证获得出生日期的时间格式为"0000-00-00"，如"1983-09-16"。

第二步：使用日期和时间函数，计算两个日期之间的差值。

DATEDIF 函数的功能是计算两个日期之间的天数、月数或年数，其中，DATEDIF 可以理解成由 DATE 和 DIFFERENCE 两个单词拼合而成，表示日期之差，其语法结构为 DATEDIF(start_date, end_date, unit)。在该函数中，start_date 和 end_date 用于计算两个日期之差，unit 表示日期之差的返回类型，可以为年，用"y"表示；也可以为月，用"m"表示；还可以为日，用"d"表示。

在当前日期达到出生日期后才计入年龄的要求下，end_date 为当前日期，用 NOW 或 TODAY 表示；start_date 为出生日期，用 TEXT(MID(B3,7,8),"0000-00-00") 表示；unit 用"y"。DATEDIF 函数在计算中，已内置了日期的比较，能按要求准确计算年龄值，最终的函数组合设计如下。

$=DATEDIF(TEXT(MID(B4,7,8),"0000-00-00"),NOW(),"y")$

7.3.6　函数的嵌套应用

与函数组合应用的需求相似，在复杂计算中，也需要函数的嵌套来完成。下面通过成绩等级评定的函数嵌套案例进行说明。

成绩等级评定是一个常见的应用，例如，要求把考试成绩分为三个等级：90 分及以上为优秀，60 分以下为不合格，其他成绩为合格。

在 WPS 表格中，可以使用 IF 函数的嵌套实现成绩等级评定。根据上述要求，假设 M3 存放成绩，编写函数嵌套公式：

$=IF(M3>=90,"优秀",IF(M3>=60,"合格","不合格"))$

打开"插入函数"对话框，插入 IF 函数并输入前两个参数 M3>=90、"优秀"，然后执行以下操作，如图 7-49 所示。

（1）将光标定位到要插入嵌套函数的第三个参数文本框内。

（2）单击名称框位置的向下箭头，在弹出的下拉列表中选择要嵌套的函数 IF；若加入列表中无所需函数，则单击最下方的"其他函数"命令，打开"插入函数"对话框进行选择。

（3）当单击要嵌套的函数 IF 时，会又弹出一个空白的 IF 函数参数设置对话框，注意此

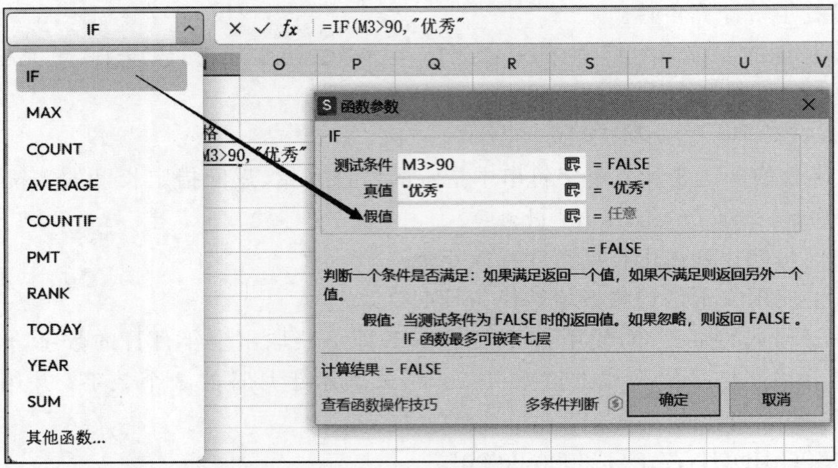

图 7-49　IF 函数嵌套

时设置的是内层 IF 函数的参数。

（4）根据需求填入三个参数 M3＞＝60、"合格"、"不合格"。

注意：仔细观察编辑栏上的公式，当在编辑栏中单击外层 IF 函数的某处时，"函数参数"对话框显示的是外层 IF 函数的参数设置。当在编辑栏中单击内层 IF 函数时，"函数参数"对话框显示的是内层 IF 函数的参数设置，可以自由切换两个 IF 函数的参数设置对话框，进行具体设置和核对。

7.3.7　AI 写公式

WPS 表格的 AI 写公式功能是一个智能辅助工具，它能够根据用户输入的数据和需求，自动推荐或生成相应的公式。这个功能通过理解数据的上下文和用户的操作意图，帮助用户快速准确地创建复杂的计算公式，节省时间并减少错误。它更适合于不熟悉公式编写的用户，使用户能够轻松地进行数据分析和处理。

单击 WPS AI 调出 WPS AI 窗格，单击"AI 写公式"命令，在当前选中单元格下方出现"AI 写公式"对话框，如图 7-50 所示。例如，求总分，在对话框中就可以输入"对 G 列到 J 列数据总和"，AI 会根据提问写出公式"＝SUM(G2:J2)"，若公式正确则单击"完成"按钮，即可完成总分的计算，如图 7-51 所示。如果 AI 写的公式不对，可以单击"重新提问"按钮继续提问或者直接在生成的公式上进行修改。

任务实现

第一步：在"成绩单"工作表中计算每名学生的总分、平均分，保留两位小数；统计每名学生的名次。

（1）选中单元格 M3，直接按 Alt＋＝组合键，WPS 表格会自动识别左侧的数值型数据，然后插入一个求和公式"＝SUM(F3:L3)"到 M3 中，单击"开始"选项卡的"[图标]（增加小数位数）"按钮两次，设置两位小数；最后双击填充柄。

（2）选中单元格 N3，单击"∑（求和）"按钮的下三角，在下拉列表中选择"Avg 平均值"，WPS 表格会自动插入一个求平均值公式"＝average(F3:M3)"到 N3 中，此时需要修改求平

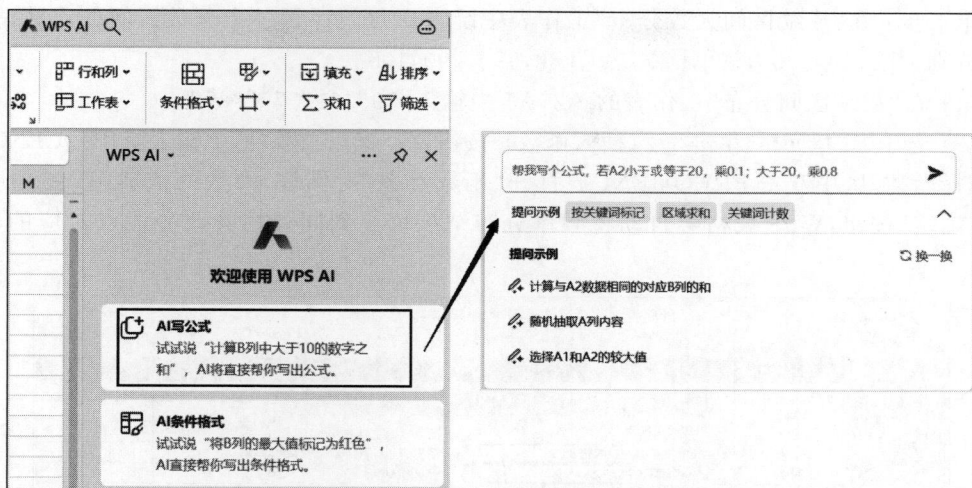

图 7-50 "AI 写公式"对话框

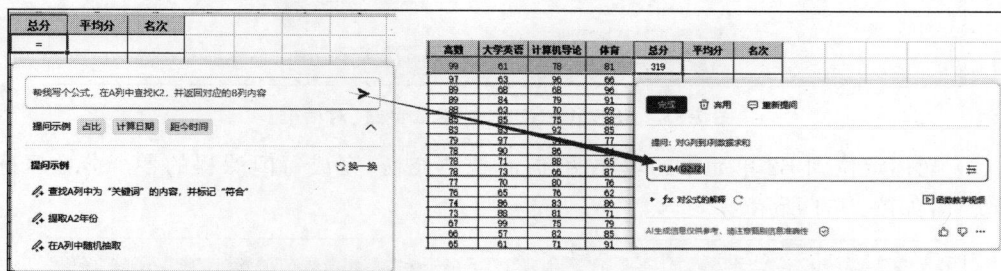

图 7-51 AI 写求和公式

均值的数据区域为"F3：L3"，按 Enter 键确认输入，然后单击"开始"选项卡的"（减少小数位数）"按钮两次，设置两位小数；最后双击填充柄。

（3）选中单元格 O3，单击"f_x（插入函数）"按钮，在"查找函数"框中输入"rank.eq"（大小写无关），在"选择函数"区中双击 RANK.EQ 打开"函数参数"对话框，参数的值如图 7-52 所示，单击"确定"按钮，最后双击填充柄。

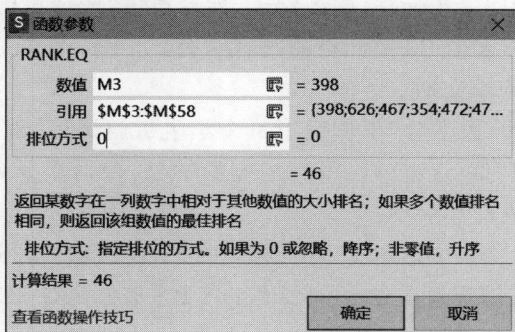

图 7-52 RANK.EQ 的"函数参数"对话框

此处是按照"总分"的降序来统计名次，需要注意的是，"引用"参数需要使用绝对地址或者使用混合地址"M＄3：M＄58"，函数 RANK.EQ 的作用是赋予重复数相同的排位。

第二步：在"成绩区间人数分布"工作表中统计出每门课程各个分数区间的人数，分数区间分别为[0,59]，[60,69]，[70,79]，[80,89]，[90,100]。

（1）在"成绩区间分布"工作表的 A2：A5 中输入"59""69""79""89"。

（2）选中 B2 单元格，单击" f_x（插入函数）"按钮，在"查找函数"框中输入"FREQUENCY"，在"选择函数"区中双击 FREQUENCY 打开"函数参数"对话框，参数的值如图 7-53 所示，单击"确定"按钮，WPS 表格会自动将频率分布结果填充到同列的其余分段点对应的单元格中。

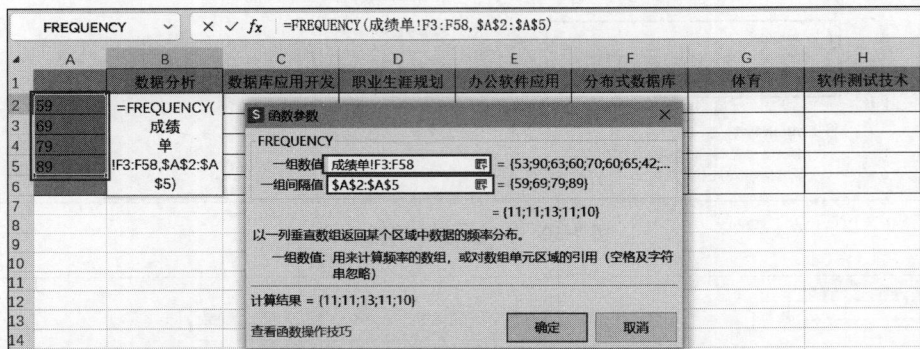

图 7-53　FREQUENCY 的"函数参数"对话框

（3）光标定位到 B2 单元格的填充柄，向右拉填充柄，完成每门课程的各个分数区间的人数统计，如图 7-54 所示。

图 7-54　每门课程各个分数区间的人数统计

第三步：在"班级课程学分"工作表中填充"学号"。

为了和"成绩单"工作表中的学号保持同步更新，"班级课程学分"工作表中学号的填充不采用复制的方式。选中 B3 单元格，输入"="，然后单击"成绩单"工作表中的 B3 单元格，此时"班级课程学分"工作表中 B3 单元格的内容为公式"＝成绩单！B3"，按 Enter 键确认输入，最后双击 B3 单元格的填充柄。

第四步：计算"班级课程学分"工作表中每个学生每门课程"学分"列的内容，条件是该门课程的成绩大于或等于 60 分才可以得到相应的学分，否则学分为 0（每门课程的学分参考"课程对应学分"工作表）。

在"班级课程学分"工作表中选中 C3 单元格，在编辑栏区输入公式"＝IF（成绩单！F3≥60，VLOOKUP（＄C＄1，课程对应学分！＄A＄2：＄B＄8，2，FALSE），0）"，按 Enter 键确认输入，然后双击 C3 单元格的填充柄。

其中，VLOOKUP（＄C＄1，课程对应学分！＄A＄2：＄B＄8，2，FALSE）的作用是查询 C1 单元格"数据分析"课程在"课程对应学分"工作表中该门课程对应的学分。其余课程的学分获取方式只需要将 VLOOKUP 函数中第一个参数进行替换即可。

第五步：计算"班级课程学分"工作表"总学分"列的内容。

在"班级课程学分"工作表中，选中 J3 单元格，单击"Σ（求和）"按钮，求和区域改为"C3：I3"，按 Enter 确认输入，最后双击 J3 单元格的填充柄。

第六步：计算"班级课程学分"工作表"学期评价"列的内容。条件是：总学分大于或等于 14 分的学生评价是"合格"，总学分小于 14 分的学生评价是"不合格"。

在"班级课程学分"工作表中，选中 K3 单元格，单击" f_x （插入函数）"按钮，在"选择函数"区中双击 IF 函数打开"函数参数"对话框，参数的值如图 7-55 所示，单击"确定"按钮，最后双击 K3 单元格填充柄。

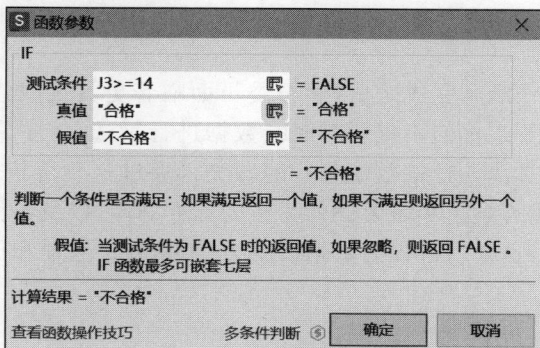

图 7-55 IF 的"函数参数"对话框

第七步：在"成绩查询"工作表中，输入学号和课程名称，查询出相应的成绩。

（1）为了提高输入"课程名称"的效率，使用下拉列表选择的方式。在"成绩查询"工作表中，选中 B2 单元格，单击"数据"选项卡的"下拉列表"按钮，在弹出的"插入下拉列表"对话框中选择"从单元格选择下拉选项"单选按钮，单击"成绩单"工作表选择"F2：L2"单元格区域，单击"确定"按钮，如图 7-56 所示。插入下拉列表后的效果如图 7-57 所示。

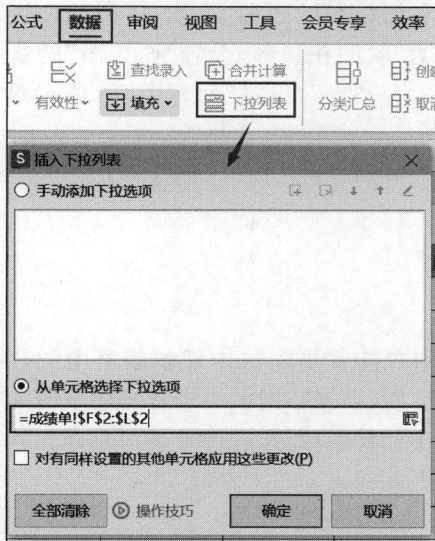

图 7-56 "插入下拉列表"对话框

图 7-57 插入下拉列表效果

（2）在"成绩查询"工作表中选中 C2 单元格，在编辑栏区输入公式"＝INDEX（成绩单!F3：L58，MATCH（A2，成绩单!B3：B58，0），MATCH（B2，成绩单!F2：L2，0））"，按 Enter 键确认输入。

其中，INDEX 函数是返回数据清单或数组中的元素值，此元素由行序号和列序号的索引值给定。MATCH 函数返回在指定方式下与指定项匹配的数组中元素的相应位置。

（3）按 Ctrl＋S 组合键，保存表格。

任务 3　成绩单管理与分析

任务情境

在成绩单的统计工作顺利完成之后，学习委员面临着更具挑战性的任务——成绩单的管理与分析。这项工作要求他们不仅要对成绩数据进行筛选、排序、分类汇总等，还要利用数据透视表和图表等工具深入挖掘数据背后的含义。通过这些分析功能，学习委员能够识别出成绩分布的趋势、优秀学生和需要额外关注的学生群体，以及各科目的难易程度。这不仅是一项技术性的挑战，也是一次提升数据洞察力、增强教学互动和促进学生个性化发展的重要契机。

任务分析

在成功完成了成绩单的统计工作后，软件工程 3 班的学习委员现在需要进一步对这些成绩数据进行深入挖掘，分析出学生们的学情。

- 筛选出各门课程任何一门不及格的学生。
- 按性别升序、总分降序进行排序。
- 按性别统计出各门课程的平均分，保留两位小数。
- 使用数据透视表按寝室统计出各门课程的平均分，保留两位小数。
- 在"成绩单"工作表的 A62：I77 单元格区域内利用"学号"列和"平均分"列的内容建立"面积图"，"学号"列作为横坐标，图表无标题，图例在顶部，设置"面积图"的线条为 1 磅宽的实线、颜色为"矢车菊蓝，着色 1，深色 25％"，设置"面积图"的填充颜色为"巧克力黄，着色 2，浅色 40％"。

相关知识

7.4　数据的管理

在完成 WPS 表格中的数据计算任务后，为了使用户能够更深入地理解表格中的数据信息，有必要对数据进行一系列的管理与分析工作。例如，根据数据大小进行排序以明确数据分布情况，筛选出用户关心的特定数据内容以便快速查看，对数据进行分类汇总以直观展示各项数据指标，以及执行合并计算等操作来综合分析数据。

7.4.1　数据排序

排序是最基本的数据管理方法，用于将表格中杂乱的数据按一定的条件进行排序，该功能对浏览数据量较多的表格非常实用,例如,将总成绩按高低顺序进行排序,用户就可以更加观地查看、理解并快速查找需要的数据。

1. 简单排序

简单排序是根据数据表中的相关数据或字段名(列标题),将表格数据按照升序或降序的方式进行排列。简单排序是处理数据时最常用的排序方式。简单排序的方法选择要排序列中的任意单元格,单击"开始"选项卡的"⅟↓排序▾"按钮或者单击"数据"选项卡中的"排序"按钮,在下拉列表中选择"升序"或"降序"命令,即可实现数据的升序或降序排序。

2. 组合排序

在对某列数据进行排序时,如果有多个单元格数据值相同的情况,可以使用组合排序的方式来决定数据排列的先后。组合排序是指设置主、次关键字排序。

单击"开始"选项卡的"⅟↓排序▾"按钮的向下箭头,选择"自定义排序"命令,弹出"排序"对话框。在对话框中,通过"添加条件"按钮添加"次关键字",单击"删除条件"按钮删除关键字,单击"复制条件"按钮复制当前选中的关键字,单击"⬆"按钮向上移动关键字,单击"⬇"按钮向下移动关键字,单击"选项"按钮设置更多的排序选项,勾选"数据包含标题"复选框即在关键字选择时下拉列表是显示标题否则显示列号。设置关键字属性时,单击"列"中文本框的向下箭头进行列号或标题选择,单击"排序依据"文本框的向下箭头选择"数值""单元格颜色""字体颜色""条件格式图标",单击"次序"文本框的向下箭头选择"升序""降序""自定义序列",如图 7-58 所示。

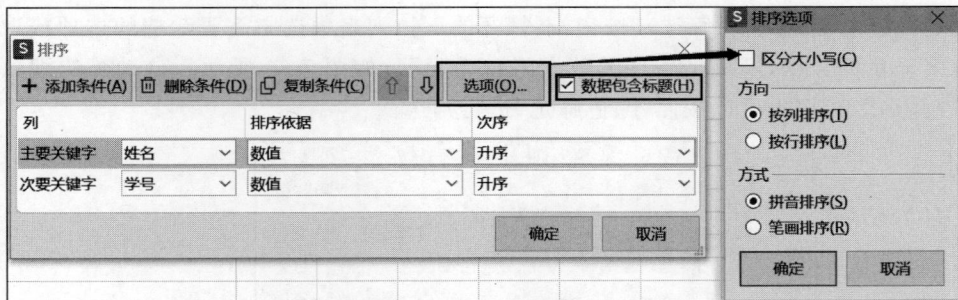

图 7-58　"排序"对话框

3. 自定义序列

需要将数据按照除升序和降序以外的其他次序进行排列时,那么就需要设置自定义序列。在图 7-58 中,在需要设置自定义序列的关键字的"次序"文本框下拉列表中选择"自定义序列",弹出"自定义序列"对话框。在弹出的"自定义序列"对话框中有预置的自定义序列,也可以自行设置新序列,如图 7-59 所示。

7.4.2　数据筛选

数据筛选是在大量数据中筛选出满足某一个或某几个条件的数据,主要包括自动筛选、自定义筛选和高级筛选。

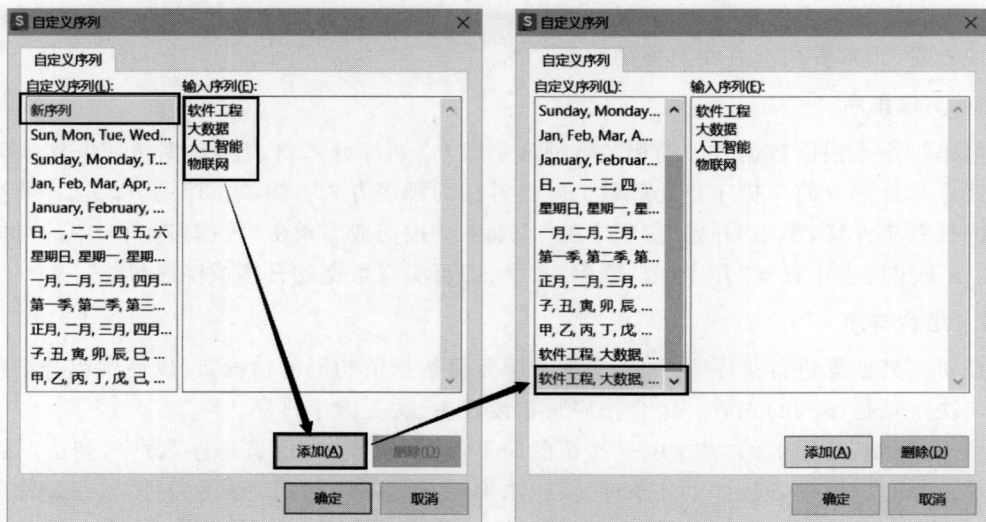

图 7-59　"排序"对话框

1. 自动筛选

自动筛选数据就是根据用户设定的筛选条件,自动将表格中符合条件的数据显示出来。

选择需要进行筛选的单元格区域,单击"开始"选项卡的"🔽筛选▾"按钮或单击"数据"选项卡中的"🔽(自动筛选)"按钮,所有列标题单元格的右侧自动显示"🔽(筛选)"按钮,单击任一单元格右侧的"🔽(筛选)"按钮,在打开的下拉列表中选中需要筛选的选项或取消选中不需要显示的数据,不满足条件的数据将自动隐藏,如图 7-60 所示。自动筛选默认是按照"内容筛选",用户也可以按照"颜色筛选"进行筛选。

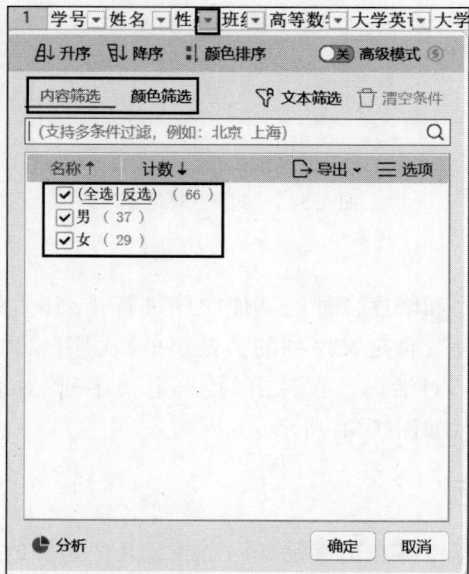

图 7-60　自动筛选

如果想要取消筛选,再次单击"自动筛选"按钮即可。

2．自定义筛选

与数据排序类似，如果自动筛选方式不能满足需要，此时可自定义筛选条件。自定义筛选是建立在自动筛选的基础上，用户通过设定筛选条件可将符合条件的数据筛选出来。

单击"▼（筛选）"按钮，在打开的下拉窗口中单击"数字筛选"按钮，在弹出的子列表中选择所需要的筛选条件，如"等于"，会打开"自定义自动筛选方式"对话框，在"等于"下拉列表框的右侧输入具体的数据即可，如图 7-61 所示。如果是要设置复合筛选条件，可以根据需要先选择复合条件之间的关系"与""或"，然后单击下拉列表框选择条件并输入数据即可。

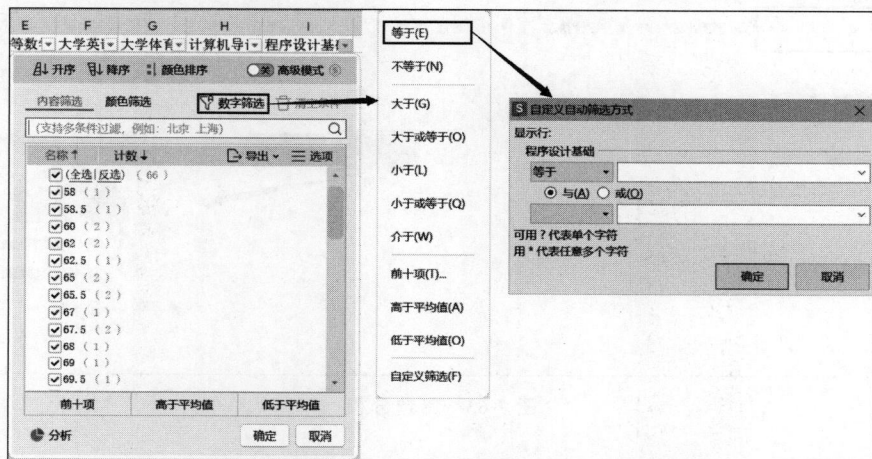

图 7-61　"数字筛选"对话框

注意：当筛选的数据为文本时，图 7-61 中的"数字筛选"会变成"文本筛选"，筛选文本的方式和数字筛选类似。

单击"导出"按钮可以"导出列表与计数""导出结果""将结果分类导出"；单击"选项"按钮可以进一步进行显示设置，例如，勾选"显示项目总个数"，在窗口中的"全选"条目旁边会增加显示项数量，如图 7-62 所示。

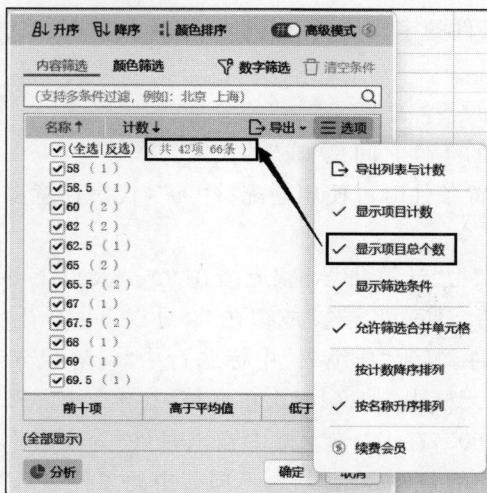

图 7-62　"选项"列表

单击左下角的"分析"按钮,在主窗口的右边会弹出"筛选分析"窗格,单击"☑(编辑)"按钮会弹出"筛选分析图表(1)"对话框。在对话框中可以设置按某个项对某些数据进行何种统计,单击"应用"按钮后,"筛选分析"窗格中会展示生成的图表,单击"∷(选项)"按钮可以将图表"导出图表至新工作表""图表导出为图片""删除"等,如图 7-63 所示。

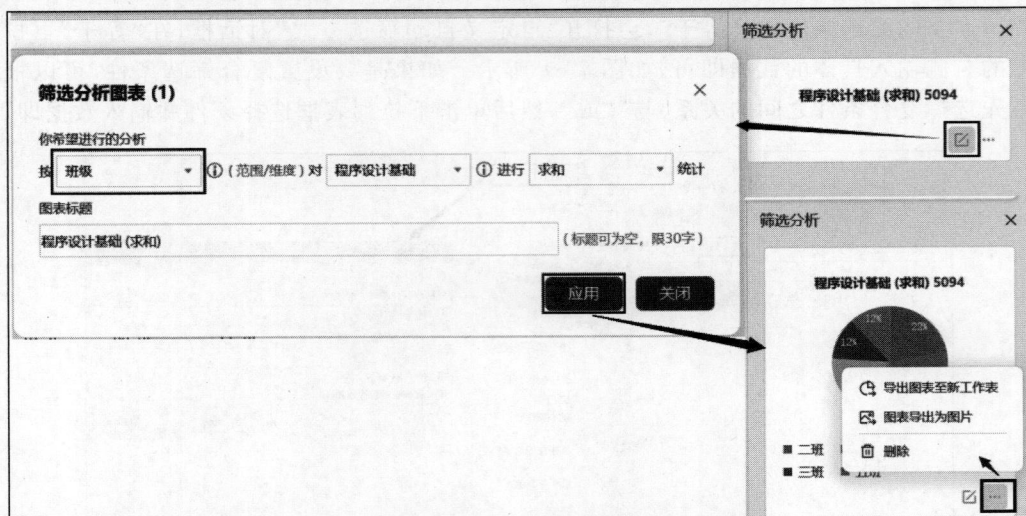

图 7-63　筛选分析

3. 高级筛选

使用高级筛选功能可以通过设置复杂的筛选条件,精确定位所需数据,筛选的结果可显示在原数据表格中,不符合条件的记录被隐藏起来;也可以在新的位置显示筛选结果,不符合条件的记录同时保留在数据表中而不会被隐藏起来,这样就更加便于进行数据的比对了。

在高级筛选前需要先建立一个条件区,用来设置条件。筛选条件区及筛选条件的设置需要注意以下事项。

(1)筛选条件区和数据区之间至少空一行或一列,以便与数据分隔开。

(2)条件区中,作为条件的字段名(即标题名)必须与数据区的字段名一致,一般将数据表的字段名复制到条件区。

(3)条件区同一行中的条件之间是"与"的关系。

(4)条件区同一列中的条件之间是"或"的关系。

(5)在用文本数据设置条件时可使用通配符"*"(代表任意多个字符)和"?"(代表单个字符)。

例如,筛选出"成绩表"中"计算机导论"成绩在 90 分及以上并且"程序设计基础"在 80 分及以上的学生数据,或者"计算机导论"成绩在 60 分以下的学生数据。

第一步:设置筛选条件,复制"成绩表"中标题行中"计算机导论"和"程序设计基础"这两个标题到合适的空白单元格中,如 K1:L1 单元格,在 K2 单元格中输入条件">=90",在 K3 单元格中输入条件"<60",在 L2 单元格中输入条件">=80",如图 7-64 所示。在高级筛选中,不同字段同一行中的条件表示"与",不同行中的条件表示"或"。

第二步:将当前选中定位到数据区域的任意单元格,如 A1,这样在"高级筛选"对话框的"列表区域"会自动选中所有数据。

　　第三步：单击"开始"选项卡中"筛选"下拉列表中"高级筛选"按钮，在"方式"中选定结果显示的位置，此处选定"将筛选结果复制到其他位置"；设定"条件区域"为 K1：L3；设定"复制到"区域，即筛选后的数据显示的位置。由于在筛选之前不清楚具体会有多少行数据，所以可以只设定筛选结果的开始位置，如 K6。还可以选择"选择不重复的记录"复选框删除数据表中的重复记录。设置完成后，单击"确定"按钮，如图 7-64 所示。

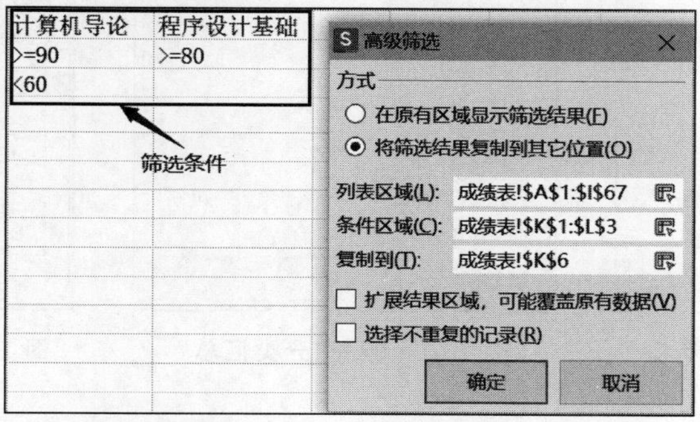

图 7-64　设置高级筛选的条件

　　第四步：筛选结果查看，如图 7-65 所示。

姓名	性别	班级	高等数学	大学英语	大学体育	计算机导论	程序设计基础
李心怡	女	二班	91	98	94	92	82
杨程雁	女	四班	73	76	56	54	73
汪祺钊	男	三班	93	86	94.5	92.5	93
董婧雯	男	六班	65	60	50	52.5	62
周沫	男	二班	93	82	97	97	92
苗凝	男	六班	85.5	91.5	56.5	54.5	76.5
冯紫寒	女	六班	71.5	60	52	50	58

图 7-65　筛选结果

7.4.3　分类汇总

　　分类汇总指将表格中同一类别的数据放在一起进行统计，使数据变得更加清晰直观，主要包括单项分类汇总和嵌套分类汇总。

1．单项分类汇总

　　在创建分类汇总之前，应先对需要分类汇总的数据进行排序，然后选中排序后的任意数据单元格，单击"数据"选项卡的"𝄇（分类汇总）"按钮，打开"分类汇总"对话框，在其中对分类字段、汇总方式、选定汇总项等进行设置。例如，按照班级统计各班人数，如图 7-66 所示。

2．嵌套分类汇总

　　对已分类汇总的数据再次进行分类汇总，即嵌套分类汇总。在完成基础分类汇总后，单击"数据"选项卡中的"𝄇（分类汇总）"按钮，打开"分类汇总"对话框，在"分类字段"下拉列表框中选择一个新的分类选项，再对汇总方式、选定汇总项进行设置，取消选中"替换当前分类汇总"复选框，单击"确定"按钮，即可完成嵌套分类汇总的设置。例如，在按照班级统计各班人数的基础上，再按照性别统计人数，如图 7-67 所示。分类汇总结果如图 7-68 所示。

1 2 3 4		A	B	C
	1	班级	性别	学号
	47		男 计数	45
	89		女 计数	41
	90	二班 计数		86
	141		男 计数	50
	184		女 计数	42
	185	六班 计数		92
	233		男 计数	47
	272		女 计数	38
	273	三班 计数		85
	323		男 计数	49
	363		女 计数	39
	364	四班 计数		88
	411		男 计数	46
	447		女 计数	35
	448	五班 计数		81
	477		男 计数	28
	520		女 计数	42
	521	一班 计数		70
	522	总计数		502

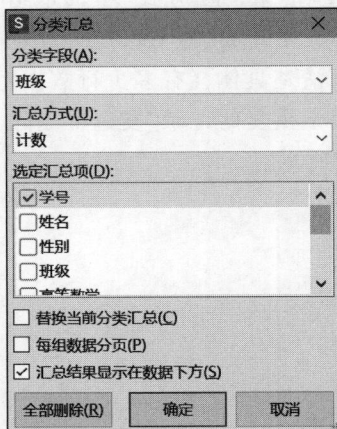

图 7-66　"分类汇总"对话框　　　图 7-67　嵌套"分类汇总"　　　图 7-68　嵌套分类汇总结果

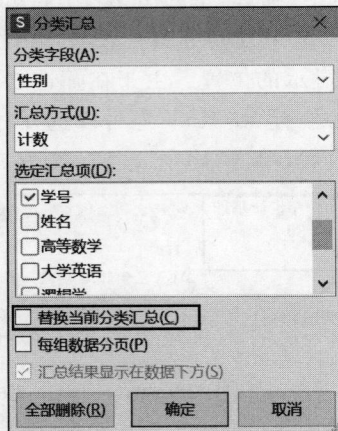

7.4.4　分组显示

创建数据的分类汇总后,在工作表的左侧将显示不同级别分类汇总的按钮,单击相应的按钮可分别显示或隐藏汇总项和相应的明细数据,这就是分组显示,也称为分级显示。

1. 显示或隐藏

方法 1:在图 7-68 中单击" 1 "按钮,只显示列表的总计结果;单击" 2 "" 3 "按钮,显示各分类的汇总结果和列表的总计结果;单击" 4 "按钮,显示列表的详细数据。按钮的数字越小,表示汇总层级越高,数字最大时表示显示所有明细数据。

方法 2:单击" ＋ (展开)"按钮,显示该分类中的明细数据;单击" - (折叠)"按钮,隐藏该分类中的明细数据。

注意:在"数据"选项卡中单击"展开(显示明细数据)"或"折叠(隐藏明细数据)"按钮也可显示或隐藏单个分类汇总的明细数据。

2. 自行创建分组显示

对于未进行分类汇总的工作表,可以自行创建分组显示。

在数据列表的任意位置单击定位,对进行分组的数据行或列进行排序,然后选择同一级别的数据行或列,在"数据"选项卡中单击"创建组"按钮,所选行或列将关联为一组。

3. 删除分组显示

在包含分组显示的工作表中,在"数据"选项卡中单击"取消组合"按钮可以在弹出的"取消组合"对话框中取消行或列;单击"取消组合"的下拉按钮,在打开的下拉列表中选择"清除分级显示"选项,即可删除分级显示。

4. 复制分组显示的数据

在分组显示的数据中,可以只复制显示的数据。

在分组显示的工作表中选择需要复制的数据区域,在"开始"选项卡中单击" Q 查找 ˇ "下拉按钮,在打开的下拉列表中选择"定位"选项,打开"定位"对话框,在"选择"栏中单击选中"可见单元格"单选按钮,单击"定位"按钮,如图 7-69 所示,然后复制该数据区域,被隐藏的数据将不会被复制。

图 7-69　复制分组显示的数据

7.4.5　合并计算

合并计算功能可以将几张工作表中的数据合并到一张工作表中。

例如,使用合并计算功能求出"三个工作表中各型号设备的数量"。

第一步:新建一个放置计算结果的工作表,如"合并计算"工作表,并定位到需要放置计算结果的第一个单元格,如 A18。

第二步:在"数据"选项卡中单击"合并计算"按钮,打开"合并计算"对话框。

第三步:在"函数"下拉列表框中选择"求和"选项,在"引用位置"文本框中输入或选择第 1 个被引用单元格区域,然后单击"添加"按钮将其添加到"所引用位置"列表框中,其他需要引用的数据采用同样的方法添加到"所引用位置"列表框中。在"标签位置"栏中勾选"首行""最左列"以便在计算结果中能显示行标题和列标题。最后,单击"确定"按钮得出合并计算的结果,如图 7-70 所示。

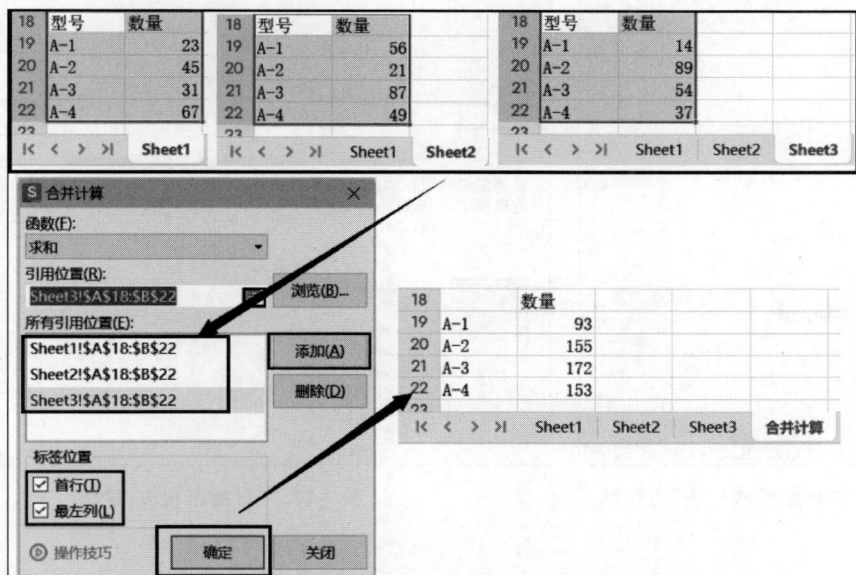

图 7-70　合并计算

7.4.6　数据透视表和数据透视图

数据透视表是一种可以从源数据表中快速批量汇总信息的报表,能够使数据更加直观、清晰地显示出来。数据透视表支持按多列进行分类,能够帮助用户快速批量分析、显示数据。

数据透视图以图表的形式展示数据透视表中的数据,在创建数据透视表的同时会创建数据透视图。也就是说,数据透视图和数据透视表是关联的,它们的操作方式是一样的。下面就以创建数据透视表为例进行操作。

单击"插入"选项卡的"数据透视表",会弹出"创建数据透视表"对话框,如图 7-71 所示。在对话框中,选择需要分析的数据区域,选择放置数据透视表的位置。单击"确定"按钮后,在放置数据透视表的位置会创建一个"数据透视表",并且在主窗口的右边会弹出"数据透视表"窗格,如图 7-72 所示。在"数据透视表"窗格中,通过拖动字段或单击字段的复选框或右击字段并在弹出的右键菜单中选择,就可以将字段放置到数据透视表区域的"筛选器""行""列""值"的列表框中,创建的结果如图 7-73 所示。

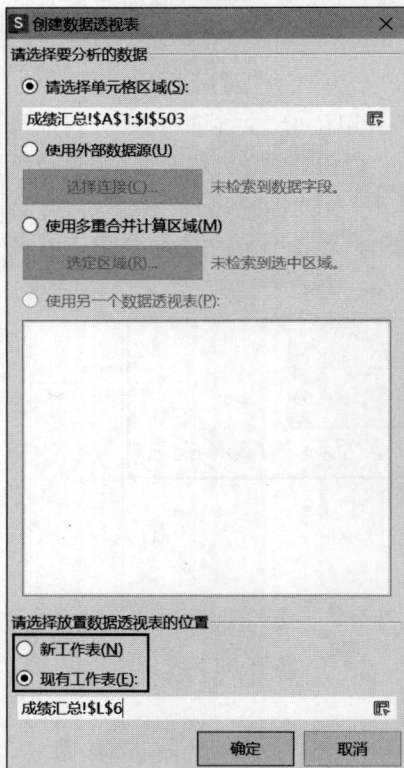

图 7-71　"创建数据透视表"对话框

图 7-72　"数据透视表"窗格

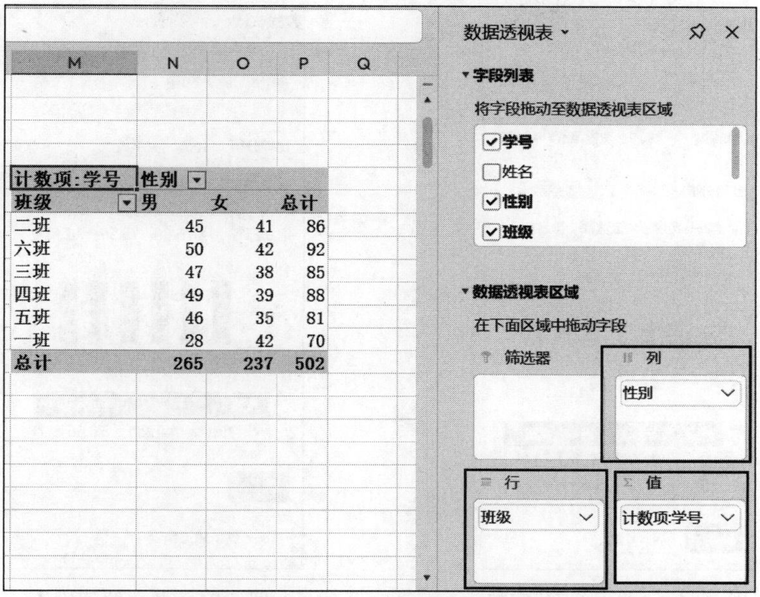

图 7-73　数据透视表结果

🔑 7.5　数据的智能分析

WPS 表格中的智能分析功能是一个高效的数据处理工具,它利用人工智能技术,为用户提供了一站式的数据分析服务。该功能可以自动识别数据模式,智能填充序列,快速排序和筛选数据,同时推荐合适的图表类型以直观展示数据趋势和关系。

7.5.1　数据解读

数据解读功能通过内置的智能算法,对表格中的数据进行深度分析,提取关键信息,并以直观的方式呈现出来。它可以帮助用户快速识别数据中的异常值、趋势变化、相关性等。

单击"数据"选项卡中的"智能分析"按钮,会在功能选项卡区域中自动增加"智能分析"选项卡。单击"智能分析"选项卡中的"数据解读"按钮,会在主窗口的右边弹出"数据解读"窗格,如图 7-74 所示。在窗格中,可以通过自然语言描述问题或选择字段进行分析,也可以通过推荐解读来智能分析数据。

例如,分析各班级的大学英语平均成绩。单击"输入问题或选择字段进行分析"文本框,在弹出的下拉列表中选择"班级""大学英语",单击"确定"按钮,即可看到比较分析的结果,如图 7-75 所示,单击"插入"按钮可以将比较分析的结果插入新工作表中。

7.5.2　数据汇总

WPS 表格的智能分析数据汇总功能允许用户轻松地将多个数据点或数据集合并成一个综合的视图,以便更好地理解和分析数据。这一功能支持多种汇总方式,包括但不限于求和、平均值、最大值、最小值以及自定义公式等。

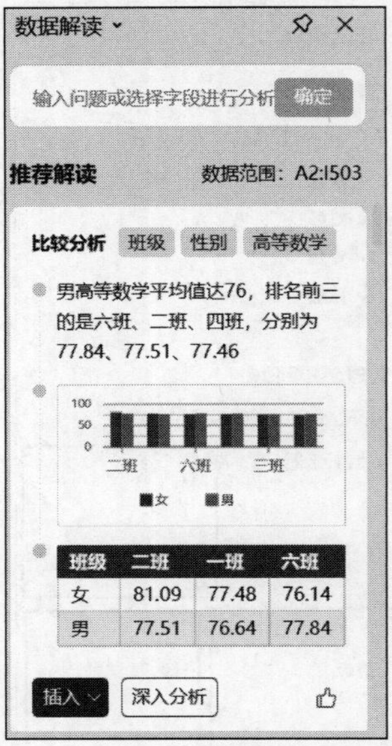

图 7-74　"数据解读"窗格 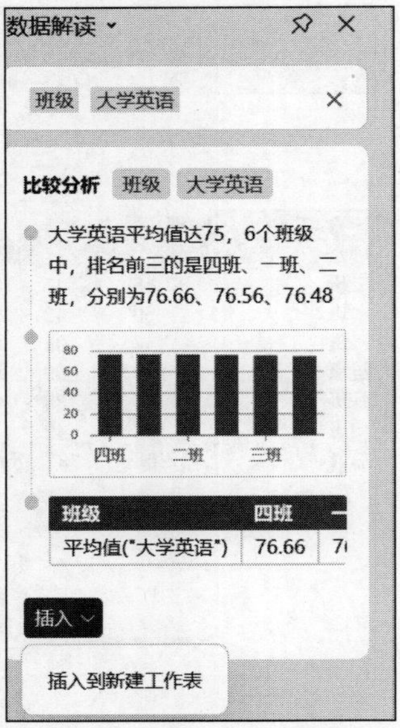　　　　　图 7-75　数据解读设置

单击"智能分析"中的"数据汇总"按钮，会弹出"数据汇总"对话框，如图 7-76 所示。在对话框中，可以通过单击"添加字段"来对字段进行分类汇总和可视化。

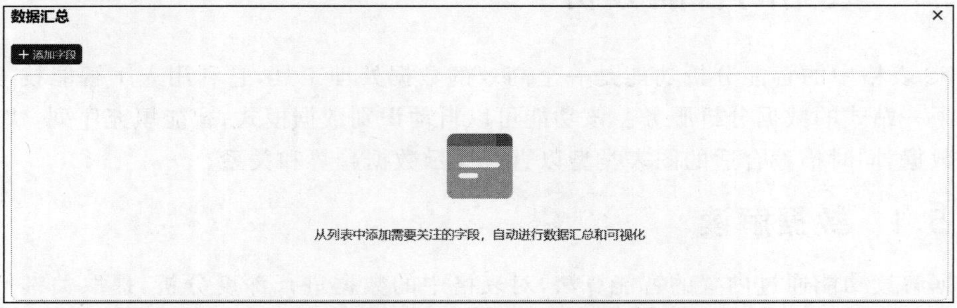

图 7-76　"数据汇总"对话框

例如，对各班级的大学英语平均成绩进行汇总，汇总结果和图表，如图 7-77 所示，单击"插入到新建工作表"按钮可以将汇总结果在新工作表中呈现。

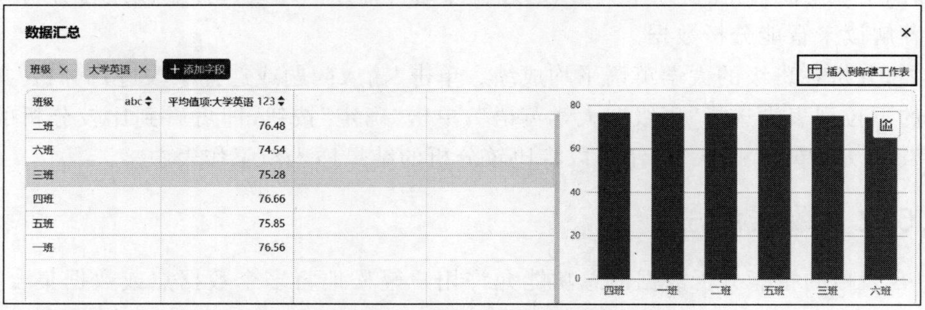

图 7-77　"数据汇总"结果

7.5.3　字段图谱

字段图谱是 WPS 表格智能分析中的一项特色功能,它能够清晰地表示数据表中实体 (即字段)之间的关系和属性。通过字段图谱,用户可以直观地看到哪些字段之间存在关联, 以及这些关联的类型和强度。这对于数据分析和数据挖掘来说是非常有用的,因为它可以 帮助用户快速识别数据中的关键信息和潜在模式。

单击"智能分析"中的"字段图谱"按钮,会弹出"字段图谱"对话框和"数据解读"窗格。 单击需要分析的字段,在"数据解读"窗格中可以同步看到字段间的关联,如图 7-78 所示。

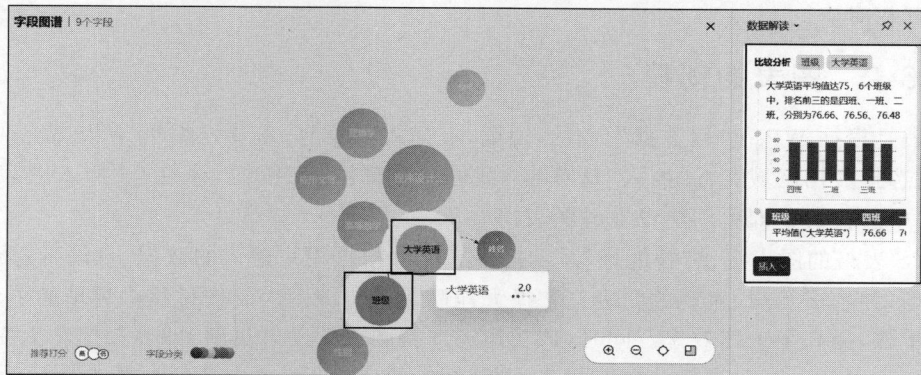

图 7-78　"字段图谱"对话框

🔑 7.6　数据图表

WPS 表格不仅具备强大的数据整理、统计分析的能力,而且可以用于制作各种类型的 图表。图表基于数据表,利用条、柱、点、线、面等图形按单向联动的方式组成。合理的数据 图表有助于数据可视化,会更直观地反映数据间的关系,比用数据和文字描述更清晰、更 易懂。

7.6.1　图表的定义

一般来说,图表由图表区和绘图区构成,图表区指图表的整个背景区域,绘图区包括数 据系列、坐标轴、图表标题、数据标签和图例等部分。

1. 数据系列

数据系列是指图表中的相关数据点,代表表格中的行、列。图表中每一个数据系列都具 有不同的颜色和图案,且各个数据系列的含义通过图例体现出来。在图表中,可以绘制一个 或多个数据系列。

2. 坐标轴

坐标轴是度量参考线,X 轴为水平坐标轴,通常表示分类,Y 轴为垂直坐标抽,通常表示 数据。

3. 图表标题

图表标题即图表名称,一般自动匹配表示数据的坐标轴标题,若需要修改标题直接单击标题文本框输入文字即可,图表标题的位置默认为图表顶部居中对齐。

4. 数据标签

数据标签是为数据标记附加信息的标签,通常代表表格中某单元格的数据点或值。

5. 图例

图例表示图表的数据系列,通常有多少数据系列,就有多少图例色块,其颜色或图案与数据系列相对应。

7.6.2 图表的创建

图表是根据 WPS 表格数据生成的,因此,在插入图表前,需要先编辑 WPS 表格中的数据,然后选择数据区域。在"插入"选项卡中单击"全部图表"按钮,将打开"插入图表"对话框,在其中进行设置即可创建设置的图表。

WPS 表格的图表提供"智能推荐"功能。它能够根据用户输入的数据,自动推荐适合的图表类型,并生成美观、直观的图表。它极大地简化了传统图表制作过程中烦琐的手动选择和调整步骤,提高了工作效率。同时,该功能还支持图表的动态更新,即当数据发生变化时,图表会自动更新以反映最新的数据状态。在"智能推荐"的图表中选择所需的图表后,会自动生成一个基于输入数据的图表。

若单击其他类型的图表按钮,例如,单击"插入柱形图"按钮,在打开的下拉列表中选择需要的图表,即可在工作表中创建图表,如图 7-79 所示,图表中显示了相关的数据。将光标指针移动到图表中的某一系列,可查看该系列对应的数据。

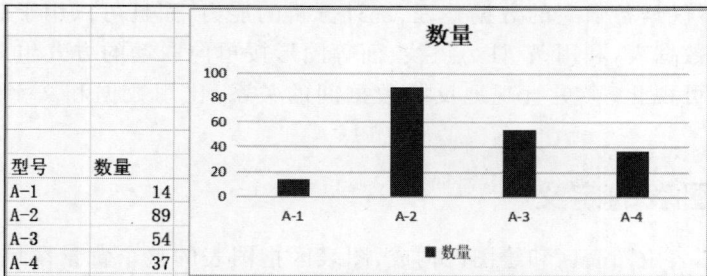

型号	数量
A-1	14
A-2	89
A-3	54
A-4	37

图 7-79　柱形图

注意:如果不选择数据而直接插入图表,则图表中将显示模板样式。这时可以在"图表工具"选项卡中单击"选择数据"按钮,打开"编辑数据源"对话框,在其中设置与图表数据对应的单元格区域,为图表添加数据。

在默认情况下,图表将被插入编辑区中心位置,需要对图表位置和大小进行调整。选择图表,将光标指针移动到图表中,按住鼠标左键可拖曳调整其位置;将光标指针移动到图表的 4 个角上,按住鼠标左键可拖曳调整图表的大小。选择不同的图表类型,图表中的组成部分也会不同,对于不需要的部分,可将其删除,具体方法:选择不需要的图表部分,按BackSpace 键或 Delete 键。

7.6.3　图表的编辑

在完成图表的插入后，如果图表不够美观或数据有误，也可对其进行重新编辑，如编辑图表数据、设置图表位置、更改图表类型、设置图表样式、设置图表布局和编辑图表元素等。

1. 编辑图表数据

如果表格中的数据发生了变化，如增加或修改了数据，WPS 表格会自动更新图表。如果图表所选的数据区域有误，则需要用户手动进行更改。在"图表工具"选项卡中单击"选择数据"按钮，打开"编辑数据源"对话框，在其中可重新选择和设置数据，如图 7-80 所示。

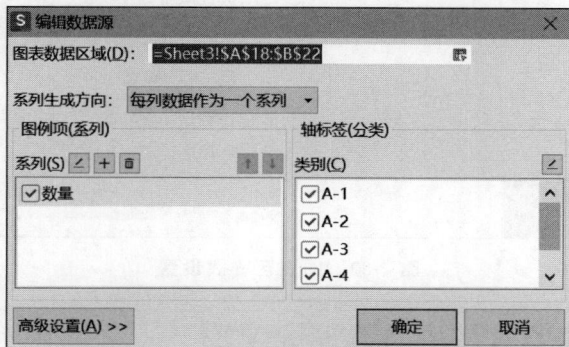

图 7-80　"编辑数据源"对话框

2. 设置图表位置

在创建图表时，图表默认创建在当前工作表中，用户也可根据需要将其移动到新的工作表中。在"图表工具"选项卡中单击"移动图表"按钮，打开"移动图表"对话框，单击选中"新工作表"单选按钮，即可将图表移动到新工作表中，如图 7-81所示。

3. 更改图表类型

如果所选的图表类型不适合表达当前数据，可以更换一种新的图表类型。选择图表，然后在"图表工具"选项卡中单击"更改类型"按钮，在打开的"更改图表类型"对话框中重新选择所需图表类型。

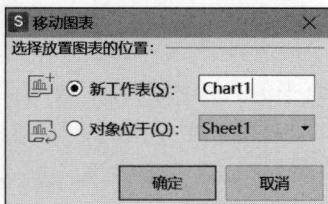

图 7-81　"移动图表"对话框

4. 设置图表样式

创建图表后，为了使图表效果更美观，可以对其样式进行设置。设置图表样式可分为设置图表区样式、设置绘图区样式和设置数据系列颜色。

设置图表区样式：图表区即整个图表的背景区域，包括所有的数据信息以及图表的辅助说明信息。设置图表区样式的具体方法：首先在"图表工具"选项卡中将图表元素选择为"图表区"，在"绘图工具"选项卡的"预设样式"下拉列表中选择一种样式选项。或者单击"设置格式"按钮，在弹出的"属性"窗格中对图表区进行样式设置，如图 7-82 所示。或者选中图表在弹出的快速访问工具栏中单击"　（图表样式）"按钮选择所需的样式，如图 7-83 所示。

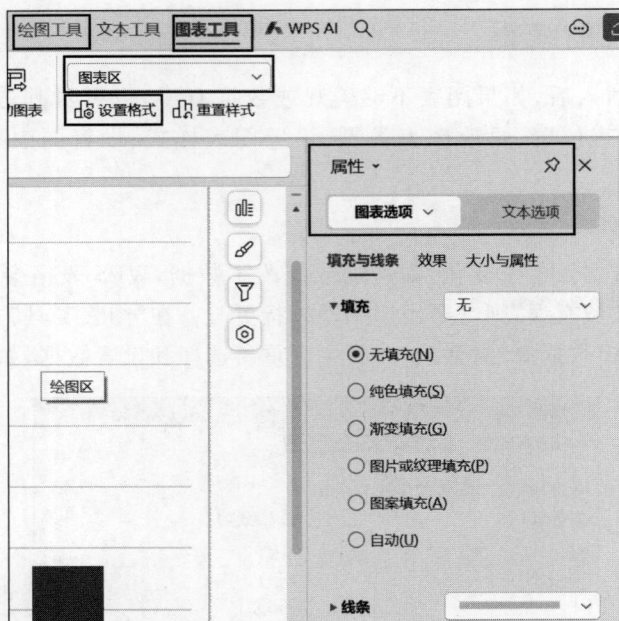

图 7-82　图表区样式设置

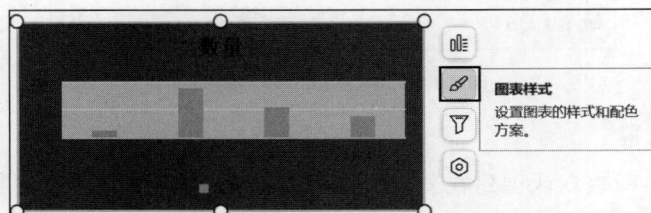

图 7-83　快速访问工具栏的"图表样式"

　　设置绘图区样式：绘图区是图表中描绘图形的区域，其形状是根据表格数据形象化转换而来的。绘图区包括数据系列、坐标轴和网格线，设置绘图区样式的具体方法：在"图表工具"选项卡中单击图表元素框，在下拉列表中选择"绘图区"选项，单击"绘图工具"选项卡中"填充"按钮右侧的下拉按钮，在打开的下拉列表中选择需要的选项。设置数据系列颜色：数据系列是根据用户指定的图表类型以系列的方式显示在图表中的可视化数据，在分类轴上每一个分半都对应一个或多个数据，并以此构成数据系列。设置数据系列的具体方法：在"图表工具"选项卡中单击图表元素框，在下拉列表中选择"系列"选项，或者直接在图表中选择需要设置颜色的数据系列，单击"绘图工具"选项卡中"填充"按钮右侧的下拉按钮，在打开的下拉列表中选择需要的选项进行设置。或者单击"设置格式"按钮，在弹出的"属性"窗格中对绘图区进行样式设置。

　　5. 设置图表布局

　　除了可以为图表应用样式，还可以根据需要更改图表的布局，具体方法：选择要更改布局的图表，在"图表工具"选项卡中单击"快速布局"按钮，在打开的下拉列表中选择需要的选项即可。

6. 编辑图表元素

在选择图表类型或应用图表布局后,图表中各元素的样式都会随之改变,如果对图表标题、坐标轴标题和图例等元素的位置、显示方式等不满意,可进行调整。具体方法:在"图表工具"选项卡中单击"添加元素"按钮,在打开的下拉列表中选择需要调整的图表元素,并在子列表中选择相应的选项即可。或者选中图表,在弹出的快速工具栏中对图表元素进行设置,如图 7-84 所示。

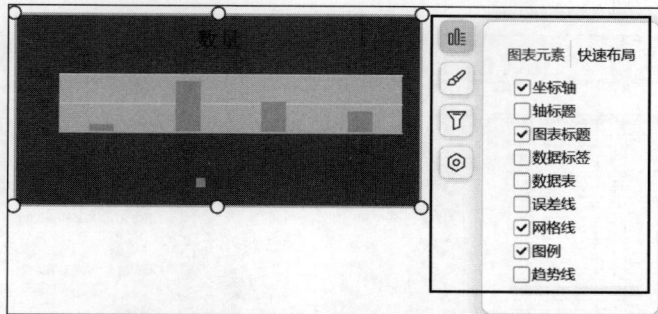

图 7-84　"快速访问工具栏"的"图表元素"

🔑 7.7　打印

在实际办公过程中,通常需要对存档的电子表格进行打印。WPS 表格的打印功能不仅可以打印表格,还可以对表格的打印效果进行预览和设置。

7.7.1　页面布局

在打印之前,可根据需要对页面的布局进行设置,如调整分页符、调整页面布局等。

1. 通过"分页预览"调整分页符

分页符可以让用户更好地对打印区域进行规划,在"页面"选项卡中可以对分页符进行添加、删除和移动操作,如图 7-85 所示。在 WPS 表格中,手动插入的分页符以实线显示,自动插入的分页符以虚线显示。设置了分页效果后,在进行打印预览时,将显示分页后的效果。

2. 通过"页面"视图调整打印效果

在"页面"选项卡中可以对纸张大小、纸张方向、打印区域、背景图片、打印标题、打印网格线等进行设置,如图 7-86 所示。例如,需要设置纸张大小,可单击"纸张大小"按钮,在打开的下拉列表中选择所需要的选项即可。

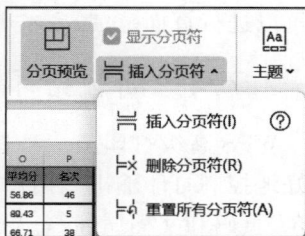

图 7-85　分页预览

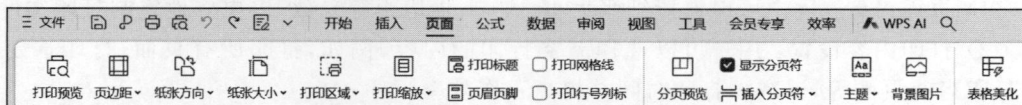

图 7-86　"页面"选项卡

7.7.2   页面预览

打印预览有助于及时避免打印过程中的错误,提高打印质量。在打印前预览工作表的方法是:单击"文件",在下拉列表中单击"打印",然后在列表中选择"打印预览"命令即可预览打印效果,同时还可以进行打印设置。如果工作表中内容较多,可以使用鼠标滚轮切换到上一页或下一页。单击页边距区的"调整页边距"按钮可以显示页边距,拖动边距线可以调整页边距,如图 7-87 所示。

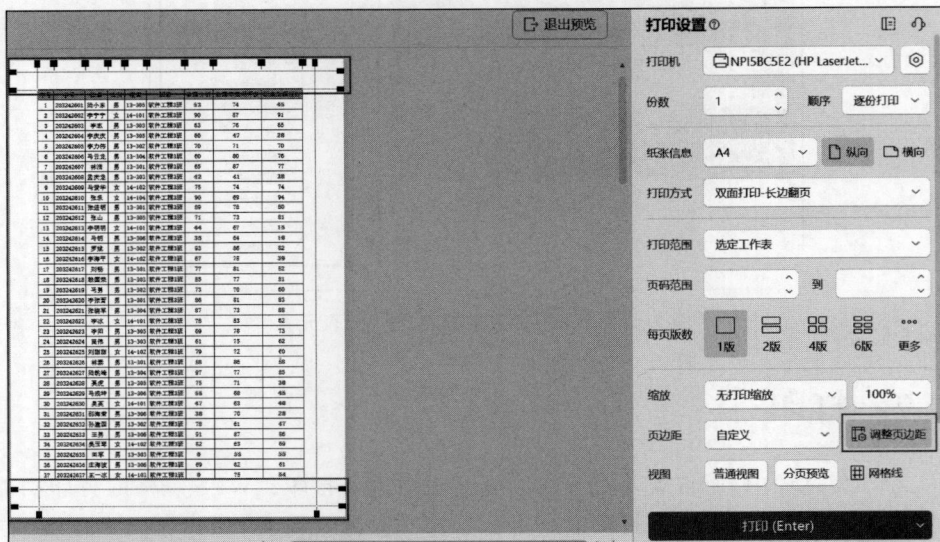

图 7-87   调整页边距

7.7.3   打印设置

确认打印效果无误后,即可开始打印表格。除了打印预览时可以进行打印设置外,单击"文件",在下拉列表中单击"打印",然后在列表中选择"打印"命令,在弹出的"打印"对话框中可以进行页面范围、副本等设置,如图 7-88 所示,最后单击"确定"按钮即可打印。

7.7.4   高级打印

WPS 高级打印是一种打印设置选项,它提供了更多的自定义和高级功能,使用户能够更好地控制打印输出。用户可设置纸张大小、方向、页边距等参数,选择打印内容,设置背景颜色、页码和文档属性等。

单击"文件"菜单,在弹出的下拉列表中单击"打印"。在列表中选择"高级打印"选项即可进入高级打印设置,如图 7-89 所示。WPS 高级打印功能如下。

(1)页面设置:用户可以设置纸张大小、方向、页边距等参数,以更好地定制打印文件。

(2)打印内容设置:用户可以选择需要打印的内容,例如,打印所有页面、打印选定区域、打印当前页面等,以减少打印时间并提高工作效率。

(3)其他设置:用户可以选择是否打印背景颜色和图片、是否打印页码、是否打印文档属性等,以使打印文档更加个性化。

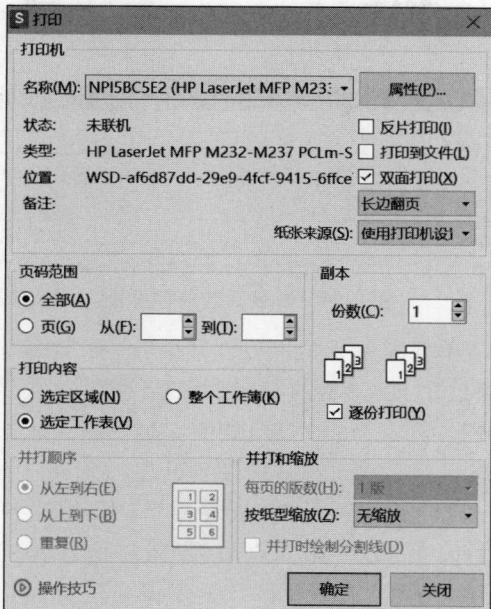

图 7-88　"打印"对话框

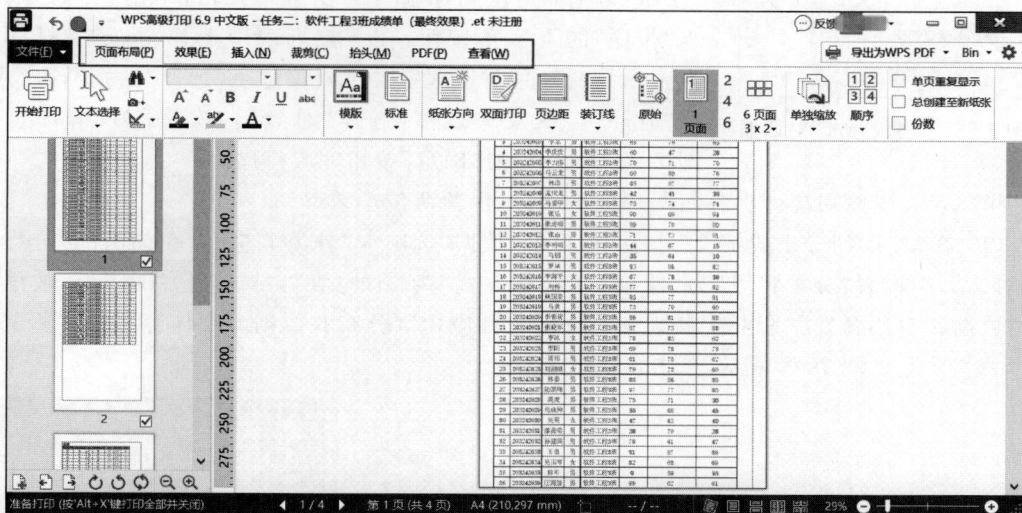

图 7-89　"高级打印"窗口

任务实现

第一步：筛选出各门课程任何一门不及格的学生。

要找出任何一门课程不及格的学生信息，那么课程之间是"或"的关系，要使用高级筛选。

（1）单击"成绩单"工作表名字，按住 Ctrl 键复制"成绩单"工作表，放置在"成绩单"工作表后面；然后双击复制的"成绩单（2）"工作表名位置，将工作表名字改为"不及格信息表"；最后右击工作表名，将标签颜色改为"绿色"。

（2）将 7 门课程的名称复制到 G62:M62，在高级筛选中"或"关系的条件要放在不同行,所以首先在"数据分析"课程的筛选条件单元格 G63 中输入"＜60",然后依次将筛选条件"＜60"放置在不同行中,如图 7-90 所示。

数据分析	数据库应用开发	职业生涯规划	办公软件应用	分布式数据库	体育	软件测试技术
＜60						
	＜60					
		＜60				
			＜60			
				＜60		
					＜60	
						＜60

图 7-90　高级筛选条件设置

(3) 光标定位到数据清单任意单元格,单击"开始"选项卡"筛选"的下三角按钮,在弹出的下拉列表中选择"高级筛选"。在弹出的"高级筛选"对话框中,"列表区域"选择 A1:P57 的数据区域,"条件区域"选择 G62:M69 区域,如图 7-91 所示,单击"确定"按钮完成筛选。

图 7-91　"高级筛选"对话框

第二步:按性别升序、总分降序进行排序。

(1) 单击"成绩单"工作表名字,按住 Ctrl 键复制"成绩单"工作表,放置在"不及格信息表"工作表后面;然后双击复制的"成绩单(2)"工作表名位置,将工作表名字改为"按性别分析成绩";最后右击工作表名,将标签颜色改为"蓝色"。

(2) 光标定位到标题行的任意单元格,单击"开始"选项卡"排序"的下三角按钮,在下拉列表中选择"自定义排序"。在弹出的"排序"对话框中,"主要关键字"选择"性别","次序"为"升序","次要关键字"选择"总分","次序"为"降序",如图 7-92 所示,单击"确定"按钮完成排序。

第三步:按性别统计出各门课程的平均分,保留两位小数。

(1) 在"按性别分析成绩"工作表中,单击"数据"选项卡"分类汇总"。在弹出的"分类汇总"对话框中设置"分类字段"为"性别","汇总方式"为"平均值","选定汇总项"为"数据分析""数据库应用开发""职业生涯规划""办公软件应用""分布式数据库""体育""软件测试技术""平均分",如图 7-93 所示,单击"确定"按钮。

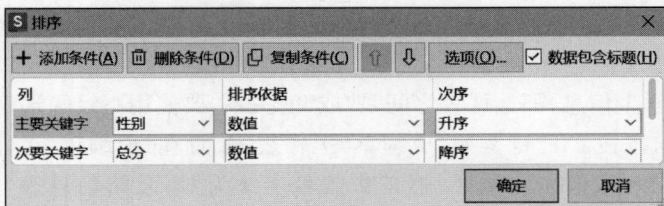

图 7-92　"排序"对话框

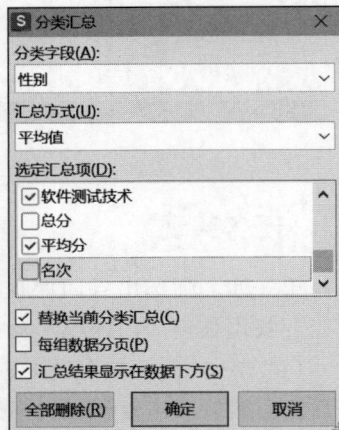

图 7-93　"分类汇总"对话框

（2）单击分类汇总的级别"2"，选择男生各门课程的平均分，按住 Ctrl 键，逐行分别选择女生的平均分和总平均分，如图 7-94 所示。单击"开始"选项卡中的"⁵⁰⁸（增加小数位数）"按钮两次。

1 2 3	▲	A	B	C	D	E	F	G	H	I	J	K	L	M	N	O
	1	序号	学号	姓名	性别	班级	数据分析	数据库应用开发	职业生涯规划	办公软件应用	分布式数据库	体育	软件测试技术	总分	平均分	名次
·	42				男 平均值		69.80	72.93	70.58	72.00	71.80	79.78	71.13		72.57	
·	59				女 平均值		73.88	74.31	67.13	66.81	73.63	80.63	71.31		72.53	
	60				总平均值		70.96	73.32	69.59	70.52	72.32	80.02	71.18		72.56	

图 7-94 级别 2 的数据清单

注意：此处不能直接用鼠标拖动的方式选择所有平均分数据，这样会把从 42 行到 60 行的数据都选中。

第四步：使用数据透视表按寝室统计出各门课程的平均分，保留两位小数。

（1）在"成绩单"工作表中，将当前选中单元格定位到数据清单中任意单元格，单击"插入"选项卡中的"数据透视表"，在弹出的"创建数据透视表"中将数据透视表位置设置为"新工作表"，此时会在"成绩单"工作表前插入一个新工作表"Sheet1"。

（2）在"字段列表"窗格中拖动"寝室"到"行"，拖动 7 门课程字段到"值"，单击"值"区域的课程字段，在弹出的列表中单击"值字段设置"。在"值字段设置"对话框中将汇总方式改为"平均值"，如图 7-95 所示。使用同样的方法依次将其余课程的汇总方式设置为"平均值"，最终的设置如图 7-96 所示。

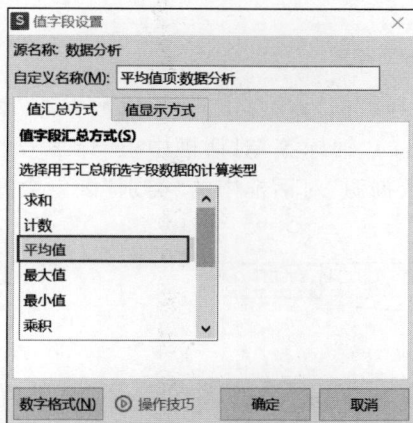

图 7-95 "值字段设置"对话框　　图 7-96 数据透视表设置

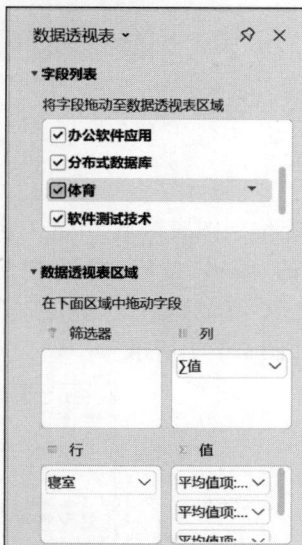

（3）选中所有平均分数据，单击"开始"选项卡中的"⁵⁰⁸（增加小数位数）"按钮两次，最终的数据透视表如图 7-97 所示。

（4）双击 Sheet1 工作表名位置，将工作表名字改为"按寝室分析成绩"；右击工作表名将标签颜色改为"橙色"；用鼠标按住工作表名位置将工作表移动到"按性别分析成绩"工作表后面。

第五步：在"成绩单"工作表的 A62:I77 单元格区域内利用"学号"列和"平均分"列的内

值						
寝室 ▼	平均值项:数据分析	平均值项:数据库应用开发	平均值项:职业生涯规划	平均值项:办公软件应用	平均值项:分布式数据库	平均值项:体育	平均值项:软件测试技术
13-301	81.00	82.60	82.00	64.20	68.00	80.60	83.00
13-302	76.00	56.83	65.00	72.00	69.83	63.17	74.00
13-303	56.17	63.50	65.00	63.50	65.33	78.00	63.00
13-304	75.00	84.17	90.00	83.50	80.83	86.17	79.33
13-305	71.60	75.40	69.10	78.40	79.40	84.90	74.40
13-306	59.83	74.17	54.83	66.50	63.67	81.67	60.83
14-101	69.80	70.20	58.40	63.00	67.00	82.20	67.40
14-102	75.75	71.75	60.50	57.00	62.50	76.00	64.00
14-103	70.40	81.40	73.60	72.80	78.00	81.00	69.40
14-104	82.33	74.00	81.67	74.67	87.67	85.00	74.67
总计	70.96	73.32	69.59	70.52	72.32	80.02	71.18

图 7-97　按寝室统计平均分的数据透视表

容建立"面积图","学号"列作为横坐标,图表无标题,图例在顶部,设置"面积图"的线条为1 磅宽的实线、颜色为"矢车菊蓝,着色 1,深色 25%",设置"面积图"的填充颜色为"巧克力黄,着色 2,浅色 40%"。

(1) 从标题"平均分"开始选择平均分列的数据区域,单击"插入"→"全部图表"→"面积图",即可插入面积图,如图 7-98 所示。

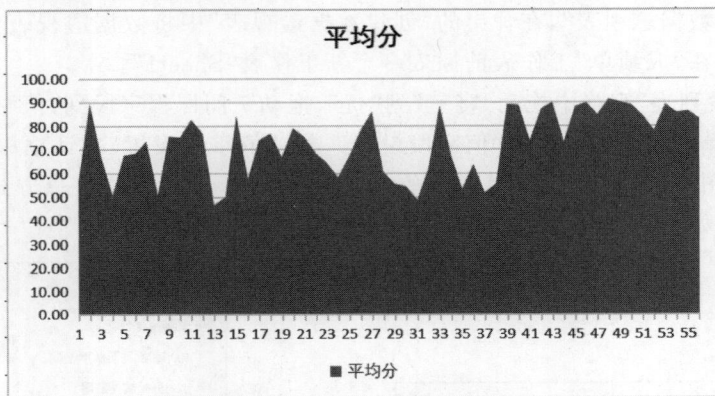

图 7-98　平均分面积图

(2) 定位到图表区域,单击"图表工具"的"选择数据",在弹出的"编辑数据源"对话框中单击类别的"编辑"按钮,如图 7-99 所示。在弹出的"轴标签"对话框中,选择学号的数据区域,如图 7-100 所示,单击"确定"按钮。在"编辑数据源"对话框中的"类别"区就会显示学号的数据,如图 7-101 所示。

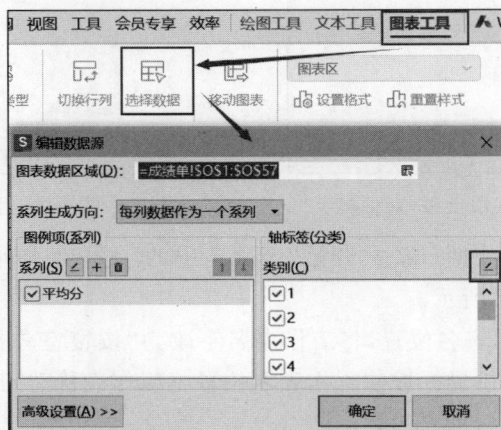

图 7-99　"编辑数据源"对话框

图 7-100　"轴标签"对话框

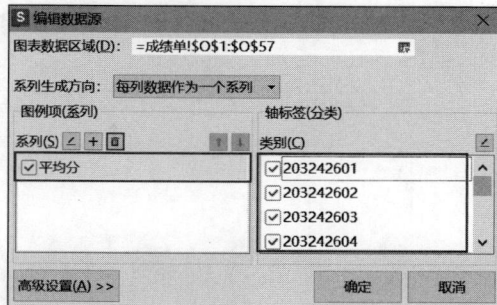

图 7-101　编辑学号数据源

（3）定位到图表，在弹出的快捷工具栏中单击"图表元素"按钮，取消选中"图表标题"复选框；单击"图例"，在弹出的列表中选择"上部"，如图 7-102 所示。

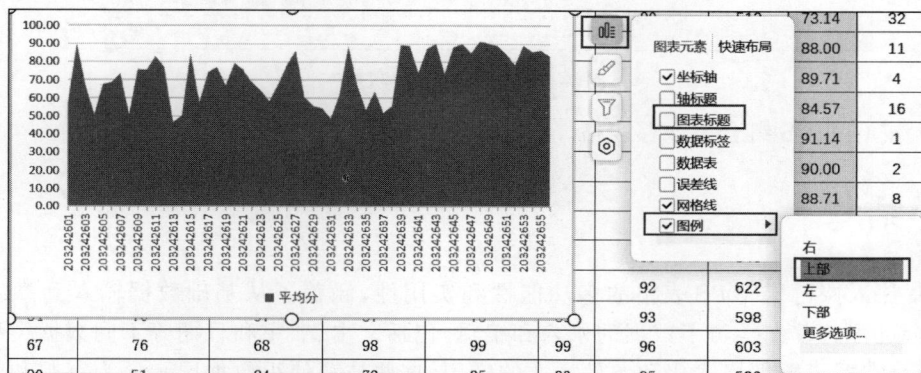

图 7-102　图表元素

（4）单击图表中的"面积"区域，定位到"系列'平均分'"，单击"图表工具"选项卡的"设置格式"按钮，在"属性"窗格中设置"填充与线条"为"实线"，颜色为"矢车菊蓝，着色 1，深色 25%"，宽度为"1 磅"，如图 7-103 所示。

（5）在"填充与线条"中设置填充颜色为"巧克力黄，着色 2，浅色 40%"，如图 7-104 所示。

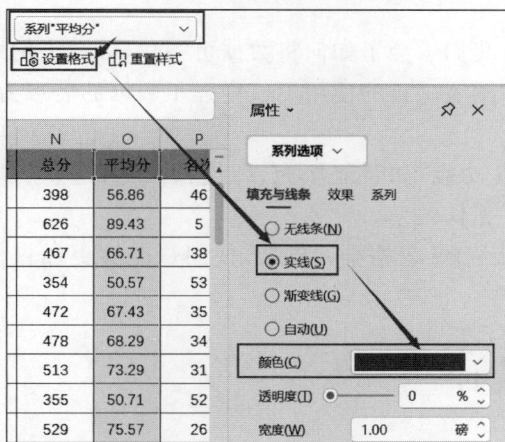

图 7-103　线条格式设置

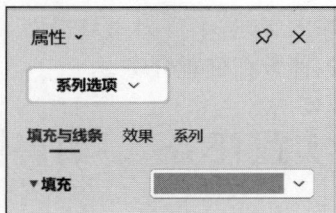

图 7-104　填充颜色设置

（6）使用调整图片大小的控制点进行适当的大小调整，将图表移动到 A62:I77 单元格区域内，如图 7-105 所示。

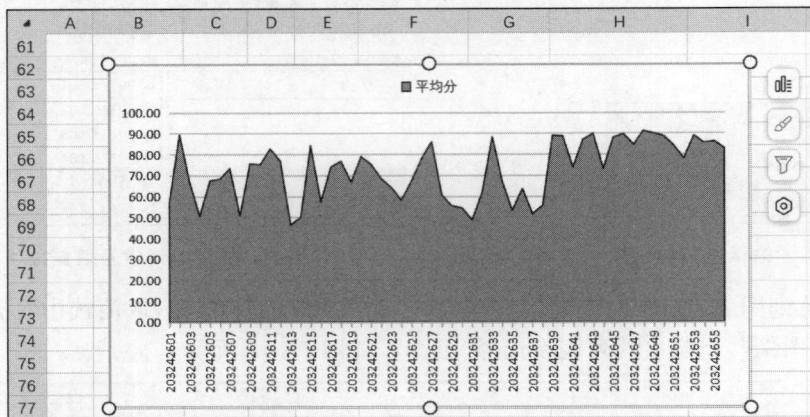

图 7-105   平均分"面积图"

（7）按 Ctrl＋S 组合键保存表格。

🔑 小结

本章深入探讨了 WPS 表格的多功能性和实用性，涵盖了从基础数据输入到高级数据分析的全过程。首先学习了数据的录入和编辑，包括文本、数字和日期等不同数据类型的处理。随后，掌握了数据格式化和条件样式的应用，这些技巧使得数据展示更为直观和美观。

在数据处理方面，了解了排序、筛选和分类汇总等基础功能，这些功能对于组织和分析数据至关重要。还学习了如何利用公式和函数进行复杂的计算，这些工具极大地提升了数据处理的自动化和精确度。

数据透视表的引入，让我们对大量数据的汇总和分析有了更深的认识。我们学习了如何创建数据透视表，以及如何通过拖曳字段来快速改变数据的汇总方式，从而洞察数据背后的趋势和模式。

此外，本章还介绍了图表的创建和编辑。我们学会了如何将数据可视化，以图表的形式展示数据，使得数据的解读更为直观和生动。图表工具的使用不仅增强了数据的表现力，也提高了报告的专业度。

在高级功能方面，探索了 WPS 表格的 AI 功能，如智能填充、智能预测等，这些功能通过人工智能技术简化了数据处理流程，提高了工作效率。

综上所述，本章为用户提供了一个全面的 WPS 表格学习框架，使用户能够更加自信地应对各种数据处理任务。

🔑 实践任务 1：销售情况的统计

小王在公司销售部门负责销售数据的汇总和管理，为了保证销售数据的准确性，每个月底，小王会对销售表格进行定期检查和完善。

（1）在"销售记录"工作表中，商品名称、品类、品牌、单价、购买金额这 5 列已经设置好公式，请在 D1:G1 单元格中已有内容后面增加"（自动计算）"字样，新增的内容需要换行显示，字号设置为"9 号"。

（2）在"销售记录"工作表中，表格数据中"红色字体"所在行存在公式计算结果错误，该公式主要引用"基础信息表"中的"产品信息表"区域，请检查公式引用区域的数据，找到错误原因并修改错误，再把红色字体全部改回"黑色，文本 1"。

（3）在"销售记录"工作表中，使用条件格式对"购买金额"（I2:I20）进行标注：大于或等于 20 000 的单元格，单元格底纹显示浅蓝色；小于 10 000 的单元格，单元格底纹显示浅橙色。

（4）在"销售记录"工作表中，对"折扣优惠"（J2:J20）中的内容进行规范填写，请按如下要求设置。

① 在该列插入下拉列表，下拉列表的内容需要引用"基础信息表"工作表中的"折扣优惠"（H3:H6）。

② "折扣优惠"列（J2:J20）中原本描述与下拉列表内容不一致的单元格，需重新修改为规范描述，例如，"无"改为"无优惠"，"普通优惠"改为"普通"。

（5）在"销售记录"工作表中，"折后金额"（K2:K20）中使用 IFS 函数，按表 7-4 中规则计算折后金额。

（6）在"销售记录"工作表中，为了方便查看销售表数据，设置成表格上下翻页查看数据时，标题行始终显示；左右滚动查看数据时，"日期"和"客户名称"列始终显示。

（7）将"销售记录"工作表设置成选择某个单元格时，自动将该单元格所在行列标记与其他行列不同颜色。

表 7-4　折后金额计算规则

折 扣 优 惠	折 后 金 额
折扣优惠＝无优惠	折后金额＝购买金额×100％
折扣优惠＝普通	折后金额＝购买金额×95％
折扣优惠＝VIP	折后金额＝购买金额×85％
折扣优惠＝SVIP	折后金额＝购买金额×80％

🔍 实践任务 2：销售情况的管理和分析

（1）选中"销售记录"工作表的数据，创建数据透视表。

① 生成的数据透视表放置在"统计表"工作表中，用于统计不同品牌、不同品类的购买数量、购买金额。

② 透视表左侧标题为"品类"，上方第一行标题为"品牌"，每个品牌下方的二级标题，分别显示"数量"和"金额"。

③ 透视表中"品牌"所在单元格合并居中；所有"金额"列设置成"货币格式"（示例效果：￥1,234.56）。

④ 透视表中"品类"列设置为按"金额汇总"降序排列。

（2）复制"销售记录"工作表，放置在"统计表"工作表后面，命名为"销售记录筛选"；筛选出"客户 1"购买"手机"、"客户 3"购买"洗衣机"的记录。要求筛选条件放置在 B23:C25，筛选的记录放置在以 A27 单元格为开始位置的区域内。

（3）在筛选出的数据清单上，使用分类汇总统计出"客户 1"购买"手机"、"客户 3"购买"洗衣机"的总折后金额。

（4）使用智能分析功能对"销售记录"表中的数据进行分析，请选择感兴趣的趋势内容分析生成图表，并将分析结果放置在新的工作表中，并命名为"趋势分析"，将该表放置在"销售记录筛选"后面。

（5）对"销售记录"工作表进行打印页面设置。

① 设置"销售记录"工作表"横向"打印在 A4 纸上。

② 在打印时，每页都打印标题行。

第8章

数字演示设计

WPS 演示是 WPS Office 套件中的一部分,是一款功能强大的演示文稿制作软件,它继承了 WPS Office 一贯的简洁、易用和高效的特点,为用户提供了一套完整的演示文稿创建、编辑、展示和分享的解决方案,它支持编辑多种演示文稿格式,如. PPT,. PPTX文件格式,并能打开和保存为专用于放映的. PPS,. PPSX 文件格式。并且提供了海量的模板和素材供用户选择。此外,WPS 演示文稿还支持多种动画效果、图表和音频视频插入等功能,使用户能够轻松地制作出精美的演示文稿。

WPS 演示在市场上表现优异。其强大的功能和友好的用户界面备受广大用户的喜爱。特别是在教育领域和中小企业中,WPS 演示的普及率非常高。随着云计算、大数据技术和人工智能技术的不断发展,WPS 演示也在不断进行创新和优化。WPS 演示正在进一步提升其云办公能力,为用户提供更加智能、便捷的办公体验。同时,WPS Office 还将继续加强与 Microsoft Office 等竞争对手的竞争与合作,共同推动办公行业的发展。

作为 WPS Office 套件中的重要组成部分,WPS 演示的发展历程可以追溯到 WPS 软件的起源与发展。经过多年的迭代和更新,WPS 演示已经发展成为一款功能强大、用户友好的演示文稿制作软件。在数字化时代,信息的呈现方式日益多样化,而演示文稿作为一种直观、高效的信息传递手段,其重要性日益凸显。随着技术的不断进步和市场需求的不断变化,WPS 演示文稿将继续保持其领先地位,为用户提供更加优质的服务。通过学习 WPS 演示,同学们不仅能够提升自己的信息表达能力,还能够在各种场合中,更加自信和专业地展示自己的思想和成果。下面让我们一起探索 WPS 演示的无限可能,开启一段充满创意和效率的学习之旅。

知识目标:

- 理解 WPS 演示的基本术语及其意义。
- 熟悉 PPT 演示文稿设计与制作流程。
- 熟悉 WPS 演示的界面布局和主要功能区域。
- 理解并熟练掌握视图切换方式,如普通视图、幻灯片浏览视图等。

- 理解幻灯片母版、版式、设计主题的意义。
- 掌握编辑幻灯片内容操作，理解 PPT 设计制作应遵循的基本原则。
- 掌握 WPS 演示的对象动画与幻灯片切换设置。
- 掌握 PPT 输出、放映与分享方法。

能力目标：

- 熟练掌握新建演示文稿及添加幻灯片的操作。
- 能够设置幻灯片的布局和样式，能够编辑和美化演示文稿。
- 掌握幻灯片母版、版式、主题的设置与应用。
- 熟练添加和设置幻灯片对象动画。
- 熟练设置幻灯片切换效果。
- 初步掌握 WPS 演示的对象动画与页面切换动画的设置与应用。
- 掌握 PPT 输出、放映与分享操作。
- 能够利用 AI 技术提升 PPT 制作的工作效率。

素质目标：

- 培养信息素养：培养使用信息技术解决实际问题的能力。
- 培养创新能力：鼓励在演示文稿制作中发挥创意和想象力。
- 培养团队协作能力：学会在团队中协作完成演示文稿的制作任务。
- 培养职业道德和素养：注重作品原创性和知识产权意识，尊重他人成果，遵守职业
道德规范。

任务 1　制作"WPS Office 版本介绍"报告

如何高效利用 WPS 演示工具打造一份引人注目的 PPT 演示文稿呢？通常当初学者接
到要做 PPT 演示文稿的任务时，首先想到的是上哪儿去找个好模板，因此他们常常会犯模
板与内容不匹配的错误。其实制作 PPT 的正常步骤跟许多工作一样，在正式开展工作之
前，应该要先做好规划，即要做好一份符合需求的 PPT 演示文稿，首先要明确目标和受众，
规划好 PPT 文档结构或者确切地说，是先要列出一份简洁明了的 PPT 大纲，然后再根据需
求设计风格色调及布局，优化精练文字、图片，如果需要则可加上动画，并且设置好换页切换
效果逐页制作，最后是排练与预演。

📚 任务情境

为了帮助大学一年级的同学们更好地了解 WPS Office 的不同版本及其功能特点，学习
委员凌云志接到了一个特别的任务。因为下周老师将在课堂上讲解 WPS AI 生成 PPT 的
新技术，WPS AI 使得 PPT 的制作变得更加简单和高效。作为老师得力助手的凌云志同学
将利用这一技术，借助 WPS 演示的"AI 生成 PPT"智能创作功能，以"WPS Office 版本介
绍"为主题，精心打造一个演示文稿。通过这个 PPT，他将向同学们详细地介绍 WPS Office
各个版本的独特之处和功能，更重要的是，他要将制作方法分享给大家，让大家都能够快速
掌握如何高效制作一份满足要求的演示文稿。凌云志同学相信，借助 AI 的力量，他一定能
够出色地完成这个任务，为同学们带来一场精彩纷呈的演示。

任务分析

凌云志同学接到使用 WPS 演示工具制作演示文稿的任务后,先到老师推荐的 WPS 官方学习网站——WPS 学堂(https://www.wps.cn/learning/)中去初步学习 WPS 演示的基本操作方法,了解一下演示文稿设计制作的基本工作流程。要完成上述任务,首先要明确主题,然后尝试进行以下工作。

- PPT 演示文稿主题为"WPS Office 版本介绍"。
- 在 WPS 演示中使用 WPS AI 生成 PPT 功能创建演示文稿。
- 使用 WPS 演示的智能美化功能进行全文美化和单页美化操作。
- 在 WPS 文字中使用 WPS AI 生成 PPT 提纲。
- 在 WPS 文字中将 PPT 提纲文档直接转换为 PPT 演示文稿。
- 尝试使用百度知识增强语言大模型文心一言,或阿里的通义千问等其他 AI 大模型生成 PPT 提纲,并且生成 PPT 演示文稿,如图 8-1 所示。

图 8-1　AI 生成的 PPT 演示文稿效果

相关知识

8.1　WPS 演示概述

WPS 演示是 WPS Office 套件中的一个重要组成部分,它可以帮助用户创建既美观又专业的演示文稿,广泛用于教育培训、商业演示、政府报告等各种场合中,成为沟通和表达的强大工具。WPS 演示自推出以来,经历了从简单幻灯片制作到全面演示解决方案的转变,它的发展不仅体现在功能的增加和优化上,更在于对用户需求的深入理解和满足。从最初的基本动画和过渡效果,到今天的智能设计建议、丰富的模板资源和强大的编辑工具,WPS 演示文稿的每一次升级深刻体现了对用户需求的洞察与满足。随着技术的进步,WPS 演示新版本中已融入了以下多项创新特性。

(1)智能设计:WPS 演示引入了先进的智能设计功能,能够根据用户输入的内容,自动推荐合适的幻灯片布局和风格,提供多样化的主题选择,确保演示文稿既个性化又专业。

(2)云同步:通过 WPS 演示的云同步功能,用户可以将演示文稿存储在云端,实现跨设备的无缝访问与编辑,无论身处何地,创意与工作都能随时继续。

(3)多屏协同:WPS 演示支持多屏协同工作,允许团队成员在同一演示文稿上进行实时编辑和演示,提升协作效率,让团队合作更加流畅。

(4)PDF 转换:WPS 演示增加了将演示文稿转换为 PDF 格式的功能,便于用户分享和存档,确保文档的兼容性和安全性。

(5)智能翻译:WPS 演示的智能翻译功能,使用户能够轻松地将演示文稿翻译成多种语言,打破语言障碍,让信息传播更广泛。

这些新功能和改进体现了 WPS 演示在提升用户体验和满足专业演示需求方面的不断努力。在信息技术迅猛发展的当下,云计算、大数据、物联网等前沿技术正逐渐改变人们的生活和工作方式。WPS 演示紧随这一潮流,不断优化和升级,以满足用户在数字时代对演示工具的高标准需求。

8.1.1　WPS 演示文稿的功能特点

WPS 演示文稿在演示文稿的制作和展示方面,提供了全面而强大的支持。无论是模板的选择、内容的编辑、动画的设计,还是交互的实现、文件的导出、云服务的支持,WPS 演示文稿都能够满足用户的各种需求。可以从以下 10 方面详细分析 WPS 演示文稿的功能特点。

1.模板多样性

WPS 演示文稿提供了丰富的模板资源,涵盖了商务、教育、科研等多个领域。用户可以根据自己的需求,选择适合的模板进行演示文稿的制作。这些模板不仅设计精美,而且功能齐全,能够满足不同场合的展示需求。无论是企业的产品推介会,还是学术的研究报告,用户都能找到合适的模板进行快速制作。

2.编辑功能强大

WPS 演示文稿的编辑功能非常强大,支持文本、图片、图表、视频等多种元素的插入和编辑。用户可以自由地组织和调整演示文稿的内容,使其更加符合自己的展示需求。此外,WPS 演示文稿还提供了文本框、形状、线条等多种辅助工具,帮助用户更好地进行内容的布局和设计。

3.动画效果丰富

动画效果是演示文稿中不可或缺的一部分,它能够使演示更加生动和吸引人。WPS 演示文稿内置了多种动画效果,包括淡入淡出、推移、旋转等。用户可以根据演示内容和风格,选择合适的动画效果,使演示更加生动有趣。同时,WPS 演示文稿还支持自定义动画效果,用户可以根据自己的创意,设计出独特的动画效果,提升演示的吸引力。

4. 配色方案灵活

色彩在演示文稿中起着至关重要的作用,它不仅能够影响观众的视觉感受,还能够传达一定的情感和信息。WPS 演示文稿提供了灵活的配色方案,用户可以根据自己的喜好和需求,选择不同的色彩组合。此外,WPS 演示文稿还支持自定义颜色,用户可以根据自己的创意,调配出独特的色彩方案,使演示更加个性化。

5. 交互功能多样

在现代演示中,观众的参与和互动变得越来越重要。WPS 演示文稿提供了丰富的交互功能,包括超链接、触发器、动作等。用户可以通过这些功能,实现演示文稿与观众之间的互动。例如,通过设置超链接,观众可以单击演示文稿中的某个元素,跳转到相关的网页或文档;通过设置触发器,观众的操作可以触发特定的动画效果或内容展示。

6. 兼容性强

WPS 演示文稿具有强大的兼容性,支持多种文件格式的导入和导出。用户可以将WPS 演示文稿导出为 PPT、PDF、图片等格式,方便在不同的设备和平台上进行展示。同时,WPS 演示文稿还能够兼容其他办公软件的演示文稿文件,确保用户在不同软件之间进行切换时,演示文稿的内容和格式不会受到影响。

7. 云服务支持

随着云计算技术的发展,WPS 演示文稿也提供了云服务支持。用户可以将演示文稿存储在云端,实现随时随地的访问和编辑。此外,WPS 演示文稿还支持多人在线协作编辑,团队成员可以实时共享和编辑演示文稿,提高工作效率。云服务的引入,使得 WPS 演示文稿的应用场景更加广泛,满足了现代办公的需求。

8. 移动办公支持

在移动办公日益普及的今天,WPS 演示文稿也提供了对移动设备的优化支持。用户可以通过智能手机或平板电脑,随时随地进行演示文稿的制作和展示。WPS 演示文稿的移动应用界面简洁,操作便捷,确保用户在移动设备上也能获得良好的使用体验。同时,WPS 演示文稿的移动应用还支持与桌面端的无缝对接,确保演示文稿的内容和格式在不同设备之间保持一致。

9. 安全性高

在信息安全日益受到重视的今天,WPS 演示文稿也提供了强大的安全保障。用户可以通过设置密码,对演示文稿进行加密保护,防止未授权的访问和编辑。此外,WPS 演示文稿还提供了文档恢复功能,确保用户在遇到意外情况时,能够及时恢复演示文稿的内容。这些安全措施,为用户的信息安全提供了有力的保障。

10. 易于学习

WPS 演示文稿以其直观的操作界面和便捷的功能设计,深受用户的喜爱。即便是初学者,也能够在短时间内掌握基本的制作和编辑技巧。WPS 演示文稿还提供了丰富的在线教程和帮助文档,用户可以通过这些资源,快速提升自己的技能水平。此外,WPS 演示文稿还支持多种语言,满足了不同地区用户的需求。

8.1.2 WPS 演示与 PowerPoint 比较

PowerPoint 作为微软公司精心打造的 Microsoft Office 套件的核心成员,在当今办公软件领域占据着举足轻重的地位。与此同时,WPS 演示文稿也以其独特的魅力在演示制作工具中占有一席之地。两款软件均拥有忠实的用户基础和多样化的应用场景。虽然它们在功能设计和用户体验上有不少共通之处,但在操作界面、特色功能以及兼容性等方面,也展现出各自独特的风采。本文将深入探讨 WPS 演示文稿与 PowerPoint 之间的相似之处与差异,旨在帮助用户更全面地把握这两款软件的特性和适用领域,从而做出更加明智的选择。

1. 操作界面的异同

WPS 演示文稿:WPS 演示文稿的界面设计注重简洁与直观,采用了功能区(Ribbon)设计风格,使得用户能够迅速上手。其功能区布局合理,常用的功能按钮一目了然,用户无须花费过多时间寻找所需功能。此外,WPS 演示文稿还提供了多种主题和模板供用户选择,方便用户快速创建专业的演示文稿。

PowerPoint:PowerPoint 的界面设计同样简洁直观,同样采用了功能区(Ribbon)的设计,将常用功能和工具集中展示,提高了操作的便捷性。PowerPoint 提供了丰富的自定义选项,用户可以根据个人喜好调整工具栏的布局、颜色和字体等。此外,PowerPoint 还内置了多种动画效果和过渡效果,使得演示文稿更加生动有趣。

2. 功能特点的比较

WPS 演示文稿提供了丰富的模板资源,用户可以根据自己的需求选择合适的模板进行快速制作。WPS 演示文稿编辑功能强大,支持文本、图片、图表、视频等多种元素的插入和编辑,用户可以自由地组织和调整演示文稿的内容。而且 WPS 演示文稿动画效果丰富,内置了多种动画效果,用户可以根据演示内容和风格选择合适的动画效果,使演示更加生动有趣。另外,WPS 演示配色方案灵活,用户可以根据自己的喜好和需求,选择不同的色彩组合,甚至自定义颜色。

PowerPoint 在功能方面同样强大,支持文本、图片、图表、视频等多种元素的插入和编辑,但在某些特定功能上,如 3D 模型和数据可视化,PowerPoint 也提供了很多的选项。另外,它除了支持文字、图片、图表、音频和视频等多种元素的插入和编辑外,还提供了非常丰富的动画效果和过渡效果。这些动画效果和过渡效果能够使得演示文稿更加生动有趣,吸引观众的注意力。此外,PowerPoint 还支持在线协作和共享功能,方便多人共同编辑和修改演示文稿。

WPS 演示文稿和 PowerPoint 都提供了丰富的模板资源,二者在兼容性方面都表现良好,均支持多种文件格式的导入和导出,包括 PPT、PDF、图片等,几乎所有版本的演示文稿文件都能在两个工具中完美打开和编辑。不过二者在一些具体操作上,还是有细微的差别,当然 WPS 演示文稿在中文文档的处理方面具有天然的优势,但二者在部分高级功能方面,如一些模板、主题或素材资源等都需要额外购买。

WPS 演示文稿与 PowerPoint 相比较,可以看到,这两款软件各有优劣,适用于不同的用户群体和应用场景。WPS 演示文稿以其简洁的操作界面、丰富的模板资源和良好的兼容性,适合大多数用户的日常使用。而 PowerPoint 同样具备简洁友好的界面设计、强大的编辑功能和卓越的兼容性,同样适合需要进行复杂演示制作和高级功能应用的专业用户。在选择工具时,可以根据自己的需求和偏好,选择最适合自己的演示文稿制作工具。无论是 WPS 演示文稿还是 PowerPoint,都能帮助用户高效、专业地完成演示文稿的制作和展示。

🗞 任务实现

制作一份符合要求的 PPT 演示文稿,首先要明确这份 PPT 演示文稿的目标和受众,假设我们制作"WPS Office 版本介绍"这份演示文稿的目的是向大学一年级新生介绍 WPS Office 的版本相关的知识。接受了这个特殊任务的凌云志同学要以一名高校计算机基础课程教师的身份来制作这份 PPT,制作这份 PPT 的目标是向同学们介绍 WPS 版本相关知识,并且将制作方法分享给同学们。PPT 的目标观众是大学一年级新入学的同学们。下面按以下步骤完成此任务。

1. 使用 WPS 演示工具的 WPS AI 生成 PPT 功能

第一步:启动 WPS Office,单击软件 WPS 文档标签栏最左侧的 WPS Office 图标按钮,打开 WPS Office 软件顶级主菜单,单击"新建"按钮,在弹出的对话框中单击"演示",如图 8-2 所示。

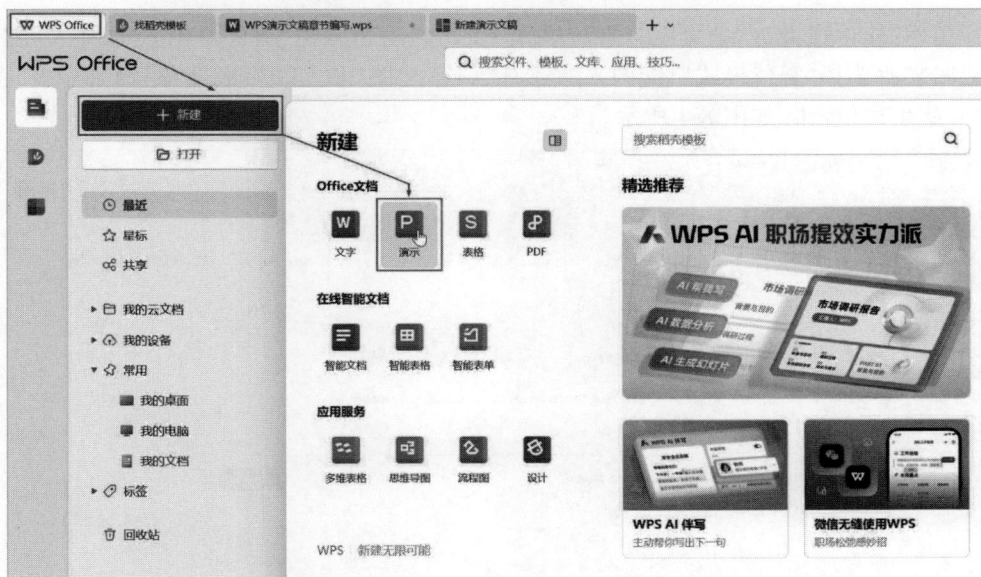

图 8-2　WPS Office 中新建演示文稿

第二步:单击图 8-2 中的"演示"按钮后,将进入 WPS 演示的启动界面,可以看到启动界面中在"空白演示文稿"按钮旁边还有一个"AI 生成 PPT"的智能创作按钮,右侧是 PDF 转演示以及屏幕录制等创作工具,下方还有不同类型的主题及模板,不过这页展示的很多高级功能都需要付费开通 WPS AI 会员或 WPS 大会员才能使用,WPS 对新用户一般会提供一定期限的免费体验试用期。若用户现在已开通 WPS AI 功能,单击 WPS 演示启动界面中的"智能创作"按钮,尝试使用 WPS 演示的"AI 生成 PPT"功能,如图 8-3 所示。

第三步:单击 WPS 演示启动界面中的"AI 生成 PPT"按钮后,将会新建一个空白演示文稿,并且弹出 WPS AI 指令输入对话框,并且输入框中有暗灰色的提示文字,提示"输入幻

图 8-3　WPS 演示 AI 生成 PPT 功能

灯片主题,智能生成大纲"等文字。直接输入 PPT 的主题名称"WPS Office 版本介绍",底部的配图来源选择"智能模式",配图来源还有"图库配图"和"AI 生成图片"两种选择,然后单击"开始生成"按钮,如图 8-4 所示。

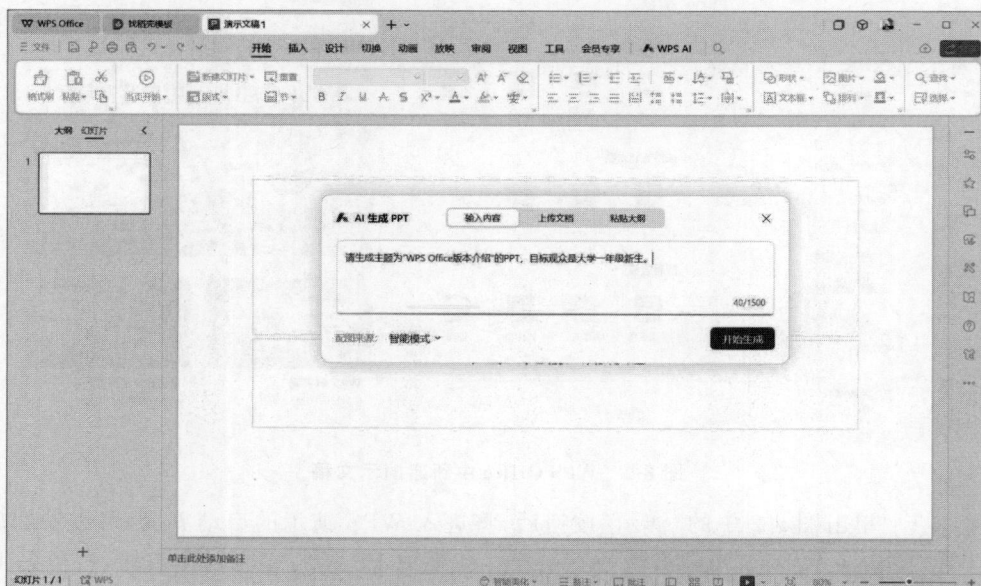

图 8-4　WPS AI 指令输入对话框

　　第四步:单击"开始生成"按钮后,就可以看到 WPS AI 对话框中出现一个大的文本框,并且可以看到"幻灯片大纲"对话框,会显示"大纲内容生成中…"提示文本,然后在文本框中就会出现 WPS AI 创作的 PPT 的内容提纲,生成幻灯片大纲后,对话框底部会出现"挑选模板"按钮,如图 8-5 所示。

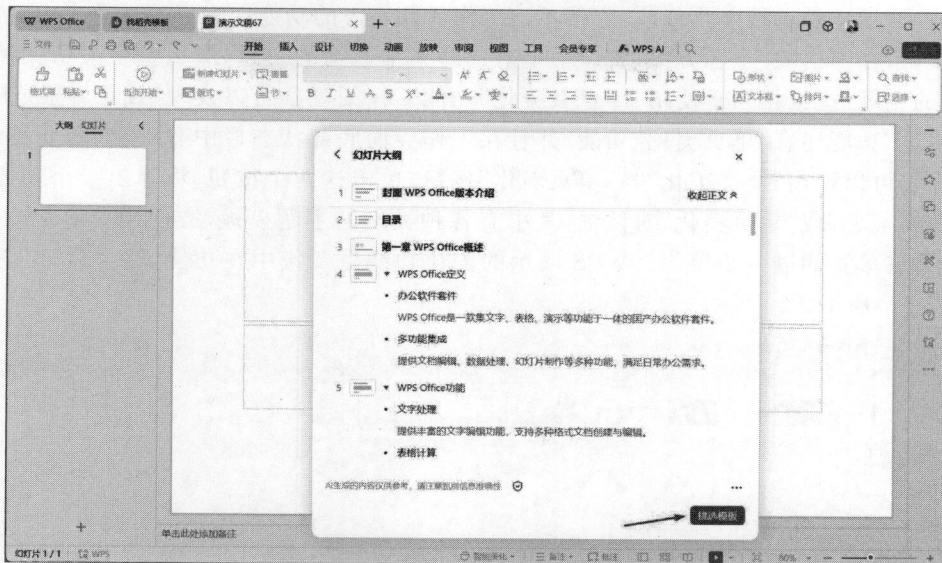

图 8-5　WPS AI 自动生成 PPT 大纲

　　第五步：单击"挑选模板"按钮后，将会弹出"选择幻灯片模板"对话框，允许选择不同风格不同颜色的模板。注意 WPS 提供了许多质量不错的 PPT 模板供用户选择，不过很多模板仅提供给 WPS 会员专享，包括 WPS AI 功能，也只提供给相应等级的 WPS 会员使用。假如你是 WPS 大会员，则选择好适当的 PPT 模板后，再单击底部"创建幻灯片"按钮，则WPS AI 会执行自动生成幻灯片的操作，最终结果如图 8-6 所示。

图 8-6　WPS 演示 AI 生成 PPT 作品

　　第六步：WPS 演示的 AI 生成 PPT 功能高效便捷，生成的演示文稿作品整体效果良好，当然用户仍需逐页检查，要保证自动生成的 PPT 的内容和版面符合实际需求。用户可以对整个演示文稿进行美化修改,直接单击工作界面上方的功能区"设计"选项卡中的"更多主题"按钮,在弹出的"主题方案"窗口中单击选择某个适当的主题,那么整个演示文稿将会应用新的主题,这也相当于使用了"全文美化"功能。仔细观察可以发现"设计"选项卡中除"全文美化"功能还有"单页美化"功能,并且在工作界面底部状态栏中有一个"智能美化"按钮,单击它可以弹出"全文美化"与"单页美化"按钮,单击这两个按钮,将弹出一个功能更细分的"全文美化"或"单页美化"对话框,其中有各种类别的主题模板,方便用户对 PPT 作品进行全文或单页的进一步美化。WPS 演示的美化功能主要集中在功能区的"设计"选项卡中,如图 8-7 所示。

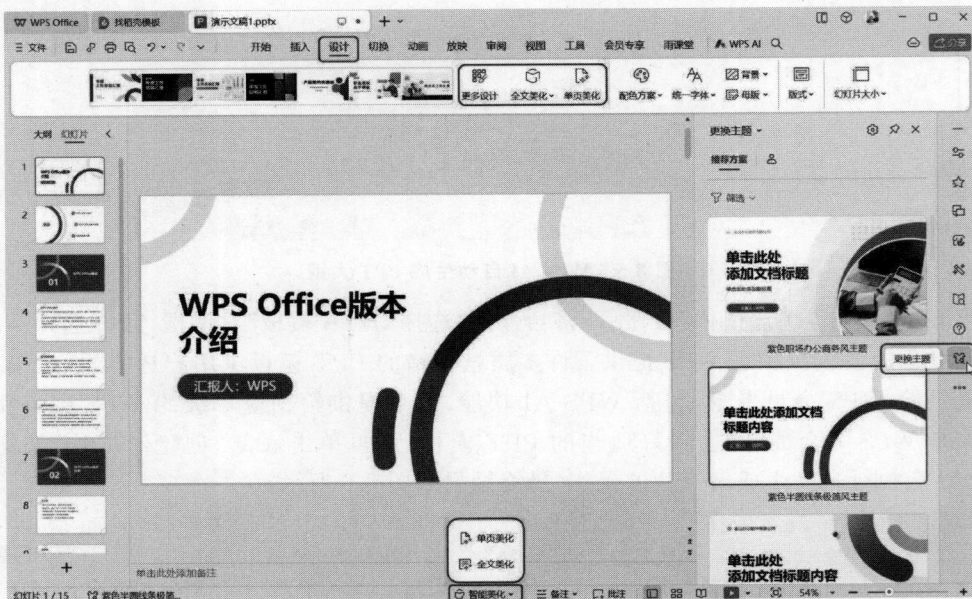

图 8-7   WPS 演示的全文美化和单页美化功能

2. PPT 提纲转换为 PPT 演示文稿

WPS AI 一键生成幻灯片的功能的确让 PPT 演示文稿的制作变得非常高效,但是 WPS AI 自动生成的 PPT 通常并不能满足我们的实际需求,因此制作演示文稿,还是要按正常的制作步骤进行,在明确 PPT 制作的目标和受众后,首先要列出 PPT 的内容大纲,即要明确 PPT 的结构、页数和各页需要呈现的重点内容。而编辑 PPT 大纲通常会在 WPS 文字等文本编辑软件中进行,通常以标题 1、标题 2 等多级标题来构建 PPT 各页需呈现的内容。下面实践一下,如何在 WPS 文字中生成 PPT 大纲并转换成 PPT 演示文稿。

第一步:启动 WPS Office,单击软件 WPS 文档标签栏最左侧的 WPS Office 图标按钮,打开 WPS Office 软件顶级主菜单,单击"新建"按钮,在弹出的对话框中单击"文字"按钮,在弹出的 WPS 文字启动窗口中,单击"空白文档",即可新建一个空白文档。接下来可以根据需求直接在空白文档中输入 PPT 大纲的内容,然后再设置各级标题和正文样式等。PPT 大纲中的标题设置可以参考 WPS Office 技巧官方学习平台——WPS 学堂(https://www.wps.cn/learning/),在其"演示入门"的课程中就提供了一份可自由下载的练习文档,可将其视作为一个好的 PPT 大纲模板,如图 8-8 所示。

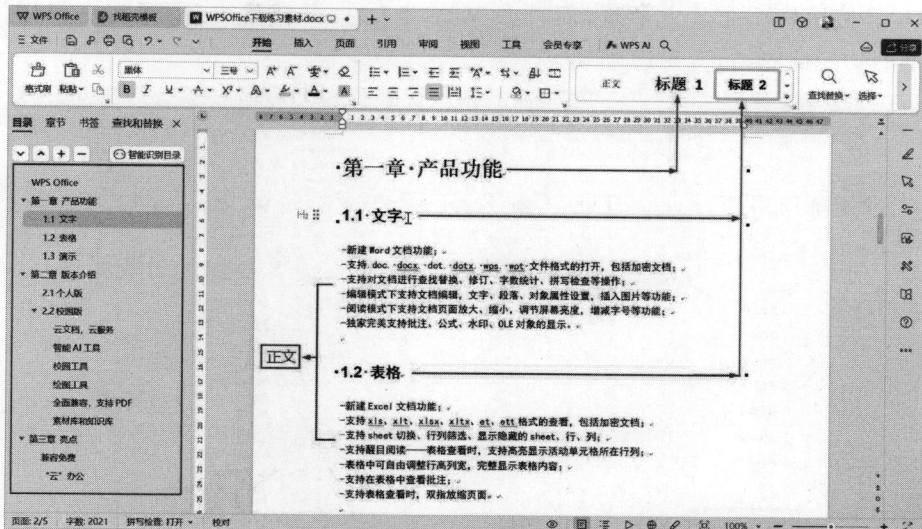

图 8-8　利用标题样式列出 PPT 提纲

第二步：WPS 演示工具能够将已编辑好的 PPT 提纲文档直接转换成幻灯片。在编辑好上述 PPT 提纲文档后，单击 WPS 文字工具中的"文件"菜单中的"输出为 PPTX"命令，则会激活如图 8-9 右侧所示的"Word 转 PPT"对话框，对话框左侧为 PPT 效果预览，右侧为推荐可用的各种主题模板，单击某个适合的模板将会使左侧 PPT 实现"全文美化"效果，完成选择后单击对话框下方橙色的"导出 PPT"按钮，输入新文件的文件名和保存地址，再单击"保存"按钮即可将 PPT 提纲文档转换成 PPTX 格式的演示文稿。操作如图 8-9 所示。

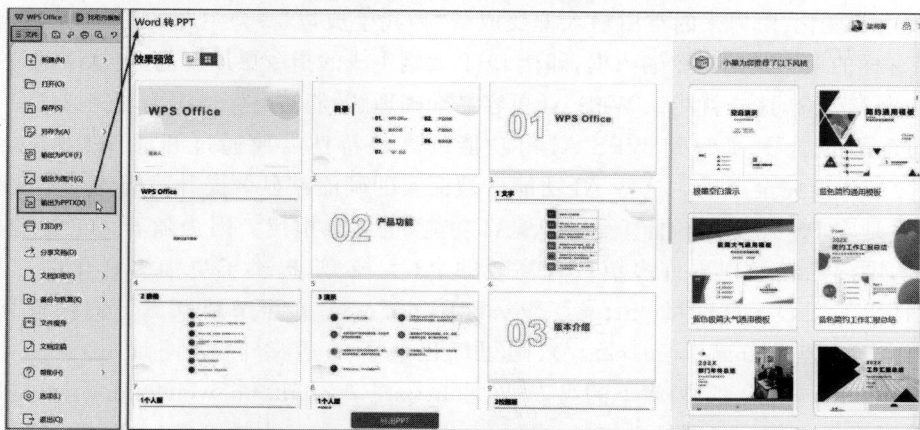

图 8-9　PPT 提纲文档输出成 PPTX

第三步：接下来可以继续使用 WPS 演示的智能美化功能，或者逐页调整优化各页 PPT 中的内容与版式，添加适当动画与设置切换效果，最后进行放映测试与继续优化完善。

当然，在 WPS 文字工具中也可以使用 WPS AI 去先生成 PPT 提纲，然后再将 PPT 提纲输出为 PPTX 格式的演示文稿。在 WPS 文字新建的空白文档窗口中，可以看到灰色的提示文本"连续按下两次 Ctrl 键，唤起 WPS AI"。当连续按下两次 Ctrl 键后，窗口中就会弹出 WPS AI 的指令输入对话框，这种唤起 WPS AI 的方法与单击 WPS 文字功能区右边

的"WPS AI"按钮的功能基本一致,而且在 WPS AI 的"灵感集市"中还有专门用于生成
PPT 大纲的功能插件,如图 8-10 所示。

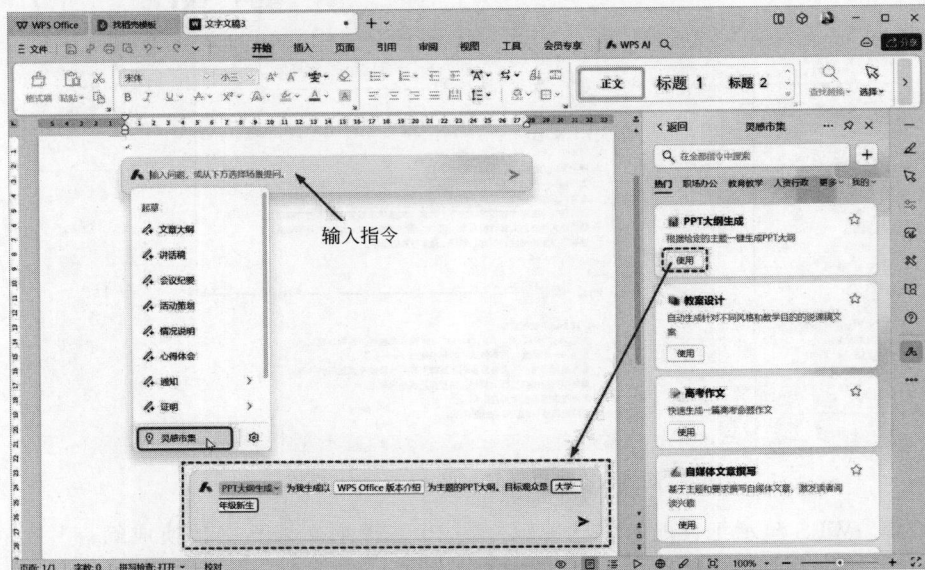

图 8-10　在 WPS 文字中用 AI 生成 PPT 大纲

在使用 WPS AI 生成指定主题的 PPT 大纲时,输入清晰准确的指令至关重要。需要明
确表达希望 WPS AI 执行的具体任务,这样才能确保 WPS AI 能够准确理解并满足需求。
如图 8-10 中,当单击右侧"PPT 大纲生成"功能插件下方的"使用"按钮时,WPS AI 指令输
入框中发生了变化,由原来的空白输入框变成了"为我生成以（　）为主题的 PPT 大纲,目标观
众是（　）"这样的填空式的指令输入框,即让 PPT 大纲生成的指令更加规范,更加准确地描述了
PPT 的主题和受众,这样就能让 WPS AI 更容易准确理解,能够更好地按要求完成任务。

通过前面的学习,了解到 WPS AI 等功能的高级特性需要通过开通 WPS AI 会员或
WPS 大会员才能完全享受。这些 AI 功能已被证实的确能够显著提升我们的工作效率。然
而,即便不是 WPS 大会员不能享受 WPS AI 功能,也无须担忧。因为随着人工智能技术的
飞速发展,国内已经涌现出许多免费且高效的 AI 大模型,提供了更加多样化的选择。例
如,百度推出的文心一言(网址 https://yiyan.baidu.com/)、字节跳动旗下的抖音豆包(网
址 https://www.doubao.com/chat/)、阿里巴巴旗下的通义千问(网址 https://tongyi.
aliyun.com/qianwen/)、华为旗下的盘古(网址 https://pangu.huaweicloud.com/),以及月
之暗面公司开发的 Kimi(网址 https://kimi.moonshot.cn/)大模型等,都是功能强大且用
户界面友好的语言处理大模型,即使是新用户也能够快速上手并轻松操作。例如,阿里巴巴
旗下的 AI 大模型通义千问的 PPT 创作插件功能就非常强劲,它支持上传文件生成 PPT,
支持上传文档音视频生成 PPT,最长可上传 1000 万字文档。它也支持输入超长文本生成
PPT,最多可输入 10 万字。当然,这些 AI 大模型不仅都能够帮助我们生成 PPT,还能在其
他很多领域中展现其强大的能力。这里选择以 Kimi AI 大模型为例,简单介绍一下 Kimi＋
AiPPT 一键生成 PPT 的方法,其操作步骤如图 8-11 所示。

图 8-11 简要地描述了 Kimi＋AiPPT 一键生成 PPT 演示文稿的工作进程,与 WPS AI

图 8-11　Kimi＋AiPPT 一键生成 PPT 功能

智能生成 PPT 的步骤类似,进入 Kimi(网址 https://kimi. moonshot. cn/)官网后,可以直接输入 PPT 大纲生成指令,也可以使用其"PPT 助手"插件,让 Kimi＋AiPPT 自动生成 PPT 大纲后,再单击"一键生成 PPT"按钮,其生成的 PPT 还可以选择不同类型、不同颜色主题的模板,还可以进行简单编辑操作,最后生成的 PPT 文件还可以自由下载,让新手也能迅速提升技能,也能制作出一份质量不错的 PPT 演示文稿,有兴趣的同学们可以课后尝试挑战下如何用 Kimi 或其他 AI 大模型生成满足自己需求的 PPT 演示文稿。

任务 2　数智课堂：演示技术提升策略

　　想要提升 PPT 技术,同学们仍需从基础入手,基础不扎实,技术进阶将会很困难。与 WPS 演示基础操作与进阶技巧相关的视频教程在网上能找到很多免费资源,如 WPS 官方出品的学习网站——WPS 学堂(https://www. wps. cn/learning/),还有资源丰富的 B 站 (https://www. bilibili. com/),大家跟着这些教程可以自主学习页面布局、字体设置、图表绘制等基本操作。另外,平时也要多留意身边的优秀 PPT,如老师上课用的、学长学姐分享的,网络上也有很多优秀 PPT 资源,仔细观察它们的排版、颜色搭配、动画效果等,看一看想一想怎样的 PPT 才能算是优秀的 PPT,别人是怎么把 PPT 做得版面又美观内容又棒的。当然要想真正提升技术,最关键的是多动手实践,多参加一些需要做 PPT 的活动,如班级演讲、社团招新、各类竞赛等,每做一次 PPT,就会遇到一些新问题,你必须解决这些问题,才能实施下一步骤。你的 PPT 技术的提升正是在你每一次发现问题、解决问题的过程中不断地提升。

刚步入大学校园的新生小周,很快就发现了 PPT 技术在学习和生活中扮演了重要角色。无论是参与学术讲座、社团招新,还是准备期末课程作品展示或各类竞赛,一个制作精良的 PPT 都能让自己在众多同学中脱颖而出。在参加一些社团活动后,小周深切地感受到 PPT 技术的提升能帮助自己厘清思路,将复杂的知识点或活动方案以图文并茂的形式呈现出来,可以让别人更容易理解和接受自己的观点,从而提升个人的表达能力和学术交流效果。如何快速提升自己的 PPT 技术呢? 小周有些焦虑,开始寻求专业老师的帮助,终于得到一个妙计:边学边练边总结,在后续 WPS 演示的基本技术讲解过程中,用 PPT 做学习笔记,以"数智课堂:PPT 技术提升策略"为主题制作 PPT。

📚 **任务分析**

PPT 的目标受众是大学新生,小周是刚进入大学校园、对 PPT 技术有一定需求但技能尚待提升的学生群体。制作此 PPT 的目标是使小周快速提升 PPT 技术,包括设计能力、内容组织能力及内容表达能力。大多数同学都能认识到 PPT 技术的重要性,这个任务非常契合大学新生群体的学习需求。为了实现技能提高、技术提升和实践应用,同学们要尝试完成以下工作。

- PPT 演示文稿主题为"数智课堂:PPT 技术提升策略"。
- 思考:一份优秀的 PPT 应该具备哪些特点?
- 思考:PPT 设计要遵循哪些基本原则?
- 搜集、观察、分析优秀与失败的 PPT 案例,获取经验与教训。
- 利用幻灯片母版与版式,设计该 PPT 的标题页、目录页、章节页、正文页的版式效果。
- PPT 主体内容包括 WPS 演示 AI 功能、基础操作、PPT 美化的重要知识点。
- 边学习边实践,将本章所学应用到 PPT 技术提升的学习活动中。

📚 **相关知识**

🔑 8.2 WPS 演示文稿的基础操作

8.2.1 WPS 演示的界面布局与视图模式

WPS 演示的界面布局在保持经典 PowerPoint 界面风格的基础上,融入了 WPS 特有的功能和优化,以提供更加高效、便捷的演示文稿创作体验。WPS 演示工作界面的顶部是含 WPS 徽标的 WPS 顶级菜单和当前打开的文档列表,第二行才是 WPS 演示的"文件"菜单和快速访问工具栏按钮,以及"开始""插入""设计""切换""动画""放映"等选项卡式的功能区按钮,各功能区中汇聚了丰富的演示编辑工具按钮,提供了一站式的文件管理、编辑操作和格式调整功能,无论是插入文本框、形状还是图片,都能轻松应对。工作界面中部左侧是含幻灯片缩略图的幻灯片窗格,单击"大纲"也可显示为大纲窗格,中部最大区域是幻灯片编辑区,通常编辑区下方还会有备注区,备注区中可放置此页内容的注释信息或讲稿文本。WPS 演示的工作界面如图 8-12 所示。

图 8-12　WPS 演示工作界面

单击左侧幻灯片窗格中的任意一张幻灯片缩略图,将会迅速跳转到该页幻灯片,即可以在中部的幻灯片编辑区中对该页进行编辑。右侧的任务窗格会随着具体操作需求而变化,宛如一位贴心的助手在时刻准备着,帮助用户调整当前选中对象的格式、样式和动画效果等,让演示文稿更加精致出色。而且仔细观察图 8-12 左侧的幻灯片窗格,其顶部有"大纲"和"幻灯片"两处文本,当前"幻灯片"文本为橙色并且文本下方有下画线,即当前选择的是"幻灯片",因此窗格中显示的是幻灯片的缩略图。若此时单击"大纲"文本,则此窗格中会显示幻灯片大纲,通常从空白的演示文稿开始创建 PPT,给演示文稿"列大纲"的工作也可以在这个"大纲"窗格中进行,如图 8-13 所示。

WPS 演示工作界面底部状态栏提供了实时的幻灯片页码和编辑状态信息,可以让用户随时掌握演示文稿的情况。底部右侧是视图切换按钮,单击各按钮可在普通视图、幻灯片浏览视图和幻灯片母版视图之间自由穿梭,用户可以轻松更换观察幻灯片的方式,以便掌控演示文稿的每一个细节。WPS 演示文稿提供了以下 4 视图模式。

(1) 普通视图:普通视图是默认的视图模式,图 8-12 和图 8-13 呈现的都是普通视图模式,普通视图模式主要用于编辑和预览演示文稿。在此模式下,用户可以很方便地看到幻灯片的缩略图或大纲窗格以及当前编辑的幻灯片内容。

(2) 幻灯片浏览视图:幻灯片浏览视图用于快速浏览演示文稿中的所有幻灯片。在此模式下,用户可以看到所有幻灯片的缩略图,并可以通过拖曳调整幻灯片的顺序。WPS 演示的幻灯片浏览视图如图 8-14 所示。

(3) 备注页视图:备注页视图用于添加和编辑幻灯片的备注信息。在此模式下,用户可以在幻灯片下方添加备注内容,以便在演示时作为讲解参考,备注内容也可以打印出来。通常会将备注面板显示在普通视图编辑区底部,仔细观察 WPS 演示窗口,其幻灯片编辑区下方有个能输入备注文本信息的备注面板,而且在 WPS 演示窗口底部状态栏中有个"备注"文本按钮,单击它可以隐藏或显示备注面板。

图 8-13　WPS 演示普通视图中的"大纲"窗格

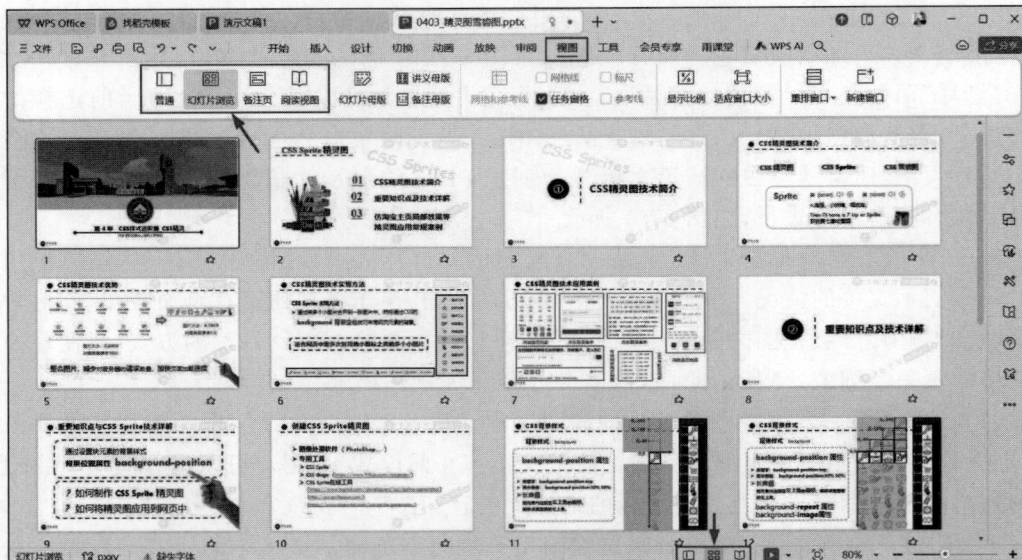

图 8-14　WPS 演示幻灯片浏览视图

（4）阅读视图：阅读视图用于全屏播放演示文稿，有点儿类似于幻灯片放映效果。在此模式下，用户可以看到幻灯片的全屏效果，并可以通过鼠标或键盘控制幻灯片的播放。退出阅读视图模式，相当于结束幻灯片放映状态，通常可以按下 Esc 键，或者鼠标右键单击播放窗口，在弹出的右键快捷菜单中选择"退出放映"命令。阅读视图模式会保留文档标签栏和状态栏，阅读视图模式下的状态栏中一般也会有与播放控制相关的菜单命令按钮。

　　总之,WPS 演示继承了 WPS Office 一贯的简洁、高效的设计理念,其界面布局既实用又美观,为用户提供了丰富的编辑和展示功能。当然,WPS 演示的工作界面布局并非固定不变,WPS 演示还允许用户根据自己的习惯和需求定制界面布局和个性化设置,其工作界面的个性化设置主要有以下方法。

　　(1) 自定义工具栏:用户可以根据自己的需求,在工具栏中添加或删除常用的命令按钮。通过右键单击工具栏中的空白区域,选择"自定义命令"中的"其他命令",即可弹出"选项"对话框中的"自定义功能区"相关设置界面。

　　(2) 调整界面布局:用户可以通过拖动界面中的分隔条或单击相关按钮,调整菜单栏、工具栏和任务窗格的显示位置和大小。

　　(3) 设置主题和背景:WPS 演示文稿提供了丰富的主题和背景样式供用户选择。用户可以在"设计"选项卡中设置幻灯片的主题和背景样式,以打造个性化的演示文稿。

　　至此,相信读者对 WPS 演示文稿的界面布局和多种视图显示模式已经有了初步的了解。在实际使用中,建议读者多尝试不同的视图模式和个性化设置,以充分发挥 WPS 演示工具的强大功能,更高效且愉悦地进行演示文稿编辑体验。

8.2.2　新建、打开与保存演示文稿

　　要创建一份适合需求的 PPT 演示文稿,在正式制作前要先做好规划,列好 PPT 大纲,然后再进入正式制作阶段。通过任务 1 的学习,已经掌握了如何使用 WPS AI 一键创建PPT,以及如何由一份 PPT 提纲文档转换为演示文稿的方法。另外,很多人更习惯直接使用 WPS 演示工具创建一份新的空白的 PPT 演示文稿,然后再在普通视图的大纲模式下开始规划 PPT 大纲内容进而进行逐页编辑制作,这种方式也是我们必须掌握的,即我们必须掌握在 WPS 演示中新建、打开和保存演示文稿这些基本操作技能。

1. 新建演示文稿

　　启动 WPS Office,单击软件顶部 WPS 文档标签栏最左侧的 WPS Office 图标按钮,打开 WPS Office 软件顶级主菜单,单击"新建"按钮,在如图 8-15 所示。在 WPS 演示启动界面中单击"演示",然后进入 WPS 演示的启动界面,再单击 WPS 演示启动界面中的新建"空白演示文稿"上的"+"号按钮,然后就进入 WPS 演示的编辑窗口,即一个新的空白演示文稿已创建好了。

　　在 WPS 演示中新建演示文稿的第二种方法是使用快捷键 Ctrl+N,进入 WPS 演示编辑窗口后,同时按下 Ctrl+N 键,WPS 演示窗口中将会生成一个新的 WPS 演示文档。在许多软件中都是使用 Ctrl+N 快捷键实现新建文档操作。

　　新建演示文稿的第三种方法是使用 WPS 演示窗口中的"文件"菜单中的"新建"命令,再选择创建演示文稿的具体方式,譬如不仅可以创建本地普通空白演示文稿,也可以创建存储在云端支持在线编辑模式允许多用户实时协同编辑的在线演示文稿,还可以选择从各种模板新建。在 WPS 演示编辑窗口中,单击 WPS 演示窗口的"文件"菜单中的"新建"命令,如图 8-15 所示。

2. 打开演示文稿

　　在 WPS 演示中打开演示文稿文档的方法多种多样,用户可以根据自己的需求和习惯

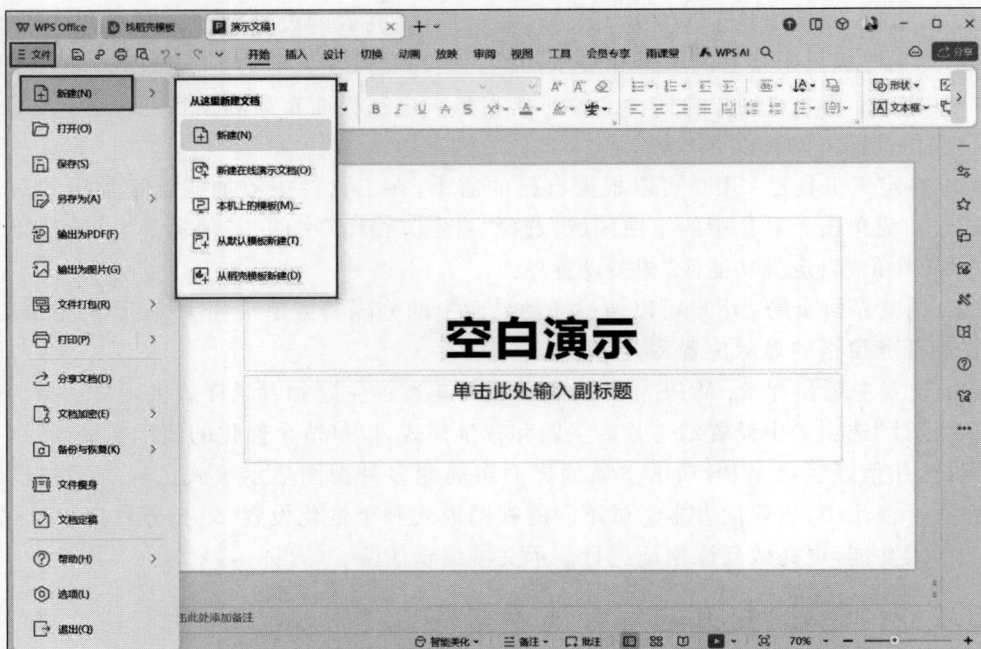

图 8-15　WPS 演示"新建"菜单命令

选择合适的方式。在 WPS Office 软件主菜单中,单击如图 8-15 所示"新建"命令下方的"打开"命令,可激活 WPS"打开文件"对话框,可以打开指定路径下的 WPS 支持的 WPS 文字、表格及演示以及 PDF 等所有 WPS Office 支持的文档。同样,如果当前是 WPS 演示窗口,单击 WPS 演示中的"文件"菜单中的"打开"命令,也可以激活 WPS"打开文件"对话框。WPS"打开文件"对话框如图 8-16 所示。

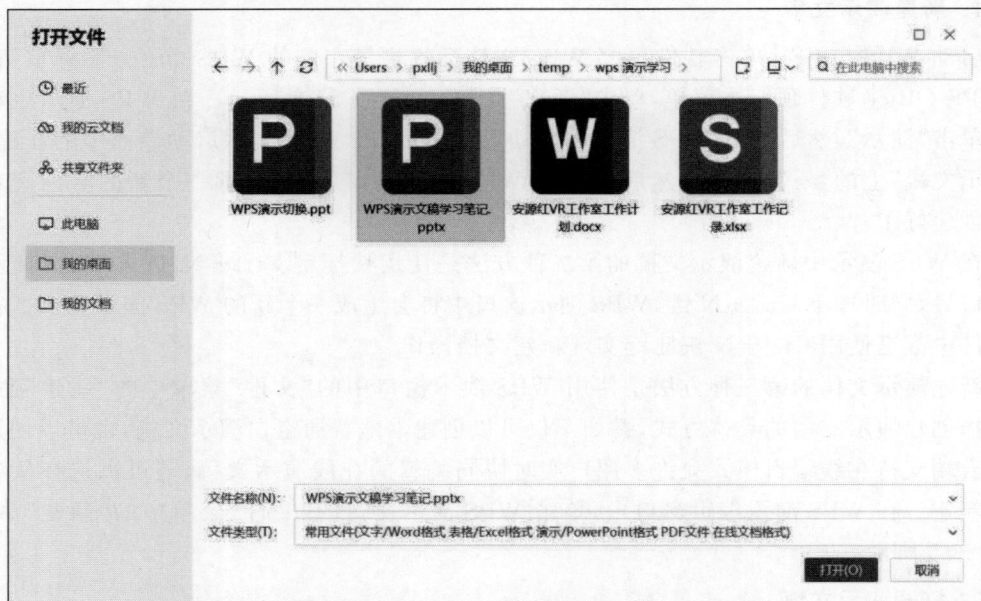

图 8-16　WPS"打开文件"对话框

另外也可以使用快捷键Ctrl+O在WPS演示窗口中激活"打开文件"对话框。另外,如果WPS演示已经被设置为默认打开.pptx或.ppt文件的程序,那么只需双击资源管理器中这些格式的文件,它们就会自动用WPS演示打开。如果WPS不是默认打开.pptx或.ppt文件的程序,可以右键单击文件,选择"打开方式",然后在列表中选择WPS演示作为打开程序。

3. 保存演示文稿

在编辑演示文稿的过程中,可随时使用"保存"功能将文件保存在本地或云端存储空间中。在WPS演示中,单击WPS演示的"文件"菜单栏中的"保存"命令,或者同时按下快捷键Ctrl+S也可以实现保存文档功能。如果是第一次保存文件,将会激活"另存为"对话框,在对话框中要为新文件命名,并选择保存位置,再单击"保存"按钮完成文档的保存操作。如果当前文档是已经保存过的文档,则当再次单击"文件"菜单中的"保存"命令或者按下Ctrl+S组合键,则不会弹出"另存为"对话框,而是会自动覆盖原有文件。另外,在WPS演示的"文件"菜单中,还有一个"另存为"命令,若选择单击的是"另存为"命令,则一定会弹出"另存为"对话框,然后再选择存储路径,可输入新的文件名称或者使用当前已有的文件名,再单击"保存"按钮即可完成保存操作。

WPS演示的"文件"菜单中,还有一个"输出为PDF"和"输出为图片"的命令,即WPS演示还可以将演示文稿输出为PDF文档或者是输出为图片。其实在"另存为"对话框中,也可以在"文件类型"下拉列表中选择想保存的文件类型,除WPS演示默认保存类型为.pptx外,"文件类型"下拉列表中也包括.pdf格式和.jpg或.png等多种图片格式。WPS演示还可以将演示文稿输出为视频,不过WPS新版本输出的视频格式是与HTML5标准兼容的.webm视频格式,如果希望将WebM文件转换为其他更常用的视频格式,如.mp4格式,那么需要使用视频转换软件进行格式转换,此问题这里不做详细阐述。WPS演示"文件"菜单中与保存相关的命令与"另存为"对话框如图8-17所示。

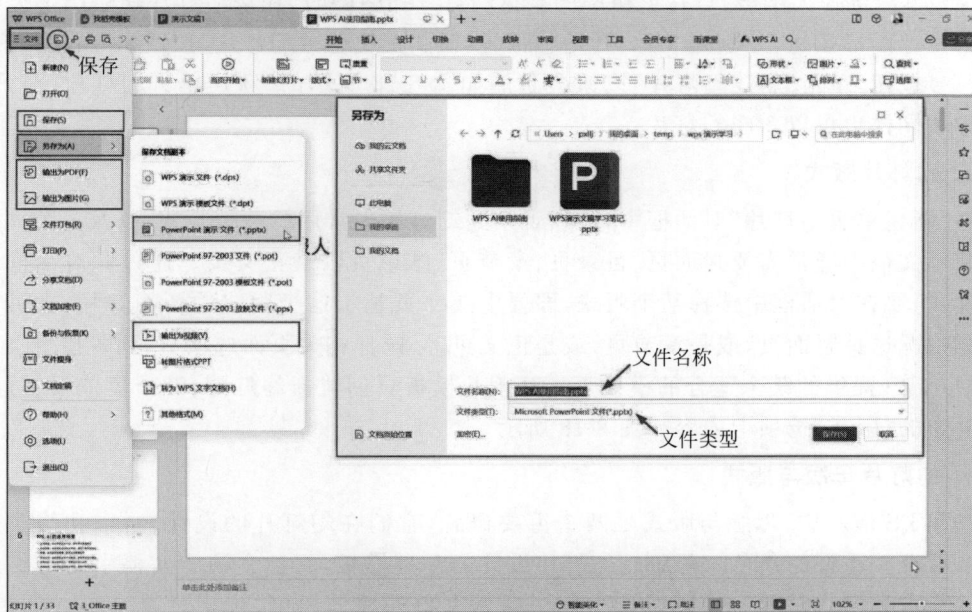

图8-17　WPS演示"文件"菜单与"另存为"对话框

许多用户习惯在 WPS 演示中直接创建一个新的空白演示文稿,或是下载一个设计精良的演示文稿模板在 WPS 演示中打开,然后直接在该演示文稿文档中,一页接一页地创建新幻灯片,并对每页幻灯片进行内容编排与设计。然而,也有一部分用户更偏爱一种前瞻性的方法,他们首先精心策划,制定出结构清晰、逻辑严密的 PPT 提纲,然后依据这份提纲严谨地构建每一页幻灯片内容,逐步编排并进行设计。诚然,在幻灯片的创作与编辑过程中,我们享有充分的自由,不必受限于任何固定的模式,可以根据自己的偏好和习惯来展开工作。但出于提升效率与确保成果质量的考量,推荐在工作先期要进行周密的规划,即先列出详尽的 PPT 大纲,然后再基于 PPT 内容特点选定适合的色彩主题,最后再进入具体页面的制作环节。这样的流程不仅能显著提升工作效率,还能使最终呈现的演示文稿主题鲜明、结构清晰,能更好地满足实际工作需求。

8.2.3 幻灯片母版与版式

1. 新建/复制/删除幻灯片

在 WPS 演示中新建幻灯片有多种方法,具体操作如下。

(1) 鼠标右键单击大纲/幻灯片窗格空白处,或者单击选择大纲/幻灯片窗格中的某页幻灯片的缩略图后,在弹出的右键快捷菜单中选择"新建幻灯片"命令,则在当前位置或者在当前所选的幻灯片后生成一页新的空白幻灯片。另外,右键快捷菜单中也有复制和删除幻灯片的命令可供选择。

(2) 新建幻灯片操作的快捷键是 Ctrl+M,复制幻灯片的快捷键是 Ctrl+C,删除幻灯片快捷键是 Delete 键。

(3) 单击选择大纲/幻灯片窗格中的某页幻灯片缩略图后,直接按 Enter 键,则会在当前幻灯片后生成一页新的幻灯片。

(4) 单击选择大纲/幻灯片窗格中的某页幻灯片缩略图时,在该幻灯片缩略图下方会出现三个橙色圆形按钮,分别是"当页开始"播放按钮、"美化单页幻灯片"按钮和"新建幻灯片"的"+"号按钮,单击"新建幻灯片"按钮会激活如图 8-18 所示的"新建单页幻灯片"对话框,这种方法同样也可以新建幻灯片。

2. 幻灯片版式

在"新建单页幻灯片"对话框中,可以观察到幻灯片中常用的各种版式,以及一个完整结构的演示文稿中通常需要封面页、目录页、章节页、结束页以及正文页。通过此对话框新建幻灯片时,要在对话框中选择某个版式,即要生成一页基于这个版式的新幻灯片,也可以根据具体情况选择封面页,或是章节页,或是正文页等,选择相关页面选项卡,到各栏目页面板中选择 WPS 提供的某个适合的模板页去基于此模板页创建新幻灯片。"新建单页幻灯片"对话框中的"版式"选项卡内容如图 8-18 所示。

3. 幻灯片母版与版式

在 WPS 演示中,母版与版式是两个重要概念,它们在幻灯片的设计、制作和修改过程中扮演着至关重要的角色。母版是幻灯片设计的基础模板,它包含演示文稿中所有幻灯片共有的样式和格式设置。母版设计决定了演示文稿的整体风格,包括背景、字体、颜色、图片、占位符等元素的布局和格式。而版式是幻灯片的具体布局方式,它基于母版设计,但可

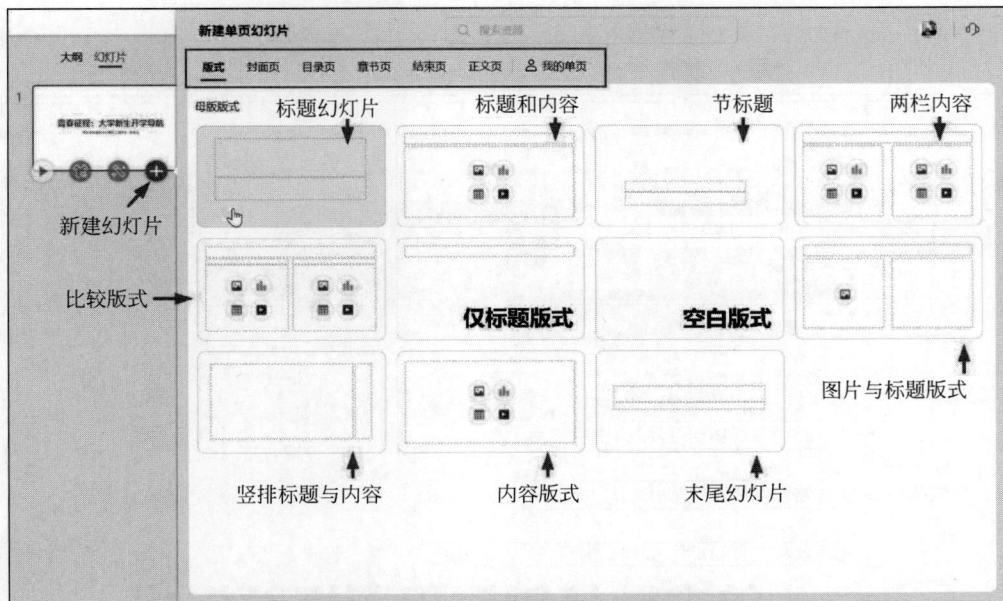

图 8-18　"新建单页幻灯片"对话框与幻灯片"版式"

以根据不同的需求进行个性化调整。版式定义了幻灯片中各个元素(如标题、文本、图片、图表等)的位置和大小关系。母版和版式是相互依存的,母版是版式的基础,母版为版式提供了统一的样式和格式设置,而版式则根据具体需求对母版进行细化和调整,即版式是基于母版进行衍生和个性化调整。母版的作用范围是整个演示文稿,它决定了演示文稿的整体风格和视觉效果;而版式的作用范围则是单个幻灯片或一组幻灯片,它关注于幻灯片内容的布局和展示效果。在母版中进行的修改会直接影响到所有基于该母版创建的幻灯片;而在版式中进行的修改则只影响当前幻灯片或选择应用该版式的幻灯片组。在完成了 PPT 列大纲,并且确定了 PPT 的风格和主色调,进入制作阶段后,一般先要进行模板和版式的设置。一般母版与版式的操作步骤如下。

(1)进入母版编辑模式:在 WPS 演示中,可以通过单击"设计"选项卡下的"母版"按钮进入母版编辑模式。或者单击功能区中的"视图"选项卡中的"幻灯片母版"也可以进入母版视图,此时就可以对主母版以及各个版式的母版进行编辑和修改。进入与退出母版编辑模式、WPS 母版以及标题幻灯片版式等各种版式的母版如图 8-19 所示。

(2)设置背景:在母版编辑模式下,可以选择"背景"样式来设置演示文稿的背景颜色、渐变、图片等。这些设置将应用于所有基于该母版创建的幻灯片。

(3)添加占位符:占位符是幻灯片中用于放置内容的容器,如标题、文本、图片等。在母版中,可以添加、删除或修改占位符,以满足不同的布局需求。占位符的设置将自动应用到所有使用该母版的幻灯片上。

(4)统一格式:在母版中,可以设置字体、颜色、对齐方式等文本格式,以及图片、图表等元素的样式。这些设置将确保演示文稿中所有幻灯片具有统一的视觉效果。

(5)保存并退出:完成母版编辑后,单击"关闭母版视图"按钮退出母版编辑模式。此时,所有基于该母版创建的幻灯片都将自动应用新的样式和格式设置。

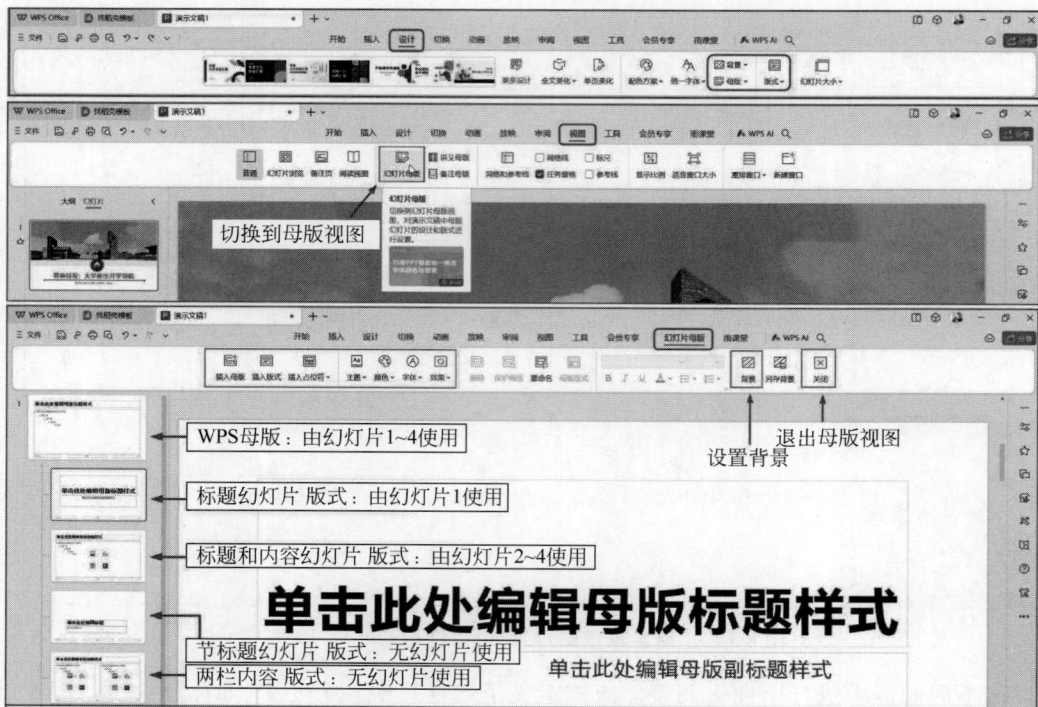

图 8-19　幻灯片母版与版式

（6）选择版式：在幻灯片编辑模式下，可以通过单击"开始"选项卡下的"版式"按钮来选择不同的版式。WPS 演示提供了多种预设的版式供用户选择，如标题幻灯片、两栏内容、比较等。

（7）调整布局：选择版式后，可以根据需要调整幻灯片中各个元素的位置和大小。虽然版式提供了基本的布局框架，但用户仍然可以通过拖曳、缩放等操作来进一步个性化布局。

（8）填充内容：在调整好布局后，可以开始填充幻灯片的内容。WPS 演示提供了丰富的文本编辑和图形插入功能，用户可以根据需要添加标题、文本、图片、图表等元素。

8.2.4　编辑幻灯片内容

启动 WPS，单击"新建"按钮，在弹出的"新建"对话框中单击"演示"按钮，然后在 WPS 演示启动界面中单击"空白演示文稿"的"＋"号按钮，新建一个空白的演示文稿。观察新创建的空白演示文稿，可以看到空白演示文稿默认已创建了一页标题幻灯片版式的空白幻灯片，标题幻灯片版式的幻灯片中默认包括两个文本输入框占位符，分别是一个标题文本框和一个副标题文本框，两个文本框中默认有"空白演示"和"单击此处输入副标题"的提示文本，当单击这些文本输入占位符，进入文本编辑状态时，这些提示文本会自动消失。

分别单击这两个文本输入占位符，分别输入幻灯片标题内容"青春征程：大学新生开学导航"和副标题"萍乡学院信息与计算机工程学院 志凌云"，也可以根据自己的需求输入不同的内容。若需要换行则可按 Enter 键，不过标题行文本一般建议不要换行。单击标题行文本框的外框线选择整个文本框，或者按住鼠标左键并拖曳选择标题文本框内所有的标题文本,利用 WPS 演示功能区中的"开始"选项卡中的字体组中的功能按钮,将标题文本和副标题文本都设置为"微软雅黑"字体,标题文本字号设置为 48 号,副标题文本字号设置为 18 号,文字颜色设置为蓝绿色"0096B6"。注意单击字体组或段落组区域的右下角箭头将会激活字体或段落设置对话框。其实当选择好文本框中的文本后,WPS 演示中立刻会自动出现包含字体、字号及颜色设置等按钮的快捷工具栏,若右击文本框时则弹出的右键快捷菜单中也会有"字体"对话框。WPS 演示中输入文本并设置样式的操作如图 8-20 所示。

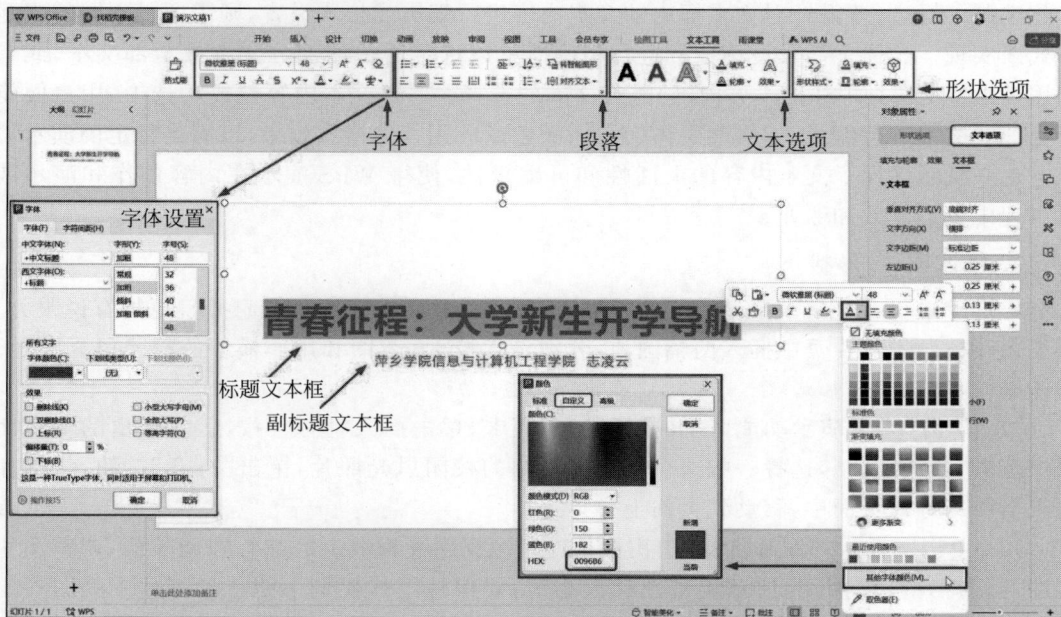

图 8-20　输入文本与设置字体样式

在 WPS 演示功能区中的"开始"选择卡中默认包括字体按钮组、段落按钮组以及文本选项、形状选项按钮组。当然,WPS 演示功能区是允许自定义设置的,而且不同的版本也略有不同,但各版本中的基本功能按钮的布局基本一致。

1. 插入文本框

WPS 演示中的文本框是幻灯片中最常用的文本容器元素,它允许用户在幻灯片中的任意位置添加和编辑文本内容。在文本框内部,用户可以输入任何需要的文本内容,包括标题、正文等。此外,WPS 演示还提供了丰富的文本格式设置选项,如字体、字号、颜色、加粗、斜体、下画线等,用户可以根据需要对文本进行美化和排版。

在 WPS 演示中,添加文本框的操作相对简单。用户可以通过单击功能区中的"插入"选项卡中的"文本框"按钮,然后单击"横向文本框"或"竖向文本框"按钮,此时光标移向编辑区则光标会变为十字形状,用户只需在幻灯片上按住并拖曳鼠标,即可绘制出所需大小的文本框,然后输入文本即可创建好新的文本框。当然 WPS 演示还提供了多种预设样式的文本框供购买了 WPS 超级会员以上的用户选择。

在 WPS 演示中,选择幻灯片中的文本框,在文本框旁边会出现一些与文本框设置相关的快捷按钮,并且在功能区中会新增"文本工具"选项卡,内含字体设置、段落设置、阴影等效果设置与文本框形状设置相关按钮。若右击文本框,在弹出的快捷菜单中选择"设置对象格式"命令,则会出现包含"形状选项"和"文本选项"的"对象属性"控制面板,可以精细调整所选文本框的样式。

在 WPS 演示中,文本框及其内部的文本内容被明确区分为两个独立但相互关联的元素。具体而言,当用户单击文本框的边框时,这一操作针对的是整个文本框对象本身,而非其内部承载的文本内容。此时,用户可以对文本框进行整体属性的调整,包括但不限于设置其边框样式、背景颜色以及调整文本框的尺寸和位置等,从而实现对文本框外观和布局的个性化定制。反之,若需针对文本框内的文本内容进行编辑或格式设置,则需通过不同的交互方式来实现。这通常涉及使用鼠标进行精确拖曳以选定所需的部分文本或全部文本,或者利用键盘快捷键(如 Shift+方向键)进行文本的选择。一旦文本内容被成功选中,用户便能轻松地对文本进行编辑,如修改字体、大小、颜色或应用其他格式效果,以满足特定的演示需求。这一机制确保了文本内容的灵活性和可编辑性,使得 WPS 演示在内容创作和演示准备过程中更加高效和专业。

2. 插入图片/形状

幻灯片中仅有文字太单调,图文并茂的幻灯片往往更能吸引人注意并且更加有说服力。接下来在标题幻灯片页中插入两幅图片,分别是学校 Logo 图和用作横幅的校园风光图片。具体操作步骤如下。

(1) 单击 WPS 演示功能区中的"插入"选项卡,单击插入"图片"按钮,在弹出的下拉面板中选择"本地图片",选择一幅适合作页面横幅的校园风光照片,单击"打开"按钮,将图片插入当前幻灯片页面中,移动到页面上方。

(2) 单击刚插入的图片选择它,用鼠标左键拖曳图片框线上的空心圆调节柄,调整图片宽度与幻灯片页面同宽,注意调整图片大小时,要保持图片比例不能让幻灯片中的图片变形。同时观察功能区,当选择页面中的图片时,功能区中将自动新增"图片工具"选项卡,内含"裁剪"等多个与图片编辑相关的工具。要特别注意在幻灯片中不能插入模糊不清、变形或者有版权纠纷带外部单位水印的图片,当然也不能插入与当前幻灯片内容毫不相关的图片。因此在选择需插入的图片时,一般先期要对所插入的图片进行认真选择做好前期的编辑准备工作。

(3) 使用同样的方法可再插入一幅学校校徽图片,然后将两幅图片和两个标题输入框移动至适当位置。WPS 演示插入功能区与插入图片操作如图 8-21 所示。

观察图 8-21 封面页幻灯片的整体效果,我们在页面上部设计了一幅用作横幅的校园风光图片,中部则醒目地展示了校徽图案,这样的设计不仅突出了 PPT 主题的发生地——大学校园,还巧妙地暗示了作者的身份,因此在实战练习时,可以将这些图片替换为本校的校园风光图片和校徽图片。图片下方放置了标题和副标题,为了进一步增强标题区的视觉效果,可以在标题和副标题之间添加一条装饰性的线条,并在线条的两端各加上一个小圆点。这样的设计不仅突出了标题与副标题之间的异同,还使整个标题区域与上部的图片区域在视觉上更加均衡和谐。

在 WPS 演示中,图片与形状是两种常见的元素,各自具有独特的特点,同时也存在一定的联系。图片主要是通过裁剪、调整大小、旋转以及添加滤镜或调整色彩等方式进行编辑,而形状则除了调整大小、旋转和颜色外,还可以进行设置填充色、边框样式等操作。另外,图片与形状之间也可以进行组合操作和相交、剪除等布尔运算,以创造出更复杂更丰富

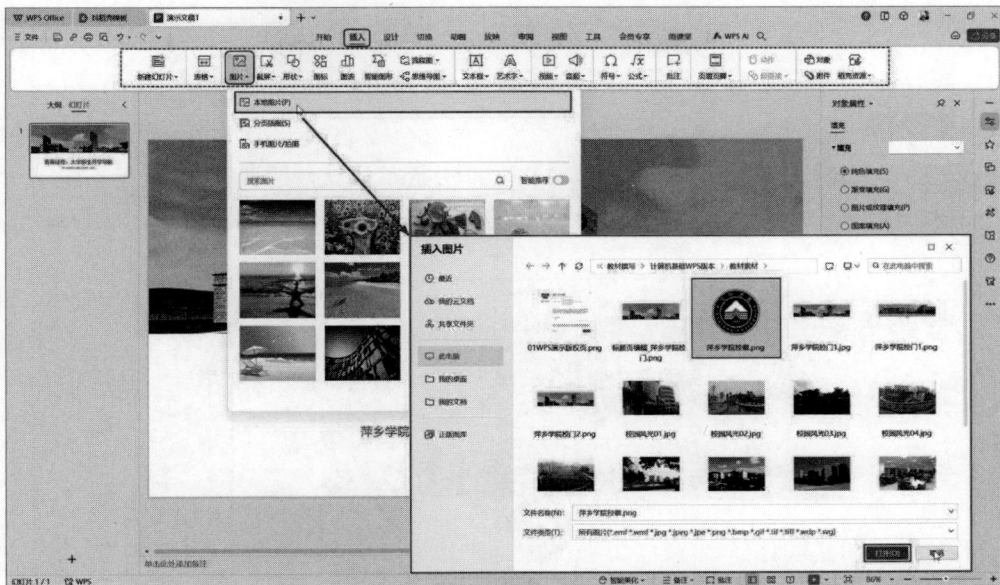

图 8-21　WPS 演示插入本地图片

的图形效果。接续前面的操作,在 WPS 演示中插入一条两端带小圆的线条的操作步骤如下。

(1) 在 WPS 演示中,单击功能区中的"插入"→"形状",则出现如图 8-22 所示的形状面板,选择其中的"直线"工具,然后在主标题与副标题中间左侧适当位置按住鼠标左键不松开,再按住 Shift 键可以绘制水平线、垂直线或以 15°为增量的斜线。这里绘制一条水平线段,线段终点位于主标题右侧适当位置。

(2) 单击选择绘制好的线条,此时所选线条旁会显示包括"形状轮廓"和"形状样式"等按钮的快捷菜单,另外,在功能区中还将自动新增"绘图工具"选项卡,内含"填充""轮廓"等多个与形状编辑相关的功能按钮。通常习惯右键单击幻灯片中的"形状",在弹出的快捷菜单中选择"设置对象格式"命令,然后在编辑区右侧会显示"对象属性"面板,当前选择的形状是线条,因此可在"对象属性"中的"线条"面板中,将所选线条颜色设置为 1 磅,颜色为标题文字色"0096B6",然后将前端箭头与末端箭头设置为圆点。插入与编辑线条形状的操作如图 8-22 所示。

为了确保幻灯片中插入的校园风光图片与校徽及标题的色彩完美融合,常采取一种细致的色彩协调策略:在图片上巧妙地叠加一层与标题颜色相呼应的半透明矩形,或是选择与幻灯片整体主题色调相匹配的渐变色矩形覆盖其上。这一设计手法旨在无缝衔接图片与幻灯片的其他视觉元素,营造出一种和谐统一的视觉效果。建议读者积极尝试不同的色彩搭配与透明度调整,力求让每一帧幻灯片都达到最佳的视觉效果。此外,WPS 演示的"插入"选项卡中集成了包括智能图形、流程图及思维导图在内的多种高级功能按钮。这些工具不仅操作简便直观,而且能够显著提升演示文稿的视觉效果与信息传达效率。强烈建议读者亲自动手尝试,通过实践来体验它们带来的便捷与优势。

3. 插入智能图形/流程图/思维导图

在 WPS 演示的功能区中,"插入"选项卡提供了强大的图形工具,除了图片和形状外,

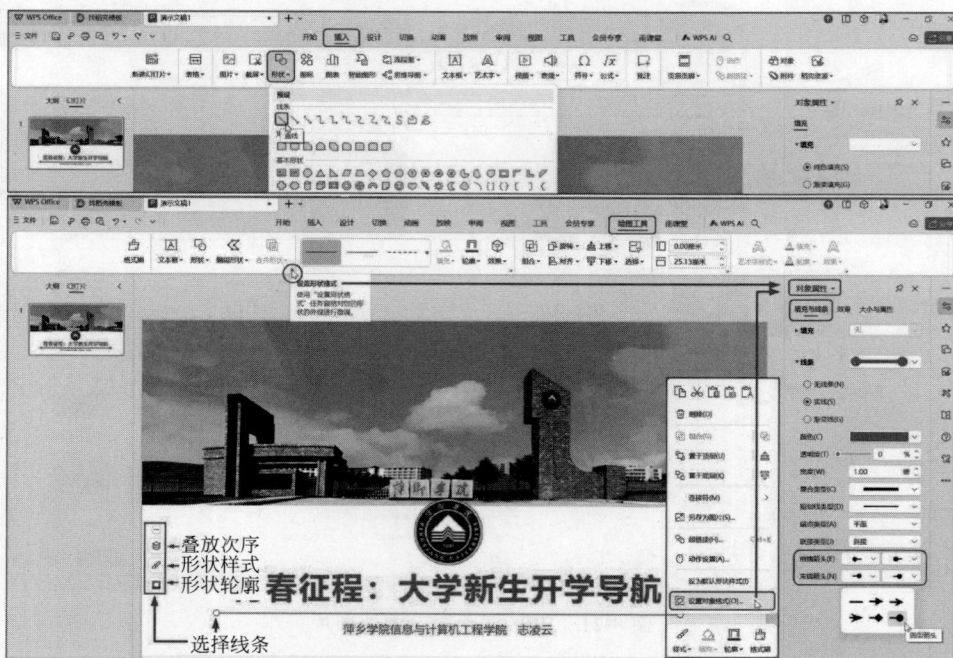

图 8-22　插入形状与编辑形状

还有智能图形、流程图和思维导图,这三种工具在 WPS 演示中为用户提供了丰富的视觉表达方式,它们各自在演示文稿的创建和编辑中发挥着重要作用,使信息的组织和呈现更加高效和专业。

智能图形是 WPS 演示中用于展示信息关系的一种工具,它通过列表、流程、循环等多种类型的复杂图形来直观表达信息。单击"插入"选项卡中的"智能图形"按钮,再选择适合的图形模板进行编辑。智能图形的优势在于能够快速创建层次结构图等,展示员工的上下级关系等,同时支持对图形的颜色、样式、大小等进行调整,以及增加或删除项目,更改布局方向等操作

流程图是用于清晰展示工作流程、项目步骤和决策路径的工具。在 WPS 演示中,用户可以通过"插入"选项卡下的"流程图"功能来创建流程图。WPS 提供了多种流程图模板,用户可以选择一个合适的模板或新建空白图开始编辑。在编辑过程中,可以拖动图形、改变大小、输入文字、创建连线等。流程图的高级编辑功能包括外观样式编辑、富文本编辑、图形排列调整、页面编辑调整以及跨线功能,确保连接线不交叉,使流程图更加规范和清晰。

思维导图是一种思维工具,用于帮助用户进行逻辑分析和知识点梳理。在 WPS 演示中,用户可以通过"插入"选项卡下的"思维导图"功能来创建思维导图。WPS 提供了多种思维导图模板,用户可以选择一个模板或新建空白图开始编辑。编辑过程中,可以添加分支主题、同级主题,插入关联、图片、标签等元素,以及调整节点样式和背景颜色。思维导图的导出功能支持多种格式,如图片、PDF 等,方便用户分享和保存。

4. 插入表格

表格是 WPS 演示中用来展示数据和分析结果的重要工具。在 WPS 演示中插入表格,首先需打开 WPS 演示文稿,选择希望插入表格的幻灯片。接着,打开功能区的"插入"选项

卡,再单击"表格"按钮,激活插入表格面板。此时,可以通过拖曳鼠标直接在屏幕上选择所需的行数和列数,松开鼠标即可插入表格。另外,也可单击"插入表格"选项,在弹出的窗口中输入具体的行数和列数,然后单击"确定"按钮,即可插入指定规格的表格。表格面板中还有一个"绘制表格"按钮,可以绘制一个适当大小的表格外框。

插入表格后,WPS 演示提供了丰富的表格样式供用户选择,选择幻灯片中的表格,则在功能区中会新增"表格工具"与"表格样式"两个选项卡,可以使用"表格工具"中的各个功能按钮对表格进行合并单元格、拆分单元格等编辑操作。也可以使用"表格样式"中的各个功能按钮以设置表格样式来改变表格的外观。总之,WPS 演示中的插入表格功能简单易用,支持多种表格插入和编辑方式,用户可以根据需要灵活操作,以达到最佳的演示效果。

5. 插入图表

WPS 演示中的图表与表格不同,表格主要是按行和列的方式组织和展示数据,而图表是数据的可视化表示,通过柱形图、饼图等方式来展示数据关系和趋势,为用户在演示过程中展示数据和分析结果提供更直观、更高效的方式。插入与编辑图表的步骤如下。

(1) 打开需要插入图表的演示文稿,选择要插入图表的幻灯片。

(2) 单击 WPS 演示功能区的"插入"选项卡中的"图表"按钮,则会弹出"图表"对话框。

(3) 在"图表"对话框左侧选择适合数据的图表类型,如柱形图、折线图、饼图等。对话框右侧会显示 WPS 演示提供的该类型图表的多种图表样式供用户选择,假设单击选择左侧"柱形图",再单击选择右侧"簇状"选项卡中的第一个"插入预设图表"按钮,这样,一个预设样式的柱状图表就会被插入当前幻灯片中。注意 WPS 演示还提供了丰富的图表样式供用户选择,不过有些图表样式可能需要购买 WPS 超级会员或以上会员后才能使用。

(4) 单击选择幻灯片中已插入的图表,可观察到 WPS 演示的功能区中新增"图表工具"选项卡,内含选择数据、编辑数据、更改类型等多个图表设置相关按钮。譬如,单击"选择数据"或"编辑数据"按钮,则会打开 WPS 表格软件显示该图表的源数据,编辑源数据可以即时看到 WPS 演示中的图表随着数据的更改发生变化。同理,也可以使用"图表工具"选项卡中的相关命令按钮修改图表的外观样式。

6. 插入音视频文件

音频和视频也是 WPS 演示文稿中的常用元素,其操作简单且灵活。若要在幻灯片中插入音频,首先要打开 WPS 演示文稿,并定位到需要插入音频的幻灯片。然后,打开 WPS 演示功能区中的"插入"选项卡,找到并单击"音频"按钮。在弹出的选项中,选择"嵌入音频"或"链接到音频",然后在弹出的"插入音频"对话框中选择存储在计算机上的音频文件即可,插入的音频文件会以喇叭状图标方式显示在幻灯片中。单击幻灯片中的喇叭状图标即选择插入的音频,则在 WPS 演示的功能区中会出现"音频工具"选项卡,内含音频编辑与音频属性设置的相关按钮。若要将插入的音频设置为背景音乐,可选中音频图标后单击"音频工具"选项卡中的"设为背景音乐"按钮,使其在所有幻灯片中播放。

插入视频的操作方法与插入音频的方法类似,首先定位到需要插入视频的幻灯片,然后打开"插入"选项卡,找到并单击"视频"按钮。WPS 提供了多种插入视频的方式,如"嵌入本地视频""链接到视频"等。通常选择"嵌入本地视频",直接选择并嵌入存储在计算机上的视频文件;选择"链接到视频"时,则通过文件路径链接到视频,但需注意视频文件不可被删除或移动。视频插入后,可以通过拖动视频窗口的边缘来调整其大小。单击"播放"按钮即可在 WPS 演示中预览视频。此外,WPS 演示还支持对视频进行裁剪、设置播放选项等操作,以满足不同的演示需求。

7. 插入超链接/动作

在 WPS 演示中,插入超链接和插入动作是两种常用的交互设计方式,它们能够极大地增强演示文稿的互动性和用户体验。插入超链接的操作非常简单,首先选中需要插入超链接的文本或图片等对象。然后,打开功能区中的"插入"选项卡,单击选择"超链接"按钮。在弹出的"插入超链接"对话框中,可以根据需求选择不同的链接类型。例如,若需跳转到其他幻灯片,则选择"本文档幻灯片页"并指定目标幻灯片;若需链接到外部网页,则选择"文件或网页"并找到指定文件或直接输入链接网址。此外,还可以通过右键快捷菜单中的"超链接"中的"超链接颜色"命令设置链接的屏幕提示和颜色,以区分访问前后的状态。

插入动作则提供了另一种交互方式,主要用于设置对象(如文本框、图片等)的单击后响应方式。选中对象后,单击"插入"选项卡中的"动作"按钮。在"动作设置"对话框中,可以选择"鼠标单击"或"鼠标移过"作为触发条件,并设置相应的动作,如"超链接到幻灯片"以跳转到指定页面。这种方式在需要为对象设置复杂交互逻辑时非常有用。总的来说,插入超链接和插入动作是 WPS 演示中不可或缺的功能,它们使得演示文稿更加生动、灵活,能够满足各种场景下的展示需求。

8.3 美化演示文稿

演示文稿的美化直接影响观众的感知和信息的传达效果。一个美观、专业的演示文稿能够吸引观众的注意力,增强信息的可读性和记忆度。它通过合理的布局、协调的色彩搭配、清晰的字体选择和恰当的图形使用,有效地突出重点,简化复杂概念,从而提高演示的说服力和专业形象。此外,良好的视觉设计还能够体现演讲者对细节的关注和对观众的尊重,进而增强演讲者的可信度。因此,美化演示文稿是提升演讲效果、实现有效沟通的关键步骤。

8.3.1 选择模板与智能美化

选择适当的幻灯片模板可提高 PPT 制作效率,确保 PPT 设计风格统一,有利于高效制作出既美观又专业的演示文稿。模板通常由专业设计师创建,提供了预设的布局、配色和字体,使得用户能够专注于内容的编排而非设计细节。高质量的模板能够增强视觉吸引力,有效传达信息,提升演示文稿的整体质量。

在 WPS 演示中,选择和应用幻灯片模板是制作专业演示文稿的重要步骤。WPS 演示提供了丰富的内置模板,用户可以在创建新演示文稿时直接选择使用,也可以在创建演示文稿后再选择应用内置模板。通过打开"设计"选项卡,可在模板库中选择一个适合的模板,单击所选模板,PPT 会自动更换为新的模板。在 WPS 演示中,可以使用 WPS 演示内置的模板,也可以下载互联网上众多 PPT 模板导入 WPS 演示中。并且用户也可以自己制作模板,在 WPS 演示的"文件"菜单中选择"另存为"命令,然后在文件类型中选择"WPS 演示模板文件(* .dpt)",将创建好的 PPT 文档保存为模板文件。

WPS 演示的智能美化功能极大地简化了 PPT 的美化流程。该功能涵盖了"全文美化"

与"单页美化"两种模式,其中,"全文美化"允许用户选择一个幻灯片模板,该模板将统一应用于整个演示文稿,确保整体风格的一致性;相对地,"单页美化"则提供了针对个别幻灯片的个性化模板应用。单击"设计"选项卡中的"更多设计"或"全文美化"按钮激活美化对话框,在该对话框中,WPS演示将展示一系列内置模板,并智能推荐与文稿内容相匹配的美化方案,涵盖排版、配色以及动画效果等方面。用户可在"全文美化"对话框中轻松浏览和选择模板,从而实现演示文稿的快速美化。"全文美化"对话框如图 8-23 所示。

图 8-23　WPS 演示"全文美化"对话框

8.3.2　主题与背景

在 WPS 演示中,主题和背景的设置对于提升演示文稿的专业性和视觉吸引力至关重要。主题包括一套预定义的颜色、字体和效果,它们贯穿于整个演示文稿,确保了风格的统一性。用户可以通过"设计"选项卡轻松选择不同的主题,从而快速改变演示文稿的整体外观和风格。

WPS 演示中的主题可以理解为幻灯片设计的核心框架,它包含背景、字体、颜色、图表样式等多种设计元素的统一设定。这些元素共同作用于整个演示文稿,形成统一、协调的视觉效果。WPS 演示中的主题在提升演示文稿的专业性、美观度和可读性方面发挥着重要作用。通过合理选择或定制主题,用户可以轻松打造出符合自己需求和风格的演示文稿,从而在演示过程中更好地吸引观众的注意力并传递信息。WPS 演示提供了丰富的内置主题供用户选择,这些主题涵盖了多种风格和场景,用户可以根据演示内容的性质和目标观众的需求进行挑选。除了内置主题外,WPS 演示还支持用户自定义主题。用户可以根据自己的喜好和演示需求,对背景、字体、颜色等设计元素进行个性化设置,以展现独特的风格和个性。

幻灯片的背景可以是纯色、渐变、纹理、图案或图片,幻灯片背景的设置可以通过在"设计"选项卡中单击"背景"按钮,然后在弹出的对象属性面板中自定义背景样式。例如,用户可以选择"填充颜色"来设置单色背景,或者选择"填充图像"来使用自己的图片作为背景,从而为演示文稿添加个性化元素。单击"设计"选项卡中的"背景"按钮后的下拉箭头,在弹出的背景设置面板中也可以自定义背景样式。另外,也可以将幻灯片中插入的图片设置为幻灯片背景,右击幻灯片中的图片,在弹出的右键快捷菜单中也会包含"设为背景"命令,可将当前图片设置为当前幻灯片页的背景。若想为演示文稿中所有幻灯片页都设置统一的背景,则可以单击功能区中"视图"选项卡中的"母版"命令,设置幻灯片母版的背景,或者设置某版式页的背景以控制应用此版式的多个幻灯片页的背景。

此外,WPS演示还提供了包含"单页美化"和"全文美化"的"智能美化"功能,它利用AI技术为用户推荐合适的美化方案,包括排版、配色和动画效果,进一步简化了设计过程。通过这些功能,用户可以制作出既专业又具有吸引力的演示文稿,而不需要专业的设计技能。"智能美化"相关按钮在工作界面上方的功能区"设计"选项卡中以及编辑区下方的状态栏中均可以找到。

8.3.3　对象动画

在WPS演示中,动画与切换效果的应用对于提升演示文稿的吸引力和表现力极为重要。WPS演示中的动画分为对象动画和页面动画。对象动画是幻灯片中的文本、图片等各个对象元素的动画效果,即设置幻灯片中的文本、图片等各种对象元素能够以动态的方式呈现,从而更好地吸引观众的注意力和强化信息的传递。对象动画的功能设置按钮主要位于功能区中的"动画"选项卡中。

1. 对象动画类型

在WPS演示中,对象动画分为以下几种主要类型。

(1)进入(Enter)效果:设置应用"进入"动画效果的对象元素进入幻灯片上的方式,即该元素初始未出现在幻灯片中,应用"进入"动画效果后,才以相应的动画方式出现在幻灯片中。常见的进入效果包括淡入(Fade)、飞入(Fly In)、缩放(Zoom)等。

(2)强调(Emphasis)效果:应用"强调"动画效果的对象元素已经显示在幻灯片上,应用此动画效果只是让其呈现某种动态方式以引起注意,即对该元素的存在进行强调。强调效果可以是颜色变化、放大、旋转等,如脉冲(Pulse)、闪烁(Blink)、旋转(Spin)等。

(3)退出(Exit)效果:应用"退出"动画的对象元素初始是存在于幻灯片中的,应用此动画效果后该元素将从幻灯片上以某种动态方式消失。退出效果通常为淡出(Fade Out)、飞出(Fly Out)、缩小(Shrink)等。

(4)动作路径(Motion Paths):动作路径允许对象沿着自定义路径移动,即应用此动画效果的对象元素始终存在于幻灯片中,动作路径主要是允许自定义对象元素的移动路径。即用户可以创建直线、曲线或自定义路径,让对象沿着特定的轨迹移动。

用户可以根据自己的演示内容和风格,选择适合的动画效果来增强演示文稿的视觉效果和观众体验。通过合理运用这些动画效果,可以使演示更加生动有趣,同时也能更有效地传达信息。

2. 设置对象动画

在WPS演示中,对象动画的操作有添加动画、自定义动画参数及删除动画操作,设置对象动画的操作步骤如下。

(1)选择对象:设置对象动画的第一步是要选择好指定的对象元素,即要单击选择好某张幻灯片上想要添加动画效果的对象元素,这个对象元素可以是文本框、图片、形状或是多个元素的组合等。

(2) 打开"动画"选项卡:在 WPS 演示工作界面上方的功能区中,打开"动画"选项卡,将看到一系列的动画效果选项。例如,选择下列幻灯片中的标题文本框,单击"动画"选项卡中"进入"动画类型中的"飞入"动画,设置标题文本框以"飞入"动画动态进入幻灯片。单击"动画预设"右下方的下箭头弹出所有预设类型动画的对话框可选择不同的动画,如图 8-24 所示。

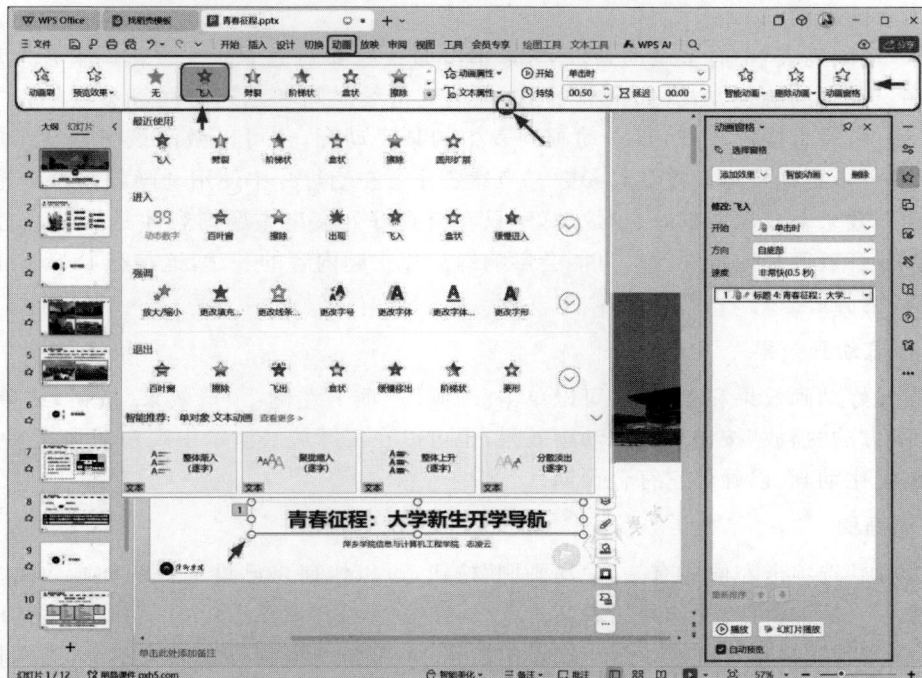

图 8-24　设置对象动画

由图 8-24 可以清晰地看到 4 种动画效果分类,分别是"进入""强调""退出""动作路径",每种分类下都有多种动画效果可供选择。并且最后还有智能推荐动画供选择。单击想要应用的动画效果,幻灯片上的对象将立即显示预览效果。

3. 动画窗格

单击"动画"选项卡右侧的"动画窗格"按钮,在编辑区右侧显示可以自定义设置动画参数的"动画窗格"面板。譬如,图 8-24 幻灯片中的标题文本框被设置为"飞入"的进入动画类型,仔细观察右侧"动画窗格"面板,"开始"选项设置为鼠标"单击"时,"方向"选项设置为"自底部","速度"选项设置为"非常快(0.5 秒)"。单击放映测试幻灯片运行效果,可以发现,放映时,不单击鼠标,标题文字就不会显示在幻灯片中,这对于封面页 PPT 的播放显然是不合适的,可以通过"动画窗格"面板重新设置动画参数。单击"开始"后文本框的下箭头,将鼠标"单击时"修改为"与上一动画同时"或"在上一动画之后",再将"方向"后"自底部"修改为"自左侧","速度"建议保持"非常快(0.5 秒)"再单击底部"播放"按钮或"幻灯片播放"按钮可预览动画效果,播放幻灯片时,封面页 PPT 的标题文本框自动从左侧以"飞入"动画方式进入幻灯片,相对于单击鼠标再出现标题,这样明显更符合标题页幻灯片的播放需求。

在"动画窗格"面板中,最顶部是"选择窗格"按钮,这个按钮不常使用,但如果幻灯片中层层叠叠有非常多的对象很难选择到指定对象时,就必须用这个按钮激活"选择窗格"面板以准确地选择幻灯片中的各个元素。第二排分别是"添加效果""智能动画""删除"动画,如果给同一个对象元素添加多个不同的动画效果,必须要应用"添加效果"按钮,单击时会出现4大类型动画供选择,智能动画是 WPS 智能推荐的动画类型,有些动画属于会员专享,也有部分为免费。"删除"按钮结合中部"动画列表"使用,选择指定元素的动画,单击则删除附着在该元素上的动画。

如果"动画列表"中有多个动画,还可以单击面板底部的上下箭头重新调整各个动画的执行顺序。动画的触发方式(如鼠标单击、自动)、持续时间和延迟时间等参数除在"开始""方向""速度"后直接修改外,双击动画列表中的某个动画,还可以激活该类型动画的对话框,可以进一步更细致地设置动画参数。当然要注意在幻灯片中使用动画要恰当,一页幻灯片中的动画效果并非越多越好、越炫越好,只有恰到好处突出主题内容才是最好,太繁杂的动画效果或音效等其他特殊效果可能会影响幻灯片主题内容的表达,这是在 PPT 制作过程中要注意的问题之一。

4．预览动画效果

在设置好动画效果和参数后,可以单击"动画"选项卡左侧"预览效果"按钮,或单击"动画窗格"下方的"播放"按钮来查看动画效果,也可以在实际放映演示中观察动画效果。可以不断调整优化动画,以确保它符合预期。

5．动画刷

在"动画"选项卡左侧还有一个"动画刷"按钮,可以快速将已设置好的动画效果复制到其他对象上。例如,可以先选择标题文本框,再单击"动画"选项卡中的"动画刷",此时移动鼠标,可以发现光标指针变成了带小刷子的箭头,再单击一下副标题的文本框,则副标题文本框上也添加了"向左""飞入"的"进入"类型动画,单击预览效果可观察主副标题的飞入动画。

8.3.4　幻灯片切换

WPS 演示中的动画分为对象动画和页面动画。页面动画就是指幻灯片切换,即幻灯片与幻灯片之间的页面过渡切换效果,它可以引导观众从一个幻灯片平滑地过渡到另一个幻灯片,以增强演示文稿的流畅性和连贯性,因此设置页面动画也是 PPT 制作中非常重要的一环。页面切换动画相关的功能设置按钮在 WPS 演示功能区中的"切换"选项卡中,用户可以选择不同的切换效果,如淡入淡出、擦除、溶解等,并可以调整切换的速度和设置切换的顺序。

WPS 演示中切换设置方法非常简单,首先是选择一个或多个幻灯片,WPS 演示允许批量设置页与页之间的切换效果,然后打开 WPS 演示功能区中的"切换"选项卡,在"切换效果列表"中选择一种切换方式,或者单击"切换效果列表"右下角箭头,在出现的所有切换效果中单击选择一个适当的切换效果,"切换"选项卡中还可以设置切换效果动画的速度和声音,对于某些特殊的切换效果还可以设置其切换效果选项。另外,还可以设置是单击鼠标时换片,还是按指定时间自动换片,而且右侧还有一个"应用到全部"按钮可以将当前切换效果应用到全部幻灯片中。

切换效果设置完成后,可以单击"切换"选项卡左侧"预览效果"按钮或者直接单击放映来预览幻灯片切换动画效果。WPS 演示提供了丰富的切换效果，包括一些具有立体、3D 效果的酷炫切换动画，满足不同演示风格的需求。"切换"设置相关功能按钮如图 8-25 所示。

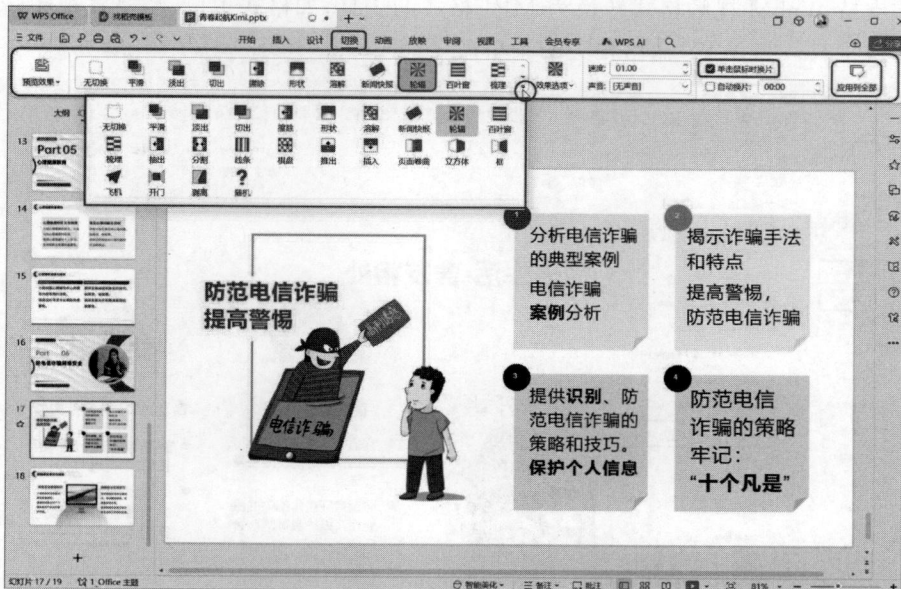

图 8-25　WPS"切换"选项卡

　　综上所述，WPS 演示中的动画与过渡效果是提升演示文稿质量的重要工具，它们通过动态和视觉的方式增强了信息的传递和演示的吸引力。通过合理的设计和应用，用户可以制作出既专业又具有吸引力的演示文稿。

8.4　输出、放映与分享

　　在 WPS 演示中，输出、放映与分享功能对于演示文稿的最终呈现和交流至关重要。输出功能允许用户将演示文稿导出为不同格式，如 PDF 或图片，以适配不同的查看和打印需求，确保内容的完整性和专业性。放映功能则涉及幻灯片的展示，用户可以通过设置放映方式，包括放映类型、放映选项、多监视器和换片方式等，来优化演示的流畅度和观众的观看体验。此外，WPS 演示还支持演讲者视图和自定义放映，使演讲者能够更好地控制演示过程并专注于内容的传达。WPS 的分享功能是指将演示文稿通过互联网共享给他人，以便团队协作或远程展示。用户可以通过 WPS 演示的分享功能，轻松实现多人在线编辑和协作，提高工作效率。这些功能共同构成了 WPS 演示的核心优势，使得用户无论是在本地还是在线环境下，都能够高效、专业地展示和分享他们的工作成果。

8.4.1　WPS 演示文稿的输出

　　WPS 演示通过"文件"菜单中的"输出为 PDF"、"输出为图片"或"另存为"等命令将演示文稿输出为 PDF、图片或视频格式。注意 WPS 演示最新版本输出视频的格式为 WebM，而不是常见的 MP4 格式。WebM 是一种开放且免费的视频压缩格式，由 Google 公司推出，旨在提供高质量的视频体验,同时保持较小的文件大小,WebM 格式文件可以使用新版本的谷歌 Chrome、火狐 Firefox 等浏览器播放。如需将 WebM 格式视频转换为 MP4 格式,可选择一款支持 WebM 视频格式转换为 MP4 格式的工具,如格式工厂、嗨格式视频转换器等第三方转换工具。与 WPS 输出相关的菜单命令如图 8-26 所示。

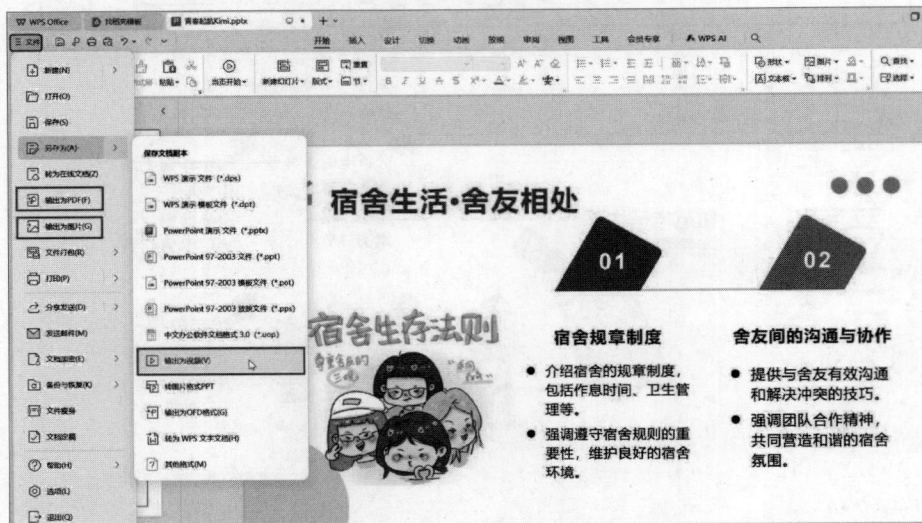

图 8-26   WPS 演示文稿的输出

8.4.2   演示文稿的放映控制

WPS 演示的放映设置功能位于功能区"放映"选项卡中。WPS 演示的放映方式有演讲者放映、展台自动循环放映及自定义放映等多种方式,当然通常用得最多的是演讲者放映,WPS 演示可以"从头开始",也可以从"当页开始"播放。WPS 演示的"放映"选项卡如图 8-27 所示。

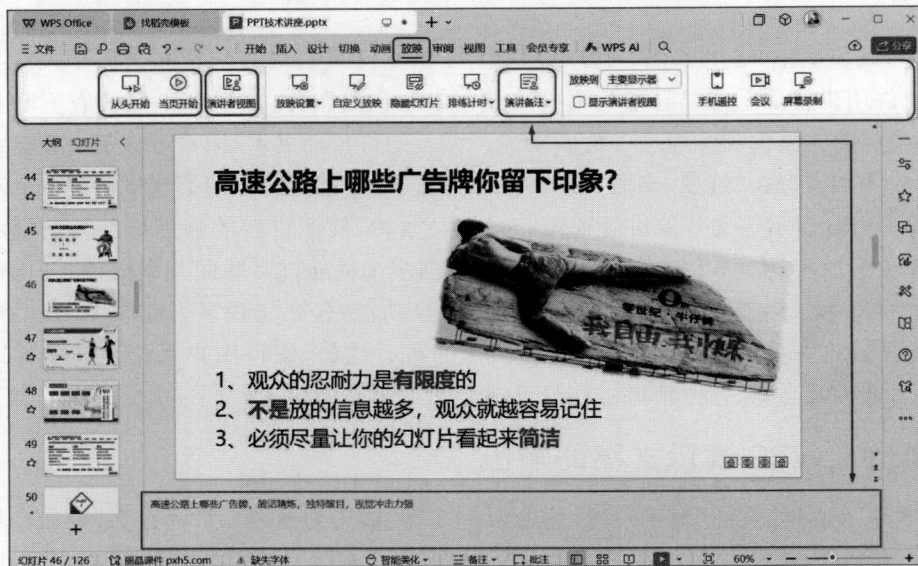

图 8-27   WPS 演示"放映"选项卡

WPS 演示支持多显示器放映,如教师在多媒体教室授课或演讲者在会场用计算机和投影仪向与会人员讲解时,PPT 将同时在计算机屏幕和投影仪中显示,或者是装有双显示屏的计算机,一个显示屏中放映 PPT,另一个显示屏用于显示计算机屏幕等。这种情况下建议使用"演讲者视图"功能,将每页幻灯片的讲稿或讲稿提示词写在如图 8-27 所示编辑区下方的演讲备注栏中,再单击"放映"选项卡中的"放映设置"按钮,激活"设置放映方式"对话框,可在此对话框中设置放映方式。假设此刻你的计算机有接入投影仪或配备了双显示屏,在"设置放映方式"对话框中勾选底部的"显示演讲者视图"复选框,并且设置幻灯片放映到"显示器 2",操作如图 8-28 所示。

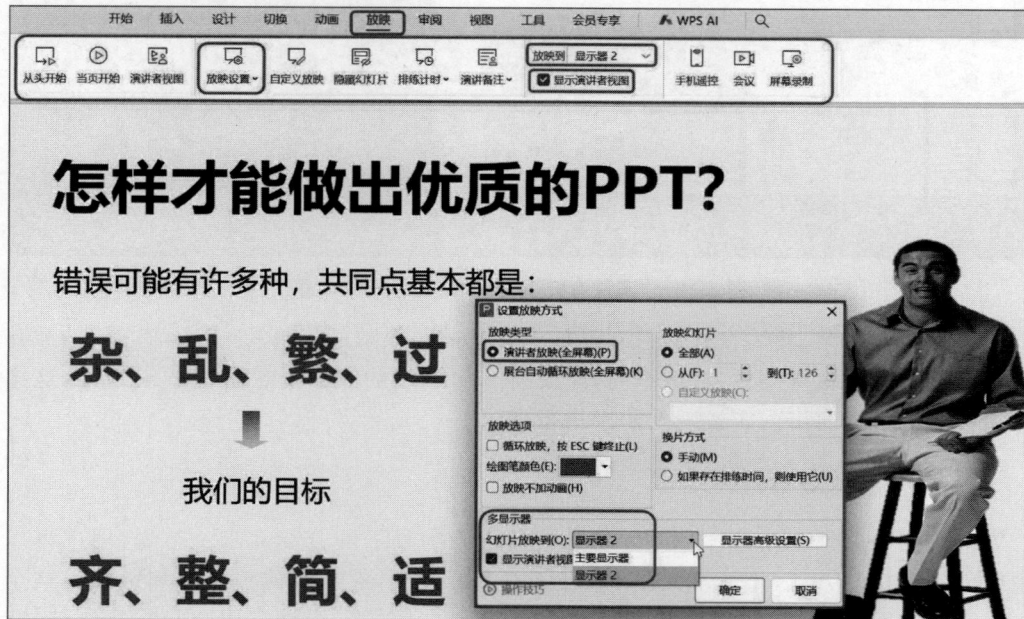

图 8-28　WPS 演示设置放映方式

按图 8-28 设置好放映方式后,单击"放映"选项卡中的"演讲者视图"按钮,或是直接"从头开始"或"当页开始"放映幻灯片,则演讲者所在的主显示器将显示"演讲者视图"效果,即主显示器上会显示一个包含讲解备注的演示文稿视图,这有助于演讲者更好地掌握演讲内容和流程。而普通观众只能看到显示器 2 上显示的无备注的幻灯片,这样也能确保让观众专注于接受演讲的主要信息。此外,演讲者还可以在演讲者视图中预览前后页的幻灯片,即演讲者不仅可以对照"演讲备注"栏中预先准备好的讲解词进行演讲,还能随时了解前后页内容以把握好演讲的节奏和过渡,这样不仅能增强演讲者的自信心,也能帮助演讲者更轻松更成功地完成整个演讲过程。设置了"演讲者视图"的幻灯片在播放时主显示器的显示效果如图 8-29 所示。

因此选择"演讲者放映"模式并勾选"显示演讲者视图"时,满足了众多演讲场景的需求。另外,WPS 演示还提供了"在展台自动放映(全屏幕)"或是"在展台浏览"模式,幻灯片会在展台系统中自动循环放映,观众可以自行浏览幻灯片,无须演讲者的引导。这种方式适合于展示一些场馆中的静态信息或供观众自主了解信息的场合,应用也非常广泛。如果需要只放映演示文稿中的部分幻灯片,可以利用"自定义放映"功能。在幻灯片"放映"选项卡中选

图 8-29 "演讲者视图"放映时主显示器效果

择"自定义放映"按钮,然后在弹出的对话框中勾选需要放映的幻灯片,并设置它们的放映顺序。保存自定义放映方案后,在放映时,系统将按照设定的顺序播放选中的幻灯片,这样可以更加灵活地根据演讲内容或观众需求进行展示。

8.4.3 WPS 演示分享

WPS 演示的分享功能操作简便,能够满足不同场景下的分享需求。首先,用户可以通过生成分享链接的方式,将演示文稿上传至 WPS 云文档,然后创建一个专属链接。这个链接可以设置访问权限,如"仅查看"或"可编辑",确保文档的安全性。用户只需复制链接,然后通过微信、QQ、邮件等社交工具发送给他人,对方单击链接即可在线查看或编辑文档,实现快速分享与协作。此外,WPS 演示还支持将演示文稿以文件形式发送到手机,用户只需在计算机端单击"分享"按钮,选择"发至手机",然后在弹出的设备列表中确认自己的手机设备,单击"发送",手机端即可收到推送通知,单击通知即可查看文档。这种分享方式实现了计算机与手机之间的无缝连接,方便用户在移动设备上随时查看和编辑演示文稿。WPS 演示的"分享"操作如图 8-30 所示。

WPS 演示的分享相关操作有以下几种。

(1)通过链接分享文档:在 WPS 演示的"分享"功能中,选择"链接分享"选项,系统会生成一个唯一的分享链接。将这个链接通过微信、QQ、邮件等方式发送给他人,接收者单击链接即可在线查看或下载演示文稿。还可以设置链接的有效期和访问密码,保障文件的安全性。

(2)二维码分享:选择"二维码分享"功能,WPS 会生成一个对应的二维码。将二维码展示给他人,他们使用手机或平板电脑扫描二维码,即可快速访问演示文稿内容。这种方式适合在会议、课堂等现场环境中快速分享给多人。

(3)云文档分享:如果演示文稿存储在 WPS 云文档中,可以直接在云文档界面单击

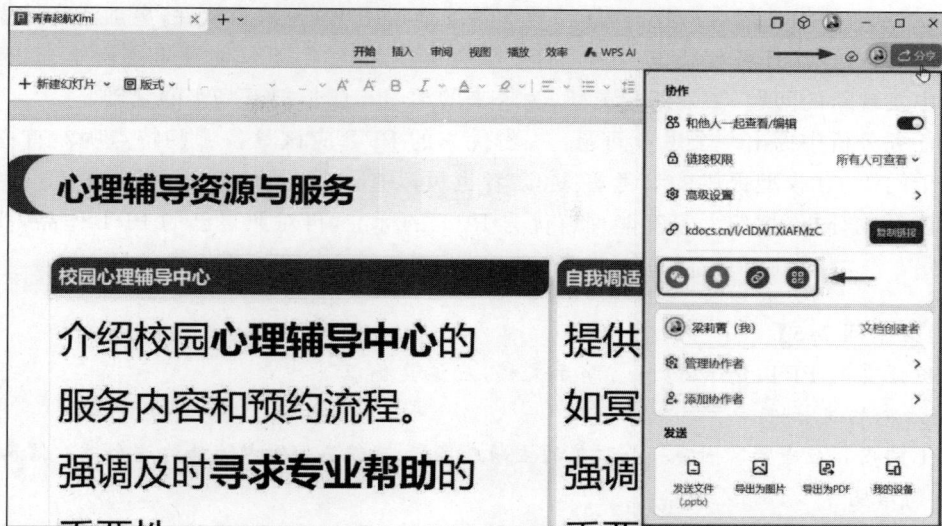

图 8-30　WPS 演示的分享

"分享"按钮,设置分享权限后,生成分享链接或二维码,分享给他人。云文档支持多人在线协同编辑和查看,方便团队协作和实时反馈。

(4)协作:WPS 演示新版本中"协作"功能位于"文件"菜单的"分享"选项中。其核心是通过云端实现多人实时协同编辑文档,大幅提升团队效率。在"分享"对话框中,单击"和他人一起查看/编辑"开启协作编辑,系统会自动上传文档到云端。支持通过链接、二维码、微信等方式邀请协作者,也可设置权限,确保文档安全性。

(5)通过即时通信工具发送:将演示文稿文件保存到本地后,可以通过微信、QQ 等即时通信工具的文件传输功能,将文件发送给联系人。对方收到文件后,使用 WPS Office 软件或兼容的演示软件即可打开查看。

(6)存储设备拷贝:将演示文稿保存到 U 盘、移动硬盘等存储设备中,然后将存储设备连接到他人的计算机上,复制文件到对方计算机中。这种方式适合在没有网络连接的环境下分享演示文稿。

(7)通过以上方法,可以根据不同的需求和场景,灵活地输出、放映和分享 WPS 演示文稿,确保信息的有效传达和沟通的顺畅进行。

📜 任务实现

在学习 WPS 演示章节的过程中,要求同学们同步制作主题为"数智课堂:PPT 技术提升策略"的 PPT 演示文稿。这是老师为大学一年级新生们布置的一项特别的实践任务,这项任务并非传统意义上的作业,而是一次开放式的探索之旅。我们鼓励同学们将学习过程中的所思、所想、所学及所悟都融入 PPT 的创作中,将其视为一份详尽的学习进步笔记。因为大学学习与中小学学习在学习内容、学习目标、学习方式、学习环境以及学习自主性等方面存在诸多不同,同学们的自主学习能力在大学阶段显得尤为关键。

在这个 PPT 的制作过程中,同学们可以自由发挥,不受固定框架的限制,尽情展现自己的创意与才华。期望大家尽自己最大努力,力求做到最好。实践任务完成后,只要同学们感觉自己在 PPT 技术方面有所提升,能够更加熟练地运用 WPS 演示软件,更加清晰地表达自己的思想,那么这次任务就是成功的。通过这次实践,同学们不仅能够巩固所学知识,还能在实践中发现新的问题,激发新的灵感,为未来的学习与成长打下坚实的基础。

在任务分析中提出一个思考问题:一份优秀的 PPT 应该具备哪些特点呢? 首先来看下通义千问等 AI 模型提供的参考答案,读者也可以查阅其他资料了解优秀 PPT 的标准。仔细阅读对比分析,相信大家都能理解优秀 PPT 的标准,再对照自己的 PPT 作品,找出差距与不足。

【通义千问 2.5】

一份优秀的 PPT(PowerPoint 演示文稿)应该具备以下特点。

1. 清晰的目标

PPT 的内容应当紧密围绕一个明确的主题或目标,确保每一页都为传达这个核心信息服务。

2. 简洁明了

避免过多的文字堆砌。每页应只包含最重要的信息,使用要点、短语而非完整的句子。图表和数据可视化应尽可能简化,以便观众能够快速理解。

3. 视觉吸引力

使用高质量的图像、图标和其他图形元素来增强内容的表达力。

选择与主题相匹配的颜色方案,并保持一致性。

4. 逻辑结构

演示文稿应有良好的组织结构,包括引言、主体内容和结论。

内容之间过渡自然,逻辑连贯,有助于观众跟随演讲者的思路。

5. 字体与排版

选择易读的字体和适当的字号,确保在任何显示条件下都能轻松阅读。

保持统一的排版格式,如标题和正文文本的样式。

6. 动画和特效

动画和特效应适度使用,避免过度装饰,以免分散注意力。

它们应当用于加强信息传递,而不是单纯为了美观。

7. 互动性

如果条件允许,可以加入一些互动元素,如问答环节或者点击链接到更多信息。

8. 技术准备

确保 PPT 可以在预期环境中正确播放,检查所有链接、视频、音频等多媒体元素是否正常工作。

9. 备用计划

准备好应对技术故障的方案,例如,打印出关键页面作为备份。

10. 练习和反馈

在正式展示前多次练习,确保流畅度。尽可能获取他人的反馈并根据需要调整 PPT。

记住,一个好的 PPT 是辅助演讲者讲故事的工具,而不是主角。它应当支持和强化你所要传达的信息,而不是替代你的讲解。

另外还有一个问题需要思考：PPT 设计要遵循的基本原则。其实这个答案也是多样化的，找不到统一的标准答案。因为 PPT 作品是由多页幻灯片构成的，每一页幻灯片的设计都相当于一个平面设计作品，都要符合版面设计原则，当然 PPT 中的所有页面是一个整体，因此这里提供一个 PPT 设计要遵循的版面设计相关的 4 大原则供读者参考，如图 8-31 所示。

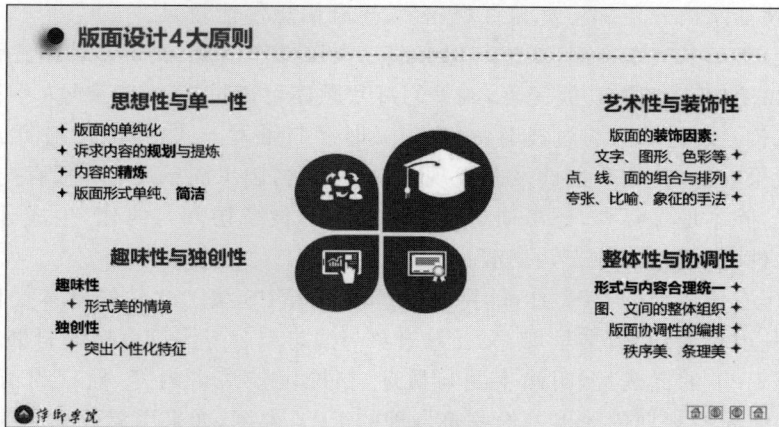

图 8-31　PPT 版面设计基本原则

最后再讨论一下 PPT 中各页面的布局技巧，幻灯片页面布局的关键在于简洁、清晰与视觉吸引力。首先，确保内容聚焦，每页传达一个核心信息，避免信息过载。要提炼文字，精炼简洁地陈述要点，千万不能用大段文字，结合图表或图像简化复杂概念。字体、字号尽量选用横竖笔画精细一致的易读字体，幻灯片中需要让观众看清楚的文字的字号建议不要小于 20 号，保证从远处也能清晰辨认。

其次，重视图文排版，要充分利用行距和留白，行距要视内容而定，建议 1.2～1.5 倍行距。不仅让页面显得不拥挤，还能突出重点。文本内容应避免紧贴幻灯片的边框。对齐是另一个重要技巧，所有元素应遵循左对齐、居中或右对齐的规则，以维持页面整洁有序。相关的信息应该靠近放置，通过接近性原则建立逻辑关联，而无关内容则需保持距离。

色彩的选择也至关重要，颜色一般除黑白色以外，尽量控制在三种颜色左右，要有主题色。要确保背景色与文本颜色有足够的对比度，以便阅读。同时，运用一致的颜色方案强化品牌识别或主题一致性，背景不能过于花哨，不能影响主题内容呈现。一般深色背景配浅色文字，浅色背景配深色文字。适当的动画和过渡效果可以增强演示的动态感，但不宜过多，以免分散观众注意力。配图尽量选择与主题内容有相关性的图片，不清晰、有水印、有版权纠纷或是变形的图片不能用。

最后，构建层次结构，通过标题、副标题、正文的不同字体大小或样式区分信息的重要性。合理利用网格系统帮助安排元素位置，确保布局平衡和谐。遵循这些技巧，能够创建出既美观又高效传递信息的幻灯片。

🔑 小结

在本章中，探讨了 WPS 演示中如何用 AI 生成 PPT，并且学习了 WPS 演示的基本操作与应用。WPS 演示提供了丰富的模板资源，涵盖商务、教育、科技等多个领域，可以帮助用户快速搭建演示框架,使演示内容更具专业性和吸引力。同时,WPS演示支持多样化的动画效果和过渡效果,用户可以根据演示逻辑和内容需求,灵活设置对象动画,如飞入、放大、旋转等,以及幻灯片之间的过渡效果,如淡入、擦除、推入等,增强演示的动态表现力和视觉流畅性。此外,WPS演示还具备便捷的多媒体插入功能,允许用户轻松添加图片、图表、音视频等元素,使演示内容更加丰富和直观,有效提升信息传达效果。

WPS演示在基本操作方面,新建与保存演示文稿操作便捷,支持多种格式设置,满足精细化排版需求;幻灯片编辑功能完善,调整幻灯片顺序可通过拖动排序或大纲视图操作,灵活优化演示结构;设置动画与过渡时,可自定义时序与触发方式,精准控制演示节奏;预览与优化章节效果功能,使用户能够及时发现并调整问题,确保演示质量;保存与分享演示文稿的方式多样,除本地保存外,还可通过云服务实现跨设备访问与协作,生成分享链接或导出不同格式文件,便捷地与他人共享演示成果。

当然,制作一份优秀的PPT作品,除了熟练掌握WPS演示软件的基本操作技能外,还需从内容策划、设计美观、数据呈现、交互效果及与演讲结合等多维度精心打磨。

内容才是PPT的灵魂,需明确主题与目标,精准定位演讲内容,梳理出清晰的逻辑框架,制作PPT前先要规划创建出一份完整合理的PPT大纲,如采用总分总结构或问题—原因—解决方案模式,逻辑结构务必要清晰明了,确保观众能顺畅跟随演讲思路。设计方面,选择与主题契合的简洁模板,合理布局排版,使页面平衡对称,同时注意配色和谐与字体清晰,突出关键信息,提升视觉舒适度与信息传达效率。

数据呈现是PPT的关键环节,要简化复杂数据,提取核心信息,文本要精练简洁,能用图或图表说明的,尽量用图或图表说明,尤其是数据信息,选择合适的图表类型去说明数据的特征趋势,会使观众一目了然。适度运用动画效果可增强PPT吸引力,但要避免过度,选择与内容相关的图、表或动画,动画要注意控制速度与顺序,确保与演讲节奏同步。设置合理的交互元素,如超链接、按钮,引导观众参与互动,提升演讲互动性。

最后,PPT需与演讲者紧密结合,内容同步于口头表达,演讲者提前熟悉PPT,用好演讲者视图,适时切换幻灯片,合理控制演讲节奏,在关键信息处适当放慢速度,给予观众思考时间,简单内容可加快速度,确保演讲流畅、信息传达清晰。总之,要综合考虑内容、设计、数据呈现、交互等多方面,并将其与演讲者的表达有机结合。通过精心的策划和制作,才能打造出既美观又实用的PPT,有效辅助演讲者传达信息,提升演讲的效果。

实践任务:制作"青春征程:大学新生开学导航"报告

作为大学一年级新生,我们即将开启一段崭新的学习和生活旅程。为了让大家更好地融入大学生活,现请每位同学精心制作一份主题为"青春征程:大学新生开学导航"的PPT,向辅导员老师和全班同学分享一些关键的知识点。PPT内容建议涵盖以下方面。

(1)学习方法:掌握自主学习技巧,合理安排学习时间,制定切实可行的学习计划;充分利用图书馆、网络等资源,积极参与课堂讨论和小组学习,提升学习效率与质量;同时,培养批判性思维和创新意识,勇于质疑和探索,不断拓宽知识边界。

(2)校园生活:要积极参加学校组织的各种活动,如社团活动、志愿服务、体育比赛等,丰富课余生活,锻炼自己的组织、沟通和团队协作能力。同时,要遵守校园纪律和规章制度,维护良好的校园秩序和环境。

（3）社交方面：要主动与同学、老师建立良好的人际关系，尊重他人，学会倾听和沟通，建立互帮互助的友谊。同时，要提高人际交往能力，学会处理人际关系中的矛盾和冲突，建立和谐的社交环境。

（4）心理健康：要关注自己的心理健康，及时调整自己的情绪和压力，保持积极乐观的心态。遇到心理困扰时，要勇于寻求帮助，向辅导员、心理咨询师或身边的朋友倾诉和求助，学会自我调节和放松。

（5）网络安全：要提高防电信诈骗意识，警惕各种网络骗局，如冒充熟人、兼职刷单、虚假中奖等诈骗手段。不随意点击陌生链接，不轻易透露个人信息，不轻信陌生人的承诺，遇到可疑情况要及时报警或向辅导员反映。

通过制作"青春征程：大学新生开学导航"这一主题的 PPT，同学们不仅可以在学习 WPS 演示的过程中提升 PPT 制作技能，还能更深入地了解大学生活，掌握必要的学习方法和生活技能。希望借助这次实践学习，帮助大家顺利开启属于自己的青春征程，为未来的大学生活奠定坚实的基础。

附录 A ASCII 表

ASCII 码表

ASCII 值	控制字符	ASCII 值	控制字符	ASCII 值	控制字符	ASCII 值	控制字符
0	NUT	32	（space）	64	@	96	、
1	SOH	33	!	65	A	97	a
2	STX	34	”	66	B	98	b
3	ETX	35	♯	67	C	99	c
4	EOT	36	$	68	D	100	d
5	ENQ	37	%	69	E	101	e
6	ACK	38	&	70	F	102	f
7	BEL	39	,	71	G	103	g
8	BS	40	(	72	H	104	h
9	HT	41	)	73	I	105	i
10	LF	42	*	74	J	106	j
11	VT	43	+	75	K	107	k
12	FF	44	,	76	L	108	l
13	CR	45	—	77	M	109	m
14	SO	46	.	78	N	110	n
15	SI	47	/	79	O	111	o
16	DLE	48	0	80	P	112	p
17	DC1	49	1	81	Q	113	q
18	DC2	50	2	82	R	114	r
19	DC3	51	3	83	X	115	x
20	DC4	52	4	84	T	116	t
21	NAK	53	5	85	U	117	u
22	SYN	54	6	86	V	118	v
23	TB	55	7	87	W	119	w
24	CAN	56	8	88	X	120	x
25	EM	57	9	89	Y	121	y
26	SUB	58	:	90	Z	122	z
27	ESC	59	;	91	[	123	{
28	FS	60	<	92	/	124	|
29	GS	61	=	93	]	125	}
30	RS	62	>	94	^	126	~
31	US	63	?	95	—	127	DEL

附录 B　课后习题参考答案

第 1 章　数字素养

一、单选题

1. B　　2. C　　3. C　　4. C

二、多选题

1. ABCD　　2. ABCDE　　3. ABC　　4. BCD　　5. ABD

第 2 章　数字化起点：计算机与信息基础

1. C　2. B　3. B　4. B　5. A　6. B　7. D　8. C　9. A

10. B　　11. A

第 3 章　数字内容与资源管理

一、单选题

1. D　2. C　3. A　4. C　5. A　6. D

二、多选题

1. ABD　　2. ABC　　3. ABCD　　4. ABC

第 4 章　数字技术通识与应用

1. 文本生成（豆包），如图 B-1 所示。

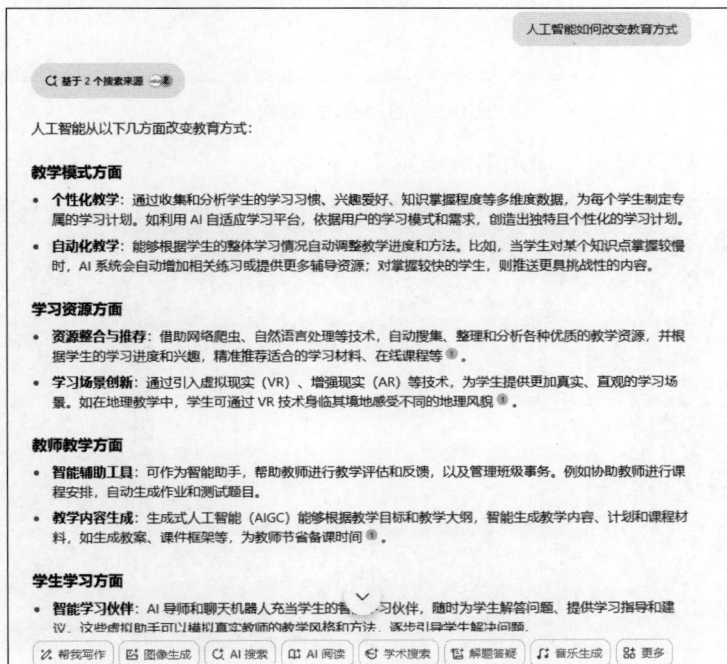

图 B-1　文本生成（豆包）

2. 图片生成（豆包），如图 B-2 所示。

图 B-2　图片生成（豆包）

3. 音频合成（腾讯智影），如图 B-3 所示。

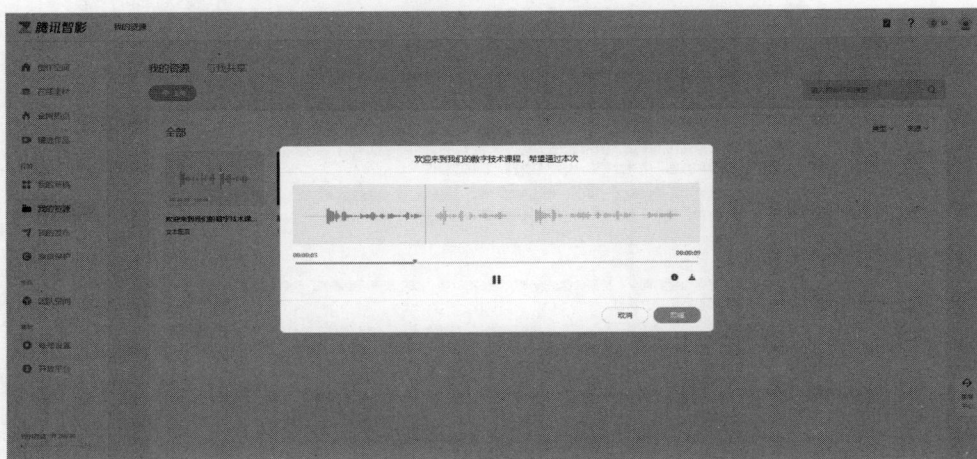

图 B-3　音频合成（腾讯智影）

4. 视频生成（即梦），如图 B-4 所示。

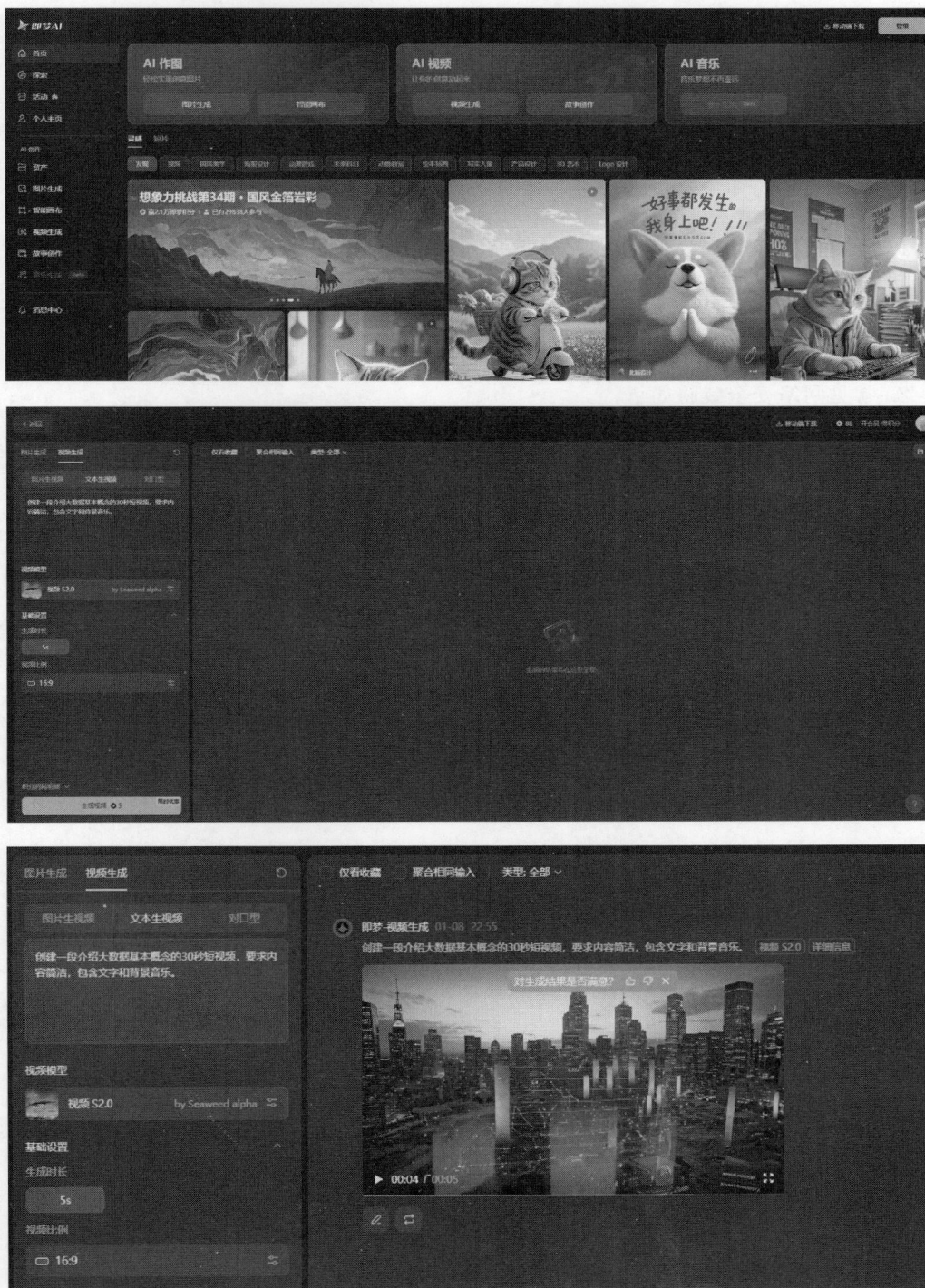

图 B-4　视频生成（即梦）

5. 略。建议用豆包或 Kimi 的一键生成 PPT 功能。

第5章　数字安全与防护

一、选择题

1. B　　2. C　　3. B　　4. B　　5. C　　6. C　　7. B　　8. C　　9. A
10. A　　11. B　　12. B　　13. B　　14. A　　15. B

二、填空题

1. 协议与标准　　2. 128　　3. 成本低　　4. 可用性　　5. 外部网络(或互联网)

三、简答题

1. 计算机网络架构分为应用层、传输层、网络层和物理层。应用层为用户提供直接的服务和接口,如网页浏览和文件传输;传输层负责确保数据可靠传输(TCP)或快速传输(UDP);网络层负责路由选择和数据包的传输,如通过 IP 寻址;物理层提供底层硬件支持,完成数据的物理传输,如光纤、电缆等设备。各层分工协作,保障数据的顺畅传递。

2. 常见网络安全威胁如下。

恶意软件:如病毒、蠕虫、木马等。病毒依赖宿主程序,自我复制,具有破坏性,常通过用户操作传播;蠕虫独立运行,自我传播,消耗资源,可利用系统漏洞传播;木马伪装成合法软件,隐蔽性强,可远程控制。防范措施包括安装防病毒软件、不随意下载不明软件等。

网络钓鱼:通过伪造信息诱骗用户泄露敏感信息,如电子邮件钓鱼、短信钓鱼、伪造网站、社交媒体钓鱼等。特点是伪装手段多样。防范措施是提高用户安全意识,不点击不明链接等。

分布式拒绝服务(DDoS)攻击:通过大量非法流量淹没目标网络。特点是规模和频率不断增加。防范措施包括使用流量清洗服务、加强网络带宽等。

数据泄露:原因包括内部威胁、外部攻击、系统漏洞等。防范措施有加强内部管理、修补漏洞、加密数据等。

3. 略。

参 考 文 献

[1] 洪文兴,崔濒月.数字素养与技能导论[M].北京:清华大学出版社,2024.

[2] 林斌,项尚清,凌财进,等.数字素养与技能[M].北京:电子工业出版社,2024.

[3] 宁爱军,王淑敬.计算思维与计算机导论[M].2 版.北京:人民邮电出版社,2024.

[4] 周勇,王新,徐月美,等.计算思维与人工智能基础[M].3 版.北京:人民邮电出版社,2024.

[5] 桂小林.大学计算机[M].北京:人民邮电出版社,2022.

[6] 罗娟,刘璇,贺再红,等.计算与人工智能概论[M].北京:人民邮电出版社,2022.

[7] 金莹,张洁,严云洋,等.大学计算机与人工智能基础[M].上海:上海交通大学出版社,2022.

[8] 曾陈萍,陈世琼,钟黔川,等.大学计算机应用基础(Windows 10+WPS Office 2019)[M].微课版.北京:人民邮电出版社,2021.

[9] 李坚,蔡文伟,朱嘉贤,等.计算机应用基础[M].西安:西安交通大学出版社,2019.

[10] 战德臣,聂兰顺.大学计算机:计算思维导论[M].北京:电子工业出版社,2013.

[11] 徐洁磐.人工智能导论[M].北京:中国铁道出版社,2021.

[12] 周志华.机器学习[M].北京:清华大学出版社,2016.

[13] 谢希仁.计算机网络[M].8 版.北京:电子工业出版社,2021.

[14] 刘鹏.云计算[M].3 版.北京:电子工业出版社,2015.

[15] 李志刚,朱志军.大数据时代:生活、工作与思维的大变革[M].北京:电子工业出版社,2013.

[16] 杜雨,张孜铭.AIGC:智能创作时代[M].北京:中译出版社,2023.

[17] 丁磊.生成式人工智能[M].北京:中信出版社,2023.

[18] 梁亚声,汪永益,刘京菊,等.计算机网络安全教程[M].3 版.北京:机械工业出版社,2016.

[19] 罗晓娟.计算机基础:Windows 10+Office 2016[M].北京:清华大学出版社,2021.

[20] 刘志成,石坤泉.大学计算机基础[M].4 版.北京:人民邮电出版社,2024.

图书资源支持

感谢您一直以来对清华版图书的支持和爱护。为了配合本书的使用，本书提供配套的资源，有需求的读者请扫描下方的"书圈"微信公众号二维码，在图书专区下载，也可以拨打电话或发送电子邮件咨询。

如果您在使用本书的过程中遇到了什么问题，或者有相关图书出版计划，也请您发邮件告诉我们，以便我们更好地为您服务。

我们的联系方式：

清华大学出版社计算机与信息分社网站：https://www.shuimushuhui.com/

地　　址：北京市海淀区双清路学研大厦 A 座 714

邮　　编：100084

电　　话：010-83470236　010-83470237

客服邮箱：2301891038@qq.com

QQ：2301891038（请写明您的单位和姓名）

资源下载：关注公众号"书圈"下载配套资源。

资源下载、样书申请　　　　图书案例

书圈　　　　清华计算机学堂　　　　观看课程直播